暨南大学本科教材资助项目
（普通教材资助项目）

无机生物化学

Inorganic Biochemistry

郑文杰　杨　芳　张逸波　曹洁琼　编著

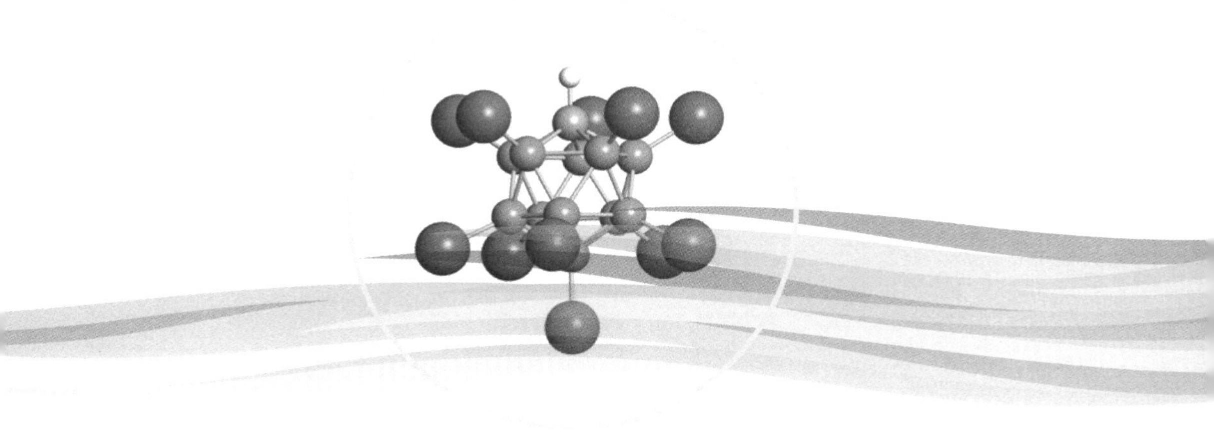

暨南大學出版社
JINAN UNIVERSITY PRESS

中国 · 广州

图书在版编目（CIP）数据

无机生物化学/郑文杰，杨芳，张逸波，曹洁琼编著．—广州：暨南大学出版社，2020.10
ISBN 978-7-5668-2982-5

Ⅰ.①无… Ⅱ.①郑… ②杨… ③张… ④曹… Ⅲ.①无机化学—生物化学 Ⅳ.①Q5

中国版本图书馆CIP数据核字（2020）第184673号

无机生物化学

WUJI SHENGWU HUAXUE

编著者：郑文杰　杨　芳　张逸波　曹洁琼

出 版 人：张晋升
责任编辑：曾鑫华
责任校对：张学颖　林玉翠　王燕丽
责任印制：汤慧君　周一丹

出版发行：暨南大学出版社（510630）
电　　话：总编室（8620）85221601
营销部（8620）85225284　85228291　85228292　85226712
传　　真：（8620）85221583（办公室）　85223774（营销部）
网　　址：http://www.jnupress.com
排　　版：广州市天河星辰文化发展部照排中心
印　　刷：广州市穗彩印务有限公司
开　　本：787mm×960mm　1/16
印　　张：20.25
字　　数：350千
版　　次：2020年10月第1版
印　　次：2020年10月第1次
定　　价：58.00元

目　录

第一章　绪论

什么是无机生物化学？学习无机生物化学有什么意义？这不仅是读者关切的问题，也是作者思考的问题。本章将分四节来阐述，其中第一节和第三节阐述无机生物化学的发展和现代内涵；第二节以每个人都熟悉的小分子化合物——水为例，让每一位读者都能够结合自己生活实践，去感悟无机生物化学的内涵，充分体会无机生物化学所研究的对象就在我们的生活中，无机生物化学所思考的问题关乎每一个人的生活、生命和身体健康；第四节是作者撰写本书的思路，也包括作者对生命科学的一点思考心得。

第一节　关于无机生物化学

无机生物化学（inorganic biochemistry）或称生物无机化学（bioinorganic chemistry），是一门涉及多学科领域的边缘学科。对于该学科的定义，我们先从不同文献的不同表述说起。一种表述是："生物无机化学，又称无机生物化学或生物配位化学，是无机化学、生物化学、医学等多种学科的交叉领域，自20世纪60年代以来逐步形成的。其研究对象是生物体内的金属（和少数非金属）元素及其化合物，特别是痕量金属元素和生物大分子配体形成的配合物，如各种金属酶、金属蛋白等。侧重研究它们的结构—性质—生物活性之间的关系以及在生命环境内参与反应的机理。"① 另一种表述是："生物无机化学或无机生物化学是介于生物化学与无机化学之间的内容广泛的边缘学科。广义地说，生物无机化学是在分子水平上研究生物体内与无机元素（包括生命金属与大部分生命非金属及其化合物）有关的各种相互作用的学科……近年来，

---

① 王箴．化工词典［M］．4版．北京：化学工业出版社，2000.

生物无机化学进一步同分子生物学、结构生物学、能源科学、理论化学、环境科学、材料科学和信息科学等融合交叉并取得重大进展。”①

无机生物化学涉及多学科，是两处文献都强调的共同点；但对于无机生物化学的内涵，两种表述已经有明显差异，而这种差异恰恰体现了无机生物化学的发展情况。纵观相关学科领域的发展历程，无机生物化学的相关学科领域至少包括：无机化学、生物化学、细胞生物学、配位化学、元素生物化学、地球化学、土壤化学、海洋科学、生态学、环境科学、材料科学、物理学、能源科学、信息科学、药学和基础医学等，其中的核心基础是无机化学和生物化学。

无机化学（inorganic chemistry）是化学的二级学科，主要研究元素、单质和无机化合物的来源、制备、结构、性质、变化和应用，现已形成无机合成、丰产元素化学、配位化学、有机金属化学、无机固体化学和同位素化学等领域。其中配位化学（coordination chemistry）主要研究金属的原子或离子与无机、有机的离子或分子相互反应形成配位化合物的特点，以及它们的成键、结构、反应、分类和制备。

生物化学（biochemistry）是运用化学原理和方法研究生物的一门边缘科学，通过认识生物体（微生物、植物、动物及人体等）的化学组成（如蛋白质、核酸、脂类、糖类等）和化学变化规律，阐明生命现象（如代谢、生长、遗传等）的实质，从而控制生命活动的过程，以达到增进人体健康和提高农业产量等目的。

传统认为，生命的机体就是有机体。因此，传统生物化学研究的对象主要集中在蛋白质、核酸、脂类、糖类等有机类化合物。20 世纪 60 年代以来，一些金属蛋白酶相继被发现并被阐明其生物功能，人们逐渐认识到微量金属元素在生命过程中的重要意义。金属离子与蛋白质分子的相互作用通常是配位作用，配位化学思想方法成为研究金属蛋白酶的基本方法，以至于有人把生物无机化学等同于生物配位化学。

1957 年，非金属元素硒（Se）被宣布为动物必需的微量元素后，许多科学家对硒在人体内的作用机制进行了深入研究，先后发现了 20 多种硒蛋白和硒酶。1986 年，Chamber 和 Zinoni 发现了由终止密码子 UGA 编码的硒代半胱氨酸，成为人体必需的第 21 种氨基酸。半个多世纪以来，硒与疾病的关系和

---

① 计亮年，毛宗万，黄锦汪，等．生物无机化学导论［M］．4 版．北京：科学出版社，2010.

硒对疾病的防治作用一直是非常活跃的研究领域。

迄今为止，人们发现的生命元素已经有 27 种，包括常量和微量元素，金属和非金属元素，分别分布在元素周期表中的 s 区、d 区、ds 区和 p 区。生命的物质基础，不再仅限于蛋白质、核酸、脂类、糖类等有机物质；生命的物质基础，与元素周期律密切相关。“广义地说，生物无机化学是在分子水平上研究生物体内与无机元素（包括生命金属与大部分生命非金属及其化合物）有关的各种相互作用的学科。”

生命体系是开放体系，与环境之间存在着物质、能量和信息的动态交互作用，这是生命赖以生存、延续和发展的基础，而地球环境中各种元素及其化合物的形态变化、迁移演化也受到生态系统运动的影响。半个多世纪以来，地球化学、土壤化学、海洋科学、环境科学和生态学等学科领域在相关方面的研究取得了丰硕成果，我们应该关注、吸纳并梳理这些成果。事实上，无机生物化学是从无机化学的视角，用化学的思维、原理和方法，研究地球环境中的元素的存在形态、迁移演化、与生命体系的相互作用及其基本规律；研究生命体系中的元素及其化合物的代谢、转化、各种复杂的相互作用及其基本规律的一门科学。

在宽广的时空视野里，研究地球环境中元素的迁移演化规律，有助于构建真正意义上的天然化学学科，有助于揭示分子进化的机制。

1953 年，Miller S. L. 在《科学》（*Science*）上发表文章：模拟地球原始气体（H_2O、CO、CH_4、NH_3、N_2）通过放电作用反应生成了生命的物质——氨基酸。Miller S. L. 的文章，揭示地球环境中生命开启化学进化的关键一步——从无机分子到有机分子的跨越！

由多种氨基酸分子组装形成特定结构形态和特定生物功能的大分子，这就是蛋白质分子；由磷脂、胆固醇和糖脂等分子自组装形成的具有流动性和镶嵌作用的双层膜，为蛋白质分子发挥生物功能提供平台和稳定的内部环境，这就是细胞膜。细胞膜和细胞骨架使得众多彼此独立的分子形成有组织的行为，使细胞具有完整性和自主控制能力，具有通信、运动、物质运输和能量转化功能；由胞嘧啶（Cytosine，Cyt）、胸腺嘧啶（Thymine，Thy）、鸟嘌呤（Guanine，Gua）和腺嘌呤（Adenine，Ade）4 种碱基及磷酸和 D－2－脱氧核糖（D－2－deoxyribose）组装而形成的多聚脱氧核糖核苷酸双螺旋链（DNA 分子），赋予了细胞自我复制的功能。细胞通过 DNA 双螺旋链储存了自身的全部遗传信息，记录并积累生物进化的全部成果！

从水之类的无机分子到氨基酸，从氨基酸到蛋白质，从分子到细胞……每一步的变化，都是结构层次的递增和功能的提升。生命的物质，经历从“无”到“有”（有机、有序、有功能、有生命）的一系列演化过程。而这一系列的演化过程，都是在大自然环境中实现的。

第二节　水与地球环境及生命

为了更好地理解地球环境中元素的迁移演化，现以水为例来做进一步讨论。

水（H_2O），一种无机小分子化合物，活跃在整个地球环境中。其在天成像，在地成形；或隐或现，或生或灭；鼓之以雷霆，润之以风雨。

水，管控了地球生命的能量资源，滋养了全球生物，调控了全球气候，主导了人类文明的发展脉络。

水，开启了地球环境中生命的进化之旅，使生命物质从无序到有序；水，介导了生命物质的组装与修复，介导了生命代谢的基本过程；一切生命物质最终降解为水、二氧化碳与矿物质。因此，水被称为生命之本源。

人类围绕着水的探索永无止境。依水生存，务水造福，亲水修身，尚水养性，借水言志，问水求道。

一、水的组成、结构与性质

水是由氢和氧两种元素组成，其分子式为 H_2O，相对分子质量为 18。很早人们就发现，把水电解可以得到两种气体：氢气和氧气，这两种气体在一定条件下燃烧又可以生成水。

水在常温常压下是无色无味的液体，凝固点为 0℃，沸点为 100℃；0℃时密度为 $0.999\ 87g \cdot L^{-1}$，100℃时密度为 $0.958\ 38g \cdot L^{-1}$，4℃时密度为 $1.000\ 00g \cdot L^{-1}$。25℃时，纯水的 pH 值为 7。水的电离反应，是水溶液中酸碱反应的基础，也是云层起电及雷电形成的基础。

水的主要物理化学性质是：①在地球环境中，总是以气、液、固三种状态同时存在，并保持着动态平衡；②分子结构拥有“阴阳和合”的特点；③较大的比热容；④较高的溶解和分散其他物质的能力。水的物理化学性质是由其组成、结构决定的。水分子相对分子质量虽然小，但水分子与水分子之间有非常便捷的通信联系，这种联系就使它经常表现出一种群体行为。了解水的群体行为，有助于我们了解人类在信息时代高度信息整合后的行为跟水的行为其实是很一致的。人流、车流等“流”的概念就是从水而来。

H_2O 分子结构如图 1.1 所示。水的分子结构中同时具有阴与阳的要素，其负电性（阴）体现在孤对电子上，而正电性（阳）体现在极性氢氧键的氢端。

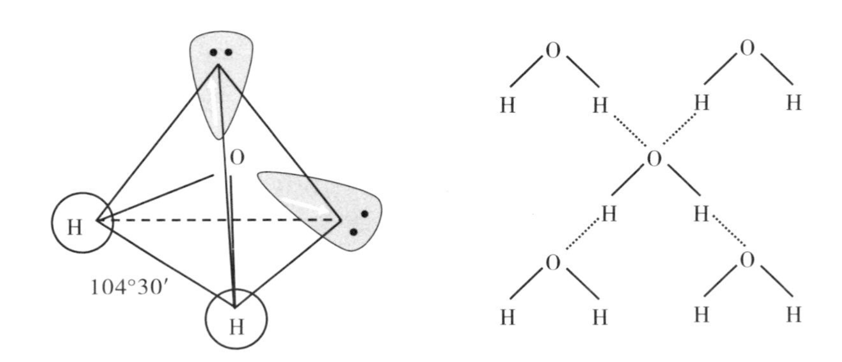

图 1.1　H_2O 分子结构与氢键的形成

H_2O 分子间的氢键是 H_2O 展现其宏观性质的基础。水的分子中，氧原子 O 为不等性 sp^3 杂化，2 个 H—O 键的夹角是 104°30′，和 2 对孤电子对形成畸变四面体结构；H—O 键是极性共价键，其电子对偏向 O 原子，使得 H 原子端带正电性；带正电性的极性 H—O 键可与负电性的孤电子对形成氢键，并构成“阴阳和合”的结构特点。水分子中的氢键，其键能较之于 H—O 键弱，因此容易形成，也容易断裂。氢键的形成与断裂实际上是一种能量吸收和释放过程，受控于环境的温度。气态的水能以单分子形式（H_2O），或以缔合分子，如（H_2O）$_2$ 和（H_2O）$_3$ 的形式存在；液态的水则主要以缔合分子或分子团簇的形式存在。水分子的缔合与解离（氢键断裂）是个复杂的动态过程，温度低，水分子的缔合程度高，反之亦然。这也是因为水有较大的比热容。水的密度随温度而变化，高于 4℃时，热胀冷缩；低于 4℃时，却是冷胀热缩。液态水分子缔合的平均状态，在 4℃时为（H_2O）$_2$，在 0℃时为（H_2O）$_3$。0℃时水开始结冰形成冰晶体。在冰晶体中，几乎全部水分子缔合在一起形成一个巨大的缔合分子，其结构排布是每一个氧原子周围有四个氢原子（两个共价键，两个氢键）。这样的排布导致结构中有较大空隙，所以在0℃及以下的冰—水平衡中，冰的密度比水小。

二、水与地球环境

1. 水的运动与变化特性

自然状态下，水以气、液、固三种状态存在。天空中的云、彩虹等，都是来源于气态的水和太阳光的照射，即水在天成像；液态的水本身无固有的形状，水所呈现出来的是装水的容器的形状，如天池等湖泊的形貌，即水在地成形。

（1）气态的水 H_2O（g）。地球的大气层分布，从地表向上空随高度分为对流层、平流层、臭氧层、中间层、热层和散逸层。气态的水存在地球大气层的对流层中。对流层从地球表面开始向高空伸展，对流层的顶端即平流层的起点，其厚度在地球两极上空为8公里，在赤道上空为17公里，是大气中最稠密的一层，集中了约75%的大气质量和90%以上的水汽质量。对流层，顾名思义，主要特点是空气的对流。①垂直对流：岩石圈与水圈吸收太阳热辐射，下层空气受热向上，高层冷空气向下，冷热空气垂直对流；②水平对流：地面有海陆之分、昼夜之别以及纬度高低之差，不同地区的温差形成了空气的水平运动。此外，对流运动导致地表的尘埃、微生物以及人类活动产生的各种物质进入对流层，故该层化学过程十分活跃。气团冷热变化和对流，使水汽形成雨、雪、雹、霜、露、云和雾等一系列天气现象。

空气中的气态水，无时无刻不在滋养着我们的身体。实践证明，最宜人的室内温湿度是：冬天，温度18℃～25℃，相对湿度30%～80%；夏天，温度23℃～28℃，相对湿度30%～60%。当温度18℃，相对湿度40%～60%时，人的精神状态饱满，思维敏捷，工作效率高。

（2）液态的水 H_2O（l）。液态水覆盖地壳表面约71%。液态水主要分布在海洋、江河、湖泊、池塘、湿地、地下、大气以及生物体内。水总储量中约2.5%为淡水。除冰川和深层地下水外，河流和湖泊中的淡水仅占总淡水的0.3%。世界气象组织指出：缺水是全世界城市面临的首要问题，估计到2050年，全球有46%的城市人口缺水（含绝对缺水和水质性缺水）。为让全世界人民都关心淡水资源短缺的问题，1993年1月18日，第47届联合国大会第193

号决议，确定每年的3月22日为“世界水日”（World Day for Water，或World Water Day），旨在推动对水资源进行综合性统筹规划和管理，加强水资源保护，解决日益严峻的淡水缺乏问题，开展广泛的宣传以提高公众对保护和开发水资源的认识。联合国水机制和联合国人居署负责对全球的世界水日活动进行协调。目前，淡水资源的保护和开发日益受到重视。淡水资源的保护和开发技术包括海水淡化、空气中气态水的液态化、日常用水的循环利用等。

（3）固态水 H_2O（s）。固态水主要是冰雪。冰的特点是晶体大，雪花是一个个小晶体。雪花刚飘下很松软，融化后变成液体，低温下可再结成坚固的冰。冰雪主要分布在冰川雪地和降雪地区的大气对流层中。冰川在地球两极和两极至赤道带的高山均有分布，全球冰川面积达1 600多万平方公里，约占地球陆地总面积的11%。两极地区冰川几乎覆盖整个极地，称大陆冰川，又称冰盖冰川。中、低纬度高山区冰川称山岳冰川，又称高山冰川。冰川是水的一种存在形式，是雪经过一系列变化转变而来的。形成冰川首先要有一定数量的固态降水，其中包括雪、霰、雹等。冰川是地表重要的淡水资源，地球上的淡水资源约90%储存于冰川（冰盖）之中。国际冰川编目规定：凡是面积超过0.1平方公里的多年性雪堆和冰体都应编入冰川目录。

综上所述，水在地球环境中以各种不同的聚集形态存在，并保持着动态平衡。水变化无常，云、雾、雨、露、冰、雪……皆为水的形态之“相”；潮起潮落，云长云消，雾聚雾散，雪花飞舞，冰川崩裂，江河奔流，瀑布飞悬……皆是水的运动之“相”。水演绎着千变万化的天气现象；影响全球的湿度；滋养全球生物，调控全球生态。因此，我们要掌握水的特点，务水造福。

2. 水的生灭造化与能量管控

在地球环境中，水既演绎着千变万化的天气现象，也在能量资源的转化和分配方面大显身手，真所谓“小分子，大作为”！

水分子中氢键形成的位点实际上就是水分子之间进行分子通信和分子识别的位点。在地球环境中，一部分水分子具有足够的动能时，能够直接从液态或固态脱离氢键缔合成为气态；气态的水分子，通过各种运动形式回到液态或固态。这就是气—液或气—固动态平衡。若继续吸收热能或太阳能，气态的水分子将进一步提高动能，产生对流运动；在低温时气态水分子之间通过分子通信，精准识别氢键结合位点而形成缔合状态，即形成云雨或冰雹。水分子之间的通信作用，有时会产生自我促进作用和连锁反应，不断加剧对流运动，即引发“蝴蝶效应”，导致飓风形成。水在地球环境中的运动实际上是一个能量不断转化的过程，如热能—动能、动能—势能、势能—动能等的相互转化。

除了氢键的形成与断裂外，水分子的H—O键也会发生断裂。H—O键的断裂反应实际上就是水分子的生灭过程：

$$H_2O\ (l) \rightleftharpoons H^+\ (aq)\ + OH^-\ (aq)$$

$$2H_2O\ (l) \rightleftharpoons 2H_2\ (g)\ + O_2\ (g)$$

$$H_2O\ (l)\ + CaO\ (s) \rightleftharpoons Ca(OH)_2\ (s)$$

$$H_2O\ (l)\ + CO_2\ (g) \rightleftharpoons H_2CO_3\ (aq)$$

水在进行能量管控时，总是伴随着水分子的生灭造化。以下是若干典型实例：

（1）水的液—气转化与应用。蒸汽机的发明与应用开启了工业革命的新时代，即“蒸汽时代”（1760—1840年），标志着农耕文明向工业文明的过渡。蒸汽机，实质上是一个水的液—气转化装置，其过程仅是水受热汽化：

$$H_2O\ (l) \underset{冷却}{\overset{加热}{\rightleftharpoons}} H_2O\ (g)$$

然而通过这个装置，却需要实现能量形式的多重转化，最终获得机械能：化学能→热能→水分子动能→机械能。这个过程中水只是工作介质，是应用水的液—气平衡原理，加热使平衡向气态水（汽化）的方向移动。

（2）氢能源。氢气（hydrogen），希腊语 hydro（水）+genes（造成），即“产生水”的物质。氢气的燃烧热值高，其燃烧所产生的热量约为相同质量的汽油的3倍、酒精的3.9倍、焦炭的4.5倍。氢气的燃烧产物只有水，是“世界上最干净的能源”。

工业上用电解的方法制取纯氢和纯氧（水的电分解）。高纯度的氧气可作为医用，利用空气中的氧与所得的氢气组成燃料电池（水的电合成），再把燃料电池转化为机械能可以制造氢能源汽车。水的电分解和电合成反应过程如下：

负极（-）：$4H_2O\ (l)\ + 4e^- \longrightarrow 2H_2\ (g)\ + 4OH^-\ (aq)$

正极（+）：$4OH^-\ (aq) \longrightarrow O_2\ (g)\ + 4e^-\ + 2H_2O\ (l)$

反应式为：

$$2H_2O\ (l) \xrightarrow{电解} 2H_2\ (g)\ + O_2\ (g)$$

燃料极（-）：$2H_2\ (g)\ + 4OH^-\ (aq) \longrightarrow 4H_2O\ (l)\ + 4e^-$

空气极（+）：$O_2(g) + 4e^- + 2H_2O(l) \longrightarrow 4OH^-(aq)$

电池反应：

$$2H_2(g) + O_2(g) \xrightarrow{\text{燃料电池}} 2H_2O(l)$$

（3）燃料形态转化。水煤气（water gas）有效成分为 H_2 与 CO，可用作工业燃料气和合成氨的原料，由水蒸气与灼热无烟煤或焦炭反应而得，如反应①；水煤气燃烧释放能量，如反应②③。整个过程的总的反应为④：

$$C(s) + H_2O(l) \xlongequal{\text{高温}} CO(g) + H_2(g) \quad ①$$

$$2H_2(g) + O_2(g) \xlongequal{\text{燃烧}} 2H_2O(l) \quad ②$$

$$2CO(g) + O_2(g) \xlongequal{\text{燃烧}} 2CO_2(g) \quad ③$$

$$C(s) + O_2(g) \xlongequal{\text{燃烧}} CO_2(g) \quad ④$$

从煤的转化到水煤气的燃烧，水完成了一个生灭循环过程。通过这一过程，燃料改变物态，有利于输送和废气的处理。

（4）H_2O 和 CO_2 的循环与太阳能转化。植物细胞或光合细菌中的叶绿体吸收太阳能，把 H_2O 和 CO_2 组装成为碳水化合物 $C(H_2O)_n$，并释放出氧气（O_2）；同时，植物通过光合磷酸化合成能量载体分子三磷酸腺苷（ATP）化合物，实现了太阳能向化学能的转化。动植物细胞中的线粒体则吸收 O_2，氧化 $C(H_2O)_n$，通过氧化磷酸化合成 ATP，释放出 H_2O 和 CO_2，实现化学能的转化和转移。所合成的 ATP 作为细胞的能量资源贮存于细胞内，保障细胞各种活动过程的能量供给。植物细胞同时具有叶绿体和线粒体，是具有双动力系统的细胞；动物细胞只有线粒体，是单动力系统细胞。自然界的动物通过一系列进化已经形成了基本稳定的食物链关系，但该食物链的前端均以绿色植物为基础食物。动物细胞以线粒体代谢为基础的能量代谢系统，把食物营养中的化学能快速转化为热能，快速合成 ATP。肌肉利用 ATP 所载荷的自由能进行收缩和舒张，完成多种机械功。总之，动物把所获得的部分化学能快速转化为动能和机械能，满足动物快速空间移动的能量需求。另外，动物的一些活动同时也能有效地帮助植物，为植物服务，例如传播植物种子、驱虫除害和改变其生存环境等。这样，H_2O 与 CO_2 两个小分子通过叶绿体和线粒体两个细胞器的代谢，完成了自身的循环，实现了太阳能的转化、储存、分配与应用。

$$nCO_2\ (g) + nH_2O\ (l) \xrightarrow[\text{叶绿体}]{h\nu} \underset{\text{(碳水化合物)}}{(C \cdot H_2O)_n}\ (l) + nO_2\ (g)$$

$$\underset{\text{(碳水化合物)}}{(C \cdot H_2O)\ n}\ (l) + nO_2\ (g) \xrightarrow[\text{线粒体}]{} nCO_2\ (g) + nH_2O\ (l)$$

（5）能量载体分子 ATP 的应用。ATP（三磷酸腺苷）和 ADP（二磷酸腺苷），是生物体系中的一对能量载体分子，在生物体内担负着能量的储存、传输和转化任务。在细胞的代谢过程中，如有产生多余的能量，则 ADP 磷酸化生成 ATP，储存能量；如果需要能量，则 ATP 水解生成 ADP，放出能量，而这一过程与水分子的生灭相耦合。细胞利用 ATP 的能量资源来完成各种耗能过程，如合成各种生物活性物质，进行各种离子或其他物质的主动转运，维持细胞两侧离子浓度差所形成的势能、蛋白质分子的构象变化及筋膜或肌纤维的收缩和舒张等。

综上所述，不论是在地球环境中，还是在生物体内，水的运动总是与能量的吸收、储存、运输、转化和释放等过程紧密结合。水的相对分子质量虽小，却有如此的功能和威力，一方面是水分子富有“自我牺牲精神”和“顽强的生命力”，在经历一番“粉身碎骨”后，又能“涅槃重生”；另一方面是水分子充分展现了“团结就是力量”“群策群力”的作用，正是“生灭造化无自我，管控能量有作为”。

三、水与地球生命

1. 水和含碳无机小分子组装成为氨基酸分子，开启地球生命的进化之旅

正如前文所述，1953 年，Miller S. L. 在《科学》（*Science*）上发表文章：模拟地球原始气体（H_2O、CO、CH_4、NH_3、N_2）在放电作用下反应生成氨基酸分子（实验装置如图 1.2 所示）。Miller S. L. 的文章，探讨了几十亿年前地球环境中生命进化的分子机制，揭示地球环境中生命开启分子进化的关键一步：从无机分子到有机分子的跨越。今天，科学家把水的存在作为星球上生命可能存在的前提和象征。外太空星球生命存在的关键前提条件就是水。有水才有可能有生命，没有水就不可能有生命。

水不仅仅是生命的象征，今天地球上的一切生命均是水演化的结果，一切的生命形态都是水的生命表达。

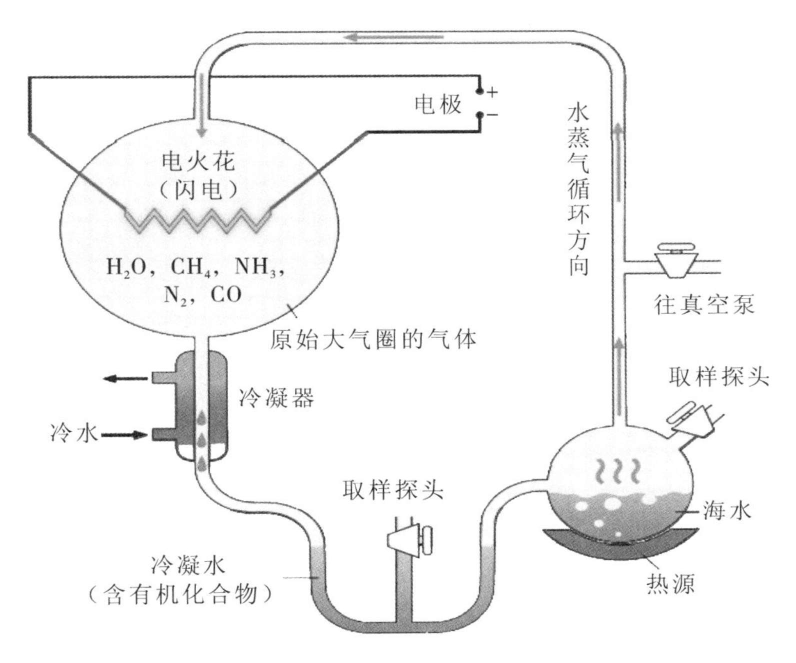

图 1.2 Miller 实验示意图

2. 水，介导生物大分子的组装，介导生命代谢的基本过程

在生物体内，每一种生物分子都必须组装成为特定的形态，才能发挥其特定的生物功能。组装是以有序化为基础，以功能化为效果的。有机分子通过这样的组装，从无序到有序，从没有功能到有功能。例如，氨基酸组装形成蛋白质分子。

DNA 双螺旋链的形成也是在水的介导下完成的。胞嘧啶、胸腺嘧啶、鸟嘌呤和腺嘌呤 4 种碱基、磷酸和 D－2－脱氧核糖在水的介导下组装而形成 4 种脱氧核糖核苷酸分子。这 4 种脱氧核糖核苷酸分子独立存在时均不具备 DNA 分子的任何功能，但当这 4 种脱氧核糖核苷酸在水的介导下进一步组装形成 DNA 分子时又赋予了 DNA 分子的特定功能。DNA 双螺旋链的复制机制决定了细胞的分裂生长机制。DNA 双螺旋链储存了生物的全部遗传信息，记录并积累生物进化的全部成果，是生物生生不息的密码所在。

3. H_2O 和 CO_2 协同调控地球的气候

八亿年前，地球处于雪球时期，是火山喷发的 CO_2 气体提升了大气层的保温能力，降低了地球表面的能量反射，从而使地球表面部分冰雪消融，地球才出现了盎然生机。

现在，H_2O 和 CO_2 共同调控地球的气候，维持了特定的平衡，并共同推动地球生态系统的进化。

水以不同的形态存在于地球表面，包括大气与山泽之间。水演绎着多姿多彩的地球气候，推动着地球的生态进化。

第三节　“生物无机化学”和“无机生物化学”

在概念上，按照文献①②的表述，“生物无机化学”和“无机生物化学”可以认为是同义的概念。事实上，国际学术会议名称和书刊也有两种表达方式。例如，美国化学家 Schrauzer 创刊并主编的期刊，1971 年创刊时名为 Bioinorganic Chemistry，1979 年更名为 Journal of Inorganic Biochemistry；国际生物无机化学学会（The Society of Biological Inorganic Chemistry，1995 年成立）于 1996 年出版的会刊，名称为 Journal of Biological Inorganic Chemistry；在国内，迄今为止所有的学术会议名称、教材和专著均用“生物无机化学”。然而在生命科学领域的研究方法或思维模式方面，确实有两种相反相成的方法或方向：一是还原降解，即“微分”模式；另一是组装集成，即“积分”模式。人体组织器官的 3D 打印，是典型的组装集成过程，但必须依赖还原降解的研究结果为设计依据。生命科学，如果没有“微分”思维模式的研究，就难以达到微观精细的准确描述；如果没有“积分”模式的研究，就无法实现宏观整体的确切把握！本书作者建议，赋予“生物无机化学”和“无机生物化学”这组概念另一层含义，使其分别代表着两种相反相成的思维模式。

---

① 王箴．化工词典［M］．4 版．北京：化学工业出版社，2000.

② 计亮年，毛宗万，黄锦汪，等．生物无机化学导论［M］．4 版．北京：科学出版社，2010.

第四节　撰写思路与特色

在地球环境中，物质的“组装与进化”也是元素“迁移演化”的一种形式，或者说是元素“迁移演化”结果的某种表达形式。本书所指的“进化”，是特指因结构层次的递增而产生的功能提升或突变。因此，“进化”与“组装”这对概念是密切相关的。这样，无机小分子组装成为有机分子（特别是氨基酸分子等），有机小分子组装成为生物大分子，磷酸酯和相关蛋白质分子组装成为细胞膜和细胞骨架……都是一种功能突变，都属于分子进化。本书通过“组装”与“进化”这些概念的引入，力图把物理化学基本原理、分子机制的精细描述与细胞功能和生命现象的整体把握相结合。本书在结构编排上，前半部分为基本原理，属于“组装与进化”；后半部分为元素生物化学各论。这与无机化学教材的结构相似。“组装与进化”，借鉴微积分的思想方法，围绕着物质的基本属性（关系、质量、能量、时空和信息），来阐述物质的演化过程。本书试图把哲学、人文与自然科学进行有机融合。本书的特色还体现在以下四方面：

1. 从原子、分子和细胞三个层次来表达物质的组装和结构关系

原子是物质基本粒子（质子、中子和电子）的组装体系；分子是原子的组装体系；细胞是分子的组装体系。进一步延伸，动植物组织器官是细胞的组装体系……以这样的方式来表述原子结构、分子结构与化学键理论，可以很自然地与后续内容连贯起来。

2. 分子的组装涉及两种作用力

两种作用是指强相互作用（化学键）和弱相互作用（分子间作用力、超分子作用）。对生物大分子来说，两种作用力都同样重要。本书把化学键的形成表述在组装概念中，更适合生命体系的精细描述。

3. 在介绍化学热力学内容时，突出介绍化学反应的组装

化学反应的组装相当于化学反应的耦联。在特定的温度和压力条件下，所有热力学不利的化学反应都可以通过和热力学有利的特定反应的耦联成为热力学有利的反应来实现。事实上，在细胞环境中，酶的催化作用就是这样的机制。因此，我们介绍分子组装和化学反应的组装，能够帮助学生更好地理解酶的催化过程和催化机理；生物体内生化反应与过程的基本特点，即所有的生化反应与过程都是在细胞环境（常温常压）下精准受控地进行，整个反应进程均受到精细和准确控制，反应涉及的能量得到充分地利用和有效供给；反应物充分满足，产物得到合理应用和及时运输转移，可能产生的不良因素得到有效防控。

4. 在讨论元素周期律时，引入了“前线电子构型”概念

前线轨道理论是解释有机化学中成键规律的定性理论，由日本化学家福井谦一提出。分子进行化学反应时，最高占据轨道具有特殊地位，反应的条件和方式取决于前线轨道的对称性。HOMO 和 LUMO 对分子特性的影响，特别是对反应机理的影响规律，能够较好地解释分子轨道对称守恒原理的结论。实际上，原子之间能否成键，涉及三个基本关系：轨道—轨道，轨道—电子，电子—电子。“前线电子构型”（涵盖“价层电子构型”）可以很好地体现这些基本关系。例如，氧族元素的“前线电子构型”分别是：O（$2s^22p^4$）、S（$3s^23p^43d^0$）、Se（$3d^{10}4s^24p^44d^0$）、Te（$4d^{10}5s^25p^45d^0$）、Po（$4f^{14}5d^{10}6s^26p^46d^0$）。这样，氧族元素性质的相似性和差异性一目了然。用“前线电子构型”讨论元素周期律时，规律性清晰明了，不再出现“特殊性”和“例外情形”。

第二章　基本粒子的组装与原子结构

原子是物质发生化学反应的基本单元。因此，要认识生命的物质基础，必须从原子开始。原子是可以再进一步细分并具有特定内部结构的。现代化学把质子、中子和电子界定为原子的基本组成，并把质子、中子和电子称为物质的基本粒子。事实上，基本粒子其实并不“基本”，这些基本粒子还可以进一步细分，但那已经不是化学家所关注和研究的范畴。“原子结构”不能简单地理解为只是原子内部基本粒子的一种空间分布状态。“原子结构”一词具有丰富的内涵，为了理解“原子结构”的内涵，我们有必要先介绍原子（物质）的基本属性。

第一节　原子的基本属性

原子具有五个基本属性：①质量（m），②能量（E），③关系（R），④时空［t；r，θ，ϕ（x，y，z）］，⑤信息（I）。

1. 质量（m）

每个基本粒子的质量分别如下：中子为$1.674\,928\,6\times10^{-27}$千克，质子为$1.672\,621\,637\times10^{-27}$千克，电子为$9.109\,382\,15\times10^{-31}$千克。由此可见，中子和质子的质量具有相同的数量级，相比之下，电子的质量可以忽略不计，因此原子的质量取决于其质子和中子的数目。为简单起见，原子的质量用质量数计算。原子的相对质量是元素的平均原子质量与核素^{12}C原子质量的1/12之比，简称相对原子质量，用符号A_r表示。

2. 能量（E）

根据爱因斯坦的质能方程（见式2－1），所有具有质量的粒子均具有能量，质量是能量的一种存在形式。换句话说，能量也是物质的一种固有属性。

$$E=m\cdot c^2 \quad (2-1)$$

但质能方程所描述的能量并不是物质的化学能。所有的化学反应方程式，均遵循两个守恒定律，即质量守恒定律和能量守恒定律。依据爱因斯坦的质能方程，质量守恒和能量守恒是互为前提的。化学反应方程式所表征的变化是原子关系状态的变化以及由此产生的能量变化（能量的转移和转化），即化学能源与物质之间原子关系状态的变化。

3. 关系（R）

关系指关系法则、关系格局和关系状态等。关系法则是客观存在的，数学方程、物理定律均属于关系法则，科学家揭示和表述关系法则通常以“数、理”方式呈现；关系格局和关系状态是关系法则自我表达出来的一种结果，一种与“数、理”相对应的“象”。

现代物理学发现，每一种物质的基本粒子都有其反粒子，如反质子、反中子和反电子（带正电的电子）。这样，反质子和反中子组成反核子，反核子和反电子组成反原子，由反原子组成反物质。反物质是相对于物质的“关系属性”而言，反物质与正物质构成了一对“阴阳关系”。阴阳关系法则是普遍作用的基本法则。

阴阳关系、质量守恒定律、能量守恒定律、质能关系方程、薛定谔（Schrödinger）方程、测不准关系和热力学定律等都是支撑现代化学理论的基本关系法则。

简单地说，现代化学就是一门研究原子关系的学科。化学反应方程式所描述的是原子之间关系的变化；元素的原子与其他原子建立关系即形成化学键；元素的原子与其他原子建立关系的能力取决于原子的内部关系格局。

4. 时空［t；r，θ，ϕ（x，y，z）］

原子的时空属性是与原子的存在状态、运动状态和内外关系格局不可分割的基本要素；时间与空间也是不可分割的。只有在足够长的时间区间内观察原子运动状态的情况下，时间变量近似为常数。这种情况下，描述原子运动状态的方程称为不含时间变量的方程。例如，不含时间变量的薛定谔方程见式（2－2）：

$$\hat{H}\Psi = E\Psi \qquad (2-2)$$

式（2－2）又称为“定态薛定谔方程”。其意义是：将哈密顿算符 $\hat{H}$ 作用于波函数 Ψ 时，得到的结果与同样波函数 Ψ 成正比，则波函数 Ψ 处于定态，比例常数 E 是量子态的能量。在这里 Ψ 标记设定的波函数和其对应的量子态。引用线性代数术语，该方程为“能量本征薛定谔方程”，E 是“能量本征值”

或“本征能量”。

描述原子外部关系时，用三维直角坐标；描述原子内部关系时，既用三维直角坐标，也用球坐标。两种坐标系如图 2.1 所示。

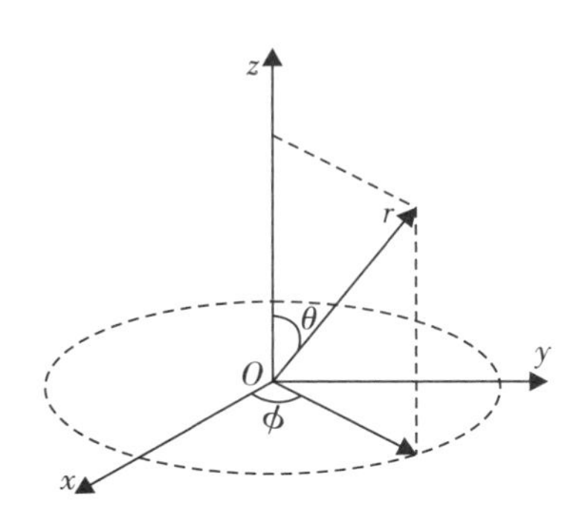

图2.1　直角坐标与球坐标的关系

薛定谔方程在球坐标中的波函数 Ψ 是：

$$\Psi(r, \theta, \phi) = R(r)\, Y(\theta, \phi) \qquad (2-3)$$

式（2－3）中 $R(r)$ 为径向波函数，$Y(\theta, \phi)$ 为角度波函数。

“原子结构”这一概念具有“象、数、理”三层含义：“理”是承载在原子中的关系法则，换言之，就是原子结构理论，原子结构理论是量子力学在化学领域的应用成果，即量子化学；“数”是由关系法则所统摄而形成的原子内部关系格局和状态；“象”是“数”的时空表达。原子结构的“象、数、理”是统一的。图 2.2 是氢原子结构之“象”。如果电子没有高速运动，则氢原子几乎是虚空的。氢原子（H）的半径是 37pm，而氢离子（H^+）的半径是 0.001pm，从这些数据可以看出氢原子的结构与时空特性。

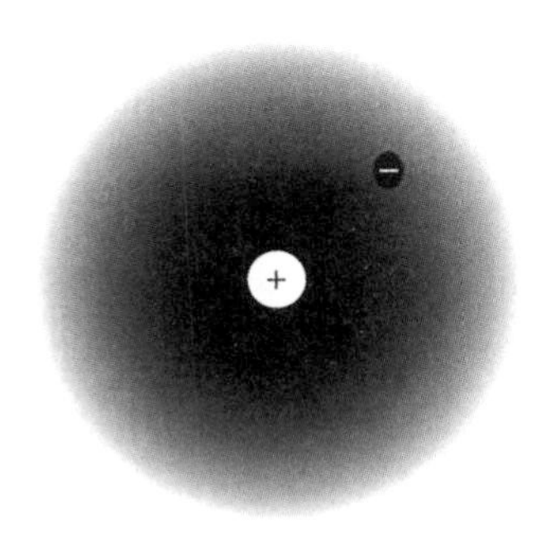

图 2.2　原子结构之“象”：氢原子

原子的基本关系格局分空间关系、数量关系和阴阳关系三个方面。

空间关系有：

（1）原子的核内：质子与中子；

（2）原子核的内外：原子核与电子；

（3）原子的核外：轨道与电子；

（4）原子之间：化学键形成与否；

（5）原子与环境：原子与各类力场、光、量子……

数量关系有：

（1）原子质量数 = 中子数 + 质子数；

（2）原子序数 = 质子数 = 核外电子数。

阴阳关系有：

（1）质子与电子：质子带正电荷（阳），电子带负电荷（阴）；

（2）电子与轨道：电子有实相（阳），轨道属虚空（阴）；

（3）原子核内外：原子核（阳），核外（阴）；

（4）波粒二象性：粒子性（阳），波动性（阴）；

（5）电子的自旋：电子对自旋分阴阳。

运动是原子的固有属性，但运动属性涵盖于时空属性中。运动与时空是不可分割的。关于原子的运动有两层意义：一是原子作为一个整体相对于外部时空关系的运动；一是原子内部粒子（如电子）相对于内部时空关系的运动。

对于具有波粒二象性的微观粒子（如电子），不能同时测准其位置和动量：

$$\Delta x \cdot \Delta p_x \geqslant h/4\pi \qquad (2-4)$$

式（2－4）中 Δx 表示位置的测不准量，Δp_x 表示动量的测不准量。测不准原理是德国的 Heisenberg 于 1927 年提出的。表达测不准原理的式（2－4）称为测不准关系式。测不准关系式也体现了原子的内部关系格局与时空特性。

5. 信息（I）

原子的信息属性是原子的固有属性。有关原子的信息，有两层不同的含义：一是原子基本属性的自我表达；一是人脑对原子的认识。人脑对原子的认识源于原子基本属性的自我表达，并且只能是原子自我表达信息的一部分。原子基本属性的自我表达方式决定了原子的“行为特性”。通常有关原子各种“性质”的表述，均属于信息范畴。

物质的信息属性源于原子的信息属性，但又不完全等同于原子的信息属性。因为物质的大部分信息源于其原子的高级组装，即源于其原子的外部关系格局。对特定的物质进行某种性质测定，实际上就是构建一个特定的通信系统，采集、接受该物质所表达出来的信息；或给该物质发出某种信息，同时接受其应答信息，并解读其含义，以便掌握有关该物质的某种属性（信息）。例如通过质谱分析，可以得到元素的原子的质量信息。图 2. 3 是 Se 原子的质谱图，从图 2. 3 还可获得 Se 稳定同位素的天然丰度数据。所谓的“暗物质”（dark matter），是相对于物质的信息属性而言的。“暗物质”是一种能干扰星体发出的光波或引力，现有理论无法解释此现象，现有技术手段无法直接观测得到其属性的“物质”。与“暗物质”相应，有“暗能量”的存在。

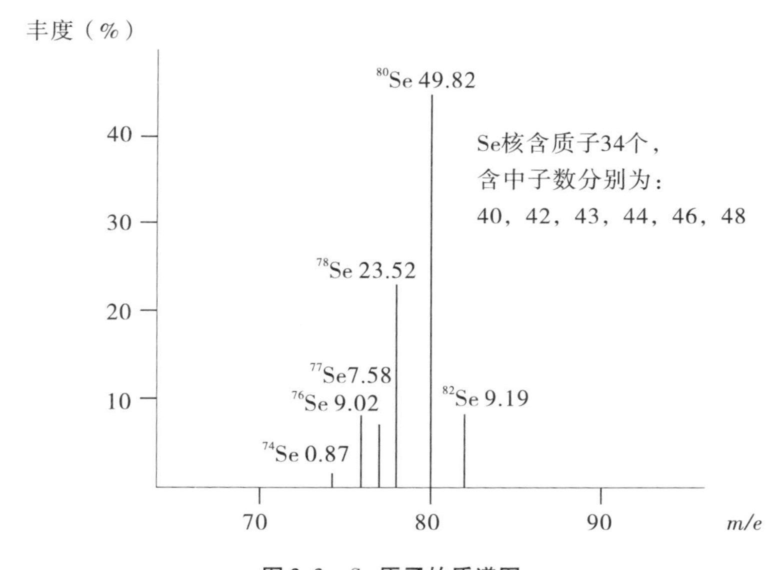

图 2. 3　Se 原子的质谱图

物质之间的一切相互作用均始于其信息交互作用。物质的原子之间通过信息交互（通信联系）后，如果发生关系格局的改变，则产生化学反应。从这个意义上讲，现代化学就是一门研究原子通信、分子通信和原子关系变化规律的学科。

第二节　单电子原子体系

从前面的分析结果可知，原子是由质子、中子和电子三种基本粒子组装而成的球状体。质子和中子位于原子核内，电子位于原子核外。因此，原子的内部时空关系为：①原子的核内：质子与中子；②原子核的内外：原子核与电子；③原子的核外：轨道与电子。

薛定谔方程，即式（2－2），是解决原子中电子运动状态的基本方程。在解单电子、多电子原子体系的薛定谔方程的过程中，将导出并引入一系列关系规则。

解单电子原子体系薛定谔方程得到的结果：电子在原子核外运动的轨道（简称原子轨道，下同）是一个三变量 r，θ，ϕ 和三参数 n，l，m 的波函数：

$$\Psi_{n,l,m}(r,\theta,\phi)=R_{n,l}(r)\,Y_{l,m}(\theta,\phi) \qquad (2-5)$$

式（2－5）中 $R_{n,l}(r)$ 为径向波函数，$Y_{l,m}(\theta,\phi)$ 为角度波函数；n，l，m 分别称为主量子数、角量子数和磁量子数。对应于一组合理的 n，l，m 取值则有一个确定的波函数。n，l，m 的取值规则也就是轨道的关系规则：

主量子数 $n=1$，2，3，……常用 K，L，M，N，……表示；

角量子数 $l=0$，1，2，……，$(n-1)$，常用 s，p，d，f，……表示；

磁量子数 $m=0$，±1，±2，……，±1，共 $(2l+1)$ 取值。

主量子数 n 决定了电子出现的最大概率的区域离核远近；角量子数 l 决定了电子的角动量、电子云的形状；磁量子数 m 决定了原子轨道空间伸展方向，即原子轨道在空间的取向。s 轨道 1 个方向（球形），p 轨道 3 个方向，d 轨道 5 个，f 轨道 7 个。s、p、d 轨道的空间取向见图 2.4。

单电子原子轨道能级由径向波函数 $R_{n,l}(r)$ 决定。径向波函数 $R_{n,l}(r)$ 与主量子数 n 和角量子数 l 相关。对于单电子原子体系，其能级实际上由其主量子数 n 决定。单电子波函数相应的能量：

$$E_i=-13.6\,(Z^2)\,/\,(n^2) \qquad (2-6)$$

其中 Z 为核电荷，n 为主量子数。E_i 为各轨道的能量，单位是 eV。轨道能级次序为：

(1s) (2s，2p) (3s，3p，3d) (4s，4p，4d，4f) (5s，5p)

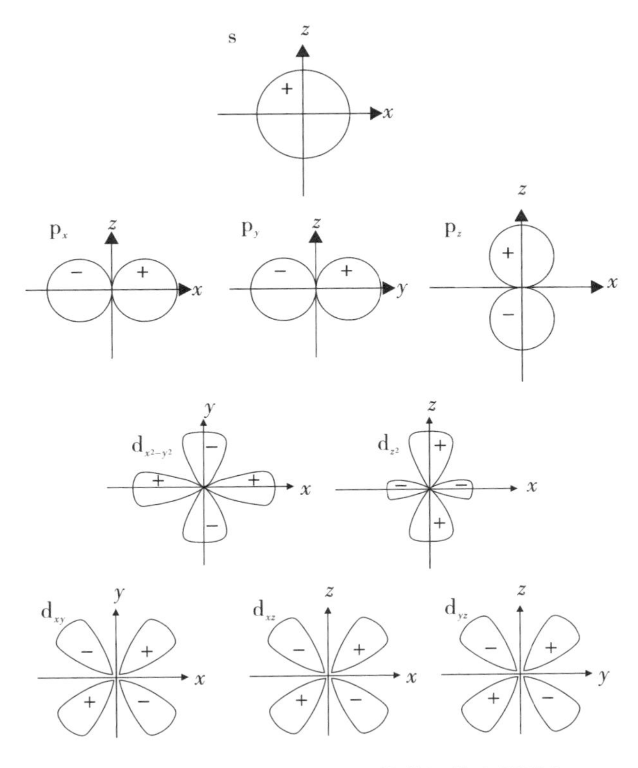

图 2.4　原子轨道（s、p、d 轨道）的空间取向

根据式（2－6），对于氢原子来说，$Z=1$，因此 $n=1$ 的 1s 轨道能量（－13.6eV）最低，是氢原子的基态；$n=2$ 的 2s 和 2p 轨道能量（－3.4eV）其次，是氢原子的第一激发态。轨道（2s，2p）和（1s）之间的能量差是 10.2eV。作为比较，类氢离子 He^+ 的 $Z=2$，其 1s 轨道的能量是－54.4eV；2s 和 2p 轨道能量是－13.6eV。类氢离子 He^+ 的轨道（2s，2p）和（1s）之间的能量差是 40.8eV。

第三节　多电子原子体系中的单电子

比较多电子原子与单电子原子两种体系之间的内部时空关系格局可知，多电子原子相对于单电子原子，体系的关系格局有三种变化。①原子的核内：质子和中子数目增多，核的电场增强；②原子核的内外：原子核对多个电子同时产生作用；③原子的核外：轨道—轨道、轨道—电子、电子—电子多层关系。

针对以上变化，需要做必要的近似处理并引入一些关系规则。例如，针对第②点，考虑该体系中某个特定的电子，把其余的电子对该电子的作用近似为屏蔽部分核电荷，则可以最大限度应用单电子原子体系的结果；针对第③点，引入一些规则分别处理轨道—轨道、轨道—电子、电子—电子之间的关系。

1. 屏蔽常数 δ_i 及其计算方法，按照 Slater 规则计算屏蔽常数 δ_i

（1）计算按照顺序和分组写出元素的电子组态（1s）（2s，2p）（3s，3p）（3d）（4s，4p）（4d）（4f）（5s，5p）（6s，6p）。

（2）对于（ns，np），右边任何一组的电子 $\delta=0$。

（3）（ns，np）组内电子 $\delta=0.35$（1s 的 $\delta=0.30$）。

（4）（$n-1$）组的电子 $\delta=0.85$。

（5）（$n-2$）组的电子 $\delta=1.0$。

（6）nd、nf 组左边各组的电子 $\delta=1.0$。

2. 有效核电荷 Z^* 和原子轨道能 E_i

$$Z^* = Z - \delta_i \tag{2-7}$$

$$E_i = -13.6\ (Z^{*2})\ /\ (n^2) \tag{2-8}$$

式（2-7）和（2-8）中，Z 为核电荷，Z^* 为有效核电荷，n 为主量子数。式（2-8）与（2-6）形式相同。

3. 电子与轨道的关系规则（一）

（1）Pauli 不相容原理。每个原子轨道中最多容纳两个自旋方向相反的电子。按照 Pauli 不相容原理，在多电子原子体系中，要完整描述电子状态，必须要四个量子数。自旋磁量子数（spin quantum number）*ms* 不是薛定谔方程的解，而是作为实验事实接受下来的。自旋磁量子数 *ms* 的取值是 ±1/2，电子自旋方向表示为↑↓。电子对在轨道上的自旋运动好比阴阳太极鱼，被称为化学中的太极，如图 2.5 所示。

图 2.5　电子对在轨道上的自旋运动（化学中的太极）

（2）Hund 规则。在简并轨道，电子尽可能分占不同的轨道，且自旋平行。

（3）最低能量原理。电子应先尽可能地分布在低能级轨道上，使整个系统能量最低。

4. 能学概念

（1）轨道能。单电子波函数相应的能量 E_i，近似于该轨道上所有电子的平均电离能的负值。

（2）电子结合能。电子从指定轨道上电离所需的能量，可从电离能或原子光谱测定得到。

（3）能级。由体系总能量决定的排布电子的能量高低顺序。

（4）能量简并。不同原子轨道具有相同能量的现象称为能量简并。角量子数 l 相同，磁量子数 m 不同，即形状相同，空间取向不同的原子轨道是简并的。

（5）能级组。能级相近的一组轨道：主要是相同主量子数，不相同角量子数的轨道组；但由于屏蔽效应，有少数跨主量子数能级相近的轨道组。

例 1：He 原子基态（$1s^2$）的第一电离能（I_1）为 24.6eV，第二电离能（I_2）为 54.4eV。计算轨道能和电子结合能。

解：根据以上定义得到：

He 原子 1s 轨道的电子结合能为 −24.6eV，

He 原子 1s 原子轨道能为 $-(24.6+54.4)\times 1/2=-39.5\text{eV}$

也可以用式（2−7）和（2−8）直接计算，根据 Slater 规则，由于 1s 的 $\delta=0.30$，所以 He 原子 1s 原子轨道能：

$$E_i=-13.6\ (Z^{*2})\ /\ (n^2)\ =-13.6\ (2-0.3)^2/\ (1^2)\ =-39.3\ (\text{eV})$$

5. 电子与轨道的关系规则（二）

（1）多电子原子核外电子轨道能级序列为：（1s）（2s，2p）（3s，3p）（3d）（4s，4p）（4d）（5s，5p）（4f）（6s，6p）。徐光宪从光谱数据归纳得到以下经验规律：

①原子的外层电子，$(n+0.7l)$ 越大，能级越高；

②离子的外层电子，$(n+0.4l)$ 越大，能级越高；

③原子或离子的内层电子，能级高低决定于 n 的大小。

（2）轨道能级序列与电子排布规则：

①电子是在原子核外距核由近及远、能量由低至高的不同能级组上排布形成电子层；电子一般总是尽可能先排在能量最低的能级组，依次形成能量由低向高的电子层：K 层（$n=1$），L 层（$n=2$），M 层（$n=3$）……

②相同 l 的能级组（亚层）最多容纳的电子数为 2（$2l+1$）个，即 s^2，p^6，d^{10}，f^{14}；

③每层最多容纳的电子数为 $2n^2$ 个；

④最外层电子数不超过 8 个（最外层若为第一层则不超过 2 个），次外层不超过 18 个，倒数第三层不超过 32 个。

以上规则总结如图 2.6 所示。地球环境中 100 多种元素，逐一把每种元素的原子的核外电子依此规则进行排布，结果如图 2.7 所示。

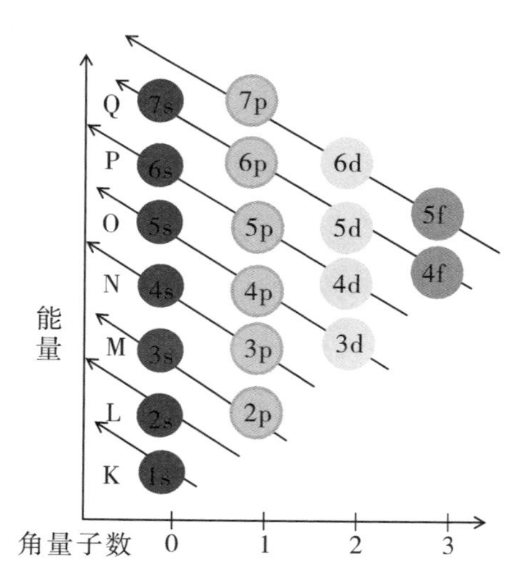

图 2.6　多电子原子的原子轨道能级与电子填充次序图

ⅠA																	0
H	ⅡA											ⅢA	ⅣA	ⅤA	ⅥA	ⅦA	He
3	4											5	6	7	8	9	10
11	12	ⅢB	ⅣB	ⅤB	ⅥB	ⅦB	Ⅷ			ⅠB	ⅡB	13	14	15	16	17	18
19	20	21	22	23	24	25	26	27	28	29	30	31	32	33	34	35	36
s						d				ds				p			
37	38	39	40	41	42	43	44	45	46	47	48	49	50	51	52	53	54
55	56	57-71	72	73	74	75	76	77	78	79	80	81	82	83	84	85	86
87	88	89-103	104	105	106	107	108										

镧系	57	58	59	60	61	62	63	64	65	66	67	68	69	70	71
							f								
锕系	89	90	91	92	93	94	95	96	97	98	99	100	101	102	103

图 2.7　元素的原子核外电子排布结果（表中数字为元素的原子序数 Z）

图 2.7 所反映的是氢（H）、氦（He）等 108 种元素（含天然和人造）原子关系格局的总体状况。这些元素的原子，其核外电子（核外电子总数等于该元素的原子序数 Z）排布结果以表格形式呈现，形成元素周期表。

对于 108 种元素的原子，表征其原子轨道的量子数仅需三个，即主量子数 n、角量子数 l 和磁量子数 m，其中角量子数 l 的取值仅用到 0（s 轨道）、1（p 轨道）、2（d 轨道）和 3（f 轨道）即可。正所谓“道生一，一生二，二生三，三生万物”也。

第四节　多电子原子体系的整体状态

通过对多电子原子体系的近似处理，考察了该关系格局中特定单电子的状态，获得了多电子原子体系的轨道能级序列和电子排布规则，认识了原子核外电子的组装规律，对多电子原子体系的整体状态有初步的了解。在此基础上，进一步考虑多电子原子体系中轨道—轨道、轨道—电子和电子—电子之间的相互作用，把握这种复杂的作用，描述该体系的整体状态。多电子原子（离子）体系的整体用电子组态或能态表示。

1. 能学概念

（1）电子组态。体系的电子在其轨道上按照一定规则所作的排布。例如，H、He 至 F 等原子的电子组态分别是 H（$1s^1$），He（$1s^2$），Li（$1s^22s^1$），Be（$1s^22s^2$），B（$1s^22s^22p^1$），C（$1s^22s^22p^2$），N（$1s^22s^22p^3$），O（$1s^22s^22p^4$），F（$1s^22s^22p^5$）。

（2）全充满，半充满状态。相同 l 的亚层，排布电子数达到 $2(2l+1)$ 个为全充满；排布电子数达到 $(2l+1)$ 时为半充满。

（3）空轨道。空位能量简并的轨道中，部分没有排布电子的轨道为空轨道；每个空轨道有 2 个空位。这样，半充满的 l 的亚层，有 $(2l+1)$ 个空位。

（4）空位组态，共轭组态。没有充满的 l 亚层，每一个电子组态中都有空位信息，空位的状态称为空位组态。电子与空位是一对阴阳（共轭）关系，电子数与空位数相同的组态构成共轭组态，即组态 l^x 与组态 $l^{2(2l+1)-x}$ 为共轭组态，如 p^1 与 p^5、p^2 与 p^4 均是共轭关系。

（5）能态谱项。体系的一种整体的运动状态称为能态。能态用谱项波函数描述，简称谱项，用一组量子数表示，并用大写字母标记。总的轨道角动量量子数 L，总的自旋量子数 S 和总的角动量量子数 J，与单电子轨道角动量矢量 l，单电子自旋角动量矢量 s 的关系分别为：

$$L = \sum l_i \tag{2-9}$$

$$S = \sum s_i \tag{2-10}$$

$$J = L + S \tag{2-11}$$

以上均为矢量和，谱项符号表示形式为 $^{2S+1}L_J$。$2S+1$ 称为该状态的自旋多重性。J 的取值为：

$$J = L+S,\ L+S-1,\ \cdots\cdots,\ |L-S| \tag{2-12}$$

当 $L=0, 1, 2, 3, 4, \cdots\cdots$ 时，谱项符号分别为 S，P，D，F，G，……

例如，状态 $^4G_{7/2}$ 表示 $L=4$，$S=3/2$，J 可以取值为 11/2，9/2，7/2 和 5/2。

为了方便推导多电子原子体系的整体状态，还需要用到 L，S 和 J 在 z 轴方向的分量，其数值大小分别 M_L，M_S 和 M_J，这时

$$M_L = \sum (m_l)_I = L,\ L-1,\ \cdots\cdots,\ -L \tag{2-13}$$

$$M_S = \sum (m_s)_I = S,\ S-1,\ \cdots\cdots,\ -S \tag{2-14}$$

$$M_J = M_L + M_S = J,\ J-1,\ \cdots\cdots,\ -J \tag{2-15}$$

需要强调的是，式（2－13）至式（2－15）中的加和是数学加和，而不是矢量加和。根据电子与轨道的关系规则和式（2－13）至式（2－15），可以推导出亚层谱项的两条规律及各组态的谱项。

2. 亚层谱项的规律

具有相同 l 的亚层，其谱项有两个规律：

（1）全充满的亚层，其谱项只有一种状态 $^1S_0$，如表 2－1 所示。

（2）空位组态与其共轭的电子组态具有相同的谱项。

根据规律（1），可以得到各亚层全充满组态的谱项，结果如表 2－1 所示。

表 2－1　全充满的组态谱项

组态	s^2	p^6	d^{10}	f^{14}
谱项	$^1S_0$	$^1S_0$	$^1S_0$	$^1S_0$

同理，对于硼 B（$1s^22s^22p^1$）至氟 F（$1s^22s^22p^5$），$1s^22s^2$ 均全充满，只需考虑 $2p^n$ 组态即可。进一步考虑组态的共轭关系，推导工作将大为简化。推导过程可参阅文献。表 2－2 给出了 p^n 和 d^n 组态出现的谱项。

表 2－2　p^n 和 d^n 组态出现的谱项

组态	LS 谱项
p^1，p^5	^2P
p^2，p^4	$^1S, ^1D, ^3P$
p^3	$^2P, ^2D, ^4S, ^3P\ (2), ^3D, ^3F\ (2), ^3G, ^3H, ^5D$
d^1，d^9	^2D
d^2，d^8	$^1S, ^1D, ^1G, ^3P, ^3F$
d^3，d^7	$^2D\ (2), ^2P, ^2F, ^2G, ^2H, ^4P, ^4F$
d^4，d^6	$^1S\ (2), ^1D\ (2), ^1F, ^1G\ (2), ^1I$
d^5	$^1S, ^2P, ^2D\ (3), ^2F\ (2), ^2G\ (2), ^2H, ^2I, ^4P, ^4D, ^4F, ^4G, ^6S$

3. 洪特规则

（1）S 规则。原子在同一组态时，S 值最大者能量最低。

（2）L 规则。相同的 S 值，L 值最大者能量最低。

（3）J 规则。少于半充满的组态，J 值最小的支谱项（$J=|L-S|$）能量最低；多于半充满的组态，J 值最大的支谱项（$J=L+S$）能量最低；半充满组态（S 谱项）无 J 支谱项。

洪特规则用于确定基谱项。其中（1）点根据 S 值判断，称为 S 规则；同理，（2）为 L 规则；（3）为 J 规则。根据洪特规则，可以推求多电子原子（或离子）的基态光谱项（基谱项）。

第五节　原子的“社交能力”——化学活泼性

了解原子的整体状态是为了理解和把握原子构建外部关系的能力。原子构建外部关系的能力，简而言之就是原子的“社交能力”，用化学语言来说就是原子的化学活泼性，简称化学活性。原子之间是通过轨道和电子建立关系的，轨道上的电子和空位是原子的“社交资源”。因此，原子的“社交能力”就是对“社交资源”的取舍或交换能力，可以用以下若干能学概念进行衡量。

1. 能学概念

（1）电离能。基态气体原子失去电子成为带一个正电荷的气态正离子所需要的能量称为第一电离能，用 I_1 表示；由 +1 价气态正离子失去电子成为 +2价气态正离子所需要的能量称为第二电离能，用 I_2 表示：

$$E\,(g) \longrightarrow E^{+}\,(g) + e^{-} \qquad I_1 \quad (2-16)$$

$$E^{+}\,(g) \longrightarrow E^{2+}\,(g) + e^{-} \qquad I_2 \quad (2-17)$$

电离能反映了原子给出电子（获得空位）的能力。电离能随原子序数变化而呈周期性变化（见图2.8）。

（2）电子亲和能。气态原子在基态时获得一个电子成为一价气态负离子所放出的能量称为电子亲和能。而负一价离子再获得电子时要克服负电荷之间的排斥力，因此要吸收能量。例如：

$$O\,(g) + e^{-} \longrightarrow O^{-}\,(g) \qquad A_1 = -140.0\,kJ \cdot mol^{-1}$$

$$O^{-}\,(g) + e^{-} \longrightarrow O^{2-}\,(g) \qquad A_2 = 844.2\,kJ \cdot mol^{-1}$$

电子亲和能反映了原子接受电子（或给出空位）的能力（见图2.8）。

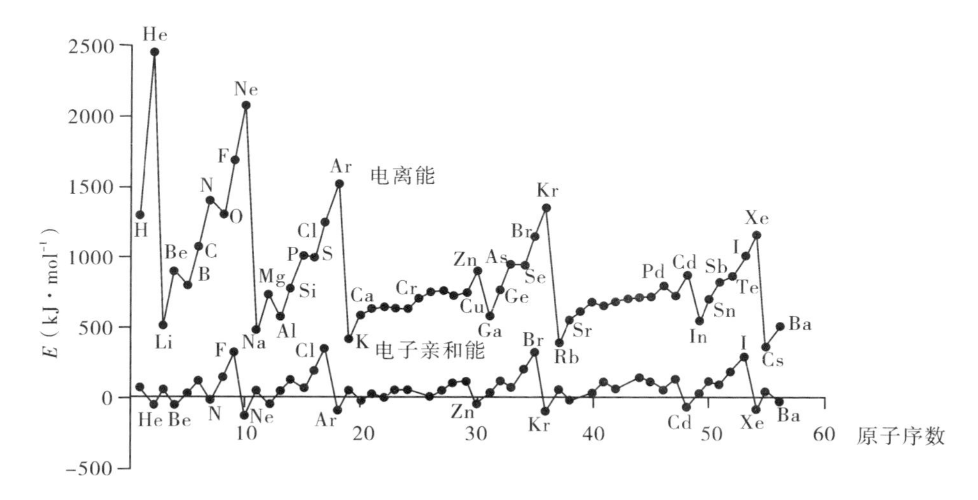

图 2.8　电离能和电子亲和能随原子序数的变化

（3）电负性。原子在分子中吸引电子的能力称为元素的电负性，用χ表示。电负性可以综合衡量各种元素的金属性和非金属性。同一周期从左到右电负性依次增大；同一主族从上到下电负性依次变小，F 元素的χ为 3.98，非金属性最强。

2. *原子核外电子排布特点与化学活性*

按照原子的轨道能级序列与电子排布规则，原子最外电子层只有 s^n 和 p^n 两个亚层（H 和 He 原子只有一个 1s 亚层）。当亚层是全充满状态时，其基谱项为$^1S_0$。元素周期表中的 0 族元素（He，Ne，Ar，Kr，Xe，Rn）均是具有$^1S_0$ 基谱项的原子，其最外电子层既没有空位，也没有成单电子，即没有“社交资源”，因此被称为 0 族元素，它们均以单原子气体形式存在。传统认为 0 族元素的化学惰性源于其原子结构具有理想的完美结构（相对稳定结构），不易失去电子，也不易获得电子，即缺乏化学反应的驱动力。在自然界中，为数众多的元素，其原子结构是不完美（破缺）的，这些原子具有重构完美结构的需求。重构完美结构的过程，就是原子构建外部关系的过程，也就是形成化学键的过程。

第三章　原子的组装与分子结构

这里所称的分子，是由其组成元素的原子通过共价键结合而形成的，具有一定空间构型和可观察质量的基本单元。揭示分子的组成、结构、性质及其内在联系是本章的任务。

简言之，分子是原子的一种组装体系，共价键是化学键的一种基本类型，共价键结合是原子的一种组装方式。那么，原子有哪些组装方式？如何组装才能形成分子呢？这需要从化学键谈起。

第一节　原子组装方式与化学键基本类型

化学键（chemical bond）的本质是原子之间的特定关系；是分子或晶体中相邻两原子或离子间的强烈作用力；涉及轨道和电子的关系，即原子之间是通过轨道和电子来建立关系的，轨道上的电子和空位是原子的“社交资源”。但并不是原子核外所有的轨道和电子都是形成化学键的“可用资源”，形成化学键的“可用资源”仅在原子的“前线轨道”上。“前线轨道”概念源于日本化学家福井谦一于1952年提出的分子前线轨道理论。福井谦一认为，分子进行化学反应时，最高占据轨道具有特殊地位，反应的条件和方式取决于前线轨道的对称性。HOMO（highest occupied molecular orbital，已占有电子的能级最高的分子轨道，简称为最高已占轨道）和LUMO（lowest unoccupied molecular orbital，未占有电子的能级最低的分子轨道，简称为最低未占轨道）对分子特性的影响，特别是对反应机理的影响，能够较好地解释分子轨道对称守恒原理。HOMO和LUMO统称为前线轨道。我们把前线轨道理论的原理应用于元素周期表中所有元素的原子成键特性分析，并把分子的前线轨道转化为原子“前线轨道”HOAO（highest occupied atomic orbital）和LUAO（lowest unoccupied atomic orbital)：HOAO 提供电子和空位；LUAO 提供空位。

HOAO 和 LUAO 的概念引入是可行的。HOAO 和 LUAO 是能级序列中相同或相近的原子轨道能级组，能量相近是有效组合分子轨道的前提条件。只有满足对称性匹配和能量相近这两个前提条件，电子和空位才能进行有效交换或交流。因此，只有 HOAO 和 LUAO 上的电子和空位才是形成化学键的可用资源。HOAO 和 LUAO 上的电子和空位的交换或交流方式，决定了元素的原子组装方式及化学键基本类型。

1. 化学键的基本类型

化学键分为金属键（metallic bond)、离子键（ionic bond）和共价键(covalent bond）三种基本类型。氢键（hydrogen bond）和配位键（coordinate covalent bond）属于特殊的共价键。

（1）金属键。金属晶格中的原子或离子通过共享价层电子结合一起的作用力；每个原子的价电子都成为公共资源。金属键的特点是：无方向性，无固定的键能，金属键的强弱和共享价层电子的多少有关，也和原子半径、电子层结构等因素有关。金属键的形成特色可概括为：“大家好，才是真的好!”

（2）离子键。正、负离子间靠静电作用形成。离子键也可以看成共价键竞争电子对的一种极端情形。竞争的最后结果是：电子少（最外层电子数 <4）的原子失去其“多余”的外层电子形成阳离子（给出电子，获得空位，形成完美结构的阳离子)；电子多（最外层电子数 >4）的原子获得电子，补充其“不足”形成阴离子（获得电子，给出空位，形成完美结构的阴离子)。离子键的特点是：作用力的实质是静电引力，无方向性，无饱和性。离子键的形成特色是：“天之道，损有余而补不足。”

（3）共价键。原子间通过共享电子对而形成。正常共价键是每个原子各提供一个单电子和一个空位；配位键是中心原子或离子提供空位（空轨道)，配体原子提供电子对，因而配位键也被称为特殊共价键。共价键的特点：共用电子对在两核间概率密度最大，具有方向性，具有饱和性。共价键的形成特色是：“合作共赢，互助互利；既合作，又竞争。”

2. 原子组装体系

按照化学键基本类型，原子的组装体系通常有：通过金属键形成的金属晶体；通过离子键形成的离子晶体；通过共价键形成的共价分子和原子晶体等。需要指出的是：有些化合物含有多种化学键类型，同时也不是所有含共价键的原子组装体系都是分子。碳单质的三种同素异形体就是典型例子：在金刚石（diamond）晶格中每个碳原子和相邻四个碳原子以共价键相连，是原子晶体；石墨（graphite）层中每个碳原子和相邻三个碳原子以共价键相连，平面与平面之间通过 π－π 键堆积力结合，是原子—分子混合型晶体；富勒烯（Fullerene）C60 通过 20 个六元环和 12 个五元环连接而成，具有空心足球状的分子晶体（见图 3.1）。

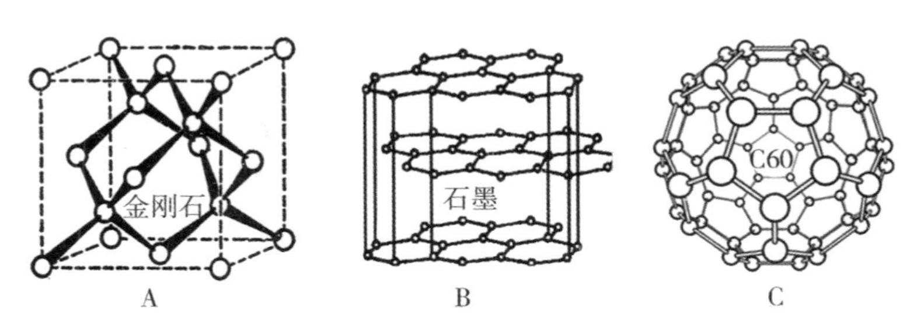

（A. 金刚石——原子晶体；B. 石墨——混合型晶体；C. 富勒烯——分子晶体）

图 3.1　碳的三种同素异形体的晶体结构

第二节　分子的基本属性

分子由原子组装而成，因此原子所具有的基本属性也是分子的基本属性，只是属性的内涵有所变化。

1. 质量（m）

分子的质量通常通过相对分子质量来体现，按其分子式计算，是组成元素的相对原子质量之和。

2. 能量（E）

分子的能量就是通常所指的化学能。分子的能量包含在分子的化学键及各种作用力中，当分子中的原子关系状态发生变化时，必定伴随着能量的变化（能量的转移和转化）。现代化学有各种测定或计算化学键键能的方法，但根据化学反应方程式所表征的原子关系状态变化以及由此产生的能量变化依然是测定和计算键能最基本的方法。

3. 关系（R）

分子的关系属性指关系法则、关系格局和关系状态等。阴阳关系、宇称关系、质量守恒、能量守恒和热力学基本定律等都是适合于分子的基本关系法则。

4. 时空（t，x，y，z）

分子的时空属性是与分子的存在状态、运动状态和内外关系格局不可分割的基本要素。分子内部、分子之间和分子与环境是分子的三个时空关系格局。

（1）分子内部：原子或离子之间的关系格局、化学键、分子结构。

（2）分子之间：分子通信、能量交换、化学反应、组装与构筑（生物大分子、细胞器等的形成）。

（3）分子与环境：分子与环境的通信、能量交换、时空变换等。

以上三个关系格局是密切相关并不断变换的。任何分子都不是独立存在的，也不能离开环境而存在，分子的一切行为都是在特定环境中进行的。环境既是分子的“居住场所”，也是分子的“社交场所”。分子与分子之间如果化合生成更大质量的分子，则原来分子之间的关系相应地转化为分子内部关系，反之亦然。关系格局的第（2）和第（3）点内涵非常丰富，因此将分别在其他章节详细阐述。本章重点阐述第（1）点。

分子时空属性的内部关系格局中包含了的分子结构性质，与原子结构的概念相似，“分子结构”也具有“象、数、理”三层含义：“理”是承载在分子中的关系法则，换言之，就是化学键理论。化学键理论和原子结构理论都属于量子化学理论。“数”是由关系法则所统摄的格局和状态。“象”是“数”的时空表达。分子的几何构型和空间对称性属于分子的“象”，群论是描述分子之“象”的专门领域。分子结构的“象、数、理”是统一的。图 3.2 是水分子结构之“象”和“数”。

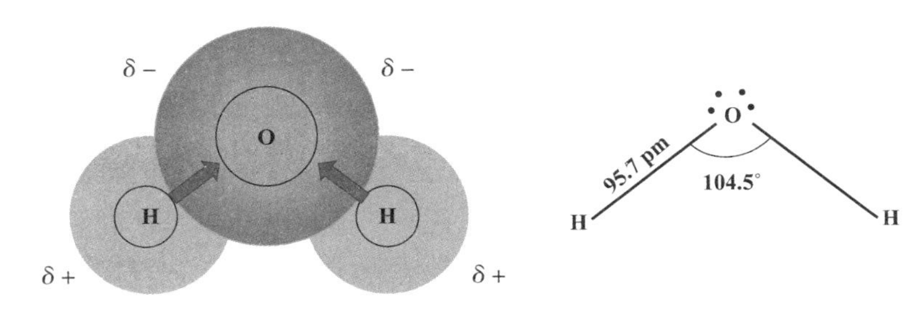

图 3.2　**水分子结构的“象”和“数”**

分子时空属性的内部关系格局中的一些动态事件的时间标度见表3－1。

表3－1　分子动态事件的时间标度

运动事件	时间标度	时间（s）	时间变化规律
电子运动	飞秒	10^{-15}	依次增大（↓）
电子跃迁			
电子转移			
键振动摆动			
弱键断裂	皮秒	10^{-12}	
小分子旋转平移			
强键断裂			
自旋轨道耦合	纳秒	10^{-9}	
大分子旋转平移			
超精细耦合	微秒	10^{-6}	

5. 信息（I）

分子的信息属性是分子基本属性的自我表达。一定种类和数量的原子组装形成不同物质（种类）的分子后，不同种类分子的信息总量不同，因为不同种类分子的内部关系格局不同。人们对有关分子各种物理化学性质的描述，是人们对分子基本属性的某些观察结果所获得的信息，实际上源于分子基本属性的自我表达。因为人们对特定物质分子进行某种性质测定，实际上就是构建一个特定的通信系统，采集、接受该物质分子所表达出来的信息；或给该物质的分子发出某种信息，同时接受其应答信息，并解读其含义，以便掌握有关该物质分子的某种属性（信息）。

有机结构分析中的波谱学就是各种对波谱与分子通信结果的解读。假定用一定波长的光与分子进行通信，现在考虑光子与分子的相互作用时间：如果把光的波长同光子的大小联系起来，则蓝光光子的大小是400nm左右，光子的行进速度是$3\times10^{17}\,nm\cdot s^{-1}$，一个蓝光子穿过空间中一个点所需的时间是：$t=d/v=400nm/3\times10^{17}nm\cdot s^{-1}\approx10^{-15}s$。这个时间相当于一个分子吸收这样一个光子所需的最大相互作用时间。一般说来，分子的发色基团的大小是

0.2～1nm，电子在轨道上的运动速度约为10^{15}nm·s^{-1}，在10^{-15}s内一个电子移动约1nm，据此可推断光子作用和电子运动这两者的时间标度是同数量级的。这就是分子体系中光谱事件的时间标度。各种结构分析技术的时间标度与分子光谱事件的时间标度是相匹配的（见表3－2）。

表3－2　结构分析技术的时间标度

结构分析	时间（s）
紫外光谱	10^{-15}
可见光谱	10^{-14}
红外光谱	10^{-13}
振动拉曼光谱	10^{-13}
穆斯堡尔谱	10^{-7}
电子顺磁共振	10^{-8}～10^{-4}
核磁共振	10^{-9}～10^{-1}
异构体的化学分离	100或更长

光子与分子相互作用引起分子中各种有关运动产生激发。激发态所需的能量为：

$$\Delta E = E_2 - E_1 = h\nu \quad (3-1)$$

式（3－1）中h是Planck常数，ν是发生吸收的频率（s^{-1}），E_2和E_1是单个分子在终态和始态时的能量。如果终态与始态间能量差$E_2 - E_1$以kJ·mol^{-1}为单位，吸收带的位置以波长λ（单位nm）或波数ν（$\nu = 1/\lambda$，单位cm^{-1}）来表示，则式（3－1）可写为：

$$\Delta E = E_2 - E_1 = 1.197 \times 10^{-2}\nu \quad (3-2)$$

$$\Delta E = E_2 - E_1 = 1.197 \times 10^{5}/\lambda \quad (3-3)$$

根据式（3－2）和（3－3），可以计算出不同波长的光子与分子的通信情况，即分子应答所产生的动态事件及其能学标度。结果如表3－3所示。

表 3－3　动态事件的能学标度

区域	波长 λ（nm）	波数 ν（cm^{-1}）	能量 ΔE（$kJ \cdot mol^{-1}$）	频率 f（s^{-1}）	在吸收或发射中涉及的结构和运动
紫外	200	50 000	598.3	1.5×10^{16}	电子—轨道运动
	250	40 000	478.6	1.2×10^{16}	
	300	33 333	398.7	1.0×10^{15}	
	350	28 571	341.8	8.7×10^{14}	
可见	400	25 000	299.2	7.5×10^{14}	
	450	22 222	265.7	6.6×10^{14}	
	500	20 000	239.3	6.0×10^{14}	
	550	18 182	217.6	5.4×10^{14}	
	600	16 666	199.6	5.0×10^{14}	
	650	15 385	184.1	4.6×10^{14}	
	700	14 286	170.7	4.2×10^{14}	核—振动运动
红外	1 000	10 000	119.7	5×10^{14}	
	5 000	2 000	24.3	6×10^{13}	
	10 000	1 000	12.0	3×10^{13}	电子自旋—进动运动
微波	10^{7}	10	0.1	3×10^{11}	
	10^{9}	0.1	1.3×10^{-3}	3×10^{9}	核自旋—进动运动
无线电波	10^{11}	0.001	1.3×10^{-5}	3×10^{7}	

第三节　化学键理论与分子结构

本节阐述分子结构的“象、数、理”及其内在联系。

分子结构的“理”即化学键理论。

1. 价键理论（valence-bond theory）

价键理论的基本原理：原子轨道最大重叠，重叠部分越大，两原子核间电子概率密度越大（电子云越密集），所形成的共价键越牢固；电子配对，自旋方向相反的未成对的价电子可以配对。

成键方式：两个原子核间的连线称为键轴，按成键轨道与键轴之间的关系，成键方式主要有 σ 键和 π 键两种。用形象化的描述，σ 键是以“头碰头”重叠；π 键是以“肩并肩”重叠。就对称性质而言，σ 键的键轴是成键轨道的任意多重轴；π 键的成键轨道对通过键轴的截面呈反对称。

以氮分子（N_2）为例。N_2 中两个 N 原子各有三个单电子，沿 z 轴成键时，p_z 与 p_z“头碰头”形成一个 σ 键，而 p_x 和 p_x，p_y 和 p_y 以“肩并肩”重叠形成两个 π 键。所以 N_2 分子的三个键中，有 1 个 σ 键、2 个 π 键，如图 3.3 所示。

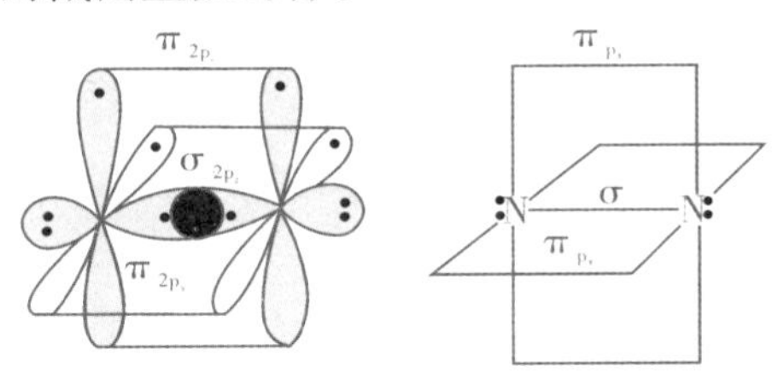

图 3.3　N_2 分子的成键方式

综上所述，价键理论中所提出的“原子轨道最大重叠”“电子配对”“σ 键”和“π 键”等都是化学键理论中非常重要的概念。

2. 杂化轨道理论（hybrid orbital theory）

杂化轨道理论是 Pauling 于 1931 年提出来的。杂化轨道理论发展了价键理论，可以对已知的构型进行解释。在形成多原子分子时，由于中心原子与配位原子的相互影响，中心原子若干不同类型能量相近的原子轨道混合起来，重新组合成一组新轨道，该过程称为杂化，所形成的新轨道被称为杂化轨道。n 个轨道杂化后得到 n 个杂化轨道。杂化轨道有自己的波函数、能量、形状和空间取向。中心原子的价电子将在杂化轨道上重新进行排布，使每个杂化轨道上都有 1 个单电子（同时有 1 个空位），然后与带有单电子（同时带 1 个空位）的配位原子进行电子配对而形成 σ 键。例如 CH_4 中的碳原子 sp^3 的杂化，然后与氢原子形成 σ 键，分子的空间构型为正四面体，CH_4 键角为 109°28′。

如果中心原子的价电子数多于杂化轨道数，这种情况下个别杂化轨道须排布 1 对电子（没有空位），有电子对的杂化轨道不需要再进行配对成键，该对电子为孤对电子。含有孤对电子的杂化轨道与没有孤对电子的杂化轨道能量不一致。含有孤对电子的杂化轨道为不等性杂化，如 NH_3 中的氮原子为不等性 sp^3 杂化，NH_3 键角为 107°18′；没有孤对电子的杂化轨道为等性杂化，如 CH_4 中的碳原子则为等性 sp^3 杂化。CH_4 和 NH_3 的杂化如图 3.4 和图 3.5 所示。用相同的办法处理水分子 H_2O，得到 H_2O 的键角为 104°30′，H_2O 和 NH_3 一样均为不等性 sp^3 杂化。

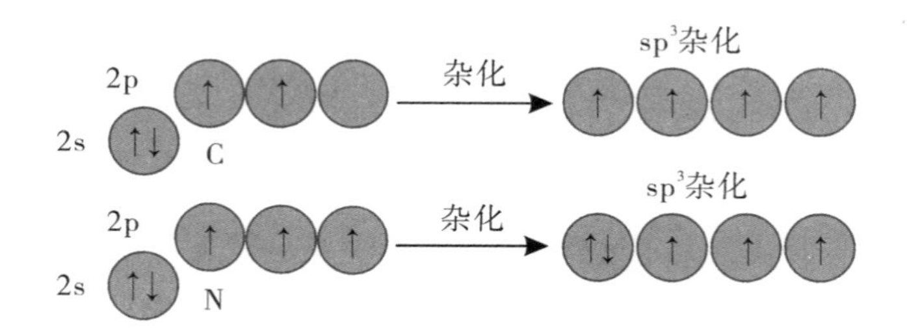

图 3.4　CH_4（NH_3）的等性（不等性）sp^3 杂化

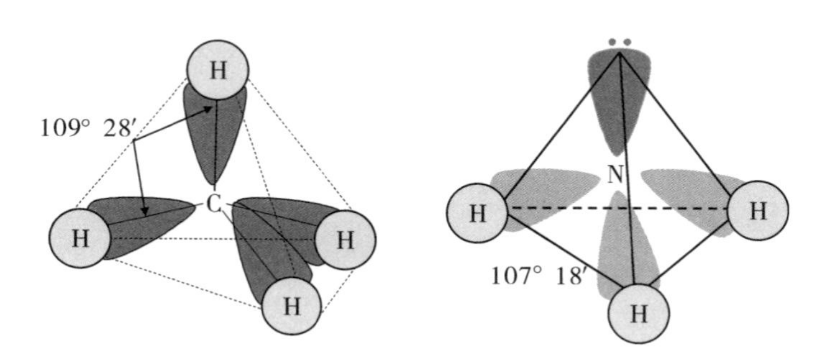

图 3.5　CH_4、NH_3 分子的等性和不等性的 sp^3 杂化

在杂化轨道理论中，中心原子的轨道杂化是为了与配位原子的轨道形成最大重叠，通过在重叠轨道（σ 键成键方式）上进行电子配对而形成共价键。分析中心原子的轨道杂化类型，可以很快速地把握分子的空间构型。各类杂化轨道类型与分子空间构型如表 3－4 所示。

表 3－4　杂化轨道类型与分子空间构型

杂化类型	空间构型	实例
sp	直线	CO_2、$BeCl_2$、C_2H_2
sp^2	平面三角	BF_3、BCl_3、C_2H_4
sp^3	正四面体	CH_4、CCl_4
sp^3d	三角双锥	PCl_5
sp^3d^2	正八面体	SF_6
sp^3d^3	五角双锥	IF_7
dsp^2	平面四方	$Pt(NH_3)_2Cl_2$（顺铂）

“孤对电子”这一概念是非常有意义的。“孤对电子”与“不等性杂化”的对应关系，可以理解为分子空间构型的畸变。“孤对电子”与空轨道的配位成键，使得杂化轨道理论的应用范围得到进一步拓展，完全涵盖了 d 区的金属配位化合物。

分子的空间构型就是分子结构的“象”，杂化轨道类型与分子空间构型的关系把分子结构的“象”与“理”有机联系起来。

3. 分子轨道理论（molecular orbital theory）

把分子作为一个整体，电子在整个分子中运动。分子中的每个电子都处在一定的分子轨道上，具有一定的能量。分子轨道理论的要点（轨道关系规则）如下：

（1）原子轨道的线性组合（linear combination of atomic orbital），即 n 个原子轨道组合成 n 个分子轨道。组合所形成的分子轨道中，能量低于组合前的为成键轨道（bonding orbital）；能量高于组合前的为反键轨道（anti - bonding orbital）；能量相同的为简并轨道。

（2）有效组合的基本要求：原子轨道的对称性匹配（这是首要的前提基础，确保分子有确定的空间构型），能量近似，轨道最大重叠。

（3）分子轨道上电子填充规则（轨道与电子的关系规则）：能量最低原理，Pauli 不相容原理，Hund 规则。电子进入分子轨道后，若体系的总能量降低，即能成键。

（4）成键有效性的定量标准：原子之间的成键强度（键的相对强度）用键级（bond order，$B.O$）表示。

$$\text{键级} = (\text{成键轨道电子数} - \text{反键轨道电子数})/2 \qquad (3-4)$$

依据以上要点，以同核双原子分子为例，分子轨道能级结果如图 3.6 所示（从 Li_2 到 N_2）；原子序数 $Z \geq 8$（O 和 F）时，轨道能级次序发生变化。

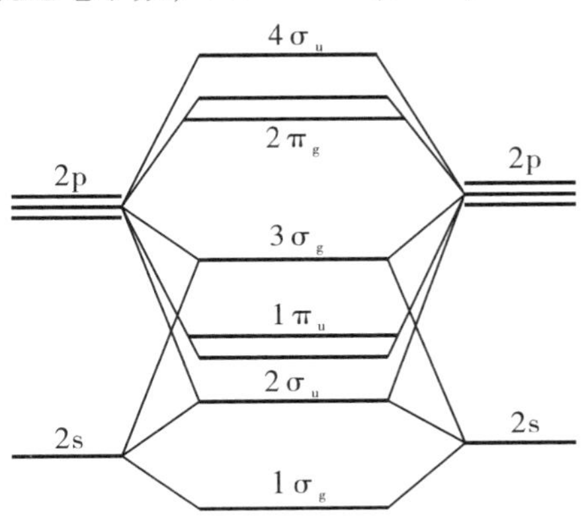

图 3.6　同核双原子分子轨道能级顺序（从 Li_2 到 N_2）

第二周期同核双原子分子轨道能级次序如图 3.7 所示。从图 3.7 可看到，基态 N_2 和 O_2 的能级与电子排布为：

N_2 [KK $(\sigma_{2s})^2$ $(\sigma_{2s}^*)^2$ $(\pi_{2p_y})^2$ $(\pi_{2p_z})^2$ $(\sigma_{2p_x})^2$]

O_2 [KK $(\sigma_{2s})^2$ $(\sigma_{2s}^*)^2$ $(\sigma_{2p_x})^2$ $(\pi_{2p_y})^2$ $(\pi_{2p_z})^2$ $(\pi_{2p_y}^*)^1$ $(\pi_{2p_z}^*)^1$]

基态 N_2 的键级 $B.O=(10-4)/2=3$

基态 O_2 的反键 $2\pi_g$ 轨道（双重简并，分别是 $\pi_{2p_x}^*$ 和 $\pi_{2p_y}^*$）上有两个电子，根据 Hund 规则，其多重性为 3。因此基态 O_2 具有顺磁性，键级 $B.O=(8-4)/2=2$。

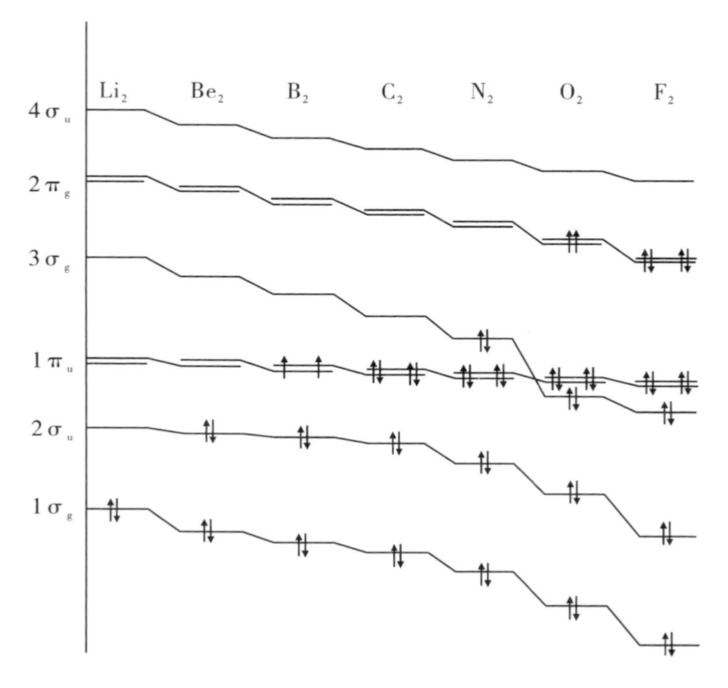

图 3.7　第二周期同核双原子分子轨道能级次序

分子轨道通过原子轨道的线性组合而得，每一个分子都有一套完整的分子轨道能级次序。分子轨道基于原子轨道而超越原子轨道。因为基于原子轨道，所以在原子轨道上建立起来的一系列概念和关系规则继续适用；由于解决处理更高层次格局中的新问题，所以超越原子轨道，但需要引入一些新的概念，如“成键轨道”“反键轨道”和“键级”等。分子轨道理论中的轨道名称（σ 轨道和 π 轨道）是价键理论所描述的两种成键方式；原子轨道的线性组合的实际结果是轨道的杂化。因此，分子轨道理论涵盖了价键理论和杂化轨道理论的部分成果。在解决分子的空间构型方面，杂化轨道理论有独到的优势，而分子轨道理论是通过轨道的对称性匹配要求来处理的，但需要配合使用群论的方法。通过“成键轨道”“反键轨道”和“简并轨道”等概念，分子轨道理论可以合理地阐明一些价键理论和杂化轨道理论无法解释的分子性质，如分子的自旋多重性和磁性质等。

4. 共价分子的性质参数

共价分子的性质参数主要体现了分子结构中的“数”，也反映了共价分子内部基本关系。共价键的性质参数包括键长、键角、键能、键的极性等。

（1）键长，即分子中两原子核间的平衡距离。例 H_2 分子中 H—H 键长 $l=74\text{pm}$，H—F，H—Cl，H—Br，H—I 键长依次递增，而键能依次递减。但需要注意，相同的键在不同化合物中，键长和键能并不相等：单键、双键及叁键的键长依次缩短，键能依次增大，但并非倍数关系。例如，碳—碳键的键长与键能如表 3－5 所示：

表 3－5　碳—碳键的键长与键能

碳—碳键	键长（pm）	键能（$\text{kJ}\cdot\text{mol}^{-1}$）
C—C	154	331
C═C	133	620
C≡C	120	812

（2）键角，即多原子分子中键与键之间的夹角。键角和键长是反映分子空间构型的重要参数，它们均可通过实验测定。

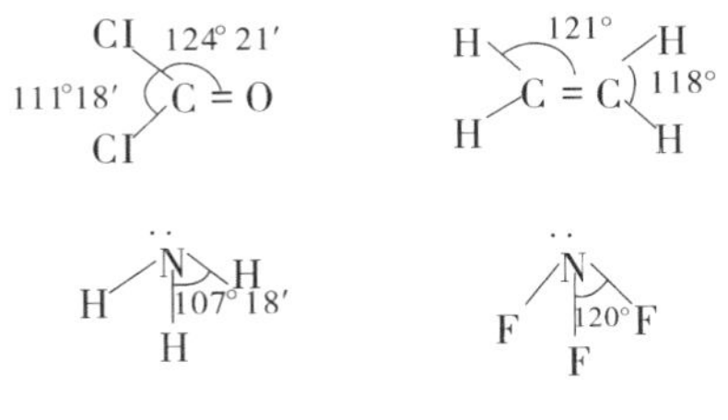

Cl　124°21′
111°18′　C＝O
Cl

H　121°　H
C＝C　118°
H　H

H　N　H
107°18′
H

F　N　F
120°
F

（3）键能，指化学键的键能。

$$AB(g) \longrightarrow A(g) + B(g) \qquad \Delta H = E_{AB}\ （单位为\ \text{kJ}\cdot\text{mol}^{-1}）$$

双原子分子的键能 E_{AB} 等于解离能 D_{AB}。对于多原子分子，则要注意键能与解离能的联系与区别，如 NH_3：

$$NH_3(g) \longrightarrow H(g) + NH_2(g) \qquad D_1 = 435.1 kJ \cdot mol^{-1}$$

$$NH_2(g) \longrightarrow H(g) + NH(g) \qquad D_2 = 397.5 kJ \cdot mol^{-1}$$

$$NH(g) \longrightarrow H(g) + N(g) \qquad D_3 = 338.9 kJ \cdot mol^{-1}$$

$$E_{AB} = (D_1 + D_2 + D_3)/3 = 390.5 (kJ \cdot mol^{-1})$$

部分化学键的键能如表 3－6 所示。

表 3－6　部分化学键的键能

单位：$kJ \cdot mol^{-1}$

元素	H	C	N	O
单键				
H	436			
C	415	331		
N	389	293	159	
O	465	343	201	138
F	565	486	272	155
双键				
C		620	615	708
N			419	
O				498
叁键				
C		812	879	1 072
N			945	

（4）键的极性。化学键是分子或晶体中相邻两原子或离子间的强烈作用力，这种作用力具体表现为轨道的相互作用和电子的配置。电子是每个原子核必争的资源，两个原子核之间对电子争夺能力（用电负性 χ 表示）的强弱对比（即电负性差 $\Delta\chi$），决定了其化学键的类型，同时也决定了共价键的极性。当 $\Delta\chi = 0$ 时，所形成的化学键为非极性共价键；当 $\Delta\chi \neq 0$ 时，为极性共价键。以卤化氢分子为例，其键的极性与电负性差 $\Delta\chi$ 成正比，如表 3－7 所示。

表 3-7　卤化氢分子的电负性差与极性

化学键 H—X	H—F	H—Cl	H—Br	H—I
电负性差 $\Delta\chi$	1.78	0.96	0.76	0.46
H—X 的极性	⟶ 极性减少			

在极性共价键中，电子对将偏向电负性大的原子，形成了键的电偶极（简称键矩），键矩的矢量和就是整个分子的偶极矩。若正电（和负电）重心上的电荷的电量为 q，正负电重心之间的距离为 d（称偶极矩长），则偶极矩为：

$$\mu = qd \qquad (3-5)$$

偶极矩以德拜（D）为单位，当 $q = 1.62 \times 10^{-19}$ C（电子的电量），$d = 1.0 \times 10^{-10}$ m 时，$\mu = 4.8$ D。

表 3-8 列出了一些分子偶极矩的 μ 值。从表 3-8 可以看到，有些具有极性键的分子并没有偶极矩，因为共价分子的偶极矩由其键的极性和分子空间构型（对称性）所决定。具有偶极矩的分子，必定有极性共价键；有极性共价键，未必是具有偶极矩的分子。

表 3-8　分子的偶极矩 μ

分子式	偶极矩 μ（$\times 10^{-30}$ C · m）	分子式	偶极矩 μ（$\times 10^{-30}$ C · m）
H_2	0	SO_2	5.33
N_2	0	H_2O	6.17
CO_2	0	NH_3	4.90
CS_2	0	HCN	9.85
CH_4	0	HF	6.37
CO	0.40	HCl	3.57
$CHCl_3$	3.50	HBr	2.67
H_2S	3.67	HI	1.40

（5）磁性质。凡有未成对电子的分子，在外加磁场中必顺磁场方向排列，分子的这种性质为顺磁性；电子完全配对的分子具有反磁性。顺磁性分子磁矩 μ 与未成对电子数 n 的关系为：

$$磁矩\ \mu = [n(n+2)]^{1/2} \qquad (3-6)$$

磁矩 μ 的单位是波尔磁子 B. M（Bohr magneton 的缩写）。

以上所介绍的关于共价分子的性质参数，主要是表征或基于共价分子内部关系格局的性质参数。在后续章节中，将进一步介绍表征或基于分子外部关系格局的性质参数。

第四节　分子间作用力

一、分子间力

分子间的作用力可分为强相互作用和弱相互作用两种：强相互作用力是化学键（氢键和配位键）；弱相互作用力即通常意义的分子间作用力。分子间作用力的结合能比分子内的化学键能约小 1～2 个数量级。分子间力包括下列三种作用力：

（1）取向力。极性分子之间的作用力，是固有偶极的同极相斥和异极相吸，其本质是静电引力。

（2）诱导力。极性分子与极性分子及极性分子与非极性分子之间的作用力。极性分子可诱导非极性分子产生诱导偶极，固有偶极与诱导偶极之间的相互作用力称为诱导力。

（3）色散力。色散力存在于所有分子之间。分子内原子核和电子的运动使它们的相对位置发生瞬时变化而产生瞬时偶极，相邻的瞬时偶极之间的相互作用力称为色散力。对同种类的分子来说，分子质量愈大，色散力愈大。

概括地说，非极性分子与非极性分子之间存在色散力；非极性分子与极性分子之间存在色散力和诱导力；极性分子与极性分子之间存在色散力、诱导力和取向力。分子间的三种作用力的大小顺序为：色散力 $\gg$ 取向力 $>$ 诱导力。取向力、诱导力和色散力统称为范德华力，具有以下的共性：①永远存在于分子和基团之间；②无方向性和饱和性；③近程力，$F \propto 1/r^7$。

二、氢键

氢键力指氢原子与电负性很大的原子 X 形成强极性键（X—H），强极性键（X—H）上的氢核与原子 Y 上的孤电子对之间的作用引力。氢键结合的通式可用 X—H…Y 表示，式中 X 和 Y 可以是两种相同的元素，也可以是两种不同的元素，通常是 F、O、N 等元素的原子。氢键具有饱和性和方向性的共价键特征，因此氢键是特殊的共价键，其作用力介于化学键力与分子间力之间。氢键的键能是指把 X—H…Y—H 分解成为 HX 和 HY 所需的能量。氢键的键能一般在 $42kJ \cdot mol^{-1}$以下，比共价键的键能小得多。氢键可以在分子之间形成，如图 1.1 所示的水分子氢键属于分子之间的氢键；氢键也可以在分子内部形成，即分子内氢键，例如邻硝基苯酚分子可以形成分子内氢键。分子内氢键由于受环状结构的限制，X—H…Y 往往不能在同一直线上。

氢键的形成对物质的某些物理化学性质有很大的影响：①物质的黏度。分子间有氢键的液体，一般黏度较大。例如甘油、磷酸、浓硫酸等多羟基化合物，由于分子间可形成众多的氢键，这些物质通常为黏稠状液体。②物质的熔点、沸点。分子间有氢键的物质熔化或气化时，除了要克服纯粹的分子间力外，还必须供应一份能量来破坏分子间的氢键，所以这些物质的熔点、沸点比同系列氢化物高；而生成分子内氢键的，熔点、沸点反而降低。以相对分子质量相同的硝基苯酚异构体的熔点为例，它们的熔点分别是：邻位（45℃）、间位（96℃）、对位熔点（114℃）。图 3.8 是 p 区元素氢化物的沸点，从中可比较同族元素氢化物沸点的变化。从图 3.8 可看到，碳族元素氢化物没有氢键作用，只有范德华力，其沸点依相对分子质量的增加单调上升；从氮到卤素，除 NH_3、H_2O 和 HF 外，同族其他元素氢化物的沸点也遵循碳族元素相同的变化规律。从 NH_3、H_2O 和 HF 的沸点与同族其他元素氢化物的沸点比较中可看到氢键形成的影响远大于其他分子间力。氢键，既是 NH_3、H_2O 和 HF 这些分子之间的作用力，也是它们之间的通信语言。正是氢键，赋予了水分子多姿多彩的性质和变化作用；正是氢键，赋予了核酸中碱基分子神奇的文字功能，使生命进化的成果得以记录和传承！

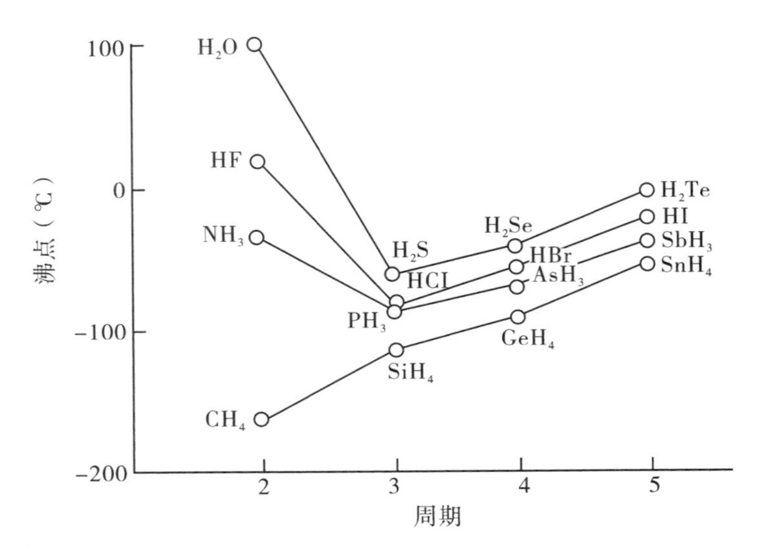

图 3.8　p 区元素氢化物的沸点变化

第五节　基团与分子碎片

分子中具有特殊性质的一部分原子或原子团称为基团（group，简称基）。决定有机分子化学特性的基团称官能团（functional group），官能团这个概念通常只在有机化学领域使用。一般不带电荷的称作基，带电荷的称为根（或称离子）。例如，—H 称为氢基，H^+ 则为氢根；—OH 羟基，OH^- 氢氧根；—O—氧基，O^{2-} 氧离子；—NH_2 氨基，NH_4^+ 铵根（铵离子）等。官能团、基团和根（离子）都是分子碎片，分子碎片是组装构筑分子的基本材料。小分子合成为大分子时，通常是先碎片化后组装合成的。在细胞中，酶催化氨基酸组装成为肽链，催化核苷酸组装成为核酸链，都是先碎片化后组装合成的过程；细胞通过某些酶催化一些特定的基团在分子之间转移的方式，来传递特定的信号。因此，基团是分子的社交资源和信使，基团转移是分子或者细胞的基本通信方式。

分子碎片化与基团的形成可以通过化学键的均裂和异裂两种方式来实现，通常是在酶（或催化剂）作用下并伴随着其他化学键的重组过程。例如水分子均裂生成氢基（—H）和羟基（—OH）；异裂生成氢根（H^+，H_3O^+）和氢氧根（OH^-）：

水分子的均裂：H_2O（l）$+SO_2$（g）$\rightleftharpoons H_2SO_3$（aq）

水分子的异裂：$2H_2O$（l）$\rightleftharpoons H_3O^+$（aq）$+OH^-$（aq）

基团转移时，或转移前后，通常保持原有的空间构型不变。一些常见的分子碎片（或基团）及其空间构型见表3－9。

表3－9　常见的分子碎片及其空间构型

杂化类型	空间构型	分子碎片
sp^2	平面三角	羰基（—CO），羧基（—COOH），硝基（$—NO_2$），乙烯基（$—CH=CH_2$）
sp^3	正四面体	甲基（$—CH_3$），亚甲基（$—CH_2$），次甲基（—CH），羟基（—OH），氨基（$—NH_2$），卤基（—X）

分子碎片与分子碎片之间，只要满足轨道的对称性要求，即可直接成键形成新的分子，这就像两个原子之间的化学键形成情况一样。分子碎片与分子碎片之间的作用力，既有强相互作用（原子与原子之间的强烈相互作用），也有弱相互作用（分子与分子之间的弱相互作用）。因此，分子碎片同时具有原子和分子的基本属性。分子碎片化，实际上就是把分子打开建立新化学键的通道，使其同时兼有原子之间的强相互作用力和分子之间的弱相互作用力。

第四章　分子“社交活动”与化学反应系统

化学反应是物质演化的一个重要过程，对化学反应基本规律的揭示和阐明是化学学科的基本任务和核心内容。化学反应是化学键的重组过程，涉及一部分原有化学键断裂和一部分新的化学键形成；化学反应涉及分子关系格局（状态）的变换和调整；分子的关系格局的变换总是伴随着能量的转移或转化；化学反应的实施需要特定的时空环境，如果把化学反应比喻为分子的一种“社交活动”，那么，这个特定的时空环境就是分子的“社交平台”。化学反应过程所产生的能量转移或转化也必定对时空环境产生影响，因此化学反应过程及其相关的时空环境（分子的“社交平台”）就共同构成了化学的研究对象，这就是化学热力学中所定义的系统与环境。在一定条件下，系统中是否有可能发生特定的化学反应（反应的方向），如果发生将能够进行到何种程度（反应的限度），有多少能量变化？这就是化学热力学研究和要回答的问题。至于该反应具体如何实施（反应的途径），需要多少时间（反应速率）等问题，是反应动力学的研究范畴。本章主要围绕化学反应系统及其相关的化学热力学问题进行概述。

第一节　热力学定律与基本概念

热力学是由三大定律和一系列基本概念、基本关系公式组成的理论体系。

1. 系统与环境

系统（system）就是所研究的对象，可以是一种或多种物质及其所含的空间，也称为物系或体系；环境（surrounding）是系统以外且与系统密切相关的其余部分物质和空间，又称为外界。系统与环境之间存在界面，可以是实际存在的，也可以是假想的。系统与环境通过界面发生物质和能量的交换。根据交换情况的不同，系统可分为：①开放系统（open system）：有物质和能量交换；②封闭系统（closed system）：没有物质交换，只有能量交换；③孤立系统（isolated system）：没有物质和能量交换，系统不受环境影响。

2. 热力学第一定律（能量守恒与转化定律）

热力学第一定律表述为：一个热力学系统的内能（internal energy）增量等于外界向它传递的热量（heat）与外界对它所做的功（work）的和。

$$\Delta U = Q + W \tag{4-1}$$

式（4－1）中 U 为系统的内能，ΔU 是转化过程系统内能的变化，$\Delta U<0$,系统内能减少；$\Delta U>0$，系统内能增加。Q 和 W 分别是热和功，$W>0$，环境对系统做功；$W<0$，系统对环境做功。$Q>0$，系统从环境吸收热量；$Q<0$，系统对外界放出热量。

能量守恒是自然界的基本规律。能量既不能凭空产生，也不能凭空消失，它只能从一种形式转化为另一种形式，或者从一个物体转移到另一个物体。在转移和转化的过程中，能量的总量不变。

能量守恒定律是19世纪自然科学中三大发现之一，能量守恒定律是认识自然、改造自然的有力武器，这个定律将广泛的自然科学技术领域联系起来。

3. 热力学第二定律（熵增加原理）

热力学第二定律有几种表述方式：①克劳修斯表述：热量可以自发地从温度高的物体传递到温度低的物体，但不可能自发地从温度低的物体传递到温度高的物体；②开尔文—普朗克表述：不可能从单一热源吸取热量，并将这热量完全变为功，而不产生其他影响；③熵增加原理：在孤立体系中，任何自发过程的熵变总是增加的，即 $\Delta S\geqslant 0$。$\Delta S>0$，自发过程，不可逆；$\Delta S=0$，可逆，平衡状态。

热力学第二定律的每一种表述，都揭示了大量分子参与的宏观过程的方向性，使人们认识到自然界中进行的涉及热现象的宏观过程都具有方向性。前两种表述看上去似乎没什么关系，然而实际上它们是等效的，即由其中一个可以推导出另一个。

克劳修斯不等式（Clausius inequality）：

$$\Delta S = \int_{A}^{B}\left(\frac{\delta Q}{T}\right)，或\ \mathrm{d}S \geqslant \frac{\delta Q}{T}\ （>，不可逆；\ =，可逆） \tag{4-2}$$

克劳修斯不等式亦作为热力学第二定律的数学表达式。克劳修斯不等式表明，系统发生变化时，可用微熵变 dS 与微小热温熵（$\delta Q/T$）进行比较，确定过程是不可逆，还是可逆，或者不可能。这将提供一个具有普遍意义的方向性判据。

熵 S（entropy）是状态函数，其单位为 $J \cdot K^{-1}$，是广度量。熵与其物质的量之比称为摩尔熵 $S_m = S/n$，单位为 $J \cdot K^{-1} \cdot mol^{-1}$。

4. 热力学第三定律

热力学第三定律通常表述为绝对零度（$T = 0K$ 即 -273.15℃）时，所有纯物质的完美晶体的熵值最小（热力学规定为零）：

$$S_m^{\theta}（完美晶体，0K）=0 \tag{4-3}$$

熵的微观意义是一切自然过程总是沿着分子热运动的无序性增大的方向进行。熵与物质分子的运动自由度即系统的混乱度有关，系统的混乱度越大，熵越大。在统计热力学中，熵可表示为：

$$S = K_B \ln \Omega \tag{4-4}$$

式（4-4）是波耳兹曼熵定理，其中 K_B 为波耳兹曼常数，Ω 为热力学概率，是一个宏观系统的微态数，系统的微态数越多，Ω 越大，S 越大，系统越混乱。但在 0K 时，纯物质完美晶体只有一种排列方式（$\Omega = 1$），所以 S_m^{θ}（完美晶体，0K）为 0。

5. 热力学重要的衍生状态函数

为了方便讨论问题，热力学根据系统与环境关系的特定限制条件及变化过程的特点，分别针对热和功定义了三个新的状态函数，即热焓、功函（亥姆霍兹函数）和吉布斯函数。

（1）焓 H（enthalpy），焓 H 的热力学定义为：

$$H = U + PV \tag{4-5}$$

则有 $$Q_p = \Delta H 或 \delta Q_p = dH \quad (d_p = 0,\ W' = 0) \tag{4-6}$$

即在恒压、不做其他功的过程中，系统从环境所吸收的热等于系统焓的增加。

（2）亥姆霍兹函数（Helmholtz function），亥姆霍兹函数 A 定义为：

$$A = U - TS \tag{4-7}$$

则有 $$-dA_T \geqslant \delta W_T \quad (>，不可逆；=，可逆) \tag{4-8}$$

亥姆霍兹函数亦称为亥姆霍兹自由能，简称亥氏函数。式（4-8）表明在恒温过程中，不可逆过程系统亥氏函数的降低大于系统对外所做的功；可逆过程系统亥氏函数的降低等于系统对外所做的最大功。

$$dA_T = \delta W_T，或 \Delta A_T = W_T \tag{4-9}$$

因此亥氏函数可理解为恒温过程中封闭系统做功的能力，故又称为功函（work function）。恒温恒容时，$\delta W = W'$，式（4-8）变为：

$$-dA_T \geqslant \delta W'_T（>，不可逆；=，可逆）\tag{4-10}$$

表明亥氏函数可理解为恒温恒容过程中封闭系统做非体积功的能力，即

$$dA_{T,V} = \delta W'_T，或 \Delta A_{T,V} = W'_T \tag{4-11}$$

因此对于恒温恒容且不做非体积功过程，式（4-10）变为：

$$dA_{T,V} \leqslant 0，或 \Delta A_{T,V} \leqslant 0（<，不可逆，自发；=，可逆，平衡）\tag{4-12}$$

式（4-12）表明，恒温恒容不做非体积功的过程自发朝亥氏函数降低的方向进行，当 ΔA 为 0 时达到平衡。这就是过程方向的亥氏函数判据。

（3）吉布斯函数（Gibbs function），吉布斯函数 G 的热力学定义为：

$$G = H - TS \tag{4-13}$$

则有

$$-dG_{T,P} \geqslant -\delta W'（>，不可逆；=，可逆）\tag{4-14}$$

吉布斯函数亦称吉布斯自由能（Gibbs free energy），简称吉氏函数。式（4-14）表明，恒温恒压不可逆过程，系统吉布斯函数的降低值大于系统对外所做的非体积功；恒温恒压可逆过程，系统吉布斯函数的降低值等于系统对外所做的最大非体积功。

$$dG_{T,P} = \delta W'_T，或 \Delta G_{T,P} = W'_T \tag{4-15}$$

因此，吉布斯函数可理解为恒温恒压过程中，封闭系统做非体积功的能力。

在恒温恒压及非体积功为零条件下，式（4-14）即转化为：

$$dG_{T,P} \leqslant 0，或 \Delta G_{T,P} \leqslant 0（<，不可逆，自发；=，可逆，平衡）\tag{4-16}$$

式（4-16）表明，恒温恒压不做非体积功的过程自发朝吉布斯函数降低的方向进行，当 ΔG 为 0 时达到平衡。这就是过程方向的吉布斯函数判据。

6. *热力学基本方程*

根据热力学第一、第二定律和热力学定义函数，得到了一组热力学基本方程（master equation of thermodynamics）：

$$dU = TdS - pdV \tag{4-17}$$

$$dH = dS + Vdp \tag{4-18}$$

$$dA = -SdT - pdV \tag{4-19}$$

$$dG = -SdT + Vdp \tag{4-20}$$

热力学基本方程亦称吉布斯方程，它们表示 U、H、A、G 与 S、p、V、T 之间的关系。热力学基本方程适应于组成恒定、$W'=0$ 的封闭系统。推导时虽然使用了“可逆”条件，但状态函数只与始终态有关，因此，实际应用中不必考虑过程是否可逆。

7. 耗散结构

宇宙的演化，生命的产生和进化，都是从无序到有序、从低级结构到高级结构的过程。这些过程都是远离平衡态的开放系统，通过与环境不断地交换物质和能量而形成宏观上时空或功能有序的结构。这种时空或功能有序的结构被称为耗散结构（dissipative structure），或称为自组织现象（self organization）。其基本特征如下：

（1）形成耗散结构时系统的熵必定减少，只有能够从环境获得物质和能量的开放系统才能形成耗散结构；而维持系统的耗散结构需要环境不断提供足够的负熵。

（2）开放系统只有处于远离平衡态的非线性区时才能出现耗散结构。

（3）耗散结构具有时空结构。

（4）耗散结构是稳定的，不受小的扰动所破坏。

耗散结构理论是非线性非平衡态热力学，能够较好地解释经典热力学无法解释的自然现象，目前正在不断推广应用到更多的领域。

第二节　化学反应系统

把热力学的基本原理应用到化学系统中并对化学反应问题进行热力学分析，这就形成了化学热力学。这样，化学反应系统自然而然地成为化学热力学的研究对象。按照其属性差异，化学反应系统可分为自然化学反应系统和人工化学反应系统。顾名思义，人工化学反应系统是为了研究和生产的需要而设定的，自然化学反应系统是天然存在的，实际上整个大自然本身就是一个复杂的化学反应系统。每一个细胞，每一个生命个体，都是复杂的化学反应系统。自然化学反应系统可以根据研究的需要进行各种界定和划分。基于认识的规律，人们必须从相对简单并可严格控制的人工化学反应系统来阐明化学反应的基本规律，并借此认识和理解自然化学反应系统。现简要介绍人工化学反应系统的基本属性和有关研究结果。

1. 时空

化学热力学对所研究的对象，需要从空间关系格局上把它划分和设置为系统和环境两部分：系统是与化学反应相关的所有物质（反应物、反应产物及其他相关物质，如催化剂等）及其所含的空间；环境是系统以外且与系统密切相关的其余部分物质和空间。系统与环境之间没有物质交换，但有能量和信息的交换，即必须是热力学所定义的“封闭系统”。环境与系统之间如果同时有物质、能量和信息的交换（热力学所定义的“开放系统”），那么环境实际上已经成为系统的有机组成部分而没有区分意义；环境又必须能够与系统组成一个热力学所定义的“孤立系统”，且该“孤立系统”不能成为“暗箱”，即对于“外界”必须能够进行信息交换，否则人们对系统和环境均无从把握。

反应进度 ξ 表征化学反应进展的程度，单位为 mol。ξ 是系统的状态变量，系统的其他一切状态均因 ξ 而改变。例如：

$$N_2 + 3H_2 \longrightarrow 2NH_3$$

在起始时刻（$\xi=0$），系统如果有 N_2（2mol）和 H_2（6mol），当 $\xi=1\text{mol}$ 时，系统中发生了 1mol 的化学反应，此时系统的物质组成变为 N_2（1mol）、H_2（3mol）和 NH_3（2mol）。化学热力学只关注反应进度所引起的系统状态（组成、能量）变化，并不关注反应进度的时间效率，因此无须使用时间参数。

（1）恒容过程。系统维持空间体积恒定不变的化学反应过程。

（2）恒压过程。系统维持其压力恒定不变的化学反应过程。

（3）恒温过程。系统维持其温度恒定不变的化学反应过程。

上述三种过程可以适当组合，如恒温恒容过程，恒温恒压过程。不同的过程，系统与环境之间的能量关系是不同的。为了方便起见，化学反应系统通常控制在恒温恒压条件下进行。

2. 质量

化学反应系统是封闭系统。因此系统中物质的总质量不随反应进度而变化，即质量是守恒的。

3. 关系

化学反应系统具有多重关系格局并受到多重关系法则所制约。在系统与环境之间，遵循热力学基本定律和热力学基本方程，即式（4－17）至式（4－20）；在系统内部，遵循质量守恒定律。如果把化学反应看作分子之间的一种“社交活动”，那么，化学反应系统就是分子的“社交场所”。在这里，分子之间的关系发生了变更；产生了化学键的重组，原有的化学键断裂，新的化学键形成；系统中物质的组成产生变化，反应物分子逐渐减少，生成物分子逐渐增多，直至建立了平衡……化学反应过程中，原子之间的关系法则和分子之间的关系法则都同时在发挥作用。

系统中发生的化学反应，可能简单，也可能复杂。不同反应，或同时进行，或有先后关系；或有竞争，或有促进……每一个化学反应，都可以用化学反应方程式表示。质量守恒定律是配平化学反应方程式的依据，方程式中的等号表示反应前后的质量是守恒的。化学反应方程式表征的变化是分子的关系格局以及由此产生的能量变化。

从分子之间作用力的变化情况来看，系统中分子之间存在“强”“弱”和“无”三种相互作用，即化学键的形成与断裂、分子间有作用力和距离较远的分子之间无相互作用力存在。由于分子的运动和化学反应的进行，分子之间的三种相互作用也不断随着时空发生变化。

4. 能量

化学反应系统通过与环境的功和热传递发生能量转换，实际上是通过环境对化学反应系统进行控制和监测。热力学基本方程已经全面概括了系统与环境的能量关系。对于恒温恒压过程，吉布斯函数判据式（4－16）表明恒温恒压不做非体积功的过程自发朝吉布斯函数降低的方向进行，当 ΔG 为 0 时达到平衡。由吉布斯函数定义式可得 ΔG 为：

$$\Delta G = \Delta H - T\Delta S \tag{4-21}$$

式（4－21）表明，在恒温恒压下化学反应的实际推动力是系统中焓的降低和熵的增加，而焓变 ΔH 和熵变 ΔS 两因素综合表达为系统中吉氏函数的降低值 ΔG。当 ΔH 和 ΔS 的推动作用力相反时，则可通过调节系统的温度 T，改

变 ΔH 和 ΔS 的相对贡献。

在化学反应中，ΔH 表征分子之间力的关系变化，含“强相互作用力”和“弱相互作用力”的变化，即化学键的形成与断裂和分子间作用力的改变；ΔS 表征分子之间自由度的变化，即“无相互作用力”的关系变化。ΔS 的推动作用表明，分子之间没有作用力的关系也是一种非常重要的关系。

（1）热力学标准态。热力学标准态（standard state）是热力学规定的特殊参考态。标准态的规定是热力学简单而有效处理复杂关系、解决复杂问题的特殊方法。热力学能 U、熵 S、焓 H 以及吉氏函数 G 等的绝对值并不知道，只能测量系统这些函数的变化值。这与确定物体所处位置的高度类似，高度的零点并不知道，但可以选择海平面的高度为零点。处于标准态的物理量用上标符号“$^\theta$”表示，物质的性质与温度、压力和组成有关，因此标准态需指明这些状态量。其中标准压力 $P^\theta=100\text{kPa}$，温度没有规定，即每个温度下均有相应的标准态，热力学数据库中的很多数据是298.15K的。气体物质的标准态是温度为 T、分压为标准压力 $P^\theta=100\text{kPa}$ 且具有理想气体性质的纯物质状态；固体和液体规定温度为 T、表面承受的压力为 P^θ 的纯物质状态；溶液中溶质的浓度 $C^\theta=1\ \text{mol}\cdot\text{L}^{-1}$。

（2）标准摩尔反应焓（standard molar enthalpy of reaction）$\Delta_r H_m{}^\theta$。摩尔反应焓 $\Delta_r H_m$ 是指在恒温恒压且不做非体积功的条件下，进行1mol反应的焓变，即单位反应进度的焓变；标准摩尔反应焓是指参与反应的各物质均处于温度 T 的标准态下的摩尔反应焓，用符号 $\Delta_r H_m{}^\theta$ 表示。

（3）标准摩尔生成焓（standard molar enthalpy of formation）$\Delta_f H_m{}^\theta$。标准摩尔生成焓是指在一定温度 T 的标准态下由稳定单质生成1mol物质B的标准摩尔反应焓变；同时，规定 $\Delta_f H_m{}^\theta$（稳定单质，T）$=0$、$\Delta_f H_m{}^\theta$ [H^+（aq），T] $=0$。

（4）标准摩尔熵（standard molar entropy）$\Delta S_m{}^\theta$。根据微熵变式 $\mathrm{d}S=\delta Q_r/T$，求纯物质在 T 温度时的熵可从0 K积分到 T，则

$$S(T)=\int_0^T \delta Q_r/T \qquad (4-22)$$

式（4－22）计算出的熵称为纯物质在温度 T 时的规定熵，其中1mol纯固体物质的规定熵称为摩尔规定熵（conventional molar entropy）。在标准态（$P^\theta=100\text{kPa}$）下1mol物质的规定熵称为标准摩尔熵（standard molar entropy），用符号 $\Delta S_m{}^\theta$ 表示。

（5）标准摩尔反应吉氏函数（standard molar Gibbs function of reaction）

$\Delta_r G_m^\theta$。标准摩尔反应吉氏函数 $\Delta_r G_m^\theta$ 是指在恒温恒压、不做非体积功且参与反应的各物质均处于温度 T 的标准态下，进行 1mol 反应的吉氏函数。

（6）标准摩尔生成吉氏函数（standard molar Gibbs function of formation）$\Delta_f G_m^\theta$。$\Delta_f G_m^\theta$ 是指在一定温度 T 的标准态下由稳定单质生成 1mol 物质 B 时的标准摩尔反应吉氏函数；同时，规定 $\Delta_f G_m^\theta$（稳定单质，T）= 0、$\Delta_f G_m^\theta$［H^+（aq），T］= 0。

（7）化学反应的重要热力学关系式。根据以上有关的规定，对于恒温恒压不做非体积功的化学反应，有如下重要关系式：

$$\Delta_r G_m^\theta = \Sigma v_B \Delta_f G_m^\theta \text{（B）} \tag{4-23}$$

$$\Delta_r H_m^\theta = \Sigma v_B \Delta_f H_m^\theta \text{（B）} \tag{4-24}$$

$$\Delta_r S_m^\theta = \Sigma v_B \Delta S_m^\theta \text{（B）} \tag{4-25}$$

$$\Delta_r G_m^\theta = \Delta_r H_m^\theta - T\Delta_r S_m^\theta \tag{4-26}$$

$$\Delta_r G_m^\theta = -\mathrm{R}T \ln K^\theta \tag{4-27}$$

$$\Delta_r G_m^\theta = -\mathrm{z}FE^\theta \text{（}F = 96\,500\mathrm{C \cdot mol^{-1}}\text{）} \tag{4-28}$$

5. 信息

如果说，能量是系统演化的推动力，那么信息则是系统演化的导向资源。信息既存在于物质之中，也独立于物质之外。因此，物质、能量和信息被称为宇宙的三大基本要素资源。然而热力学系统的要素中并没有提及信息，只考虑物质与能量。实际上信息要素不可或缺，并在系统的演化方向中确实发挥着作用，只不过其主要被涵盖在熵因素中，系统的信息与熵密切相关。美国科学家布里渊（L. Brillouin）在他的名著《科学与信息论》一书中指出，信息就是负熵，并造出新词 negentropy 来表达负熵这一概念。信息也是管理和控制的关键要素，前面已经提到，化学反应系统是通过环境来进行控制和监测的。通过严格控制和精细测量，化学反应系统获得各种量化信息（数据），通过一系列信息处理和数据分析，最终可以获得相关物质的一套热力学参数，如标准摩尔生成焓 $\Delta_f H_m^\theta$、标准摩尔熵 ΔS_m^θ 和标准摩尔生成吉氏函数 $\Delta_f G_m^\theta$ 等。表 4-1 列出部分物质的化学热力学参数数据（T = 298.15K，P^θ = 100kPa）。借助于化学反应系统所获得的信息资源（各种物质的热力学参数等），人们就可以对其他各种化学反应进行理论分析、定量处理和生产设计。

表 4-1　部分物质的化学热力学参数数据（$T=298.15K$，$P^{\theta}=100kPa$）

物质	$\Delta_f H_m^{\theta}$（kJ·mol^{-1}）	$\Delta_f G_m^{\theta}$（kJ·mol^{-1}）	S_m^{θ}（J·K^{-1}·mol^{-1}）
C（石墨）	0	0	5.74
C（金刚石）	1.987	2.90	2.38
C（g）	716.68	671.21	157.99
CO（g）	-110.52	-137.17	197.56
CO_2（g）	-393.51	-394.36	213.6
CCl_4（l）	-135.4	-65.2	187
Cl_2（g）	0	0	222.96
SiO_2（s 石英）	-910.94	-856.67	41.84
$SiCl_4$（l）	-687.0	-619.90	240
TiO_2（s 金红石）	-944.75	-889.52	50.63
$TiCl_4$（l）	-804.16	-737.22	252.34
Ag（s）	0	0	42.55
Ag^+（aq）	-105.58	77.12	72.68
AgBr（s）	-100.67	-96.9	107.11
AgCl（s）	-127.07	-109.80	96.22
AgI（s）	-91.84	-66.19	115.48
Ag_2S（s）	-32.59	-40.67	144.01
BaO（s）	-558.15	-528.44	70.29
$BaCO_3$（s）	-1 216	-1 138	112
S^{2-}（aq）	33.1	85.8	-14.6
Br^-（aq）	-121.55	-103.97	82.42
Cl^-（aq）	-167.16	-131.26	56.48
I^-（aq）	-55.19	-51.59	111.29
Cu（s）	0	0	33.15
Cu^+（aq）	71.67	50	41
Cu^{2+}（aq）	64.77	65.52	-99.6
$Cu(NH_3)_4^{2+}$（aq）	-348.5	-111.3	274
Cu_2S（s）	-79.5	-86.2	121

（续上表）

物质	$\Delta_f H_m^\theta$（$kJ \cdot mol^{-1}$）	$\Delta_f G_m^\theta$（$kJ \cdot mol^{-1}$）	S_m^θ（$J \cdot K^{-1} \cdot mol^{-1}$）
CuS（s）	-53.1	-53.6	66.5
Zn^{2+}（aq）	-153.9	-147.0	-112
ZnS（s）	-206	-201.3	57.7
Fe（s）	0	0	27.3
Fe^{2+}（aq）	-89.1	-78.87	-138
Fe^{3+}（aq）	-48.5	-4.6	-316
Zn^{2+}（aq）	-153.9	-147	-112
ZnS（s）	-206	-201.3	57.7
Cd^{2+}（aq）	-75.89	-77.58	-73.22
CdS（s）	-161.92	-156.48	64.85
Hg^{2+}（aq）	171.12	164.43	-32.22
HgS（s，红）	-58.16	-50.63	82.42
HgS（s，黑）	-53.55	-47.70	88.28

表4-1所给出的化学热力学参数（$T=298.15K$，$P^\theta=100kPa$）中，包含物质的热力学参数规定值、实验值和计算值三方面的数据。有些物质或离子的热力学参数在实验测定的基础上，还需要借助热力学的定义、规定和基本关系方程进行必要的计算得到。以下举若干应用实例。

例4.1：已知反应（1）和（2）的标准摩尔反应焓，分别求HCl在气态和水溶液状态的标准摩尔生成焓。

解：∵（1）$1/2H_2$（g）$+1/2Cl_2$（g）═══HCl（g）

$\Delta_r H_m^\theta$（1）$=-92.31kJ \cdot mol^{-1}$

（2）$1/2H_2$（g）$+1/2Cl_2$（g）═══HCl（aq）

$\Delta_r H_m^\theta$（2）$=-167.01kJ \cdot mol^{-1}$

∴ 根据标准摩尔生成焓的定义可知：

$\Delta_f H_m^\theta$［HCl（g）］$=\Delta_r H_m^\theta$（1）$=-92.31kJ \cdot mol^{-1}$

$\Delta_f H_m^\theta$［HCl（aq）］$=\Delta_r H_m^\theta$（2）$=-167.01kJ \cdot mol^{-1}$

例4.2：根据表4-1的有关数据，计算铜离子的有关电极电位，并讨论Cu^+（aq）在水溶液中的稳定性。

解：查表4－1得到Cu（s）、Cu^{+}（aq）和Cu^{2+}（aq）的有关数据，并有

（3）Cu^{+}（aq）＋e ══ Cu（s）

$\because \Delta_r G_m^{\theta}(3) = \Delta_f G_m^{\theta}[Cu(s)] - \Delta_f G_m^{\theta}[Cu^{+}(aq)]$

$= 0 - 50.0$

$= -50 kJ \cdot mol^{-1}$

又$\because \Delta_r G_m^{\theta} = -zFE^{\theta}$

$\therefore E^{\theta} = \Delta_r G_m^{\theta}(3) / -zF = -50 \times 1\,000 / -(1 \times 96\,500) = 0.52V$

同理，可计算其他相关反应的$\Delta_r G_m^{\theta}$和E^{θ}。各结果如下：

（3）Cu^{+}（aq）＋e ══ Cu（s）　　$\Delta_r G_m^{\theta}(3) = -50.0 kJ \cdot mol^{-1}$，$E^{\theta} = 0.52$ V

（4）Cu^{2+}（aq）＋2e ══ Cu（s）　　$\Delta_r G_m^{\theta}(4) = -65.52 kJ \cdot mol^{-1}$，$E^{\theta} = 0.67V$

（5）Cu^{2+}（aq）＋e ══ Cu^{+}（aq）　　$\Delta_r G_m^{\theta}(5) = -15.52 kJ \cdot mol^{-1}$，$E^{\theta} = 0.16V$

$$Cu^{2+}(aq) \xrightarrow{0.16} Cu^{+}(aq) \xrightarrow{0.52} Cu(s)$$

$$Cu^{2+}(aq) \xrightarrow{0.67} Cu(s)$$

（6）$2Cu^{+}$（aq）＋e ══ Cu^{2+}（aq）＋Cu（s）

$\Delta_r G_m^{\theta}(6) = -34.48 kJ \cdot mol^{-1}$，$E^{\theta} = 0.36V$

从以上结果可以看到，在水溶液中Cu^{+}（aq）不稳定，将发生歧化反应。

第三节　化学反应的耦联（组装）及其热力学意义

在化学反应系统中，如果反应1的生成物是反应2的反应物，则反应1和反应2构成了一个耦联关系而形成一个总的反应3。耦联关系建立的前提条件是反应3必须能自发进行。如果反应1和反应2都能够自发进行，则反应3必定能够自发进行；如果反应1不能自发进行，但反应2能够自发进行，且耦联后的反应3也能够自发进行，这实际上就是通过反应2带动反应1使之构成一个能够自发进行的总的化学反应。这种化学反应的耦联具有特别的热力学意

义。化学反应的耦联实际上是化学反应的组装，在化学工业生产的设计中有实用价值，在生物系统中也是普遍存在的。

如上所述。反应 1 由于 $\Delta_r G_m^\theta > 0$，所以不能自发进行。但和反应 2 耦联后，反应 3 的 $\Delta_r G_m^\theta < 0$，反应可以向右自发进行。

以下提供一些实例，说明化学反应耦联的热力学意义。

例 4.3：工业上用金红石（TiO_2）为原料生产四氯化钛（$TiCl_4$）。现进行化学热力学分析和生产方案设计（用化学反应方程式表示）。

解：利用表 4-1 有关数据，金红石为原料与氯气反应的化学反应方程式及其标准摩尔反应吉氏函数 $\Delta_r G_m^\theta$ 为：

（7）TiO_2（s）$+2Cl_2$（g）$=\!=\!=$ $TiCl_4$（l）$+O_2$（g）　　$\Delta_r G_m^\theta$（7）

$\because \Delta_r G_m^\theta$（7）$= \Delta_f G_m^\theta$［$TiCl_4$（l）］$- \Delta_f G_m^\theta$［$TiO_2$（金红石）］

$= (-737.22) - (-889.52) = 152.3 kJ \cdot mol^{-1}$

$\therefore \Delta_r G_m^\theta$（7）$= 152.3\ kJ \cdot mol^{-1}$说明反应（7）不能自发进行。

又$\because$（8）C（s）$+ O_2$（g）$= CO_2$（g）　　$\Delta_r G_m^\theta$（8）$= -394.4\ kJ \cdot mol^{-1}$

令反应（9）=（7）+（8）：

（9）$TiO_2(s) + 2Cl_2(g) + C(s) =\!=\!= TiCl_4(l) + CO_2(g)$　　$\Delta_r G_m^\theta(9)$

$\therefore \Delta_r G_m^\theta$（9）$= \Delta_r G_m^\theta$（7）$+ \Delta_r G_m^\theta$（8）$= 152.3 - 394.4 = -242.1 kJ \cdot mol^{-1}$

从 $\Delta_r G_m^\theta$（9）的数据可知反应（9）能自发进行。用金红石为原料直接与氯气反应是不能自发进行的，但可以同时加入碳进行反应。碳与氧气反应生成二氧化碳，该反应可以带动氯气与金红石的反应，充分发挥了反应的耦联带动作用。

例 4.4：工业上由毒晶石（$BaCO_3$）生产 BaO。请进行化学热力学分析和生产方案设计（用化学反应方程式表示）。

解：由表 4-1 有关数据可计算有关反应的 $\Delta_r G_m^\theta$、$\Delta_r H_m^\theta$ 和 $\Delta_r S_m^\theta$，然后进行分析讨论。设由毒晶石（$BaCO_3$）热分解生产 BaO，有关反应方程式为：

（10）$BaCO_3$（s）$=\!=\!=$ BaO（s）$+CO_2$（g）　　$\Delta_r G_m^\theta$（10），$\Delta_r H_m^\theta$（10）和 $\Delta_r S_m^\theta$（10）

经计算反应（10）的 $\Delta_r G_m^\theta$（10）$= 215.2 kJ \cdot mol^{-1} > 0$，即在 298K 条件下不能自发进行，属于热力学不利的反应。假定反应（10）的标准摩尔反应焓和标准摩尔反应熵在一定温度范围内不随温度而变化，令

$$\Delta_r G_m^\theta = \Delta_r H_m^\theta - T \Delta_r S_m^\theta \leqslant 0;$$

则有 $T \geqslant \Delta_r H_m^\theta / \Delta_r S_m^\theta$，这样可以估算出反应能够进行的最低温度。

$\because \Delta_r H_m^\theta$ (10) $= 264.34 kJ \cdot mol^{-1}$，$\Delta_r S_m^\theta$ (10) $= 171.92 J \cdot K^{-1} \cdot mol^{-1}$

$\therefore$ 反应（10）的最低温度

T (10) $\geqslant \Delta_r H_m^\theta$ (10) $/ \Delta_r S_m^\theta$ (10) $\geqslant 264.34 \times 10^3 / 171.92 = 1\ 537.6K$

即毒晶石在 1 537.6K 以上开始热分解生成 BaO。反应（10）是吸热和熵增加的反应，其主要推动力是熵因素。虽然在 298 K 时属于热力学不利的反应，但由于其标准摩尔反应熵 >0，提高温度有助于加大熵因素的贡献，也有助于环境向系统提供热量。反应（10）的这种热力学特性是很多热分解反应共同具有的特性。

例 4.5：通过热力学分析，对 BaO 生产工艺（以毒晶石为原料）进行进一步优化。

解：利用耦联反应的原理，考虑反应（11）与反应（10）的耦联，有关反应方程式及热力学参数如下：

(11) $C (s) + CO_2 (g) \xlongequal{} 2CO (g)$

$\Delta_r H_m^\theta$ (11) $= 172.15\ kJ \cdot mol^{-1}$，$\Delta_r S_m^\theta$(11) $= 175.15 J \cdot K^{-1} \cdot mol^{-1}$

令反应（12）=（10）+（11）：

(12) $BaCO_3 (s) + C (s) \xlongequal{} BaO (s) + 2CO (g)$

经计算得反应（12）的

$\Delta_r H_m^\theta$ (12) $= \Delta_r H_m^\theta$ (10) $+ \Delta_r H_m^\theta$ (11)

$= 264.34 + 172.15 = 436.49 kJ \cdot mol^{-1}$

$\Delta_r S_m^\theta$ (12) $= \Delta_r S_m^\theta$ (10) $+ \Delta_r S_m^\theta$ (11)

$= 171.92 + 175.15 = 347.07 J \cdot K^{-1} \cdot mol^{-1}$

同理令 $\Delta_r G_m^\theta = \Delta_r H_m^\theta - T\Delta_r S_m^\theta \leqslant 0$，则 $T \geqslant \Delta_r H_m^\theta / \Delta_r S_m^\theta$

用上式计算得：反应（12）的最低反应温度：

T (12) $\geqslant \Delta_r H_m^\theta$ (12) $/ \Delta_r S_m^\theta$ (12) $= 436.49 \times 10^3 / 347.07 = 1\ 257.6K$

比较反应（10）和反应（12）的最低反应温度：T (10) $\geqslant 1\ 537.6K$、T (12) $\geqslant 1\ 257.6K$ 可知，毒晶石分解反应时加入碳，可使反应温度降低 280K，充分发挥反应的耦联优化作用。

例 4.6：用实例说明耦联反应对金属离子氧化还原电位的调控作用。

解：以铜离子的氧化还原电位为例，由表 4 – 1 查物质的标准摩尔生成吉氏函数数据，计算出有关反应的标准摩尔反应吉氏函数，用关系式（4 – 28）

计算有关电极电位数据，分别得到配位反应和形成难溶盐的反应对金属离子氧化还原电位的调控作用效果，其分析如下：

铜离子氧化还原电位的调控情况：

$Cu^{2+}(aq) \xrightarrow{0.16} Cu^{+}(aq) \xrightarrow{0.52} Cu(s)$

$Cu^{2+}(aq) \xrightarrow{0.533} CuCl(s) \xrightarrow{0.137} Cu(s)$

$[Cu(NH_3)_4]^{2+}(aq) \xrightarrow{-0.010} [Cu(NH_3)_2]^{+}(aq) \xrightarrow{-0.12} Cu(s)$

$Cu^{2+}(aq) \xrightarrow{0.86} CuI(s) \xrightarrow{-0.185} Cu(s)$

$CuS(s) \xrightarrow{-0.54} Cu_2S(s) \xrightarrow{-0.93} Cu(s)$

从以上结果可看到，通过配位反应或形成难溶盐的反应的耦联，铜离子的氧化还原电位产生了很大的变化，充分显示了耦联反应的调控作用。

综上所述，耦联反应具有推动、优化和调控作用。耦联反应的这些功能具有理论意义和实用价值，在生产设计上得到广泛应用。

反应的耦联、过程的耦联，在生物系统中更是普遍存在。例如生物体内所合成的 ATP 分子，作为细胞的能量资源，贮存于细胞内，保障细胞各种活动过程的能量供给。肌肉利用 ATP 所载荷的自由能进行收缩和舒张，完成多种机械功：

$$ATP + H_2O \rightleftharpoons ADP + Pi \qquad \Delta_r G_m^{\theta} = -30.5 kJ \cdot mol^{-1}$$

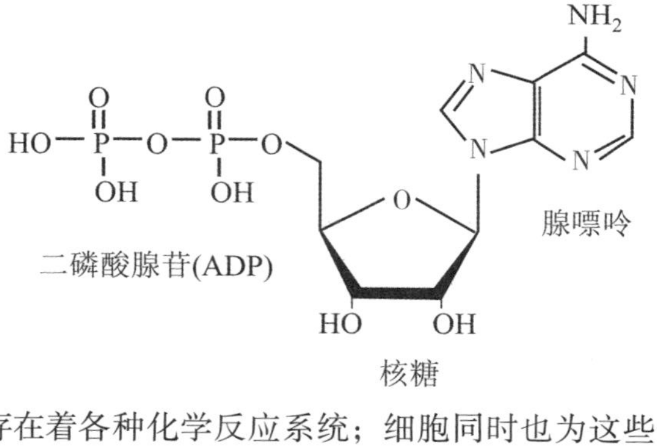

在细胞中，存在着各种化学反应系统；细胞同时也为这些化学反应系统提供环境作用并对所有的化学反应系统进行组织和协调。细胞中的分子和化学反应通过特定的组装，使得所有的生化反应与过程都可以在细胞环境条件（常温常压）下精准可控地进行；反应所产生的能量得到充分利用；反应所需能量得到有效供给和充分支持；反应产生的产物得到合理应用和及时运输转移。

第五章　化学反应系统的组装与细胞结构

本章试图从化学反应系统的视角看细胞，在细胞的视野下看物质粒子（分子、离子和基团等）的行为。细胞是由许多彼此独立又密切合作的化学反应系统组装而成的，其本身就是一个复杂又特别的化学反应系统，也正是其复杂性导致迄今为止甚少有直接相关的研究成果，因此在这里阐述相关问题有很大的困难和挑战。兼顾细胞内分子的性质和化学反应系统的一般规律，可能比仅仅关注细胞内分子的性质更容易理解细胞内发生的动态事件。正是这个信念给了我们信心和勇气。限于篇幅，我们无法顾及学科背景和相关发展进程的表述和说明，而直接对问题进行阐述。

第一节　细胞的基本化学成分

细胞化学组成可分为两大类：无机物和有机物。在无机物中水是最主要的成分，约占细胞物质总质量的75% ~80%。组成细胞的基本元素是：O、C、H、N、Si、K、Ca、P、Mg等，其中O、C、H、N四种元素占90%以上。

1. 水与无机盐

水是原生质最基本的物质。水在细胞中以两种形式存在：一种是游离水，约占95%；另一种是结合水，通过氢键或其他键同蛋白质结合，约占4% ~5%。随着细胞的生长和衰老，细胞的含水量逐渐下降，但活的细胞含水量不低于75%。细胞中水的作用主要是作为溶剂和反应介质，溶解无机物，调节温度，参加酶反应，介导生物分子合成、组装、降解与修复，促进生物分子形成细胞有序结构，参与信息传递和能量转化。

无机盐约占细胞总质量的1%。盐在细胞中分别以离子状态和结合状态形式存在。盐的阴离子主要有Cl^-、PO_4^{3-}和HCO_3^-，其中的PO_4^{3-}在各类细胞的能量代谢中起着关键作用，是核苷酸、磷脂、磷蛋白和磷酸化糖的组成成分。阴离子能调节酸碱平衡，对血液和组织液 pH 起缓冲作用。盐的阳离子主要有：Na^+、K^+、Ca^{2+}、Mg^{2+}、Mn^{2+}、Fe^{2+}、Fe^{3+}、Co^{2+}、Mo^{2+}、Cu^{2+} 和 Zn^{2+} 等。阳离子的浓度具有调节渗透压，维持电解质平衡和酸碱平衡等作用；少量金属离子与蛋白结合，成为某些金属蛋白的活性中心。

2. 有机分子

细胞中的有机物约占细胞干质量的 90% 以上，主要组成元素为碳、氢、氧、氮等。主要有机分子有四大类，即核酸、蛋白质、糖和脂类。

（1）核酸。核酸是生物遗传信息的载体分子。核酸分为核糖核酸 RNA 和脱氧核糖核酸 DNA 两大类，其基本单元是核苷酸。核苷酸分子结构如图 5.1 所示，其组成分别是碱基、戊糖和磷酸。碱基与戊糖通过糖基的 C1′位缩合形成核苷分子；核苷与磷酸通过糖基的 C5′位的磷酸酯键缩合形成核苷酸；核苷酸进一步缩合，通过糖基 C3′和 C5′位的磷酸二酯键形成多聚核酸链。每一步的缩合反应都是在水分子介导下完成；每一步的缩合都逐渐提升分子的有序性和空间位置的确定性。当核糖（RNA）分子中戊糖 2 位的 – OH 基被 – H 基取代时成为脱氧核糖核酸（DNA）分子，RNA 的碱基分别是 G 鸟嘌呤（Guanine，Gua）、A 腺嘌呤（Adenine，Ade）、C 胞嘧啶（Cytosine，Cyt）和 U 尿嘧啶（Uracil，Ura）4 种。把 RNA 的尿嘧啶 U 换成 T 胸腺嘧啶（Thymine，Thy）就是 DNA 的 4 个碱基，即 G、C、A、T，如图 5.2 所示。DNA 链通过碱基的匹配形成双螺旋链。1953 年，Watson 和 Criek 提出了著名的 DNA 双螺旋结构模型（如图 5.3 所示），其要点包括：①DNA 分子由两条多聚脱氧核糖核苷酸链组成。每条链的多聚核苷酸链骨架是脱氧核糖和磷酸，通过糖基 C3′和 C5′位的磷酸二酯键把脱氧核苷基连接而成。链的内侧是嘌呤碱和嘧啶碱。两条链通过碱基之间的氢键相连并以相反方向盘绕同一条轴，形成右旋的双螺旋结构。螺旋直径为 2nm，每转一圈的高度是 3.4nm，含 10 个核苷酸单位，每个核苷酸高 0.34nm。②一条链上的嘌呤碱必须与另一条链上的嘧啶碱相匹配，才能形成双螺旋结构，其中 A 与 T 以两个氢键联结，G 与 C 以三个氢键联结，这称为碱基互补。因此，在 DNA 分子中，腺嘌呤与胸腺嘧啶、鸟嘌呤与胞嘧啶的含量相等，即 A = T，G = C。当一条多聚核苷酸链的碱基序列确定以后，即可推知另一条互补的多聚核苷酸链的碱基序列。③DNA 分子中两条多聚脱氧核糖核苷酸链的复制机制预示着遗传物质的传递机制。

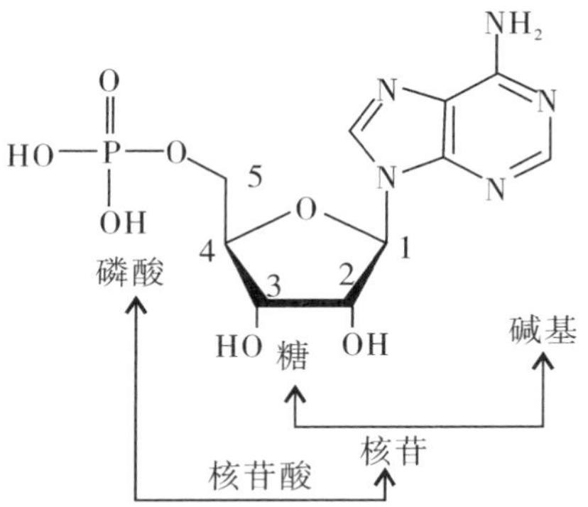

NH2
O
HO—P—O
OH
5
O
N
1
4
2
3
磷酸
HO
糖
OH
碱基
核苷
核苷酸

（当戊糖2位的—OH基被—H基取代时成为脱氧核糖核酸DNA分子）

图5.1　核苷酸分子的空间结构

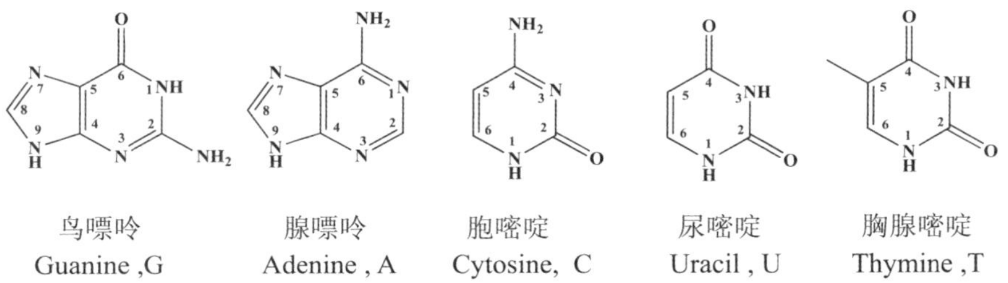

鸟嘌呤
Guanine ,G
腺嘌呤
Adenine , A
胞嘧啶
Cytosine, C
尿嘧啶
Uracil , U
胸腺嘧啶
Thymine ,T

（RNA碱基：G、A、C、U；DNA碱基：G、A、C、T）

图5.2　核苷酸分子中的碱基

3.4 nm
1nm
大沟
0.34 nm
小沟
A
T
G
C
2 nm
(A)
(T)
(G)
(C)

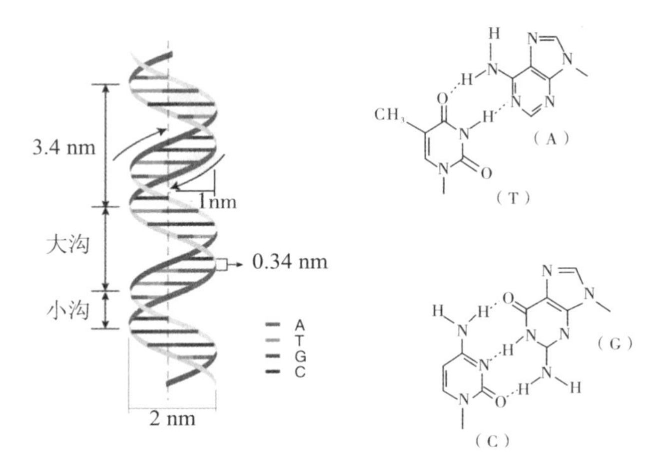

图5.3　DNA分子的双螺旋结构与碱基配对（A=T，G=C）

（2）蛋白质。蛋白质既是细胞的主要结构成分，也是细胞各种生命活动的功能分子。一个细胞中约含有 104 种蛋白质，分子的数量达 1 011 个。由氨基酸组装而成肽链，肽链进一步组装折叠成蛋白质分子。蛋白质的结构可以分为四级：一级结构是指肽链的数目、肽链中氨基酸的连接方式和排列顺序以及二硫键的数目和位置等。二级结构是指多肽链盘曲折叠的方式，目前公认的二级结构主要是 α－螺旋结构，其次为 β－折叠结构。三级结构是指肽链在二级结构（α－螺旋和 β－折叠）的基础上进一步折叠，这主要靠盐键、氢键、疏水键，某些情况下还有配位键来维持。许多蛋白质由两条或多条肽链构成，每条肽链均有自己的一级、二级及三级结构，相互以非共价键连接。这些肽链称为蛋白质的亚单位（亚基），由亚单位构成的蛋白质称寡聚蛋白质。四级结构就是各个亚单位（各条肽链）在蛋白质的天然构象中的排列方式，如图 5.4 所示。

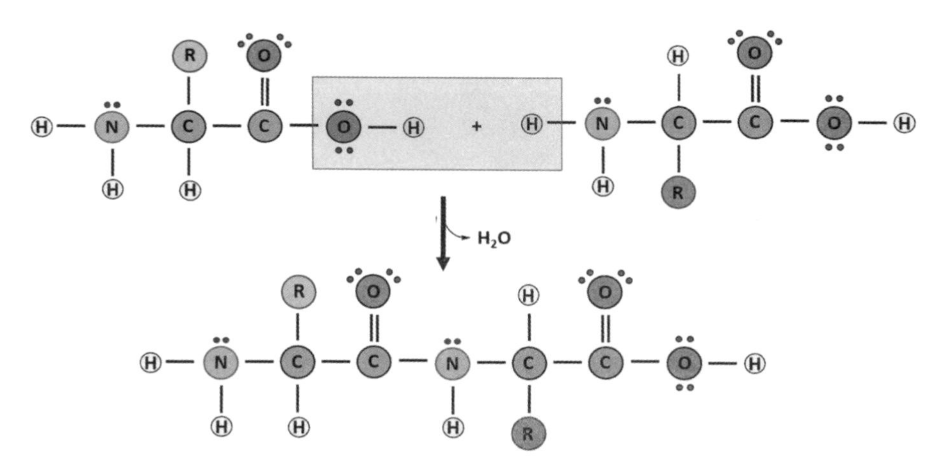

A. 肽链的形成与肽链的降解（水分子介导）

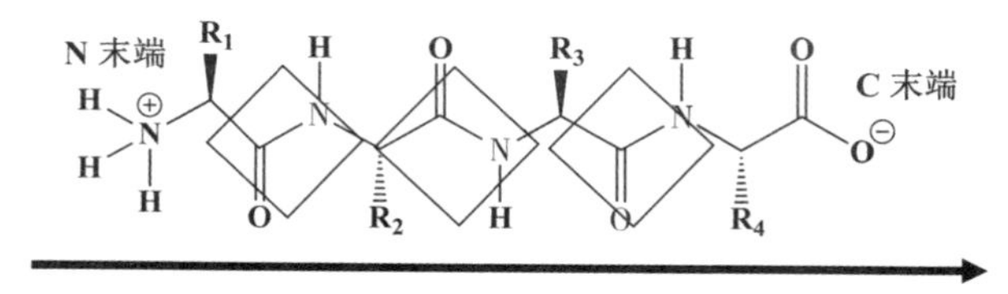

B. 肽链与蛋白质一级结构

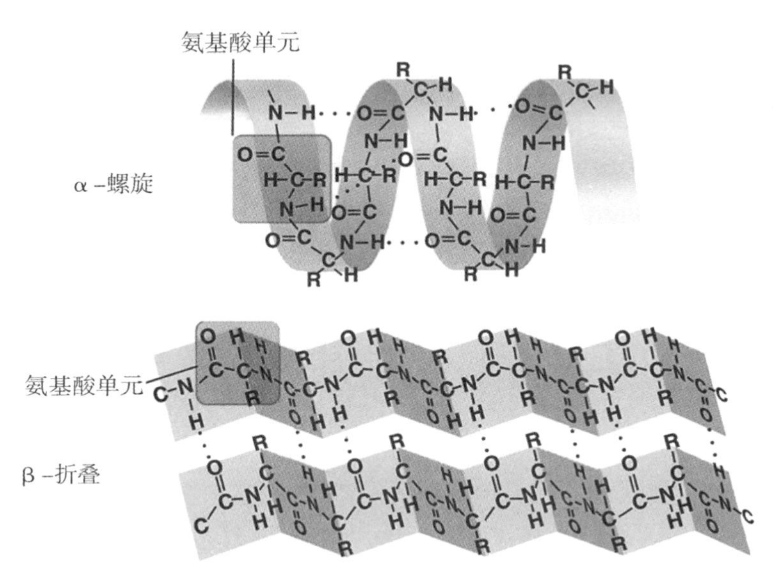

C. 蛋白质肽链折叠形成二级结构

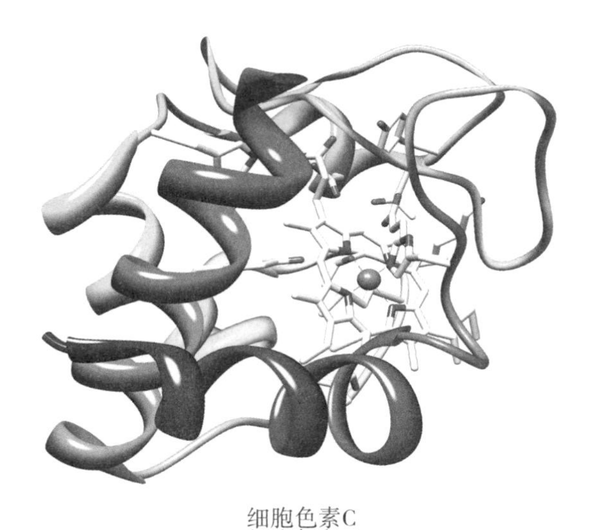

细胞色素C

D. 蛋白质肽链折叠形成三级结构

（由四个亚单位组成的四聚体，每个亚单位都是血红素的一条多肽链）

E. 具有四级结构的哺乳动物血红蛋白

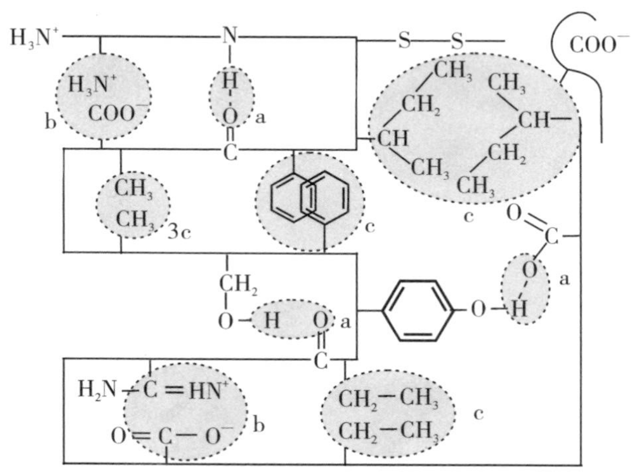

（静电力、氢键、S—S 键、疏水键 ，有时还有配位键）

F. 蛋白质形成高级结构的作用力

图 5.4 由氨基酸组装而形成的蛋白质高级结构

（3）糖类。细胞中的糖类有单糖和多糖。单糖是细胞的能源以及相关化合物的合成原料。重要的单糖有五碳糖（如核糖）和六碳糖（如葡萄糖）。葡萄糖是能量代谢的关键单糖，也是构成多糖的主要单体。单糖分子以开链和环状两种形式存在，环状结构有呋喃环（furan）和吡喃糖环（pyranose）两种形式，如图 5.5 所示。多糖在细胞结构成分中占主要地位。细胞中的多糖基本上可分为两类：一类是营养储备多糖；另一类是结构多糖。作为食物储备的多糖主要有两种：在植物细胞中为淀粉（starch），在动物细胞中为糖元（glycogen）。在真核细胞中，结构多糖主要有纤维素（cellulose）和几丁质（chitin）。

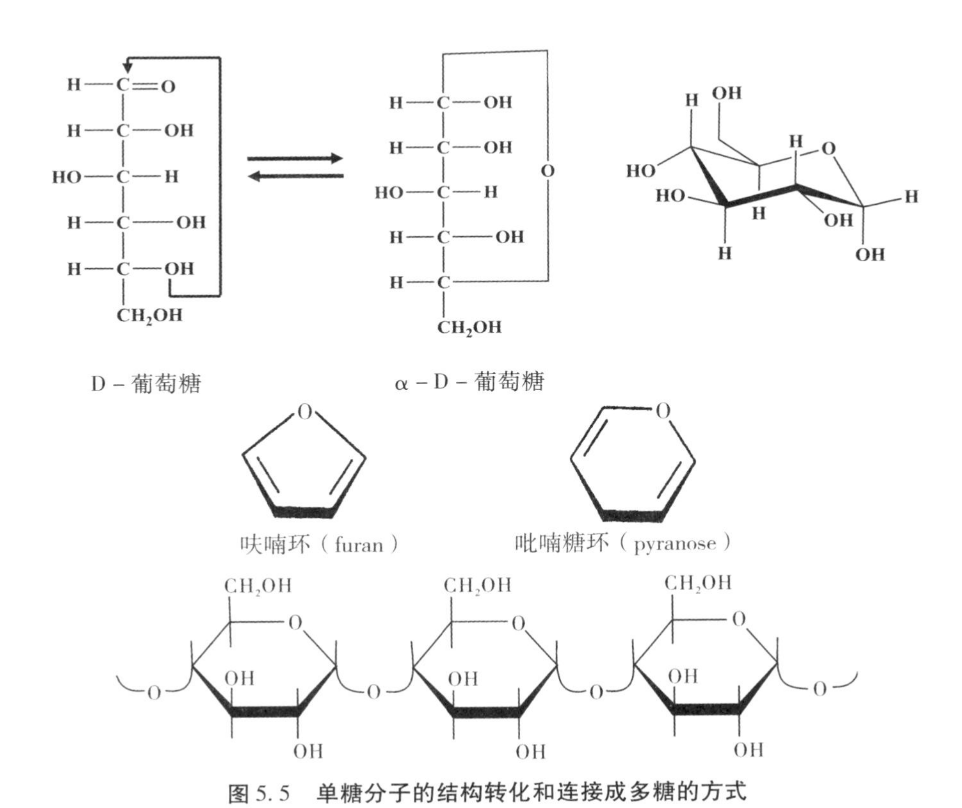

图 5.5　单糖分子的结构转化和连接成多糖的方式

（4）脂类。脂类包括脂肪酸、中性脂肪、类固醇、蜡、磷酸甘油酯、鞘脂、糖脂、类胡萝卜素等。脂类化合物难溶于水，而易溶于非极性有机溶剂。

中性脂肪指由脂肪酸的羧基同甘油的羟基结合形成的甘油三酯（triglyceride）。甘油三酯是动物和植物体内脂肪的主要贮存形式，也是重要的能源物质，其能量比糖或蛋白质要出高两倍。当营养过剩时，碳水化合物、蛋白质或脂类即转变成甘油三酯贮存起来；当营养缺乏时，即用甘油三酯提供能量。

磷脂是构成生物膜的基本成分，也是许多代谢途径的参与者。磷脂又可分为两类：甘油磷脂（phosphoglyceride，PG）和鞘磷脂（sphingomyelin，SM）。甘油磷脂主要包括磷脂酰胆碱（卵磷脂，phosphatidylcholine，PC），其次是磷脂酰丝氨酸

（phosphatidylserine，PS）和磷脂酰乙醇胺（脑磷脂，phosphatidylethanolamine，PE），含量最少的是磷脂酰肌醇（phosphatidylinositol，PI）。

糖脂也是构成细胞膜的成分，与细胞的识别和表面抗原性有关。

萜类和类固醇类是异戊二烯（isoprene）的衍生物，都不含脂肪酸。萜类化合物有胡萝卜素和维生素A、E、K等；多萜醇磷酸酯是细胞质中糖基转移酶的载体；类固醇类化合物又称甾类化合物，其中胆固醇是构成膜的成分；另一些甾类化合物是激素类，如雌性激素、雄性激素、肾上腺激素等。

第二节　细胞的基本结构

细胞的结构同样存在“象”“数”和“理”的有机统一关系。简言之，需要从细胞的组成、结构与功能的有机联系中来理解细胞结构。细胞是一个能够在变化的环境中稳定、持续、有序地自我复制、自我调控代谢活动的复杂系统。与其他系统一样，细胞具有边界，将细胞与外界环境分开；具有对代谢和遗传进行调控的信息指挥中心；具有分工明确、合作高效和协调统一的许多内部功能区隔等。与这些基本功能相对应的分别是细胞膜和细胞的亚结构单元，如细胞核等细胞器。而细胞的各种亚结构单元都是由生物分子组装而形成的。因此，细胞结构还有不同的层次关系。如图5.6所示，细胞膜或质膜（cell membrane；plasma membrane）所包裹的所有生命物质称为原生质（protoplasm），包括细胞核（nucleus）和细胞质（cytoplasm）。细胞质是细胞内除细胞核以外的原生质，其中具有可辨认形态和能够完成特定功能的结构叫作细胞器（organelles），其余部分称为细胞质基质（cytoplasmic matrix）或胞质溶胶（cytosol），其体积约占细胞质的一半。细胞质基质并不是均一的溶胶结构，而是含有三维纤维结构的细胞骨架。动植物细胞，其细胞质中的细胞器有所不同。植物的细胞器主要有叶绿体、线粒体、内质网、液泡、高尔基体、核糖体等；动物的细胞器主要有线粒体、内质网、溶酶体、中心体、高尔基体、核糖体等。细胞器组成了细胞内部的区隔结构和子系统，它们与细胞核密切配合，确保细胞能正常工作、运转。质膜与细胞内的所有膜统称为生物膜，是一种半透性膜，对进出细胞的物质有很强的选择透性，其物质组成和基本结构非常相似。细胞的各种膜结构单元组成了在结构和功能上有一定关系的统一整体，即细胞质膜系统（cytoplasmic membrane system）或内膜系统（endomembrane system）。内膜系统将细胞质分隔成不同的区域，即所谓的区隔化（compartmentalization）。区隔化是细胞的高等性状，它不仅使细胞内表面积增大了数十倍，各种生化反应能够有条不紊地进行，而且细胞代谢能力也比原核细胞大为提高。

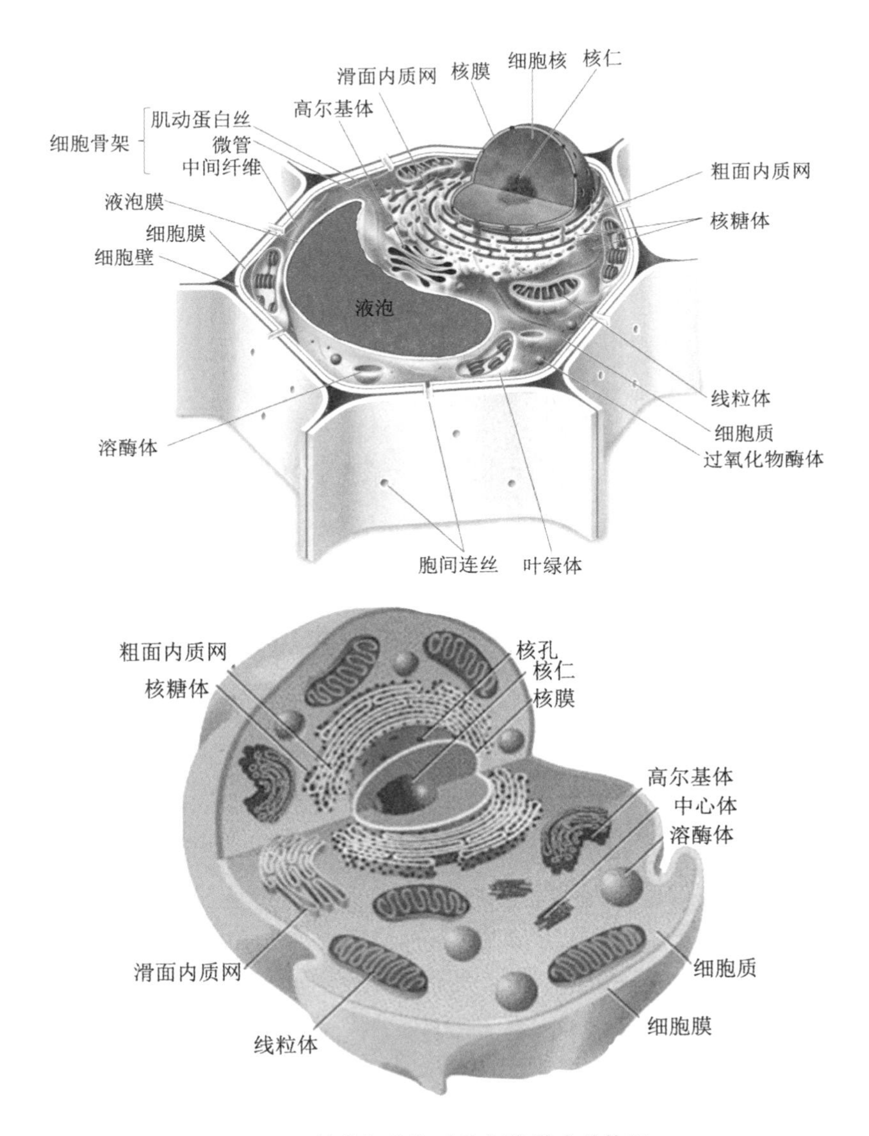

图 5.6　植物细胞和动物细胞基本结构图

1. 细胞膜

细胞膜又称质膜，位于原生质体外围，细胞膜的结构模型如图5.7所示。组成质膜的主要物质是蛋白质和脂类，以及少量的多糖、微量的核酸、金属离子和水。其中具有流动性和镶嵌作用的磷脂双分子层是构成细胞膜的基本支架，也是生命物质向细胞进化所获得的重要形态特征；部分脂质和糖类结合形成糖脂，部分蛋白质和糖类结合形成糖蛋白。在电镜下细胞膜可分为三层，即在膜的靠内外两侧各有一条厚约2.5nm的电子致密带，中间夹有一条厚约2.5nm的透明带，总厚度约7.0～7.5nm。这样的膜称为单位膜（unit membrane）或生物膜（biomembrane），细胞内的各种细胞器膜，如线粒体、内质网等也具有相似的结构。

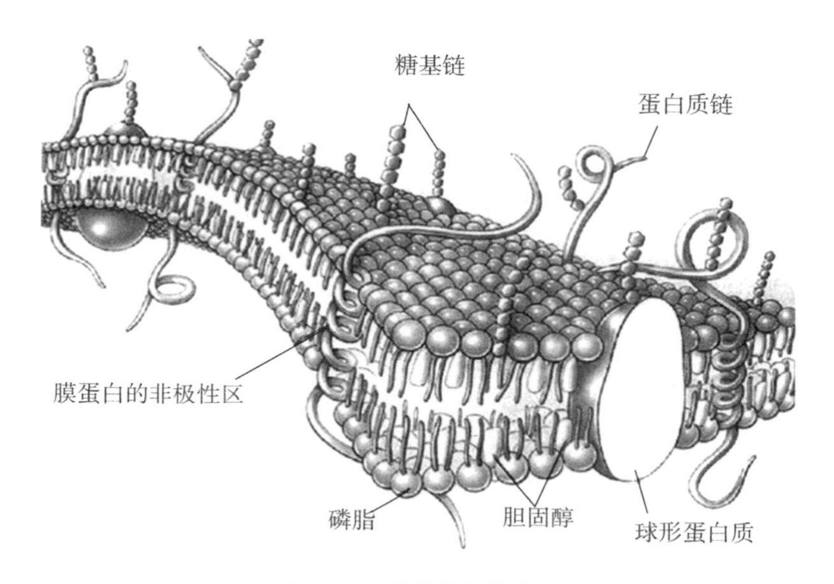

图5.7　细胞膜的结构模型

细胞膜是防止细胞外物质自由进入细胞的屏障，它保证了细胞内环境的相对稳定，使各种生化反应能够有序运行。但是细胞必须与周围环境发生信息、物质与能量的交换，才能完成特定的生理功能，因此细胞必须具备一套物质转运体系，用来获得所需物质和排出代谢废物。细胞膜通过胞饮作用（pinocytosis）、吞噬作用（phagocytosis）或胞吐作用（exocytosis）来吸收、消化和外排细胞膜外或内的物质。据估计，细胞膜上与物质转运有关的蛋白占核基因编码蛋白的15%～30%，细胞用在物质转运方面的能量达细胞总消耗能量的三分之二。

（1）膜脂质。膜脂质主要由磷脂、胆固醇和少量糖脂构成。在大多数细胞的膜脂质中，磷脂占总量的70%以上，胆固醇不超过30%，糖脂不超过10%。磷脂分子中的磷酸和碱基、胆固醇分子中的羟基以及糖脂分子中的糖链等亲水性基团分别形成各自分子中的亲水端，分子的另一端则是疏水的脂肪酸烃链。这些分子以脂质双层的形式存在于质膜中，亲水端分别朝向细胞外液和胞质；疏水的脂肪酸烃链则彼此相对，形成膜内部的疏水区。膜脂质双层中的脂质构成是不对称的，含氨基酸的磷脂（磷脂酰丝氨酸、磷脂酰乙醇胺、磷脂酰肌醇）主要分布在膜的近胞质的内层；而磷脂酰胆碱的大部分和全部糖脂都分布在膜的外层。

（2）膜蛋白。膜蛋白按其与膜脂质的结合方式分为内在蛋白和外在蛋白：外在蛋白，约占20%～30%，以非共价键（带电基团或极性基团的作用）结合在固有蛋白的膜外端上，或在磷脂分子的亲水端，如载体、特异受体、酶、表面抗原等；内在蛋白，约占70%～80%，通过疏水区域与磷脂共价结合，有极性的两端带贯穿膜的内外。按转运类型分为载体蛋白（carrier protein）和通道蛋白（channel protein）：载体蛋白又称载体（carrier）、通透酶（permease）和转运器（transporter），能够与特定溶质结合，通过自身构象的变化，将与它结合的溶质转移到膜的另一侧，如ATP驱动的离子泵和以协助扩散的缬氨酶素。通道蛋白与所转运物质的结合较弱，它能形成亲水的通道，当通道打开时能允许特定的溶质通过，所有通道蛋白均以协助扩散的方式运输溶质。

（3）膜糖。一些寡糖链和多糖链以共价键的形式和膜脂质或蛋白质结合，形成糖脂和糖蛋白。糖与氨基酸的连接有O－连接（与肽链中的丝氨酸或苏氨酸残基）和N－连接（与天冬酰胺残基）两种方式。糖链绝大多数裸露在膜的外侧，形成细胞外壳（cell coat），以增强细胞膜的敏感性和识别功能。例如，人的ABO血型决定子（determinant），即ABO血型抗原，是血红细胞膜脂寡糖链末端的糖决定抗原特异性：A血型的人，寡糖链末端是N－乙酰半乳糖（GalNAc）；B血型的人，寡糖链末端是半乳糖（Gal）；AB血型的人，寡糖链末端同时具有这两种糖；O血型的人，则没有这两种糖。这说明不同血型的人，其体内有相应的酶将相应的糖添加到血红细胞膜脂寡糖链末端。

总之，磷脂双分子层的流动性、镶嵌性和不对称性，为蛋白质分子提供一个良好的工作平台；蛋白质分子的加入，大大改变了膜的性质和功能，并使其在区域分布上更精细化。细胞膜把边界功能与平台功能有机融合起来，使膜在分子识别、运输、通信和控制等方面的整体能力得到进一步提升。细胞膜不仅在细胞与外环境的边界上发挥作用，在细胞内部也充分发挥了区隔化与器件化作用，形成了一系列膜结合细胞器，如细胞核、叶绿体、线粒体、内质网、分泌泡、高尔基体、溶酶体、过氧化物酶体等。

2. 细胞骨架系统（cytoskeletonic system）

细胞骨架是细胞内以蛋白纤维为主要成分的网络结构，包括微管（microtubule）、微丝（microfilament）和中间纤维（intermediate filament）。广义的细胞骨架还包括核骨架（nucleoskeleton）、核纤层（nuclear lamina）和细胞外基质（extracellular matrix），形成贯穿于细胞核、细胞质、细胞外的一体化三维网络结构，如图 5.8 所示。

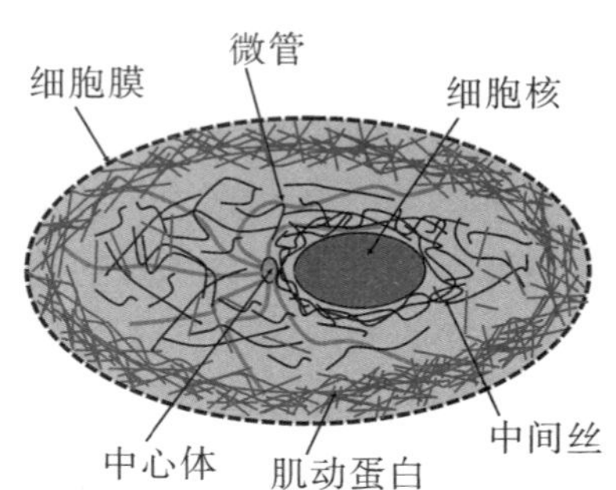

图 5.8　细胞骨架结构

（1）微管。微管主要分布在细胞核周围，由 α 和 β 微管球蛋白（tubulin）分别组成 23 条原丝，纵行螺旋排列而成，直径为 22 ~ 25nm。微管有单管、二联管和三联管。微管有（+）端和（-）端，因此具有极性。微管是细胞骨架的架构主干。微管的主要功能是：确定膜性细胞器（membrane-enclosed organelle）的位置和作为膜泡运输的导轨；作为纤毛和鞭毛的构件参与细胞有丝分裂和减数分裂。

（2）微丝。微丝是实心状的纤维，直径为 5 ~ 8nm。由肌动蛋白（actin）亚单位聚合而成的细丝彼此缠绕成双螺旋丝，成束或分散在基质内。微丝是肌球蛋白（myosin）的运行轨道。肌球蛋白是一种分子发动机。微丝与微管配合，控制细胞器的运动和胞质流动；参与收缩环和伪足的形成；参与细胞运动的变形虫运动（amoeboid movement）和肌肉收缩。

（3）中间纤维。中间纤维又称为中间丝，直径介于微管和微丝之间（8 ~ 10nm），呈细长管状结构。其化学组成比较复杂，其组成蛋白质多达 5 种，常见的有波形蛋白（vimentin）、角蛋白（keratin）、结蛋白、神经元纤维、神经胶质纤维。中间纤维能加固细胞骨架，固定细胞核，使细胞具有张力和抗剪切力；与微管、微丝一起维持细胞形态和参与胞内物质运输。

细胞骨架的三种结构单元并非一成不变，而是随细胞的生命活动而呈现高度的动态性。它们均由单体蛋白以较弱的非共价键结合在一起，构成纤维型多聚体，很容易进行组装和去组装，这正是实现其功能所必需的特点。

细胞骨架的主要功能是维持细胞形态，保持细胞内部结构的有序性、稳定性和协同性，在细胞运动、物质运输、信息传递、能量转换和细胞分裂等方面具有重要作用。

细胞骨架与细胞膜在功能上发挥了很好的互补作用。两者共同作用形成了细胞的张拉整体结构，实现了机械力的“点、线、面”相互连接和相互转化，实现了压力与张拉力的动态转化，从而使细胞形成完整统一和稳定有序的整体，使细胞具有运动能力。

3. *细胞核*

真核细胞内最核心的细胞器，内含细胞的遗传物质，即 DNA。DNA 是遗传信息的一级载体，能够被转录成 RNA，并指导蛋白质合成，这就是遗传信息流。现有的研究表明，在生命进化过程中，最早的遗传物质不是 DNA 而是 RNA。由于 DNA 储存遗传信息较 RNA 稳定，复制更精确，且易于修复，所以取代了 RNA 成为遗传信息载体。但为了保证遗传信息的准确传递，RNA 被保留下来，专司遗传信息的转录和指导蛋白质合成。少数原始生命形式的病毒，仍然保留 RNA 作为遗传信息的载体。DNA 与多种蛋白复合形成染色质，染色质在细胞分裂时被压缩组装成为染色体（chromosome），其中所含的基因合称为核基因，核基因维持着细胞基因的完整性。细胞核通过遗传物质的复制和细胞分裂保持细胞世代间的连续性（遗传），通过基因的选择性表达，控制细胞的活动。因此，关于细胞核的功能较为全面的阐述应该是：细胞核是遗传信息库，是细胞代谢和遗传的控制中心。细胞核的基本结构主要由核被膜、染色质、核仁及核基质等组成，如图 5.9 所示。

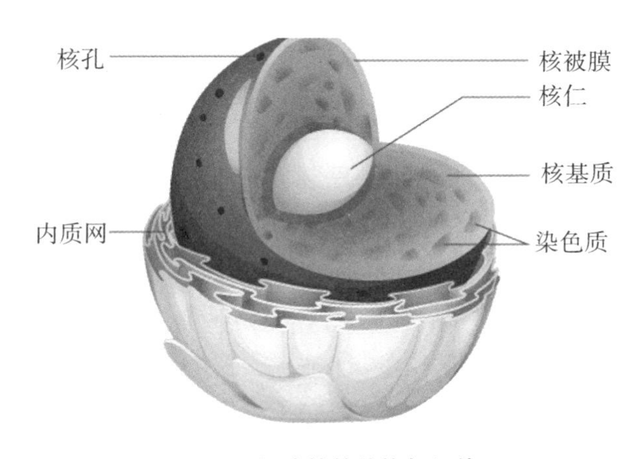

图 5.9　细胞核的结构与组件

（1）核被膜（nuclear envelope）。核被膜使细胞核形成相对稳定的环境并成为细胞中一个相对独立的体系。核被膜包裹在核表面，由基本平行的内膜、外膜两层膜构成，两层膜的间隙宽 15～30nm，称为核周腔（perinuclear cisterna），与内织网相连。核被膜上有核孔（nuclear pore）穿通，占膜面积的 8% 以上，在内外膜的融合处形成环状开口，又称核孔复合体（nuclear pore complex，NPC），直径为 50～100nm，一般有几千个。核孔构造复杂，含 100 种以上蛋白质，并与核纤层紧密结合成为核孔复合体，是选择性双向通道，供选择性的大分子出入（主动运输），如酶、组蛋白、mRNA、tRNA；存在电位差，对离子的出入有一定的调节控制作用。外核膜（outer nuclear membrane）面向胞质，附有核糖体颗粒，与粗面内质网相连；内核膜（inner nuclear membrane）面向核质，表面上无核糖颗粒，膜上有特异蛋白，为核纤层提供结合位点。核纤层（fibrous lamina）是一层由细丝交织形成的致密网状结构，成分为中间纤维蛋白，称为核纤层蛋白（lamin）。核纤层与细胞质骨架、核骨架连成一个整体，一般认为核纤层为核被膜和染色质提供了结构支架。核纤层不仅对核被膜有支持、稳定作用，而且是染色质纤维两端的附着部位，如图 5.10 所示。

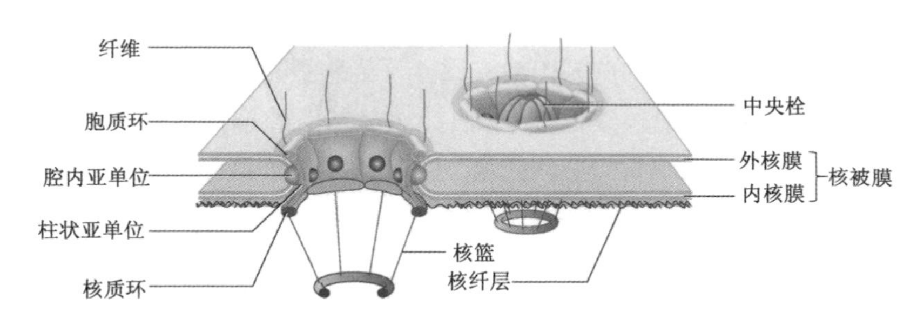

图 5.10　核被膜的分布与连接

（2）染色质（chromatin）。染色质是 1879 年 Flemming 提出的用以描述核中染色后强烈着色的物质。现认为染色质是细胞间期细胞核内能被碱性染料着色的物质，是由 DNA 与蛋白组成的复合物。在 HE 染色的切片上，染色质有的部分着色浅淡，称为常染色质（euchromatin），是核中进行 RNA 转录的部位；有的部分呈强嗜碱性，称异染色质（heterochromatin），是功能静止的部分，故根据核的染色状态可推测其功能活跃程度。染色质的基本结构为核小体（nucleosome），直径约 10nm，呈扁圆球形，核心由 5 种蛋白（H1、H2A、

H2B、H3、H4）各二分子组成；DNA 盘绕核心 1.75 周，含 140 个碱基对。DNA 链于相邻核小体间走行的部分称连接段，含 10 ~ 70 个碱基对，并有组蛋白 H1 附着。这种直径约 10nm，呈染色质丝在其进行 RNA 转录的部位是舒展状态，即表现为常染色质；而未执行功能的部位则螺旋化，形成直径约 30nm 的染色质纤维，即异染色质。人体细胞核中含 46 条染色质丝，约含 60 亿碱基对，每个碱基对结合 6 个水分子，其 DNA 链总长约 2m，只有以螺旋化状态才能被容纳于直径 4 ~ 5μm 的核中。

染色体和染色质在核酸和蛋白成分上完全相同，只是分别处于不同功能阶段的不同构型（含水量有所不同）。染色体是细胞在有丝分裂或减数分裂过程中，由染色质经 4 级压缩组装而成的棒状结构，如图 5.11 所示。

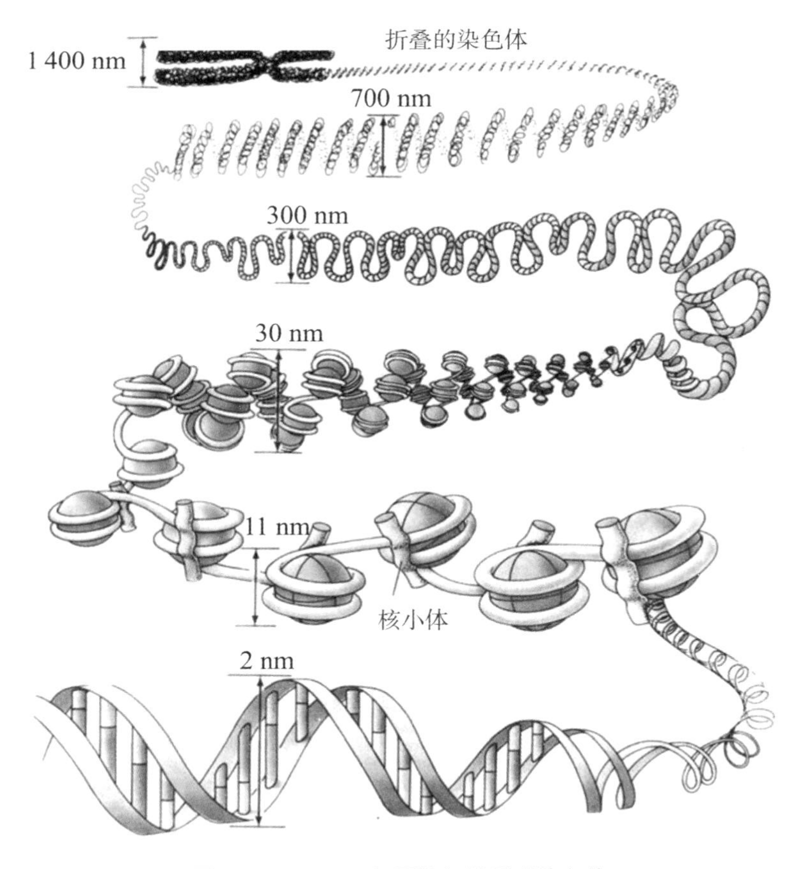

图 5.11　DNA 四级压缩组装形成染色体

（3）核仁。核仁是匀质的球体，经常出现在间期细胞核中，其形状、大小、数目依生物种类、细胞形成和生理状态而异。核仁由纤维中心（fibrillar center）、致密纤维组分（dense fibrillar component）、颗粒成分（granular component）、核仁相随染色质（nucleolar associated chromatin）和核仁基质（nucleolar matrix）等组成，是一种动态结构。核仁的主要功能是合成 RNA 和装配核糖体。由于核糖体是合成蛋白质的机器，只要控制了核糖体的合成和装配，就能有效控制细胞内蛋白质的合成速度，调节细胞生命活动的节奏。因此，核仁实际上操控着蛋白质的合成。

（4）核基质。核基质是细胞核中除染色质与核仁以外的成分，包括核液与核骨架两部分。核液含水、离子、HE 酶类等成分；核骨架是由多种纤维蛋白质形成的三维网架结构，与核被膜、核纤层相连，对核的结构具有支持作用。核骨架中还有少量 RNA，它对于维持核骨架三维网络结构的完整性是必需的。

4. 核糖体（ribosome）

核糖体是细胞内蛋白质合成的分子机器，主要由核糖体 RNA（rRNA）及数十种不同的核糖体蛋白质（r－protein）组成核糖核蛋白颗粒（ribonucleo-protein particle）。核糖体蛋白和 rRNA 被排列成两个不同大小的核糖体亚基，通常称为核糖体的大小亚基。核糖体的大小亚基相互配合，与转移 RNA（transfer RNA，tRNA）共同合作，将信使 RNA（messenger RNA，mRNA）包含一系列密码子转化为多肽链并组装成为蛋白质。

用于描述核糖体亚基和 rRNA 片段的测量单位是 Svedberg 单位，代表的是离心时亚基的沉降速率而不是它的大小。例如，真核生物定位于其胞质的核糖体为 80S 核糖体，由 40S 小亚基和 60S 大亚基组成。其中 40S 亚基具有 18S RNA（1 900个核苷酸）和 33 个蛋白质；60S 大亚基由 28S RNA（4 700 个核苷酸）、5.8S RNA（160 个核苷酸）、5S RNA（120 个核苷酸）和 49 个核糖体蛋白组成。

真核生物中，按核糖体存在的部位可分为三种类型：定位于质体的称为质体核糖体（plastoribosome）；定位于线粒体和叶绿体中的分别称为线粒体核糖体（mitoribosome）和叶绿体核糖体（chloroplast ribosome）。叶绿体核糖体和线粒体核糖体也是由大小亚基与蛋白质结合而成的一个 70S 核糖体，与细菌类似。其中线粒体中的许多核糖体 RNA 被缩短，而其 5S rRNA 被动物和真菌中的其他结构所取代，因此叶绿体核糖体比线粒体核糖体更接近细菌。

5. 内质网（endoplasmic reticulum，ER）

内质网是细胞质内由膜组成的一系列片状的囊腔和管状的腔，彼此相通形成一个隔离于细胞基质的管道系统，联系了细胞核和细胞质、细胞膜这几大细胞结构，使之成为通过膜连接的整体。内质网负责物质从细胞核到细胞质、细胞膜以及细胞外的转运过程。电镜下观察，内质网膜厚度约为 5 ~ 6nm，按形态结构的不同分为两个区域：一是粗面内质网（rough endoplasmic reticulum，RER），多为扁平囊状结构，膜上附着有核糖体；二是滑面内质网（smooth endoplasmic reticulum，SER），多呈网状分布的小管，膜的细胞质面上不附着核糖体。滑面内质网不仅在一定部位与粗面内质网相连通，而且有的与质膜或核外膜相连，扩大了细胞质内的膜面积。

（1）内质网的组成。内质网膜约占细胞总膜面积的一半，是真核细胞中最大的膜，具有高度的多型性。粗面内质网呈扁平囊状，排列整齐，膜围成的空间称为内质网腔（lumen），膜外有核糖体附着。滑面内质网呈分支管状或小泡状，无核糖体附着。心肌和骨骼肌细胞中的一种特化的内质网，称为肌质网（sarcoplasmic reticulum），可贮存 Ca^{2+}，引起肌肉收缩。细胞不含纯粹的粗面内质网或滑面内质网，它们分别是内质网连续结构的一部分。内质网膜中磷脂约占 50% ~60%，蛋白质约占 20%，脂类主要成分为磷脂，磷脂酰胆碱含量较高，鞘磷脂含量较少，没有或很少含胆固醇。内质网约有 30 多种膜结合蛋白，另有 30 多种位于内质网腔，这些蛋白的分布具有异质性，如葡萄糖 - 6 - 磷酸酶普遍存在于内质网，被认为是标志酶，核糖体结合糖蛋白（ribophorin）只分布在粗面内质网，P450 酶系只分布在滑面内质网。

（2）内质网的功能。内质网的功能主要是为核糖体和各种酶的附着提供机械支撑；合成分泌蛋白质；参与类固醇、脂类的合成与运输，糖代谢及激素的灭活等。此外内质网还参与蛋白质的修饰与加工，包括糖基化、羟基化、酰基化、二硫键形成等；参与新生肽链的折叠、组装和运输（通过出芽来运送合成物）。

6. 高尔基体（Golgi apparatus）

高尔基体亦称高尔基复合体（Golgi complex），是由单位膜构成的扁平囊叠加在一起组成的，有极性的细胞器。其含有扁平膜囊（saccules）、大囊泡（vacuoles）、小囊泡（vesicles）三个基本组分，常具 5 ~ 8 个囊，囊内有液状内含物。

（1）分布与组成。高尔基体分布于内质网与细胞膜之间，呈弓形或半球形，凸出来的一面对着内质网，称为形成面（forming face）或顺面（cis face），凹进去的一面对着质膜，称为成熟面（mature face）或反面（trans face）。扁平囊的直径为 1μm，膜厚 6 ~ 7nm，中间形成囊腔，周缘多呈泡状，

4～8 个扁平囊在一起，称为高尔基堆（Golgi stack）。高尔基体膜含有大约 60% 的蛋白和 40% 的脂类，具有一些和内质网共同的蛋白成分。膜脂中磷脂酰胆碱的含量介于内质网和质膜之间，中性脂类主要包括胆固醇、胆固醇酯和甘油三酯。酶主要有糖基转移酶、磺基—糖基转移酶、氧化还原酶、磷酸酶、蛋白激酶、甘露糖苷酶、转移酶和磷脂酶等不同的类型。

（2）高尔基体的功能。其功能主要是将内质网合成的蛋白质进行加工、分拣、包装与运输，然后分门别类地送到细胞特定的部位或分泌到细胞外。具体涉及蛋白质糖基化修饰；膜的转化，对在内质网上合成的新膜进行修饰和加工，与运输泡质膜融合，使新形成的膜整合到质膜上；将蛋白水解为活性物质，如将蛋白质 N 端或 C 端切除，成为有活性的物质（胰岛素 C 端），或将含有多个相同氨基序列的前体水解为有活性的多肽；参与形成溶酶体，如初级溶酶体的形成与颗粒分泌等。

7. 线粒体（mitochondria）

线粒体是细胞内氧化磷酸化和合成 ATP 的主要场所，为细胞的活动提供了能量，细胞生命活动所需的能量 95% 来自线粒体。此外，线粒体还参与诸如细胞分化、细胞信息传递和细胞凋亡等过程，拥有调控细胞生长和细胞周期的能力。线粒体一般呈短棒状或圆球状，但因生物种类和生理状态不同，还可呈环状、线状、哑铃状、分杈状、扁盘状或其他形状，直径一般为 0.5～1.0μm，长 1.5～3.0μm。在动物细胞中，线粒体大小受细胞代谢水平限制。某些组织在特定条件下可产生体积异常膨大的线粒体，称为“巨线粒体”（megamitochondria），如胰脏外分泌细胞中的线粒体可长达 10～20μm，人类成纤维细胞的线粒体则长达 40μm；细胞中线粒体数量取决于该细胞的代谢水平，代谢活动越旺盛的细胞线粒体越多。不同生物的不同组织中线粒体的数量可能差异很大，例如肝脏细胞中有 1 000～2 000 个线粒体，而成熟红细胞则不具有线粒体。

线粒体的结构由外至内可划分为外膜、膜间隙、内膜和基质 4 个功能区，如图 5.12 所示。线粒体外膜较光滑，起细胞器界膜的作用；内膜则向内皱褶形成嵴，负担更多的生化反应。位于内外膜之间的是线粒体膜间隙，被内膜包裹的是线粒体基质。线粒体中含有 DNA（mtDNA）和 DNA 聚合酶，RNA 和 RNA 聚合酶、tRNA、核糖体、氨基酸活化酶等，具有进行 DNA 复制、转录和蛋白质翻译的全套独立的遗传体系。线粒体的核糖体蛋白、氨酰－tRNA 合成酶及许多结构蛋白，都是核基因编码，在细胞质中合成后，定向转运到线粒体。线粒体的 1 000多种蛋白质中，自身合成的仅 10 余种，因此其被称为半自主细胞器。

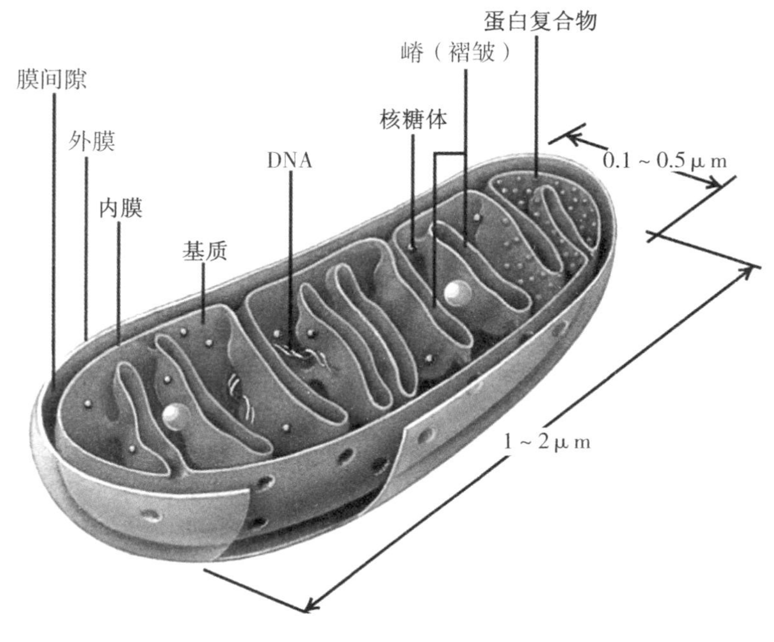

图 5.12　线粒体结构

线粒体的功能主要有：①能量转化。线粒体是真核生物进行氧化代谢的部位，是糖类、脂肪和氨基酸最终氧化释放能量的场所。其最终氧化的共同途径是三羧酸循环与氧化磷酸化，分别对应有氧呼吸的第二、三阶段。细胞质基质中完成的糖酵解和在线粒体基质中完成的三羧酸循环会产生还原型烟酰胺腺嘌呤二核苷酸（reduced nicotinamide adenine dinucleotide，NADH）和还原型黄素腺嘌呤二核苷酸（reduced flavin adenine dinucleotide，$FADH_2$）等高能分子。氧化磷酸化则是利用氧分子把这些物质氧化，释放能量，并合成 ATP。在有氧呼吸过程中，1mol 葡萄糖经过糖酵解、三羧酸循环和氧化磷酸化将产生 30 ~ 32mol 的 ATP；②钙离子的储存和释放。线粒体与内质网、细胞外基质等协同控制细胞中钙离子浓度的动态平衡。线粒体内膜中的单向载体在膜电位的驱动下，把钙离子输送进入线粒体基质；通过钠—钙交换蛋白的辅助或钙诱导钙释放（calcium - induced - calcium - release，CICR）机制则把钙离子排出线粒体基质。钙离子释放时会伴随着较大膜电位变化引起的“钙波”（calcium wave），能激活某些第二信使系统蛋白，协调诸如突触中神经递质的释放及内分泌细胞中激素的分泌。线粒体通过钙离子信号转导参与细胞凋亡调控。

8. 过氧化物酶体（peroxisome）

过氧化物酶体是由一层单位膜包裹的囊泡，直径约为 0.5 ~ 1.0μm，通常比线粒体小，普遍存在于真核生物的各类细胞中，在肝细胞和肾细胞中数量特别多。过氧化物酶体含有丰富的酶类，有 40 余种氧化酶和触酶，主要是氧化酶、过氧化氢酶和过氧化物酶，其标志酶是过氧化氢酶。氧化酶可作用于不同的底物，其共同特征是氧化底物的同时，将氧（O）还原成过氧化氢（H_2O_2）。

过氧化物酶体的功能：①氧化解毒。过氧化物酶体利用 H_2O_2 氧化各种底物，如酚、甲酸、甲醛和乙醇等，使这些有毒性的物质变成无毒性的物质，同时也使对细胞有毒性的 H_2O_2 进一步转变成水。这种解毒作用对于肝、肾特别重要，人们饮酒进入体内的乙醇大部分是通过这种途径被氧化解毒的。②调节氧浓度。过氧化物酶体与线粒体对氧的敏感性不一样，过氧化物酶体的氧化率随氧浓度增加而提高；而线粒体所需氧浓度最佳为 2% 左右，氧化能力并不因氧浓度增加而改变。在低浓度氧的条件下，线粒体利用氧的能力比过氧化物酶体强；在高浓度氧的情况下，过氧化物酶体的氧化反应占主导地位。这样过氧化物酶体可使细胞免受高浓度氧的毒性作用。③氧化脂肪酸。过氧化物酶体和线粒体一起，共同承担脂肪酸的氧化。动物组织中大约有 25% ~50% 的脂肪酸由过氧化物酶体氧化，此外还参与脂的合成。④代谢含氮物质。尿酸是核苷酸和某些蛋白质降解代谢的产物，过氧化物酶体通过尿酸氧化酶（urate oxidase）将尿酸氧化去除，此外还通过转氨酶（aminotransferase）催化氨基的转移并参与氮代谢。

9. 溶酶体（lysosomes）

溶酶体是真核细胞中一种分解蛋白质、核酸、多糖等生物大分子的细胞器，是 0.025 ~0.8μm 的泡状结构，外面由单位膜包被，形状多种多样，内含有 60 余种酸性水解酶，包括蛋白酶、核酸酶、磷酸酶、糖苷酶、脂肪酶、磷酸酯酶及硫酸脂酶等。这些酶有三个特点：①溶酶体表面高度糖基化，有助于保护自身不被酶水解。膜蛋白多为糖蛋白，溶酶体膜内表面带负电荷，有助于溶酶体中的酶保持游离状态。这对行使正常功能和防止细胞自身被消化有着重要意义。②所有水解酶在 pH 为 5 左右时活性最佳，但其周围胞质中 pH 为 7.2。溶酶体膜内含有一种特殊的转运蛋白，可以利用 ATP 水解的能量将胞质中的质子（氢离子）泵入溶酶体，以维持其 pH 为 5。③只有当被水解的物质进入溶酶体内时，溶酶体内的酶类才行使其分解作用。一旦溶酶体膜破损，水解酶逸出，将导致细胞自溶。

溶酶体具有异质性，形态大小及内含的水解酶种类都可能有很大的不同，标志酶为酸性磷酸酶。溶酶体根据完成其生理功能的不同阶段可分为初级溶酶体（primary lysosome）、次级溶酶体（secondary lysosome）和残体（residual body）。次级溶酶体是正在进行或完成消化作用的溶酶体，内含水解酶和相应的底物，可分为异噬溶酶体（phagolysosome）和自噬溶酶体（autolysosome），前者消化的物质来自外源，后者消化的物质来自细胞本身的各种组分。残体又称后溶酶体（post－lysosome），已失去酶活性，仅留未消化的残渣，故名残体，残体可通过外排作用排出细胞。溶酶体的形成及其在细胞消化中的作用如图 5. 13 所示。

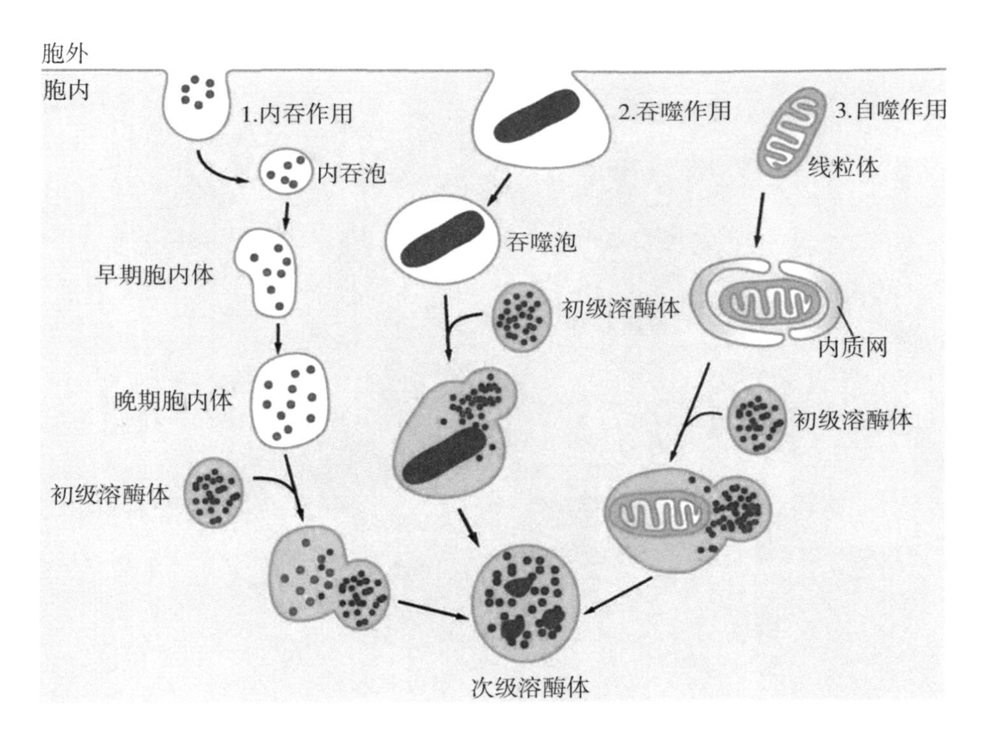

图 5. 13　溶酶体的形成及其在细胞消化中的作用

溶酶体的功能主要是：①与食物泡融合，将细胞吞噬进的食物或致病菌等大颗粒物质消化成生物大分子，残渣通过胞吐作用排出细胞；②消化某些衰老的细胞器和生物大分子等，为细胞自身更新组织。

第三节 细胞分裂与细胞周期

由于生活的细胞不断地进行自我复制、分裂，因此其结构是一个动态周期性变化的时空状态。这一动态过程就是细胞分裂与细胞周期（cell cycle）。

1. 细胞周期

细胞从一次分裂完成开始到下一次分裂结束所经历的全过程称为细胞周期。细胞周期分为间期与分裂期两个阶段。在这一过程中，细胞的遗传物质复制并均等地分配给两个子细胞。细胞周期中的染色体行为如图 5.14 所示。

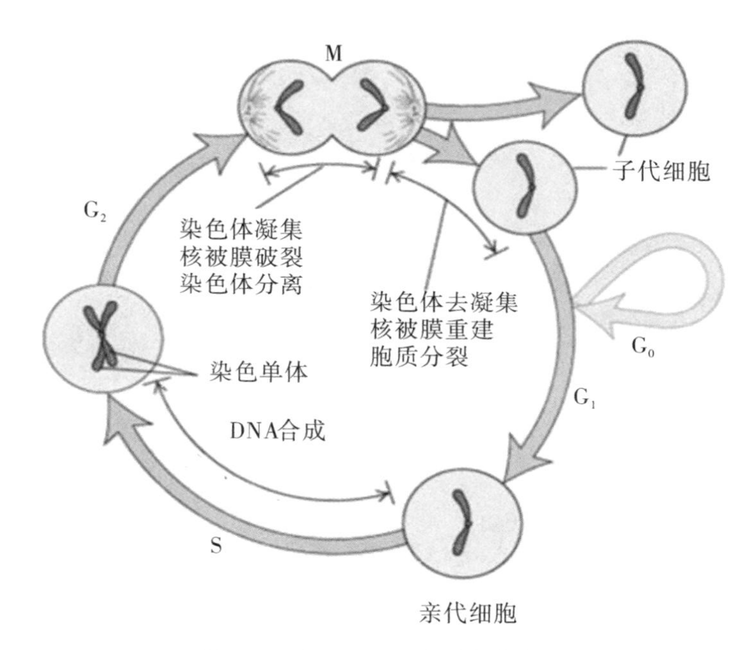

图 5.14 细胞周期及其染色体行为

（1）间期。间期又分为 G_1 期、S 期和 G_2 期。

第一，G_1 期（first gap）。DNA 合成前期，从有丝分裂到 DNA 复制前的一段时期。此期特点是物质代谢活跃，迅速合成 RNA 和核糖体，细胞体积显著增大，为下阶段 S 期的 DNA 复制做好物质和能量的准备。

进入 G_1 期的细胞将出现三种不同前景：①增殖，细胞及时从 G_1 期进入 S 期，保持分裂能力。②暂时脱离细胞周期，转入 G_0 期。G_0 期的细胞，其 DNA

合成与细胞分裂的潜力仍然存在，当受到刺激而增殖时，又能合成 DNA，进入 S 期继续增殖。③不增殖，失去分裂能力，终身处于 G_1 期，最后通过分化、衰老直至死亡，例如高度分化的神经细胞、肌细胞及成熟的红细胞等。

第二，S 期（synthesis）。DNA 合成期，合成 DNA 和组蛋白以及 DNA 复制所需要的酶。

第三，G_2期（second gap）。DNA 合成后期，DNA 合成终止，大量合成 RNA 及蛋白质，包括微管蛋白，促成熟因子等为染色体浓缩及有丝分裂器（mitotic apparatus）形成所需的各种成分，为有丝分裂做准备。

（2）分裂期（M 期）。细胞有丝分裂（mitosis）时期，是细胞形态结构发生急速变化的时期，包括一系列核的变化、染色质的浓缩、纺锤体的出现，以及染色体精确均等地分配到两个子细胞中的过程，使分裂后的细胞保持遗传上的一致性。M 期又分为前期、中期、后期和末期（如图 5.15 所示）。

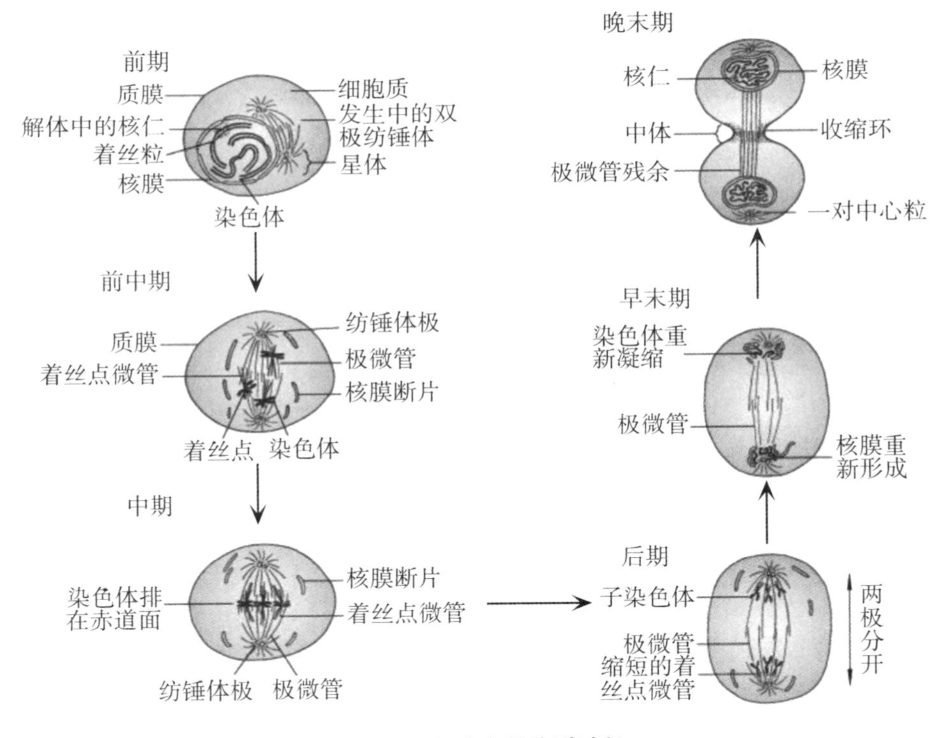

图 5.15　细胞有丝分裂过程

第一，前期（prophase）。染色质丝高度螺旋化，逐渐形成染色体。其两个中心体向相反方向移动，在细胞中形成两极；而后以中心粒随体为起始点开始合成微管，形成纺锤体。纺锤体也称为有丝分裂器（mitotic apparatus），其组成如图 5.16 所示。核仁相随染色质螺旋化进程中，核仁开始逐渐消失，核被膜开始瓦解为离散的囊泡状内质网。

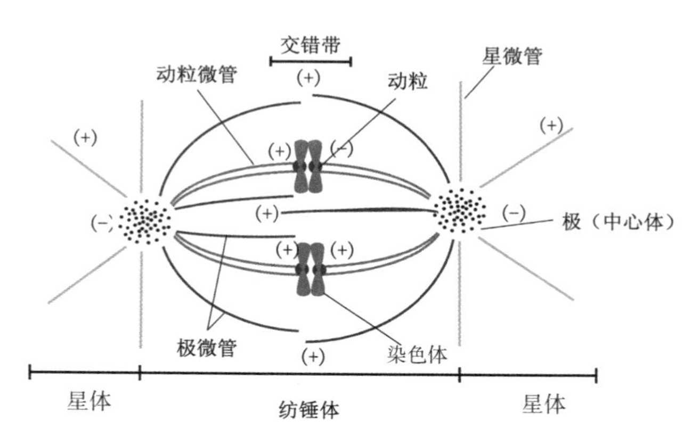

图 5.16　有丝分裂器的组成

第二，中期（metaphase）。细胞变为球形，核仁与核被膜已完全消失。染色体均移到细胞的赤道平面，从纺锤体两极发出的微管附着于每一个染色体的着丝点上。从中期细胞可分离得到完整的染色体群共 46 个，其中 44 个为常染色体、2 个为性染色体。男性的染色体组型为 44 + XY，女性为 44 + XX。分离的染色体呈发夹状，均由两个染色单体借着丝点连接构成。

第三，后期（anaphase）。由于纺锤体微管的活动，着丝点纵裂，每一染色体的两个染色单体分开，并向相反方向移动，接近各自的中心体，染色单体遂分为两组（如图 5.17 所示）。与此同时，细胞被拉长，并由于赤道部细胞膜下方环行微丝束的活动，该部缩窄，细胞遂呈哑铃形。

第四，末期（telophase）。染色单体逐渐解螺旋，重新出现染色质丝与核仁；内质网囊泡组合为核被膜；细胞赤道部缩窄加深，最后完全分裂为两个 2 倍体的子细胞。

2. 真核生物细胞周期的调控

调控细胞周期中的许多生化事件是按一定顺序有条不紊地进行的，这和基因按一定顺序表达密切相关。图 5.18 总结了三类细胞周期蛋白依赖性激酶（cyclin – dependent kinase，CDK）复合物的作用。这三种复合物分别是：G_1 期、S 期和有丝分裂 CDK（cyclin – dependent kinase，细胞周期蛋白依赖性激酶）复合物。

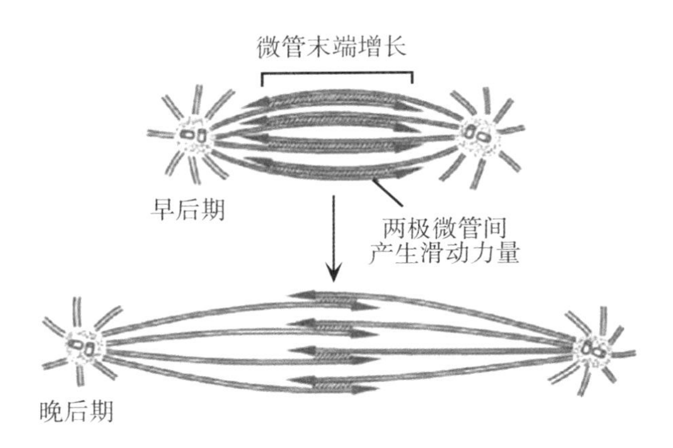

图 5.17　纺锤体微管滑动模型

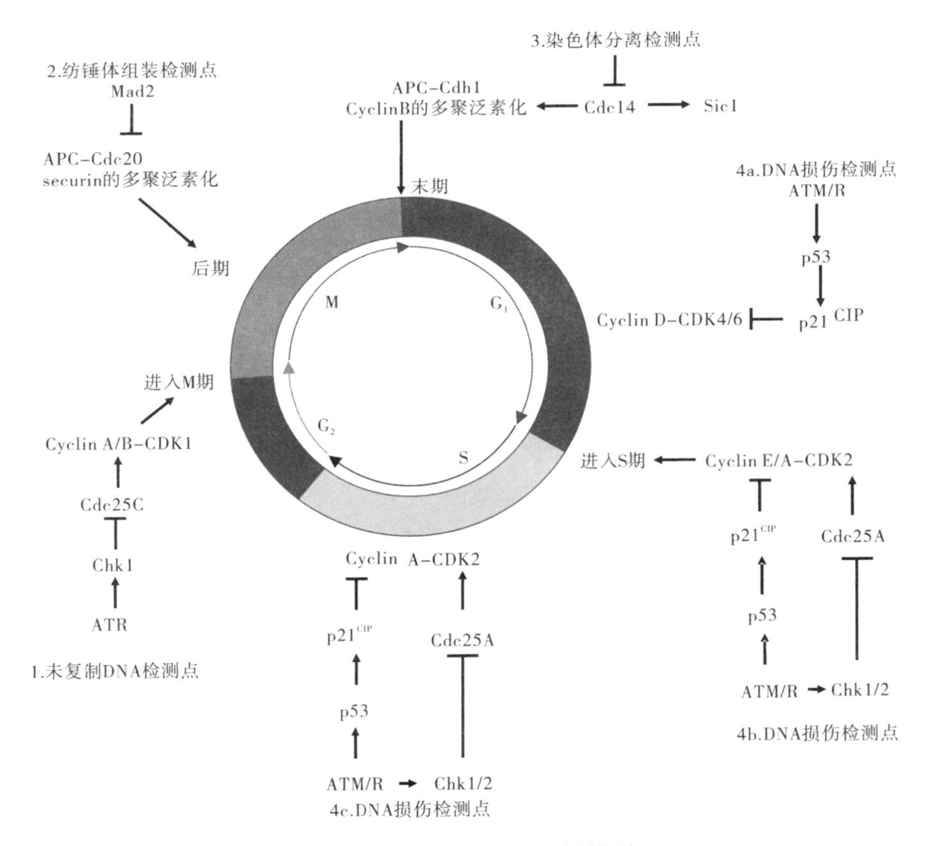

图 5.18　真核细胞周期调控模型

当细胞被激活进入细胞周期时，G_1 期 CDK 复合物进行表达，准备进入 S 期的细胞激活转录因子，引起 DNA 复制所需酶类以及编码 S 期 CDK 复合物的基因表达。S 期 CDK 复合物的活性开始被一种特异抑制物所抑制，而在 G_1 期的后期，G_1 期 CDK 复合物诱导 S 期 CDK 抑制物降解，释放出活性的 S 期 CDK 复合物。

活性 S 期 CDK 复合物通过将 DNA 预复制复合物中蛋白质的调节位点磷酸化，将 DNA 预复制复合物激活（预复制复合物是 G_1 期在 DNA 复制起点上装配的）。这些被 S 期 CDK 复合物磷酸化的蛋白质不仅能够激活 DNA 复制起始，还能阻止新的预复制复合物的装配，从而保证每条染色体在细胞周期中只复制一次，进而保证每个子细胞中染色体数的稳定。

有丝分裂 CDK 复合物是在 S 期和 G_2 期合成的，但其活性一直受到抑制直到 DNA 合成完毕。一旦被激活，有丝分裂 CDK 复合物就会诱导染色体凝聚、核膜解体、有丝分裂器的装配以及凝聚的染色体在中期赤道板上排列。在所有凝聚的染色体都与适当的纺锤体微管结合后，有丝分裂 CDK 复合物激活后期启动复合物。这种多蛋白复合物指导后期抑制物通过遍在蛋白介导的蛋白酶解作用进行降解，导致在中期将姐妹染色体结合在一起的蛋白复合物失活。这些抑制物的降解，允许有丝分裂进入后期。在此期间，姐妹染色单体分开分别进入有丝分裂的两极。在后期末，促后期复合物（anaphase - promoting complex，APC）也可诱导有丝分裂细胞周期蛋白的蛋白酶体降解。有丝分裂 CDK 活性的降低，使得分离的姐妹染色单体去凝聚、核膜重新形成、胞质分裂，最后形成子细胞。

在下一个细胞周期的 G_1 早期，磷酸酶将那些预复制复合物的蛋白质去磷酸化。这样，这些蛋白就可以在 DNA 复制区装配成复制复合物，准备进入 S 期。G_1 期 CDK 复合物在 G_1 期后期将 APC 磷酸化并使之失活，这样使得有丝分裂周期蛋白在 S 期和 G_2 期得以逐步积累。

细胞周期中三个关键的过渡，即 G_1 期→S 期、中期→后期、后期→末期及胞质分裂期，这些过渡期都是通过触发蛋白的降解进行的，所以是不可逆的，这样迫使细胞周期只能沿着一个方向进行。

第四节 细胞的基本功能

细胞结构与细胞功能的关系是体用的关系。结构是功能之体；功能是结构之用。理解细胞的功能，必须与细胞的结构相联系。本节所讨论的细胞功能是细胞的整体功能，着眼于细胞功能的共性，因此是细胞的基本功能。本节将从细胞生物学、细胞社会学、热力学和分子社会学等不同层面和视角来进行阐述。

1. 细胞的生物学功能

细胞的生物学功能包括：①自我增殖和遗传。细胞能够以一分为二的分裂方式进行增殖，为了保证新生的子细胞具有亲代相似的遗传性，细胞在分裂前其遗传物质要先成功进行复制，并在分裂时平均分配给每个子细胞。细胞分裂通常包括核分裂和胞质分裂两步，子细胞都能够利用遗传信息指导细胞物质的合成。②进行新陈代谢。新陈代谢是细胞的基本活动，包括物质代谢和能量代谢。细胞内生物分子的合成和分解反应都是由酶催化的，即细胞的新陈代谢作用是由酶控制的。③运动。细胞的运动包括细胞自身的整体运动和细胞物质的运输。④通信。细胞质中的众多细胞器，都在遗传信息的指导下相互配合，进行有效的资源整合、资源分配，最后完成细胞的增殖和遗传物质的传递，这些都需要高效的内部通信作为保障。以上四方面功能是所有细胞均具备的基本功能，也是细胞生物学通常所描述的功能。

2. 细胞的社会学功能

细胞社会学（cell sociology）是从系统论的观点出发，研究细胞整体和细胞群体中细胞间的社会行为（包括细胞间识别、通信、集合和相互作用等），以及整体和细胞群对细胞的生长、分化和死亡等活动的调节控制。这些功能只有多细胞生物才具备：①服从、接受并执行指令。细胞是细胞社会组织中的生命个体，最基本的具有完整生物学功能的生命单元，必须按照生命整体目标要求完成社会的岗位职责和任务。②协同合作。细胞必须能够与群体中的其他成员合作配合并步调一致。③信息处理和通信。细胞社会学通信功能比生物学通信功能要求更高，需要有细胞间的通信和信息处理能力。细胞凋亡和细胞分化就是细胞社会学功能的体现。细胞凋亡（apoptosis）也被称为程序化细胞死亡（programmed cell death，PCD），是一个主动的由基因决定的自动结束生命的过程。凋亡细胞将被吞噬细胞吞噬。细胞凋亡对于多细胞生物个体发育的正常进行、自稳平衡的保持以及抵御外界各种因素的干扰等都有关键性作用。细胞分化（cell differentiation）是由一种相同的细胞类型经过细胞分裂后逐渐在形态、结构和功能上形成稳定性差异，产生不同的细胞类群的过程，其结果是在空间上细胞之间出现差异，在时间上同一细胞和它以前的状态有所不同。细胞分化是从化学分化到形态、功能分化的过程。从分子水平看，细胞分化意味着各种细胞内合成了不同的专一蛋白质，而专一蛋白质的合成是通过细胞内一定基因在一定时期的选择性表达实现的。细胞凋亡和细胞分化充分体现了细胞在社会组织中的执行力。细胞分化是从细胞社会岗位职责导向细胞功能的需求，再由功能需求导向结构和组成的调整，是一个外部指令下的自身基因调控过程。

3. 细胞的热力学功能

细胞是一个复杂的热力学系统，确保系统的时空有序性和动态事件的确定性是细胞的热力学功能。时空有序性和动态事件的确定性要求系统必须远离热力学平衡，系统必须与环境有物质、能量和信息的有效交流。质膜结构使得细胞质膜系统具有封闭系统的属性；膜的半透性（选择性透过）又使其具有开放系统属性；每一个膜结合细胞器都是一个相对独立的子系统。细胞需要对这些子系统提供环境支持，同时进行组织协调，确保每个子系统中的每一个化学反应和过程都是热力学有利、精准受控并有序地进行的。反应所产生的能量得到充分利用；反应所需能量得到有效供给和充分支持；反应产生的产物得到合理应用和及时运输转移。

4. 细胞的分子社会学功能

任何类型的细胞都是一个由数量庞大的物质分子所构成的社会系统，有复杂的社会结构和社会关系，也是分子安居乐业的家园。①社会发展目标建设和社会秩序管控功能：细胞的自我增殖是分子社会的发展目标和建设任务，所有分子均围绕这个目标有序地运行；②分工明确的专门化管理机构，如指挥中心（细胞核）、质膜系统、骨架系统、各种细胞器等；③完善的社会保障体系（能量管理），没有能量供应不足和浪费现象，每个分子活动所需能量均得到保障；④每个社会成员（分子）都有自己的职业发展方向，如质膜、细胞骨架、核酸、蛋白质、多糖等；⑤有纠错机制；⑥有特定社会关系和社会服务行为，如 DNA 与组蛋白、DNA 与 RNA、RNA 与蛋白质、酶分子与底物，分子“伴侣”之间等。

第六章　生物氧化与水解反应

在生物体内所发生的化学反应与过程，其基本特点是：①不同类型的反应定位在不同的部位或细胞器中，例如水解反应通常定位在溶酶体。②通常涉及一系列蛋白分子，如酶的共同参与和作用。③通常涉及一组相关反应或过程的组合或耦联。④反应途径确定，并按照特定程序精准受控地进行，即在特定的时相反应物分子和酶分子精准对接或相遇，反应产物得到合理应用和及时运输转移；能量得到充分利用和有效供给；可能产生的不良因素得到有效防控。本章以生物氧化与水解反应为例，讨论生物体内生化反应与过程的基本特点。

第一节　生物氧化反应

生物体内发生的氧化（oxidation），是以氧分子（O_2）作为末端电子受体，底物的还原态（SH_2）作为电子给予体，通过一系列的电子（和氢原子）传递和反应（加氧或脱氢），最终生成水（H_2O）并释放能量：

$$2SH_2 + O_2 \longrightarrow 2S + 2H_2O$$

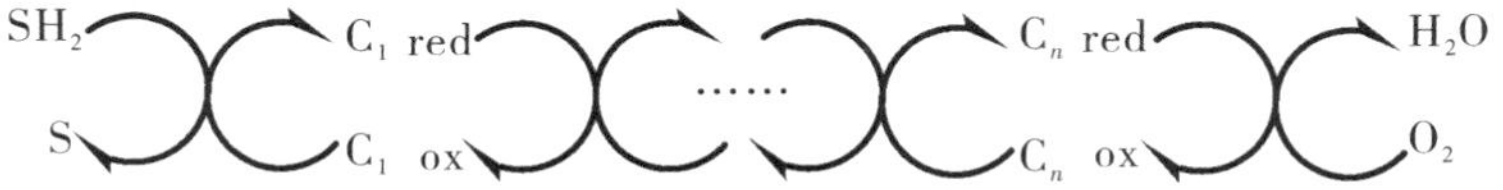

SH_2 / S　C_1 red / C_1 ox　……　C_n red / C_n ox　H_2O / O_2

SH_2 和 S、C_{nred}和 C_{nox}分别代表底物和一系列传递电子物质的还原态和氧化态，这个系统称为呼吸链（respiratory chain）或电子传递链。该链由一系列电子载体及其复合物组成，电子载体（electron carriers）是在电子传递过程中接受、提供并参与传递电子的物质。细胞中的黄素蛋白、细胞色素、铁硫蛋白和辅酶 Q（CoQ）都是电子载体（见图 6.1）。其接受和提供电子的氧化还原中心，除了 CoQ 以外，都是与蛋白相连的辅基。

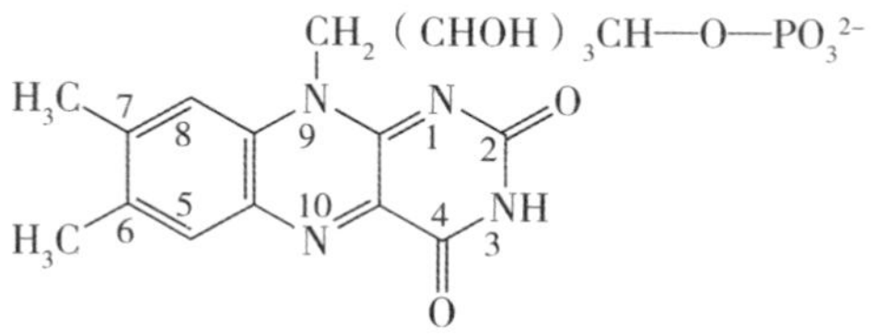

黄素单核苷酸（flavin mononuclieotide，FMN）

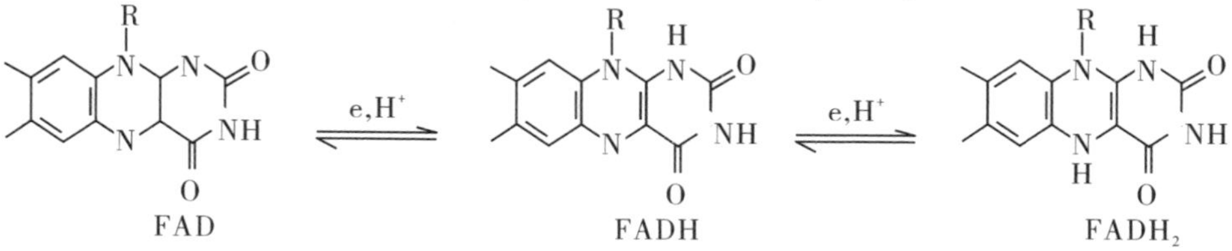

FAD　　FADH　　$FADH_2$

黄素腺嘌呤二核苷酸（Flavin adenine dinuclotide，FAD）

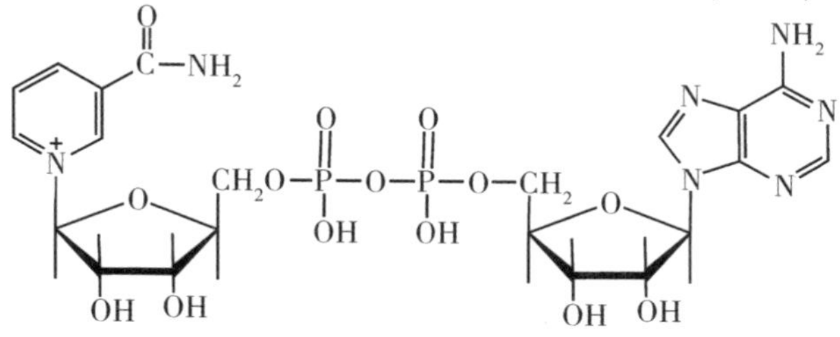

烟酰胺腺嘌呤二核苷酸（nicotinamide adenine dinucleotide，NAD）

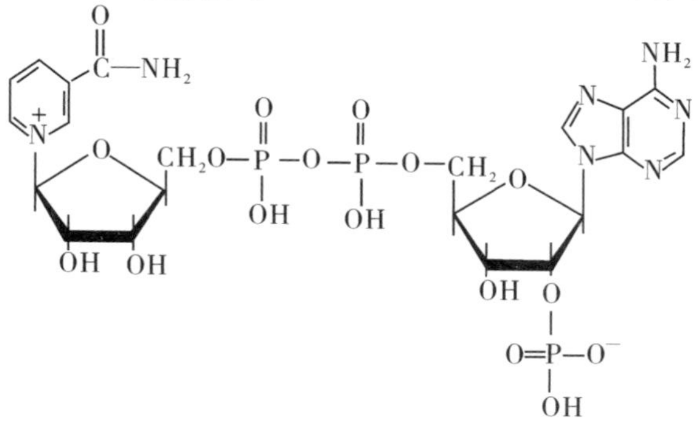

烟酰胺腺嘌呤二核苷酸磷酸（nicotinamide adenine dinucleotide phosphate，NADP）

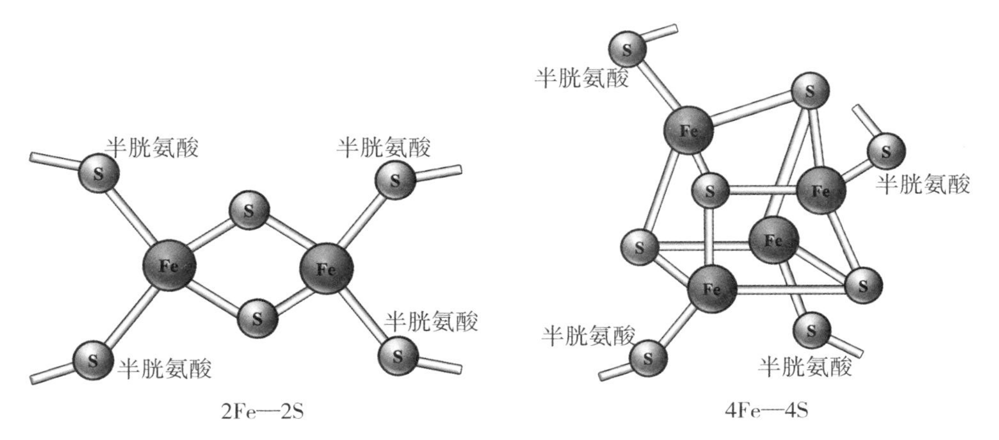

铁硫蛋白中的铁硫原子簇结构

$$R=(-CH_2-CH=\overset{CH_3}{\overset{|}{C}}-CH_2-)_nH$$

CoQ_6，$n=6$

CoQ_{10}，$n=10$

$$\text{CoQ} \underset{}{\overset{2H}{\rightleftharpoons}} \text{CoQH}_2$$

图 6.1　生物氧化过程中的各种电子载体

（1）黄素蛋白（flavoprotein），是维生素 B_2 的衍生物，由一条多肽结合一个辅基组成的酶类，其辅基可以是 FAD 或 FMN，每个辅基能够接受和提供两个质子和电子。

（2）细胞色素（cytochrome），含有血红素辅基的一类蛋白质。血红素基团是铁卟啉配位化合物。在氧化还原过程中，血红素基团通过 Fe^{3+} 和 Fe^{2+} 两种状态的变化传递电子。电子传递链中至少有 5 种类型的细胞色素：a、a_3、b、c 和 c_1，它们间的差异在于血红素基团中取代基和蛋白质氨基酸序列的不同。

（3）铁硫蛋白（iron-sulfur protein，Fe/S protein），含铁硫中心（iron-sulfur centers）的蛋白质，也是细胞色素类蛋白。常见的铁硫中心是

［2Fe—2S］和［4Fe—4S］铁硫原子簇，铁离子与蛋白质的半胱氨酸残基相连。铁硫蛋白靠铁硫原子簇中 Fe^{3+} 和 Fe^{2+} 的状态变化传递电子，尽管有多个铁离子存在，但整个复合物一次只能接受及传递一个电子。

（4）泛醌（ubiquinone，UQ）或辅酶 Q（coenzyme Q，又称泛醌）是一种脂溶性的分子，含有长的疏水链，由五碳类戊二醇构成。如同黄素蛋白，每一个醌能够接受和提供两个电子和质子，部分还原的称为半醌，完全还原的称为全醌（UQH_2）。

1. 氧化还原电位（oxidation - reduction potential，redox potential）

氧化与还原是耦联的。电子传递链中，电子载体之间存在一个电位差，即氧化还原电位。构成氧化还原的成对离子或分子，称为氧化还原对或氧还对（redox pair）。氧化还原电位在标准条件下（指 $1mol \cdot L^{-1}$ 的反应浓度、25℃、pH 7.0 和 1 个大气压）测定，即得标准氧化还原电位（standard oxidation-reduction potential，E_0'），如表 6 - 1 所示。标准氧化还原电位的值越小，提供电子的能力越强。

表 6 - 1　某些电子载体的标准氧化还原电位

氧化型	还原型	n	E_0'（V）
细胞色素 b（Fe^{3+}）	细胞色素 b（Fe^{2+}）	1	+0.07
UQ	UQH_2	2	+0.10
细胞色素 c_1（Fe^{3+}）	细胞色素 c_1（Fe^{2+}）	1	+0.23
细胞色素 c（Fe^{3+}）	细胞色素 c（Fe^{2+}）	1	+0.25
细胞色素 a（Fe^{3+}）	细胞色素 a（Fe^{2+}）	1	+0.29
细胞色素 a_3（Fe^{3+}）	细胞色素 a_3（Fe^{2+}）	1	+0.35
细胞色素 f（Fe^{3+}）	细胞色素 f（Fe^{2+}）	1	+0.36
Fe^{3+}	Fe^{2+}	1	+0.771
$\frac{1}{2}O_2 + 2H^+$	H_2O	2	+0.82

生物氧化的主要功能是产生能量和消除有毒有害物质（解毒），在酶的催化作用下完成。现以糖的代谢为例，说明生物氧化的过程和相关概念。真核细胞中糖的代谢概况如图 6.2 所示。

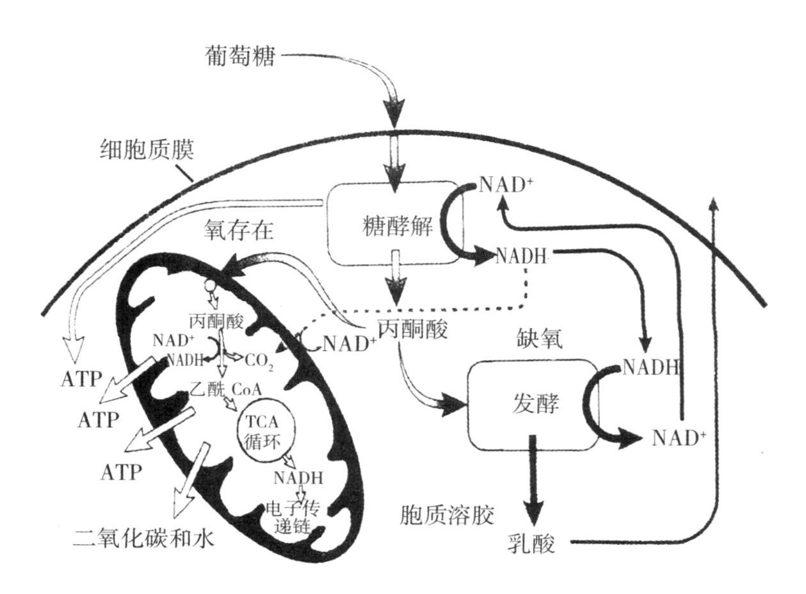

图 6.2 真核细胞中糖的代谢（糖酵解和糖氧化）

从图 6.2 可看到，葡萄糖（或糖原）在无氧条件下，生成丙酮酸的过程称为糖酵解（glycolysis）。糖的酵解在细胞质中进行，并且不耗氧。在有氧的条件下，经氧化产生 CO_2 和 H_2O，这个总过程称作糖的有氧氧化，又称细胞氧化或生物氧化。

糖的有氧氧化过程分为三个阶段：①生成丙酮酸。葡萄糖进入细胞后经过一系列酶的催化反应，最后生成丙酮酸。②生成乙酰 CoA。丙酮酸进入线粒体，在线粒体基质中脱羧生成乙酰 CoA。③乙酰 CoA 进入三羧酸循环，彻底氧化。

三羧酸循环（tricarboxylic acid cycle，TAC）又称 Krebs 循环或柠檬酸循环（citric acid cycle），由乙酰 CoA 和草酰乙酸缩合成有三个羧基的柠檬酸，柠檬酸经一系列反应，再氧化脱羧，经 α－酮戊二酸、琥珀酸，再降解成草酰乙酸。而参与这一循环的丙酮酸的三个碳原子，每循环一次，仅用去一分子乙酰基中的二碳单位，生成两分子 CO_2，并释放出能量。

2. 呼吸链

呼吸链由线粒体内膜上一组酶的复合体所组成，其功能是进行电子、质子（H^+）的传递及氧的利用，最后产生 H_2O 和 ATP，如图 6.3 所示。

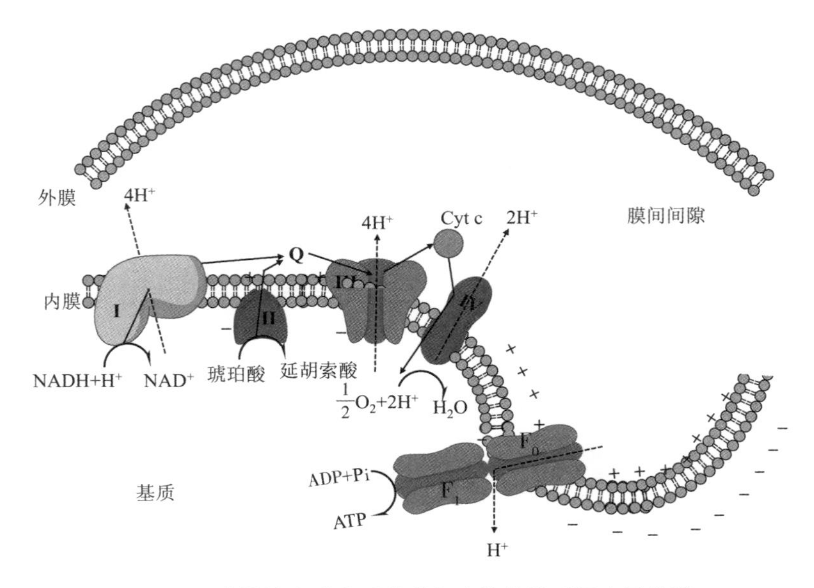

图 6.3　线粒体内膜电子传递复合物的排列及电子传递

（1）复合物Ⅰ（complexⅠ），又称 NADH 脱氢酶（NADH dehydrogenase）或 NADH－CoQ 还原酶复合物，是线粒体内膜中最大的跨膜蛋白复合物。其功能是催化一对电子从 NADH 传递给辅酶 Q。哺乳动物的复合物Ⅰ含有 42 种不同的亚基，总分子质量差不多有 1 000kDa，其中有 7 个亚基都是疏水的跨膜蛋白，由线粒体基因编码。复合物Ⅰ含有黄素蛋白（FMN）和至少 6 个铁硫中心。一对电子从复合物Ⅰ传递时伴随着 4 个质子被传递到膜间隙。

（2）复合物Ⅱ（complex Ⅱ），又称为琥珀酸脱氢酶（succinate dehydrogenase）或琥珀酸－CoQ 还原酶复合物，由几个不同的多肽组成，其中有两个多肽组成琥珀酸脱氢酶，并且是膜结合蛋白。复合物Ⅱ参与的是低能电子传递，其功能是催化电子从琥珀酸经 FAD 传给 CoQ，不伴随氢的传递。

（3）复合物Ⅲ（complex Ⅲ），又称 $CoQH_2$－细胞色素 c 还原酶复合物，总分子质量为 250kDa。含 1 个细胞色素 c_1、1 个细胞色素 b（有 2 个血红素基团）、1 个铁硫蛋白，其中细胞色素 b 由线粒体基因编码。其功能是催化电子从辅酶 Q 向细胞色素 c 传递，每传递一对电子，同时传递 4 个 H^+ 到膜间隙。

（4）复合物Ⅳ（complex Ⅳ），又称细胞色素 c 氧化酶（cytochrome c oxidase）复合物，总分子质量为 200kDa。以二聚体（含亚基Ⅰ和Ⅱ）的形式存在，每个亚基都含有 4 个氧化还原中心和 2 个 a 型细胞色素（a 和 a_3）和 2 个 Cu。其功能是将电子从细胞色素 c 传递给 O_2 分子，生成 H_2O。每传递一对电子，从线粒体基质中摄取 4 个质子，其中 2 个用于水的形成，另 2 个被跨膜转运到膜间隙。

上述复合物分别构成呼吸链的主链和次链。主呼吸链由复合物Ⅰ、Ⅲ和Ⅳ构成，来自 NADH 的电子依次经过这 3 个复合物传递；次呼吸链由Ⅱ、Ⅲ和Ⅳ构成，来自 $FADH_2$ 的电子不经过复合物Ⅰ。

3. 电化学梯度（electrochemical gradient）

质子跨过内膜向膜间隙的转运，使得膜间隙积累了大量的质子和正电荷，在内膜两侧建立了质子梯度或 pH 梯度（ΔpH），这种梯度称为电化学梯度。如图 6.4 所示，电化学梯度的形成使线粒体内膜两侧形成电位差和质子运动力（proton－motive force，Δp），实际上是一种静电储能作用，只要有合适的条件，又可转变成化学能。

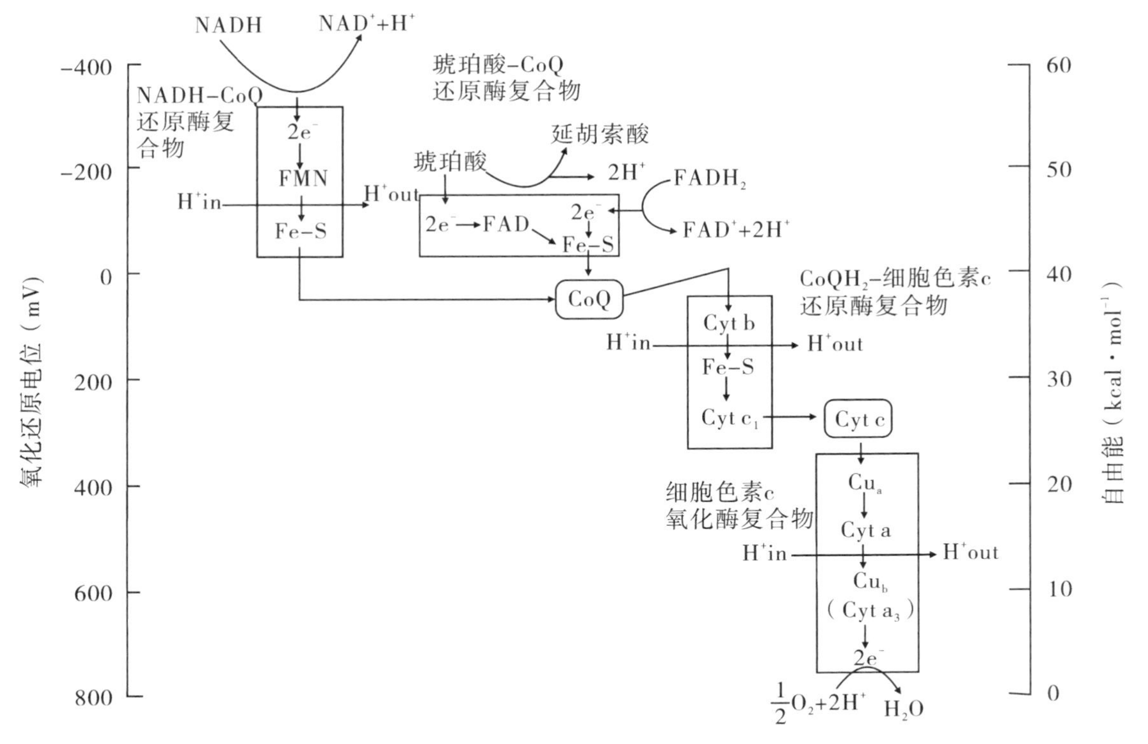

（垂直箭头线表示产生的能量足够驱动质子穿过线粒体内膜，为 ATP 合成提供能量）

图 6.4　线粒体内膜电子传递链中的氧化还原电位和自由能

4. ATP 合酶（ATP synthase）

线粒体的 ATP 合酶是一个多组分的结构，故又称 F_0F_1 复合物（F_0F_1 complexes），属 F 型 ATPase，在膜结合状态下具有 ATP 合酶的活性；在分离状态下具有 ATP 水解酶的活性。ATP 合酶的结构如图 6.5 所示。其分子头部 F_1，是由 5 种多肽（α、β、γ、δ 和 ε）组成的 9 聚体（$\alpha_3\beta_3\gamma\delta\varepsilon$），α 亚基和 β 亚基构成一种球形的排列，含有三个催化 ATP 合成的位点（每个 β 亚基含有一个）。这些亚基都是水溶性的蛋白，结构相似；柄部由 γ 亚基和 ε 亚基构成，其中 γ 亚基穿过头部作为头部旋转的轴，构成基部的亚基 b 穿过柄部将 F_1 固定；基部 F_0 是由镶嵌在线粒体内膜的疏水性蛋白质所组成，由 3 种不同的亚基组成的 15 聚体（1a：2b：12c），其中 c 亚基在膜中形成物质运动的环，a 亚基是质子运输通道，允许质子跨膜运输。除线粒体外，叶绿体的类囊体和好氧细菌都有 ATP 合酶的同源物。

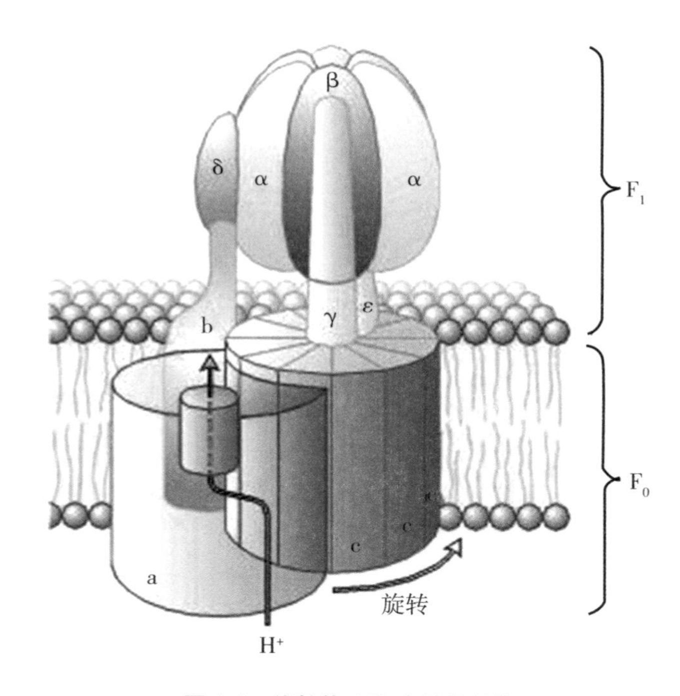

图 6.5　线粒体 ATP 合酶的结构

5. 氧化磷酸化（oxidative phosphorylation）

在活细胞中伴随着呼吸链的氧化过程所发生的能量转换和 ATP 的形成，

称为氧化磷酸化，如图 6.6 所示`。英国生物化学家 P. Mitchell 于 1961 年提出化学渗透假说（chemiosmotic hypothesis），解释氧化磷酸化耦联机理为：在电子传递过程中，伴随着质子从线粒体内膜的里层向外层转移，形成跨膜的氢离子梯度，这种势能驱动了氧化磷酸化反应，合成了 ATP。化学渗透假说很好地说明了线粒体内膜中电子传递、质子电化学梯度建立和 ADP 磷酸化的关系，并得到大量的实验证明。P. Mitchell 因此于 1978 年获得了诺贝尔奖。

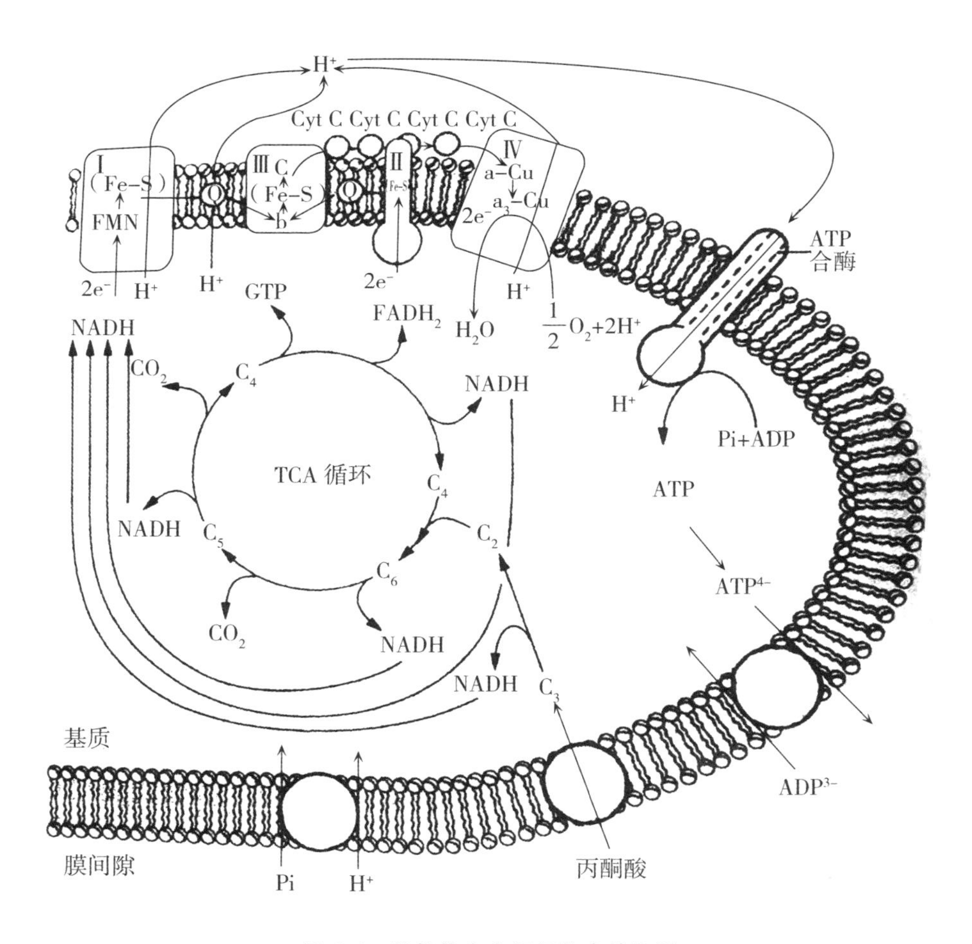

图 6.6　线粒体在有氧氧化中的作用

第二节　氧的运输和活化

1. 氧的运输

在生物体内，具有载氧功能的生物大分子称为氧载体（oxygen carrier）。氧载体具有可逆结合氧分子的能力，能在特定的组织（如动物的肺部）与氧分子结合形成复合物，通过血液循环运输到各种组织，释放出氧分子以供细胞进行氧化作用，然后又返回原处进行下一轮的运输，如此不断循环往返进行氧分子的运载。

按照氧载体活性部位的化学本质，可以把天然氧载体分为三类：①含血红素辅基的蛋白，如血红蛋白和肌红蛋白；②不含血红素的铁蛋白，如蚯蚓血红蛋白；③含铜的蛋白，如血蓝蛋白。天然氧载体的基本性质如表 6－2 所示。

表 6－2　天然氧载体的基本性质

组成和性质	血红蛋白	肌红蛋白	蚯蚓血红蛋白	血蓝蛋白
金属 M	Fe	Fe	Fe	Cu
M 氧化态	Fe（Ⅱ）	Fe（Ⅱ）	Fe（Ⅱ）、Fe（X）	Cu（Ⅰ）
M ∶ O_2	Fe ∶ O_2	Fe ∶ O_2	2Fe ∶ O_2	2Cu ∶ O_2
主要功能	输送氧	储存氧	输送氧	输送氧
M－配体	卟啉	卟啉	蛋白侧链	蛋白侧链
亚基数	4	1	8	可变
相对分子质量（$\times 10^5$）	0.65	0.175	1.08	4～90
颜色（脱氧）	紫红	紫红	无色	无色
颜色（氧合）	红	红	紫红	蓝
自旋 S（脱氧）	2	2	2	0
自旋 S（氧合）	0	0	0	0
ν_{O-O}（cm^{-1}）	1 107	1 103	844	744～749

（1）肌红蛋白（myoglobin，Mb）。Mb 的结构如图 6.7 所示。一条有 153 个氨基酸残基的多肽链，相对分子质量 17 800，呈紧密球形，有 8 段 α－螺旋区，每个 α－螺旋区含 7～24 个氨基酸残基，分别称为 A、B、C……G 及 H 肽段。有 1～8 个螺旋间区肽链拐角处为非螺旋区（亦称螺旋间区），包括 N 端有 2 个氨基酸残基，C 端有 5 个氨基酸残基的非螺旋区，处在拐点上的氨基酸

残基是 Pro，Ile，Ser，Thr，Asn 等。多肽链中氨基酸残基上的亲水侧链位于分子表面，疏水侧链大都在分子内部，内部形成袋状的空穴，血红素（亚铁卟啉辅基）位于此疏水性的空穴中。血红素的 Fe（Ⅱ）离子与卟啉环配位，轴向配位的第五位置，与多肽链第 93 位组氨酸残基的咪唑氮原子配位，第六位置，由水分子占据；氧合时则由氧分子占据。

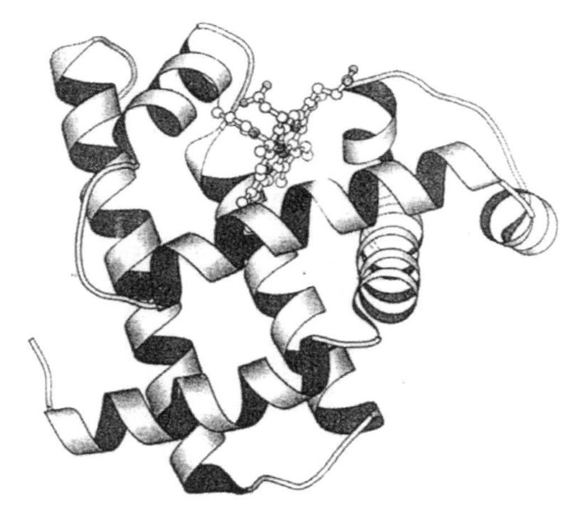

图 6.7　肌红蛋白的结构

（2）血红蛋白（hemoglobin，Hb）。哺乳动物的血红蛋白的结构如图 6.8 所示。Hb 是由四个亚单位组成的四聚体，亚单位是含一个血红素（heme）的多肽链，相对分子质量约 65 000。正常人红细胞中含有两种血红蛋白（由不同亚单位组成），其中 $\alpha_2\beta_2$ 占血红蛋白总量的 95% 以上；$\alpha_2\delta_2$ 占血红蛋白总量的 1.5% ~4.0%。

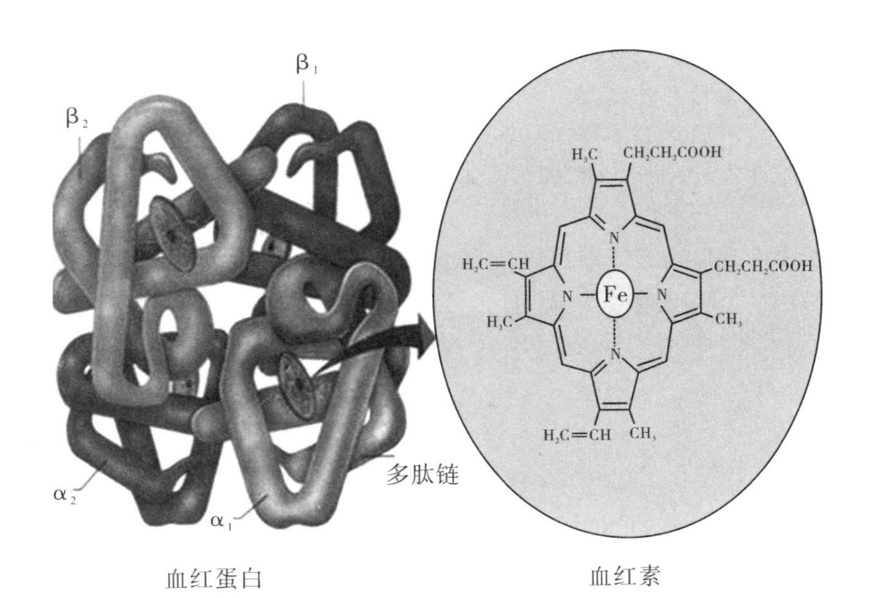

图 6.8　血红蛋白的结构

Hb 的功能：①通过铁离子 Hb 与 O_2 可逆地结合：

$$Hb + O_2 \rightleftharpoons HbO_2$$

②通过 Hb 分子的氨基与 CO_2 结合而将组织产生的 CO_2 运送到肺部呼出：

$$Hb - NH_2 + CO_2 \rightleftharpoons Hb - NHCOOH$$

Fe（Ⅱ）的微环境及其氧合前后自旋状态变化如图 6.9 所示。血红蛋白和肌红蛋白中血红素的疏水环境，使 Fe（Ⅱ）离子价态保持稳定，这对它们的可逆载氧功能具有十分重要的意义。如果 Fe（Ⅱ）离子被氧化为 Fe（Ⅲ），则失去结合氧的能力。

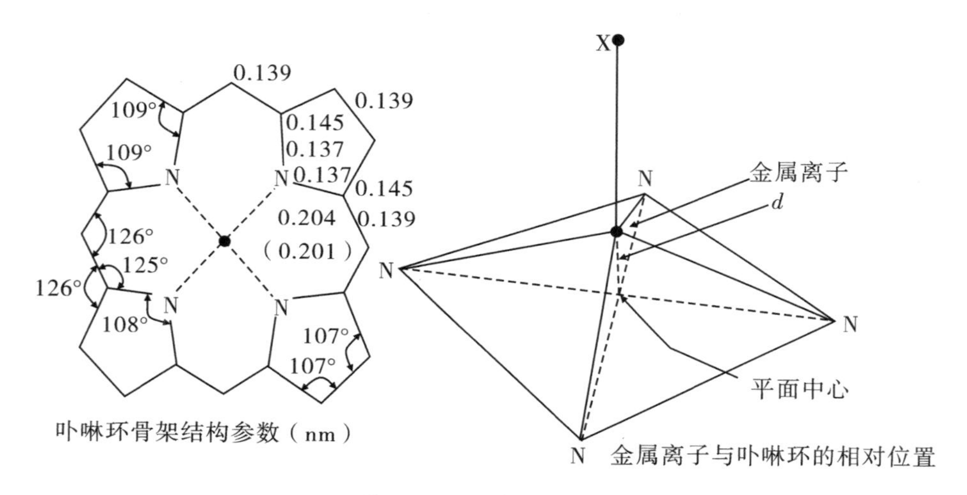

图 6.9　血红素铁的结构

影响 Hb 功能的主要调控因子有 pH 值、O_2 的分压及其他小分子化合物等。组织中的 CO_2 增加会导致 pH 值降低，随之引起血红蛋白氧合能力下降。

$$HHb^+ + O_2 \underset{\text{肌肉内 pH7.2}}{\overset{\text{肺内 pH7.6}}{\rightleftharpoons}} HbO_2 + H^+$$

$$CO_2 + H_2O \rightleftharpoons HCO_3^- + H^+$$

血红蛋白中的 Fe（Ⅱ）离子除了与 O_2 结合外，还能够与 CO、NO 等气态小分子配体结合。结合能力为：NO > CO > O_2。人血红蛋白与 CO 的结合能力比 O_2 大 200 倍以上。人吸入含 CO 和 NO 的空气，会破坏血红蛋白的输氧功能。即使空气中 CO 和 NO 含量甚微，如果长期吸入也会出现贫血症状。

2. 自旋守恒（spin conservation）与分子氧活化

自旋守恒原理表明，自旋守恒的基元反应（elementary reaction）较易进行，是自旋允许（spin allowed）的反应；自旋不守恒的基元反应，需要有附加的电子成对能，活化能较大，是自旋禁阻（spin forbidden）的反应。

（1）O_2 的基态（ground state）。氧分子的轨道能级和电子排布见图 6. 10。从图 6. 10 可以看到，O_2 的基态属于三线态（triplet state），有成单电子，具有顺磁性。O_2 的第一激发态是单线态（singlet state），属于活性氧。双氧物种的化学键性质见表 6 - 3。

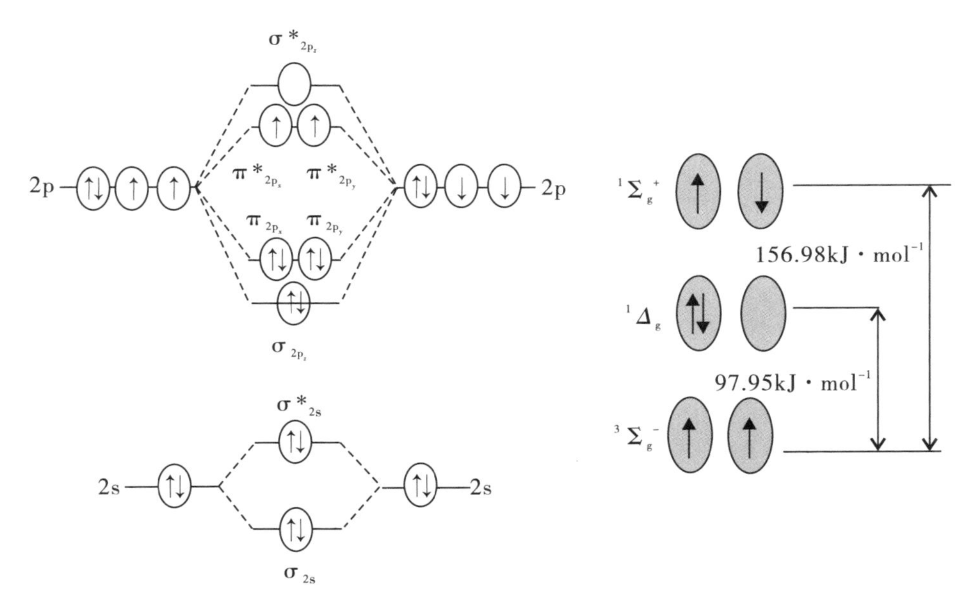

图 6. 10　氧分子的轨道能级和电子排布

表 6 - 3　双氧物种的化学键性质

种类	反键轨道电子数	键级	键长（pm）	键能（kJ · mol^{-1}）	波数 ν_{0-0}（cm^{-1}）
O_2^+	1	2. 5	112. 3	625. 4	1 858
O_2（$^3\Sigma_g^-$）	2	2. 0	120. 7	490. 6	1 555
O_2（$^1\Delta_g$）	3	2. 0	121. 6	396. 4	1 483
O_2^-	3	1. 5	128. 0	288. 8	1 145
O_2^{2-}	4	1. 0	149. 0	204. 3	842

（2）生物氧化的自旋状态。由于基态的氧分子是三线态，而生物体内的绝大多数有机底物及其氧化产物是单线态，因此以氧分子 O_2 作为末端电子受体的生物氧化反应是自旋不守恒的反应：

$$三线态 + 单线态 \longrightarrow 单线态 + 单线态$$

因此，基态的氧对有机底物的氧化是自旋禁阻的反应，即基态的氧是惰性的。

（3）氧的催化活化。氧还酶催化氧化还原的过程实际上也是把基态的氧活化的过程。金属酶的活性中心与分子氧配位结合后，O_2 的 π^* 轨道简并消除，这将有利于消除自旋守恒对反应的限制；如果中心金属能不同程度地把电子转移给 O_2，则配位双氧可变为超氧型或过氧型配体，O_2 就被不同程度地活化了，如图 6.11 和表 6－4 所示。

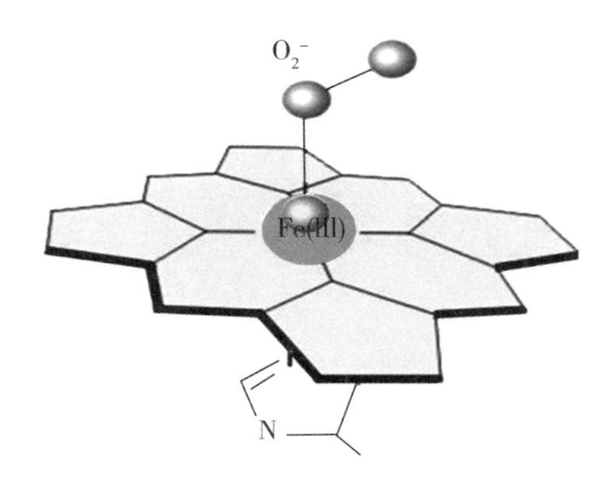

图 6.11　O_2 通过配位被活化

表 6－4　金属—O_2 配合物中的 ν_{O-O} 拉曼振动频率

化合物	O_2 的状态	ν_{O-O}（cm^{-1}）
KO_2	O_2^-	1 145
Na_2O_2	O_2^{2-}	842
O_2	O_2	1 555
Fe（TpivPP）（1－MeIm）（O_2）	Fe－O－O	1 159
Cr（TPP）（py）（O_2）	Cr－O－O	1 142
HbO_2		1 107
MbO_2		1 103

从表 6－4 的数据可以看到，当氧分子和肌红蛋白、血红蛋白卟啉金属配合物配位后，氧的 v_{o-o} 拉曼振动频率与超氧化物的 v_{o-o} 拉曼振动频率相近，表

明电子从金属向氧分子转移（进入 O_2 的 π^* 轨道），O_2 变为超氧型配体，即 O_2 通过配位被活化了。

第三节　生物水解反应

水解反应指水分子与某个化合物发生复分解反应形成两个新的化合物的过程。水分子参与复分解时，根据需要可以按不同的分解方式形成不同的分子碎片，如质子（H^+）和氢氧根离子（OH^-），或氢基（—H）和羟基（—OH）。对于大多数有机化合物的水解反应，仅用水是很难顺利进行的，一般在碱或酸的催化下进行；对于生物分子的水解反应，通常是在水解酶作用下进行。生物分子的水解反应过程与生物分子的合成或组装过程正好相反，例如，ATP 作为生物体内的能量载体，能量的储存和使用就是 ATP 的合成和降解（水解）过程；肽的形成和水解等。这些过程都伴随着水分子的生灭。

1. 水解酶

催化水解反应的一类酶的总称，如胰蛋白酶就是水解多肽链的一种水解酶，也可以说它们是一类特殊的转移酶，用水作为被转移基团的受体。水解酶在 EC 编号中分类为 EC3，并以其底物断裂的键的不同，再细分为 13 个子类（见表 6－5），即 EC3. x（x＝1～13）。

表 6－5　水解酶 EC3 及其子类 EC3. x（x＝1～13）

酶 EC3. x	.1	.2	.3	.4	.5	.6	.7	.8	.9	.10	.11	.12	.13
底物键	酯键	糖基	醚键	肽键	C—N	酸酐	C—C	卤键	P—N	S—N	S—P	S—S	C—S

2. 溶酶体水解酶

在真核细胞内，溶酶体既消化外源性物质，也消化内源性物质。该细胞器内含有大量的水解酶，已发现的有 60 余种酸性水解酶，包括蛋白酶、核酸酶、磷酸酶、糖苷酶、脂肪酶、磷酸酯酶及硫酸酯酶等。溶酶体的酶有三个特点：①保持游离状态。溶酶体的膜蛋白多为糖蛋白，膜内表面带负电荷，这为溶酶体的酶营造了适宜的微环境，以确保其行使正常功能并有效防止细胞自身被消化；②活性最佳的 pH 值为 5 左右，周围胞质中的 pH 值为 7. 2，但溶酶体膜内含有一种转运蛋白，可以利用 ATP 水解的能量将胞质中的质子（H^+）泵入溶酶体，以维持其最佳 pH 值；③底物激活。只有当底物进入时，溶酶体的酶才开始催化水解反应。一旦溶酶体膜破损，水解酶逸出，将导致细胞自溶。

3. 金属水解酶

其他水解酶包括金属水解酶和金属离子激活水解酶。金属水解酶中的金属离子大多是 Zn^{2+}（少数含 Ca^{2+}、Mg^{2+} 及 Mn^{2+}）；金属离子激活水解酶是指必须加入金属离子才具有活性的酶。由于水解过程不发生电子转移，故金属离子的氧化态在催化过程中不发生变化。对于金属离子激活水解酶，现以碱性磷酸酶和羧肽酶 A为例进行讨论。

（1）磷酸酶（phosphatase），是一种能够将对应底物去磷酸化的酶，即通过水解磷酸单酯将底物分子上的磷酸基团除去，并生成磷酸根离子和自由的羟基。磷酸酶与激酶或磷酸化酶的磷酸化作用正相反。磷酸化可以使一个酶被激活或失活，也可以使蛋白与蛋白间发生相互作用。因此，磷酸酶是许多信号转导通路控制磷酸化所必需的。值得一提的是，磷酸化或去磷酸化并不一定对应着酶的激活或抑制，而且一些酶有多个磷酸化位点参与激活或抑制的调控。例如，周期素依赖性激酶（CDK）有多个能够被磷酸化的特定氨基酸残基，而激活或抑制对应不同残基的磷酸化。磷酸之所以对于信号转导很重要，其原因在于它能够对其所结合的蛋白的行动进行调控；而除去磷酸，则是一种反向作用（如果磷酸化是激活作用，则去磷酸化就是抑制作用），磷酸酶就在这里扮演了重要的角色。在许多生物体中都普遍存在的一种磷酸酶是碱性磷酸酶。

碱性磷酸酶（alkaline phosphatase，ALP 或 AKP）是广泛分布于人体肝脏、骨骼、肠、肾和胎盘等组织，经肝脏向胆外排出的一种酶。这种酶能催化核酸分子脱掉 5′－磷酸基团，从而使 DNA 或 RNA 片段的 5′－P 末端转换成5′－OH 末端。AKP 不是单一的酶，而是一组同功酶。已发现有 AKP1、AKP2、AKP3、AKP4、AKP5 和 AKP6 这 6 种同功酶。其中 AKP1、AKP2、AKP6 来自肝脏，AKP3 来自骨细胞，AKP4 产生于胎盘及癌细胞，而 AKP5 则来自小肠绒毛上皮与成纤维细胞。AKP 属于同源二聚体蛋白，分子质量为56kDa。每个单体由449 个氨基酸组成，完整的 AKP 分子呈现典型的 α/β 的拓扑结构，每个单体均具有一个活性中心，活性中心区域由 Asp101－Ser102－Ala103 三连体、Arg166、水分子、三个金属离子（2 个 Zn^{2+} 和 1 个 Mg^{2+}）及其配体氨基酸组成，其中 2 个 Zn^{2+} 是活性位点，1 个 Mg^{2+} 主要是稳定酶的结构，不参与催化作用。AKP 被

phoA 基因编码，与很多分泌蛋白一样，在细胞质内合成氨基末端带有信号肽的单体前体，信号肽引导前体跨内膜运输后被切除，同源二聚体形成。

碱性磷酸酶的底物是磷酸单酯化合物，包括核酸、蛋白质、生物碱等，在碱性环境有最大活力，对来源于细菌中的 ALP 来说，其最适 pH 是 8.0，而对来源于牛的 ALP，其最适 pH 则是 8.5。ALP 在碱性环境中（最合适 pH 为 10 左右）可以水解各种天然及人工合成的磷酸单酯化合物底物。在临床上利用这一性质可以对 ALP 进行测定。

（2）羧肽酶（carboxypeptidase，CP）。羧肽酶是一种消化酶，是可专一性地从肽链的 C 端开始逐个降解，释放出游离氨基酸的一类肽链外切酶，以酶原形式存在于生物体内。常用的有 A、B、C 及 Y 四种羧肽酶。

羧肽酶 A（carboxypeptidase A，CPA），因其底物的首位字母“A”而得名，能水解蛋白质和多肽底物 C 端芳香族或中性脂肪族氨基酸残基，释放除脯氨酸、羟脯氨酸、精氨酸和赖氨酸之外的所有 C 末端氨基酸，更易于水解具有芳香族侧链和大脂肪侧链的羧基端氨基酸，比如酪氨酸、苯丙氨酸、丙氨酸等。羧肽酶 A 存在于哺乳动物胰脏，相对分子质量为 34 600，约有 300 个氨基酸残基，以 Zn^{2+} 为辅基。

Zn^{2+} 与肽链的两个组氨酸（69，196）的咪唑基氮原子，以及谷氨酸（72）的羧基氧原子以配位键结合，第 4 配位为水。图 6.12 是从小牛胰腺中提取的羧肽酶 A，其活性部位 Zn^{2+} 处于畸变四面体配位环境中。羧肽酶 A 的催化机理如图 6.13 所示。

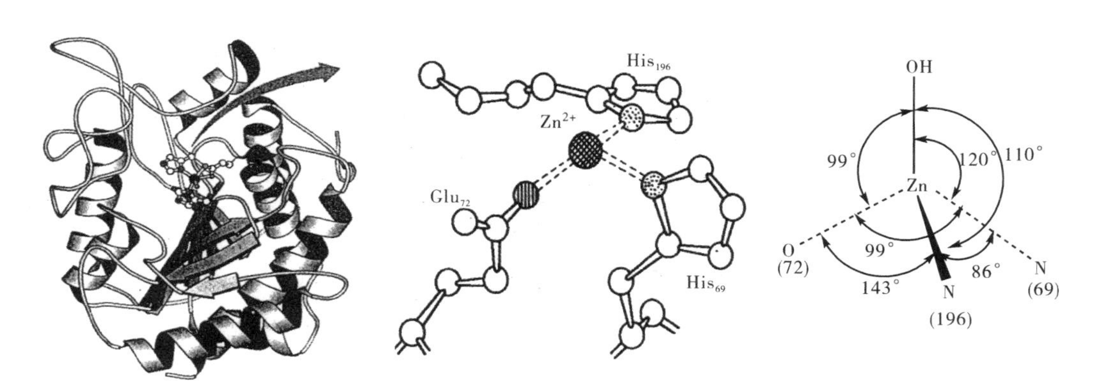

（Zn^{2+} 的畸变四面体配位环境）

图 6.12　从小牛胰腺中提取的羧肽酶 A 活性部位及配位环境

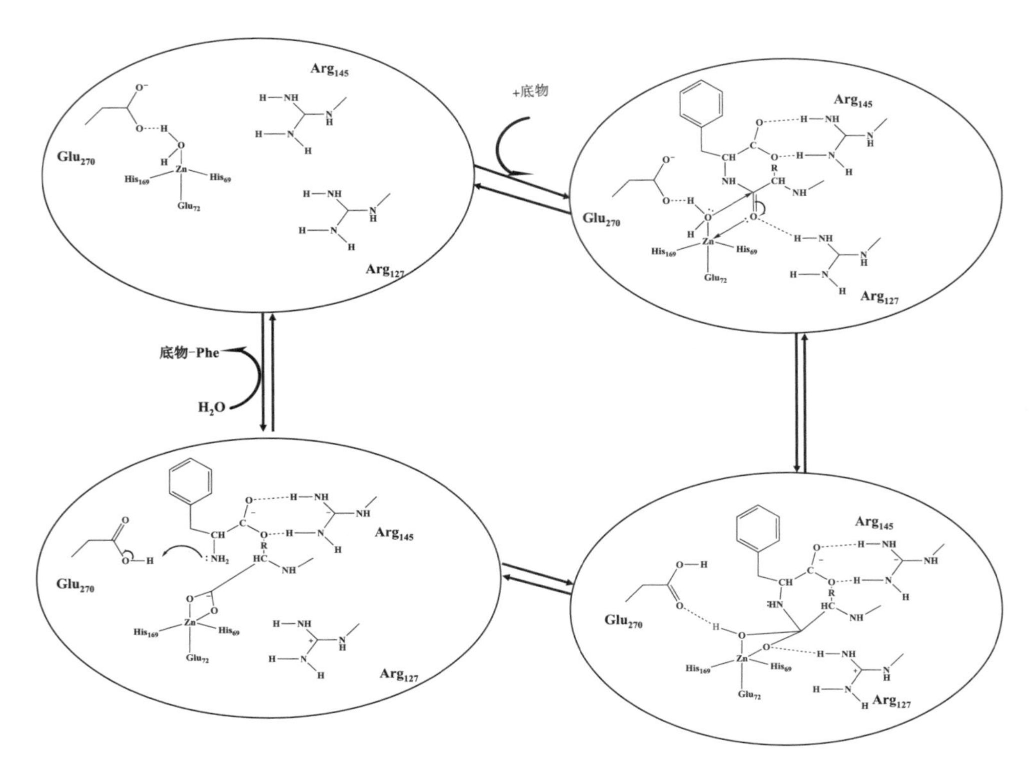

图 6. 13　羧肽酶 A 的催化机理

从图 6. 13 可看到，羧肽酶 A 的催化过程涉及：①底物进入活性中心并精准定位，活性中心水分子的氧原子 O 对羧基碳原子 C 进行亲核进攻；②水分子的氢原子 H 转移到酰胺键的氮原子 N 上；③目标键（酰胺的 C—N 键）断裂，化学键重组；④配体交换，新的水分子进入活性中心，替代游离出来的氨基酸，活性中心复原。

第七章　细胞膜系统和蛋白质分选

细胞的生命活动是由复杂的化学反应系统组成，其本质是一组化学反应的总和，但细胞内所发生的化学反应又有别于非生命体中所发生的化学反应，其具有高度的定向性、有序性和协调性。那么细胞是如何在时空上完成这些复杂而又精准的化学反应？复杂而又多样化的亚细胞结构起着什么样的作用？本章从细胞膜系统与蛋白质分选出发，从其精密调控化学反应发生的时空条件的角度看细胞复杂而有序的生命活动。

第一节　膜系统形成反应空间

细胞调控着复杂且精密的化学反应，达到了高效、精准且协调的效果，很大程度上归功于膜系统。广义的膜系统包括细胞膜、核膜以及膜性细胞器（包括核糖体、内质网、高尔基体、溶酶体等），如图 7.1 所示。这些膜系统形成了不同的空间区域，在空间上精密地区分了不同的功能区域，负责不同的化学反应。膜系统形成的化学反应可以总结为两类：一类是膜所围绕包裹形成的腔体。这种腔体形成相对独立的空间，如细胞核以及各类膜性细胞器。膜由于具有选择通透性，既保证无关的分子无法自由进入而必需的分子无法逃离该反应空间，同时也跟外界保持一定的联系，保证每个反应体系之间相互通信协作。另一类是膜本身形成局部的化学反应空间。这种空间相比于腔体，具有更开放的特点，它扩大膜的比表面积，膜上锚定有不同功能的酶，如脂肪代谢、氧化磷酸化相关的酶，或者不同的信号分子，以迅速应变细胞内反应需求，或进行高效通信。

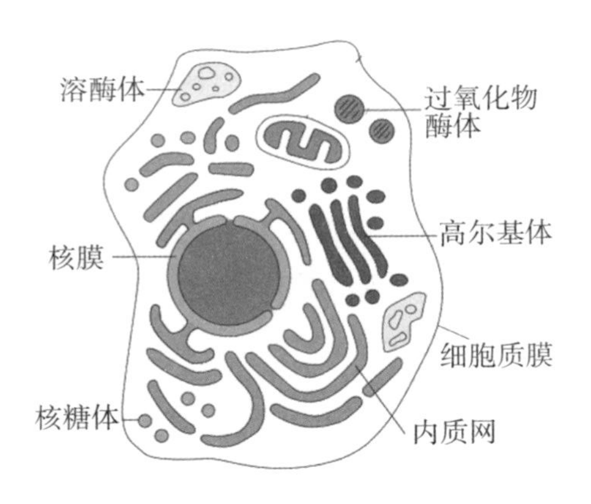

图 7.1　细胞内膜系统

1. 膜腔体形成化学反应的空间

膜系统所形成的区域化作用，首先是膜所形成的具选择透过性的“腔体”。细胞膜形成的“腔体”，则形成了细胞；细胞核膜形成的细胞核，专门负责保存遗传物质脱氧核糖核酸（DNA），包括其复制、修复、转录等反应；核糖体则负责翻译核内传出的遗传信息，将每个游离的氨基酸通过脱水缩合，有序地组装成为具体负责生物功能的蛋白质。这些合成的蛋白质同时也被输送进内质网，通过氨基酸侧链的残基间相互作用进行折叠，形成一定的空间结构；折叠后的蛋白质则分选到这种蛋白质应该到的具体位置。而若出错，或者细胞内不再需要的分子，甚至细胞器，则由溶酶体进行分解再利用。这些不同的细胞器（“腔体”）分工精密，协作有序，共同完成生命活动中复杂的化学反应。这些“腔体”按所发生的化学反应，可以大致分为两种：一种是负责合成反应；另一种是负责分解反应。

负责合成反应的有核膜形成的“腔体”——细胞核，核糖体—内质网。其中，细胞核负责：DNA 的复制、突变、修复，以及 DNA 中基因编码区部分的转录，这些均在细胞核内完成。负责催化、调控这一系列相关反应的酶，包括 DNA 解旋酶、拓扑异构酶、DNA 解链酶、DNA 聚合酶、DNA 连接酶、DNA 外切酶、RNA 聚合酶等，以及其他必要辅助因子，如单链结合蛋白，其反应也仅在细胞核中进行，与此无关的酶系则不进入细胞核中，以保证这些反应也仅在细胞核中受严密调控地进行。通过这种空间上的管控，细胞最大限度地保证内部化学反应的有效运行，而外来的 DNA，如入侵的病毒，在细胞核外则无法发挥其作用。只有极少量小概率入侵到细胞核中的病毒能将其遗传信息表达出来。通过这种作用，细胞核既保证忠实且高效的保存遗传信息，并把遗传信息传递出来；同时也最大可能地保证非细胞内的遗传信息不在细胞中保存和执行生命活动。

核糖体—内质网负责：蛋白质的合成与加工。识别信使 RNA、转运 RNA，催化转运 RNA 与氨基酸的结合与解离，翻译的起始与延伸，氨基酸脱水缩合，侧链直接相互作用形成折叠等酶系，这些均存在于核糖体—内质网系统中。只有细胞核中运送出合格的信使 RNA，才能将遗传信息通过这个系统，表达成为具体执行生命功能的蛋白质。核糖体结合信使 RNA 后，招募已经活化的氨基酸（氨基酸—转运 RNA 复合体），按三联密码对应一个氨基酸的法则，依照信使 RNA 的编码顺序依次将活化的氨基酸排列起来，通过脱水缩合反应生成具有一定序列的肽链。已聚合的氨基酸上的转运则解离出来，用于后续氨基酸活化。在延伸因子的辅助下，肽链不断合成延长，直到遇到终止密码子。通过核糖体合成的肽链，形成了蛋白质的一级结构。

由于肽链上不同的氨基酸侧链的残基具有不同的化学性质，在内质网中，它们会通过相互作用使肽链折叠成不同空间结构，包括如 α 螺旋、β 折叠、β 转角与无规卷曲等几类二级结构。值得注意的是，这些二级结构仅存在于肽链某个区域，而整一条肽链上，可能包括这些不同二级结构的区段，通过疏水键、氢键、二硫键、盐键等作用进一步折叠成三级结构。部分蛋白质只具备三级结构，并且已足够执行其生物学功能。而另一部分蛋白质，是由多条肽链（亚基）通过化学键形成四级结构。蛋白质的二级结构和三级结构均在内质网中完成，部分四级结构是在具体执行功能的区域完成。由于在真核细胞中，蛋白质的合成和折叠是连续完成的，即肽链一边合成一边折叠，因此，许多正在合成蛋白质的核糖体便结合在内质网表面，形成形态学上称为粗面内质网的结构。

以上这些膜系统形成的反应“腔体”，承担了细胞内主要的合成反应。另有些其他生物大分子的合成在细胞质中（细胞膜所形成的“腔体”）进行。

而另一类反应“容器”——溶酶体，则是另外一个典型的例子：在细胞中，溶酶体专门负责消化内源性和外源性的核酸、蛋白质、多糖，甚至细胞器等。有别于其他反应体系负责合成生命活动所需的分子，溶酶体只负责细胞内的分解反应。有别于细胞中中性偏弱碱的 pH，溶酶体中的 pH 约为 5，是一系列水解酶催化反应的最佳 pH。溶酶体表面密布着致密的糖蛋白，限制无关的分子进入，保护溶酶体本身不被内部水解酶破坏，从而形成相对稳定的水解反应空间。在细胞中，溶酶体负责的分解反应在清理细胞内不再需要的大分子、细胞器以及保护细胞不受外来入侵物的损伤上有关键作用。

这些膜形成的腔体化学反应空间，细胞核—核糖体—内质网一系列反应体系负责合成反应；而溶酶体负责水解反应。如此“一阴一阳”的体系，调控着细胞内复杂且精密的化学反应，使其达到稳定协调的状态。

2. 膜本身形成化学反应的空间

膜系统除了形成内腔来限定化学反应发生的空间，膜表面也是限定化学反应发生空间的一种形式。这种空间相比之下具有更大的开放性，因而在需要快速响应时具有更大的优势。这类空间具体可以细分为两种：一种是与代谢相关的酶系；另一种是细胞信号转导。它们实现不同的功能，但相互协作，联系紧密，发生化学反应的特点也非常类似。

膜本身锚定有许多不同功能的酶，其中与代谢相关的居多。例如，胆固醇的合成。胆固醇的合成有 30 多个反应步骤，不同的步骤在细胞内不同的场所进行。而其中有一个限速步骤：β－羟[基]－β－甲[基]戊二酸单酰辅酶 A（HMG－CoA）还原成甲基羟戊二酸（MVA），该过程发生在内质网的膜上，催化该反应的关键酶——HMG－CoA 还原酶是一种内质网膜定位的二次跨膜蛋白，锚定在内质网膜上。由于膜具有很大的比表面积，在膜上进行的反应具有更大的反应空间和反应效率。假设细胞需要获得大量胆固醇，HMG－CoA 还原成 MVA 的限速步骤反应速度就有了保障，保证了胆固醇的供应。

细胞信号转导的本质也是一系列化学反应的传递，膜内侧空间与外侧空间均有发生。膜内侧以 PI3K－AKT 信号通路的激活为例，核心的分子 AKT 游离在细胞质中，但处于未活化的状态，不执行生命活动的调控功能。而当信号被激活时，AKT 被招募至细胞膜内侧，并被 PI3K 磷酸化，而后 AKT 活化，具有催化活性，这一反应特异性发生在细胞膜内侧。除了膜内侧空间，膜外侧的空间也在时刻发生着化学反应，并与膜内侧有着紧密的交互作用，对不同膜系统形成的腔体之间的通信调控起着重要作用。典型的有细胞膜上的受体，它们与特定配体的结合，都发生在细胞膜外侧非常小的距离内。配体的结合，或改变了受体的空间结构，或使受体发生不同的修饰反应，或引起多个受体分子聚合。受体这种改变引起了细胞膜内侧相应的改变，通过这种方式，可以实现不同反应体系之间快速高效的相互通信。

总而言之，细胞通过膜系统形成不同的空间，实现多种不同类型的化学反应场所，相对密闭的，有生产车间（合成反应），有“垃圾”处理（水解反应）等相对稳定的反应场所；相对开放的，有可以快速应变保证细胞需求的，也有实现不同化学反应单元之间相互通信的。膜系统形成的这些空间，使得细胞内复杂的化学反应得到了精密调控、有效响应和有序协作。

第二节　蛋白质的分选个性化反应条件

上一节阐述了在对复杂的化学反应进行精密、有效、有序的调控过程中，细胞膜系统通过形成分区提供化学反应空间。然而，这些空间中是如何形成这些独特的反应条件的呢？蛋白质是担任着具体的生物学功能的生物大分子，本节将阐述蛋白质分选。通过蛋白质分选，赋予细胞膜系统形成的不同空间独特的反应条件，将细胞内化学反应进行精密的分区，并沟通和协调不同反应体系。图 7.2 显示了蛋白质分选的整体过程。

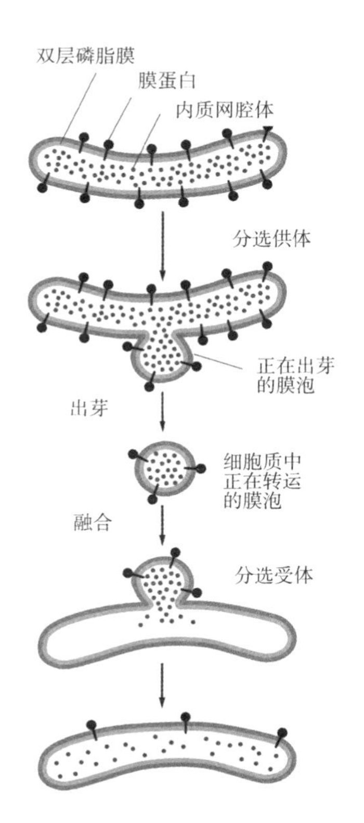

图 7.2　真核细胞中蛋白质分选的整体过程

1. 分选信号肽

蛋白质分选必须根据分选信号进行。分选信号分为两类：一类是信号肽，也称信号序列。这种信号肽一般是在一级结构上连续的序列，通常由 15 ~ 60 个氨基酸残基组成，部分信号肽蛋白质分选后被信号肽酶切除。另一类是信号斑，是分散存在于一级结构中，序列不连续的氨基酸，仅在完成折叠的蛋白质的空间结构上连续。目前关于信号肽，我们了解得比较清楚，表 7 – 1 总结了目前已知的信号肽序列：

表 7 – 1　目前已知的信号肽序列

功能	序列
进入细胞核	– Pro – Pro – Lys – Lys – Lys – Arg – Lys – Val –
出细胞核	– Leu – Ala – Leu – Lys – Leu – Ala – Gly – Leu – Asp – Ile –
进入线粒体	N – Met – Leu – Ser – Leu – Arg – Gln – Ser – Ile – Arg – Phe – Phe – Lys – Pro – Ala – Thr – Arg – Thr – Leu – Cys – Ser – Ser – Arg – Tyr – Leu – Leu –
进入细胞质	N – Met – Val – Ala – Met – Ala – Met – Ala – Ser – Leu – Gln – Ser – Ser – Met – Ser – Ser – Leu – Ser – Leu – Ser – Ser – Asn – Ser – Phe – Leu – Gly – Gln – Pro – Leu – Ser – Pro – Ile – Thr – Leu – Ser – Pro – Phe – Leu – Gln – Gly –
进入过氧化物酶体	– Ser – Lys – Leu – C
进入内质网	N – Met – Met – Ser – Phe – Val – Ser – Leu – Leu – Leu – Val – Gly – Ile – Leu – Phe – Trp – Ala – Thr – Glu – Ala – Glu – Gln – Leu – Thr – Lys – Cys – Glu – Val – Phe – Gln –
返回内质网	– Lys – Asp – Glu – Leu – C
由质膜到内体	Tyr – X – X – C

2. 蛋白质分选的途径

（1）核基因编码的蛋白质分选根据分选与合成时间上的差异，大体可分两条途径：

第一，翻译共转运，即蛋白质合成在游离核糖体上起始之后，由信号肽及其与之结合的信号识别颗粒引导转移至粗面内质网，然后新生肽边合成边转入粗面内质网腔或定位在内质网膜上，经转运膜泡运至高尔基体加工包装再分选至溶酶体、细胞质膜或分泌到细胞外。

大多数分泌的、膜结合的或驻留在内质网、高尔基体或核内体的蛋白质使用翻译共转运途径。在翻译进行过程中，蛋白质的信号肽被信号识别颗粒识别，而此时蛋白质仍在核糖体上合成。当核糖体—蛋白质复合体被转移到真核生物内质网上的信号识别颗粒受体时，蛋白质的翻译会短时间暂停。同时新生的蛋白质被插入一种膜结合的蛋白质传导通道——转位子，由真核生物中的Sec61 转位复合体组成。在分泌蛋白和Ⅰ型跨膜蛋白中，信号肽在被信号肽酶转移到内质网时，信号肽立即被切断。Ⅱ型膜蛋白和一些多面体膜蛋白的信号序列则被切除，因此也被称为信号锚定序列。在内质网中，新合成的蛋白质会被伴侣蛋白质覆盖，以保护其不受内质网中其他蛋白质的影响，保证其有时间进行正确折叠。一旦折叠，蛋白质就会根据需要进行翻译后修饰，并运输到高尔基体，再输送至目标位置或保留在内质网中。

第二，翻译后转运，即在细胞质基质游离的核糖体上完成多肽链的合成，然后转运至膜围绕的细胞器，或者成为细胞质基质的可溶性驻留蛋白和骨架蛋白。

虽然多数蛋白质是通过翻译共转运的，但仍有少数蛋白质的翻译发生在细胞质中游离的核糖体内，然后通过翻译后系统转运到内质网。此外，以其他目标为靶点的蛋白质，如线粒体、叶绿体或过氧化物酶体，使用专门的翻译后转运途径。另外，针对细胞核的蛋白质在翻译后通过核孔穿过核膜。

（2）根据蛋白质分选的转运方式或机制不同，蛋白质的分选运输途径又分成以下三类：

第一，门控运输（gated transport）：在细胞质基质中合成的蛋白质，通过门控方式选择性地完成输入或输出。如核孔复合体可以选择性地在核质间双向主动运输大分子物质，并且允许小分子物质自由进出细胞核。

第二，跨膜运输（transmembrane transport）：蛋白质通过跨膜通道进入目的地。在后翻译转运途径中，在细胞质核糖体合成的多肽或蛋白质，在信号序列指导下，依不同机制转运到线粒体（通过线粒体上的转位因子，以解折叠的线性分子进入线粒体）、叶绿体和过氧化物酶体等细胞器；在共翻译转运途径中，细胞质基质起始合成的蛋白质在信号识别颗粒介导下转移到内质网，边合成边转运，进入内质网腔或插入内质网膜。

第三，膜泡运输（vesicular transport）：蛋白质被选择性地从粗面内质网合成部位包装成运输小泡，定向转运到靶细胞器。如从内质网向高尔基体的物质运输、高尔基体分泌形成溶酶体、细胞摄入某些营养物质或激素，都属于这种运输方式。这涉及供体膜出芽形成不同的转运膜泡、膜泡运输以及膜泡与靶膜的融合等过程。

3. 膜泡的形成

膜泡运输是一种高度组织的定向运输。细胞依赖有效而精密的机制，确保在粗面内质网合成的各种蛋白质经过加工，在高尔基体中形成不同的转运膜泡，以不同的途径被分选、运输，各就各位，在特定时间和位点发挥其特定功能。膜泡运输是蛋白质分选的一种特有方式，普遍存在于真核细胞中（见图 7.3）。

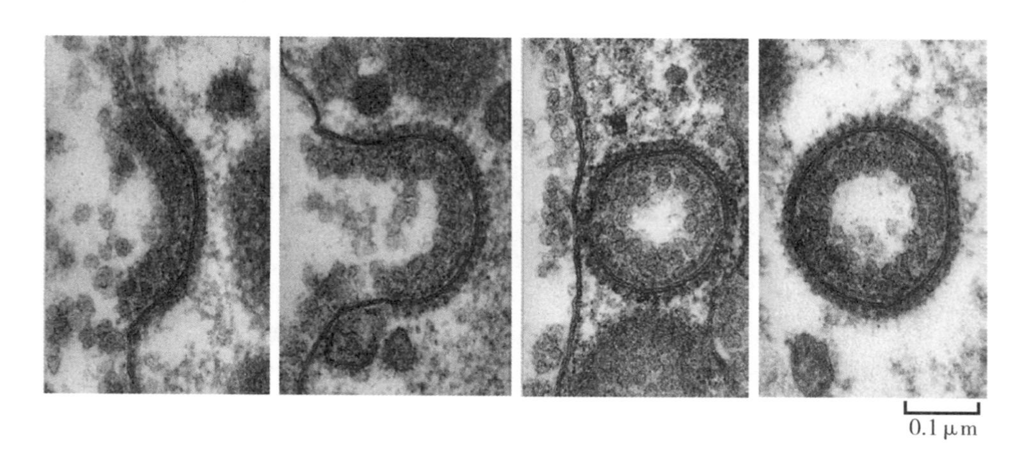

图 7.3　电镜图提供膜泡运输介导的蛋白质分选的直接证据

细胞内膜泡运输需要多种转运膜泡参与，大多数运输小泡是在膜的特定区域以出芽的方式产生的。其表面具有一个笼状的由蛋白质构成的衣被。这种衣被在运输小泡与靶细胞器的膜融合之前解体。衣被主要具有两个作用：①选择性地将特定蛋白聚集在一起，形成运输小泡；②如同模具一样决定运输小泡的外部特征，相同性质的运输小泡之所以具有相同的形状和体积，与衣被蛋白的组成有关。已知三类具有代表性的衣被蛋白，即网格蛋白/笼形蛋白（clathrin）、COPⅠ（coat protein Ⅰ）和 COPⅡ（coat protein Ⅱ），各介导不同的运输途径（见图 7.4 和图 7.5）。

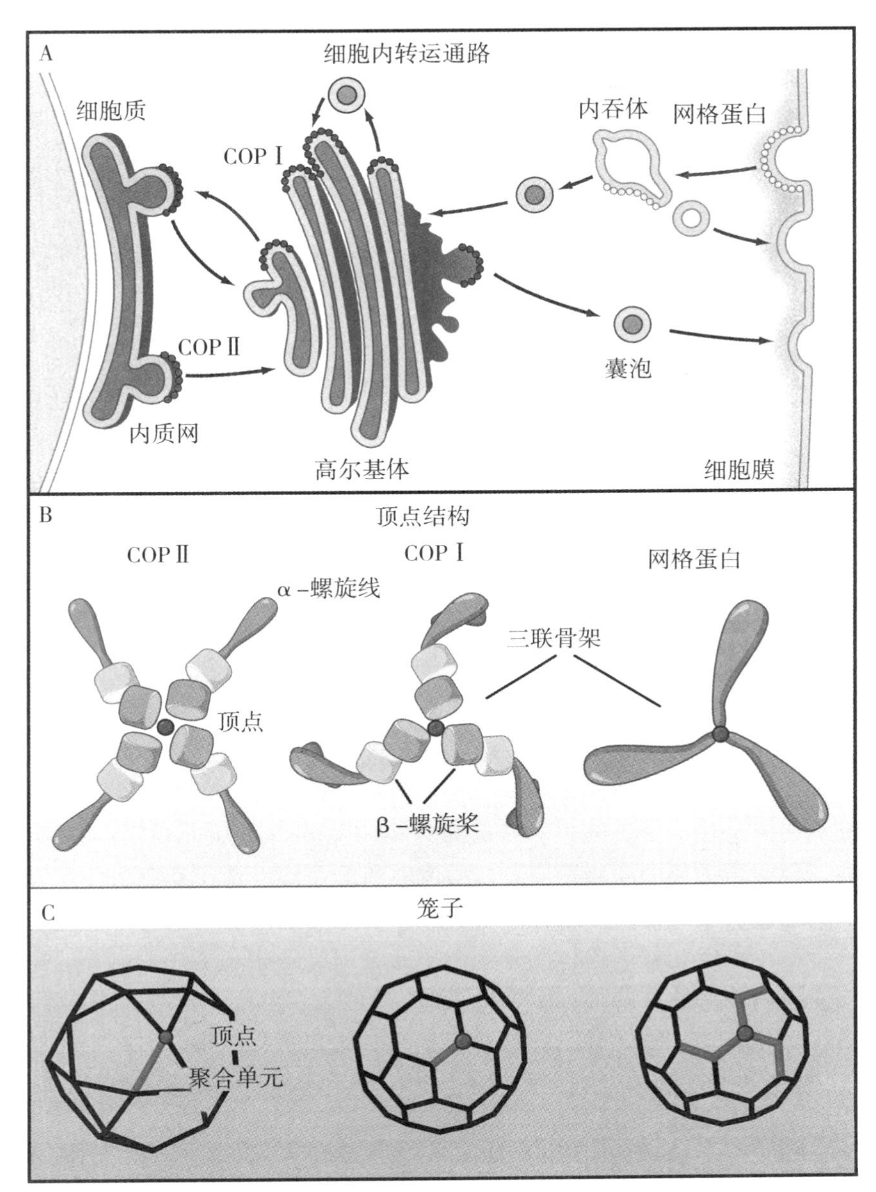

（A. 不同类型膜泡在蛋白质分选中的功能；B. 三种不同运输膜泡形成的结构；C. 三种不同运输膜泡的空间结构）

图 7.4　蛋白质分选相关的膜泡

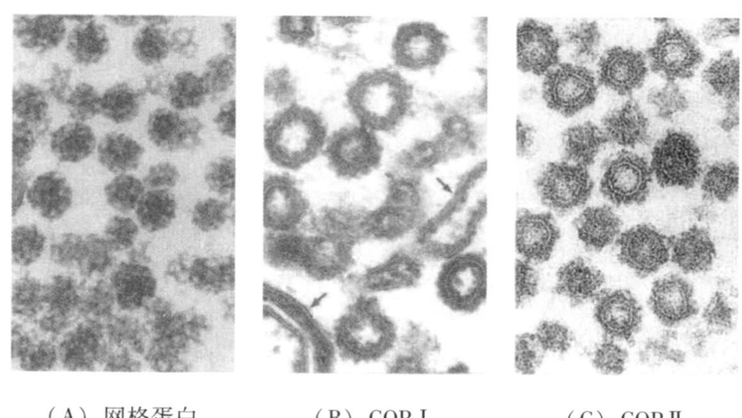

（A）网格蛋白　　（B）COPⅠ　　（C）COPⅡ

图7.5　三种蛋白质分选相关的膜泡的电镜形貌图

（1）网格蛋白衣被小泡。网格蛋白衣被小泡是最早发现的衣被小泡，网格蛋白分子由3个重链和3个轻链组成，形成具有3个曲臂的形状（triskelion）。网格蛋白的曲臂部分交织在一起，形成具有网孔的笼子。网格蛋白衣被小泡介导高尔基体到内吞体、溶酶体、植物液泡的运输，以及质膜到内膜区隔的膜泡运输。

（2）COPⅠ衣被小泡。COPⅠ衣被小泡起初发现于高尔基体碎片，在含有ATP的溶液中温育时，能形成非笼形蛋白包被的小泡。COPⅠ衣被小泡介导细胞内膜泡逆向运输，负责回收、转运内质网逃逸蛋白（escaped proteins）返回内质网，包括再循环的膜脂双层、内质网驻留的可溶性蛋白和膜蛋白。

内质网向高尔基体输送运输小泡时，一部分自身的蛋白质也不可避免地被运送到了高尔基体，如不进行回收则内质网会因为磷脂和某些蛋白质的匮乏而停止工作。内质网通过两种机制维持蛋白质的平衡：一是转运泡将应被保留的驻留蛋白排斥在外，例如有些驻留蛋白参与形成大的复合物，因而不能被包装在出芽形成的转运泡中，从而被保留下来；二是通过对逃逸蛋白的回收机制，使之返回它们正常驻留的部位。

（3）COPⅡ衣被小泡。COPⅡ包被膜泡介导细胞内顺向运输，即负责从内质网到高尔基体的物质运输。COPⅡ包被由下列蛋白组分形成：小分子GTP结合蛋白Sar1、Sec23/Sec24复合物、Sec13/Sec31复合物以及大的纤维蛋白Sec16。

Sar1与Sec23/Sec24复合体结合在一起，形成紧紧包围着膜的一层衣被，Sec13/Sec31复合体形成覆盖在外围的一层衣被，Sec16可能是一种骨架蛋白，Sec12是Sar1的鸟苷酸交换因子。在实验条件下，纯化的Sar1、Sec23/Sec24、Sec13/Sec31等5种成分足以在人工脂质体上形成小泡，说明这些成分具有改变膜的形状和掐断运输小泡的功能。

4. 蛋白质分选与捕获

了解了几种膜泡的类型及其运输特点，我们接着了解分选的蛋白质是如何被装入膜泡中的。

（1）蛋白质被招募到 COPⅡ膜泡，由内质网输出至高尔基体。正确折叠组装的蛋白质被选择性地捕获到 COPⅡ膜泡中，标志着新合成蛋白质开始被分选。COPⅡ衣壳蛋白的组装发生在内质网出口位点的膜区域，在捕获到新生膜泡之前或同时，蛋白质在内质网出口位点处瞬时积累。在内质网出口位点存在蛋白质监控，排除内质网定位的蛋白质和错误折叠（见图 7.6）。

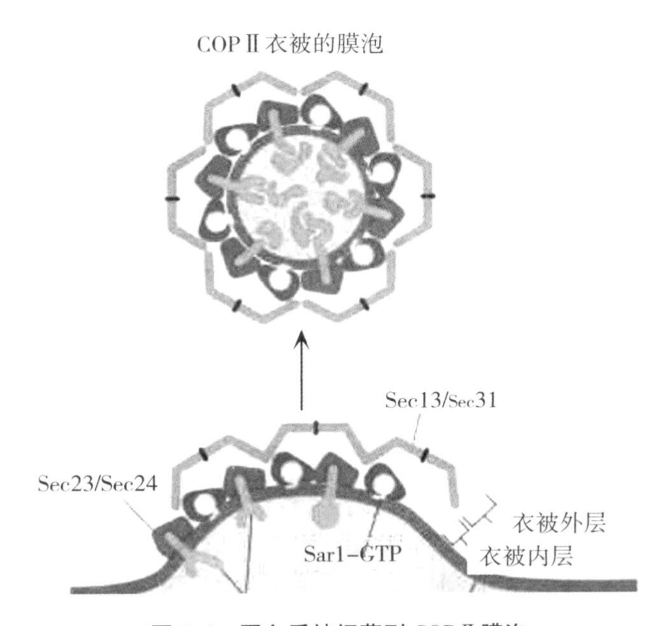

图 7.6　蛋白质被招募到 COPⅡ膜泡

（2）蛋白质被招募到 COPⅠ膜泡，由高尔基体回输至内质网。COPⅠ膜泡介导蛋白的回收，包括逃逸的 ER 驻留蛋白回输和内质网—高尔基体间连续循环的运输机器回收。COPⅠ膜泡也称为外被体，结构复杂，由 7 个被招募亚基（α，β，β′，γ，δ，ε 和 ζ－COP）组装成完整的复合物膜。生物信息学和晶体学分析发现，COPⅠ衣壳蛋白有类似于网格蛋白和 COPⅡ衣壳蛋白的结构基序，包括与 β－螺旋结构耦合的扩展和 α－螺旋形的管状结构域。但这些结构元件在每种膜泡中的布局和组装是不同的，虽然具体的差异目前仍旧不是很清楚。

5. 蛋白质分选过程中的受体识别

（1）内质网输出。大量蛋白质作为可溶性蛋白穿过内质网，它们与COPⅡ膜泡上受体的互作极大程度地决定了捕获过程。受体介导内质网输出的一个特征是：通过使用受体—适配蛋白和辅助因子，被选择性招募到膜泡中的蛋白质的多样性受到不同层级的放大，每种受体可以与不同的适配蛋白互作，从而增强底物的广泛性和特异性（见图7.7）。

受体介导内质网输出的第二个重要特征是：在蛋白质完成折叠的情况下调节转运。蛋白质正确折叠的情况下，受体仅结合其配体，这些蛋白质则离开内质网中富含伴侣蛋白的环境。错误折叠的蛋白质与受体结合，通过刺激转录调节激活编码伴侣蛋白等基因，从而促进蛋白质的正确折叠和加工（见图7.8）。

（2）回输内质网。从高尔基体到回输的受体反而是较早被鉴定出的结合转运受体，如酵母Erd2结合在内质网驻留蛋白上的四肽基序KDEL或HDEL（His－Asp－Glu－Leu）。人类有三种同源受体：ERD21、ERD22和ERD23。这些受体含七次跨膜结构域，并直接与待分选的蛋白质和COPⅠ组分相互结合（见图7.9）。

事实上，蛋白质分选过程中仍有许多调控细节和机制有待进一步深入研究。从已有的研究结果看，我们不难发现，蛋白质的分选也体现出“一阴一阳”的特点：有专门负责从内质网输出至高尔基体后运送至目标位置的膜泡结构，蛋白质识别装载、运送及监控机制，以保证蛋白质被定向运输到特定的位置；同时，也有负责从高尔基体回输内质网的整套“设备”与机制，将出错的蛋白质进行再处理，进一步提高每个反应体系的精准度。

细胞内膜系统在细胞内形成了不同的反应空间，每个空间都具有独特的反应条件，以保证每个反应都精准定向地进行。这些反应“容器”中，我们也能发现它们存在“一阴一阳”的组合——合成反应和分解反应的组合才保证这一系列的反应根据细胞的需求受到严格的调控。同时也保证某些出错的反应得到应有的纠正。这些内膜系统形成的空间更像是静止的，独立的，而蛋白质分选则赋予这些反应空间独特的反应条件，使它们“动起来”，同时也赋予这些不同的反应空间通过细胞信号有机地联系起来，不再孤立。蛋白质分选也存在“一阴一阳”的双向机制，生产“合格”的蛋白质被“分派”到它们应去的“岗位”，而“不合格”或者“分派”出错的蛋白质则有另一套机制将它们运送回来进行“重生产”或者“再分派”。内膜系统和蛋白质分选通过“一静一动”的方式，将细胞维持生命活动的复杂化学反应“管理”得高效、精准且有序。

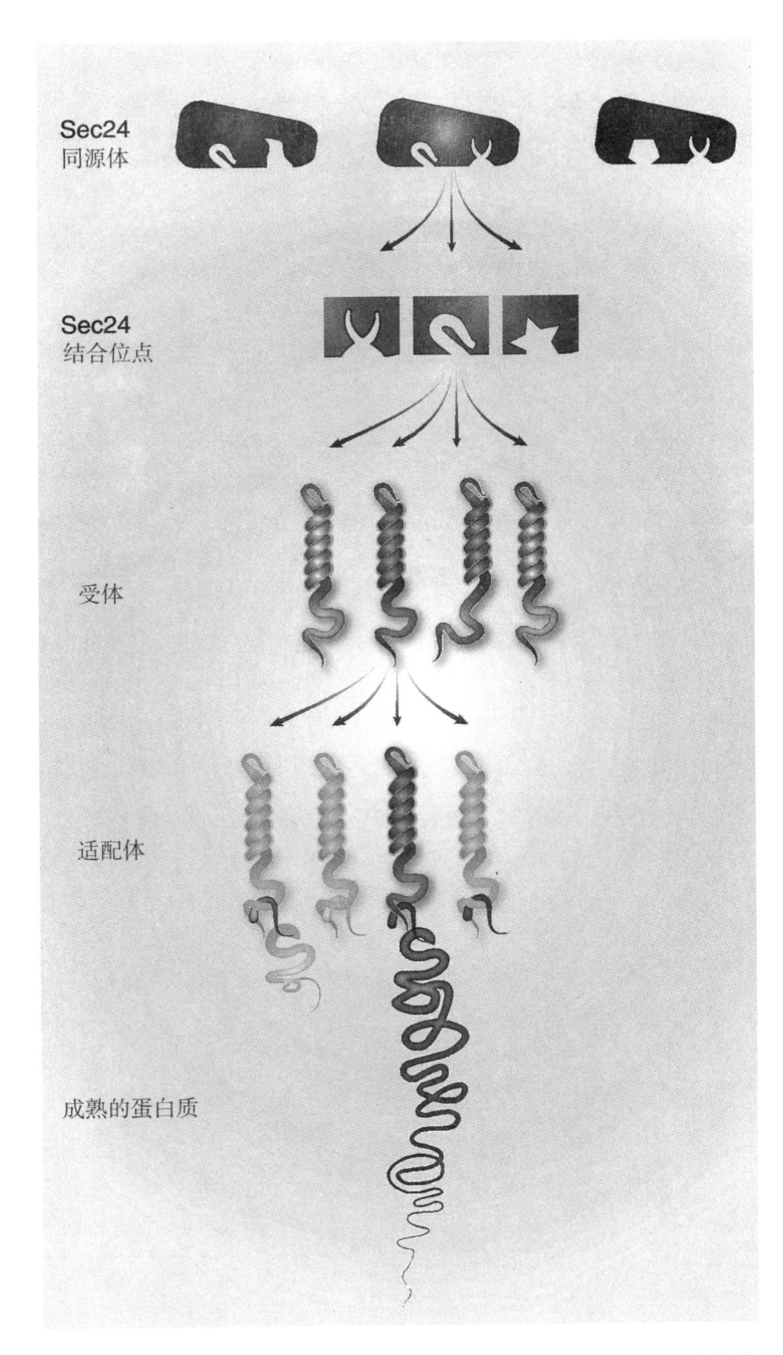

图 7.7　COP Ⅱ 上分选受体与待分选的蛋白质特异性结合的层级放大效应

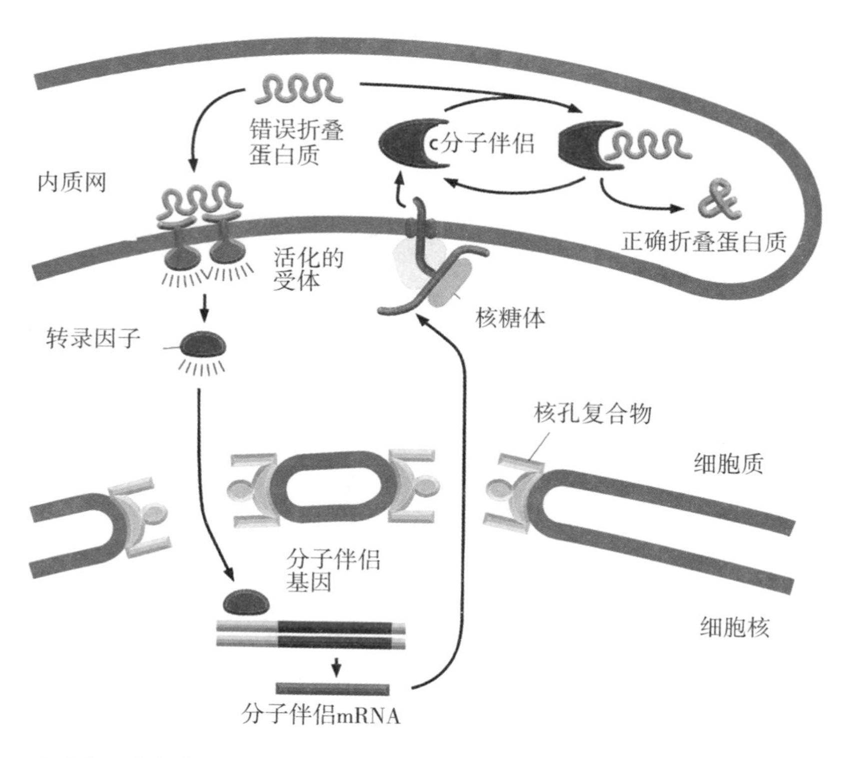

（只有正确折叠的蛋白质可以被受体识别，进而进入分选状态；而错误折叠的蛋白质则会激活分子伴侣的基因表达，以协助蛋白质正确折叠）

图 7.8　蛋白质分选中的受体识别

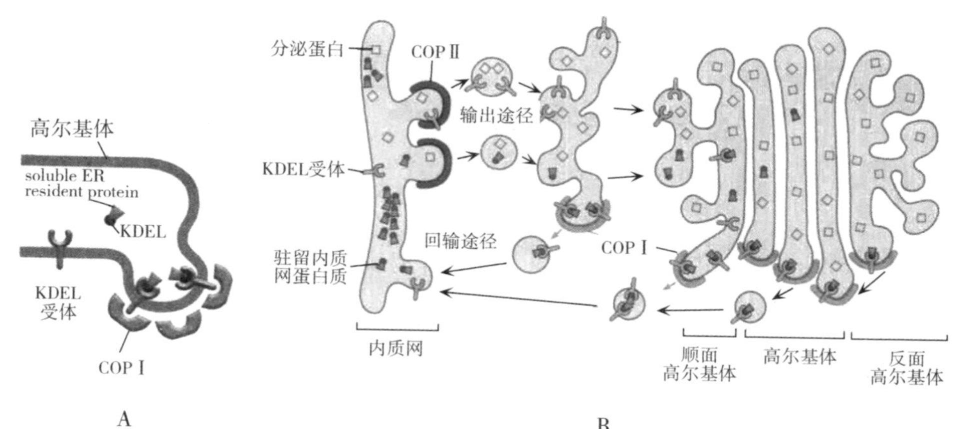

（A. COP Ⅰ膜泡与 KDEL 分选受体识别模式；B. COP Ⅰ膜泡回输过程）

图 7.9　COP Ⅰ膜泡实现将蛋白质从高尔基体往内质网返回运输的过程

第八章　生命元素概述

生命元素（essential element）是生命最基本的物质基础，也是生命赖以存在的基本依托。生命元素在元素周期表中的分布有一定的规律，预示元素的生物功能与原子结构密切联系。因此认识元素生物功能应该与元素周期律联系起来。

第一节　电子构型与元素周期律

元素的原子电子构型等相关信息见元素周期表。元素周期表的结构是元素周期律的“象”；原子电子构型是原子结构的“数”，所有元素的原子电子构型即是元素周期律之“数”；而原子的轨道—电子关系规则就是元素周期律之“理”。只有把握了元素周期律的“象”“数”和“理”之间的统一性，才能理解元素周期表的内涵，才能真正用好元素周期表。元素的原子电子构型也称价层电子构型，简称价电子构型，是元素周期表中的核心信息；是元素周期律的基本体现；也是对元素周期表划分区域的依据。依据价层电子构型，结合轨道—电子关系规则，可以推导出原子序数、核电荷数、核外各电子层及总电子数等信息，例如，碳元素（C）的原子价电子构型为 $2s^2 2p^2$，表示碳元素位于元素周期表第二周期，第ⅣA 族，依据电子填充规则，可知原子核外有两层电子（$K=1s^2$，$L=2s^2 2p^2$），原子序数 $Z=6$，核外电子总数为 6；同理可知碳的同族相邻元素硅元素（Si）的原子价电子构型为 $3s^2 3p^2$，硅元素位于第三周期，第ⅣA 族，原子核外有三层电子（$K=1s^2$，$L=2s^2 2p^6$，$M=3s^2 3p^2$），原子序数 $Z=14$，核外电子总数为 14。

如果要简单有效地分析元素原子的化学活泼性、成键特性及化合物基本类型，还需要用元素原子的前线电子构型。因为前线电子构型体现了原子前线轨道的完整信息。以下将按元素在周期表中所处区域分别介绍电子构型与成键特性。

1. s 区元素

元素周期表左边的ⅠA族和ⅡA族元素为 s 区元素。该区元素原子的价层电子构型分别是ⅠA族 ns^1（$n=1\sim7$，下同）和ⅡA族 ns^2，分别属于 ns 轨道的半充满和全充满状态；两族元素原子电子构型通式为 $ns^{1\sim2}$，其离子属于 ns 轨道的全空状态。因此，s 区元素的原子或离子，其电荷分布均呈球形对称。随着电子层（n 值）的增加，原子半径或离子半径均相应增大。

从元素的前线电子构型可以分析它们在成键特性上的差异。s 区元素的前线电子构型见表 8－1。

表 8－1　s 区元素的前线电子构型

IA	ⅡA
H	
$1s^1$	
Li	Be
$2s^{1\sim2}2p^0$	
Na	Mg
$3s^{1\sim2}3p^03d^0$	
K	Ca
$4s^{1\sim2}4p^04d^0$	
Rb	Sr
$5s^{1\sim2}5p^05d^0$	

从表 8－1 可以看到，s 区元素的前线电子构型中包含价电子构型的信息，同时也包含空轨道和空位的信息，体现了该区各周期元素的差异。该区的第一周期只有一个氢元素，其前线电子构型与价电子构型相同，即 $1s^1$（H）；第二

周期元素的前线电子构型为 $2s^{1\sim2}2p^0$（Li，Be）；第三及以后周期的前线电子构型为 $ns^{1\sim2}np^0nd^0$（$n=3$，4，5）。这种差异是由原子轨道的量子数取值规则、轨道—电子关系规则共同决定的。

第一周期元素原子的主量子数 $n=1$，角量子数 $l=0$，……，$n-1=0$，只有一个取值，即只有一个 s 轨道，导致第一周期属于超短周期，只有两种元素。第二种元素 He（$1s^2$）属于全充满，既没有单电子，也没有空轨道和空位，完全没有形成化学键的需求和能力，因此归入 0 族元素而不在 s 区的ⅡA族。

第二周期元素原子的主量子数 $n=2$，角量子数 $l=0$，……，$n-1=0$，1；有 2s 和 2p 轨道，没有 2d 轨道，而 2p 轨道全空。因此，尽管 Be 元素原子的 2s 轨道是全充满的，但可以利用 2p 轨道成键，例如在化合物 $BeCl_2$ 中，Be 采取 sp 杂化成键。

第三周期元素原子的主量子数 $n=3$，角量子数 $l=0$，……，$n-1=0$，1，2；有 3s、3p 和 3d 轨道；同理，第四周期元素原子的主量子数 $n=4$，也有 4s、4p 和 4d 轨道。因此，第三及以后周期元素的原子可以利用 np^0 和 nd^0（$n=3$，4，5）轨道成键。

2. d 区、ds 区元素

元素周期表中间的ⅢB 族至ⅦB 族和Ⅷ族元素为 d 区元素；ⅠB 和ⅡB 族为 ds 区元素。这两个区元素属于 d 系列，其价电子一般依次填充在次外层的 d 轨道上，价层电子构型通式为 $(n-1)d^{1\sim10}ns^{1\sim2}$（$n=4$，5，6）；随 $(n-1)$ d轨道上电子数依次增加，原子的有效核电荷逐渐增大，原子半径逐渐变小，轨道能量也逐渐下降，这种递变在第一横列（第四周期）比较清晰。第一横列在元素 Cr（$3d^54s^1$）和 Cu（$3d^{10}4s^1$）的电子构型均发生有规律的正常调整，这是因为轨道半充满和全充满状态能量较低；第二横列在元素 Nb（$4d^45s^1$）、Ru（$4d^75s^1$）、Rh（$4d^85s^1$）和 Pd（$4d^{10}5s^0$）处和第三横列在元素 W（$5d^46s^2$）、Pt（$5d^96s^1$）等处的电子构型均发生变化，这些变化较之于第一横列均显得没有规律。

从元素的前线电子构型可以分析这两个区元素的成键特性和性质变化特点。这两个区元素的前线电子构型见表 8－2。

表 8－2　d 区、ds 区元素的前线电子构型

ⅢB	ⅣB	ⅤB	ⅥB	ⅦB	Ⅷ			ⅠB	ⅡB
Sc	Ti	V	Cr	Mn	Fe	Co	Ni	Cu	Zn
				$3d^{1\sim8}4s^{1\sim2}4p^{0}4d^{0}$				$3d^{10}4s^{1\sim2}4p^{0}4d^{0}$	
Y	Zr	Nb	Mo	Tc	Ru	Rh	Pd	Ag	Cd
				$4d^{1\sim10}5s^{0\sim2}5p^{0}5d^{0}$				$4d^{10}5s^{1\sim2}5p^{0}5d^{0}$	
La－Lu	Hf	Ta	W	Re	Os	Ir	Pt	Au	Hg
$4f^{0\sim14}5d^{1}6s^{2}6p^{0}6d^{0}$				$4f^{14}5d^{1\sim9}6s^{1\sim2}6p^{0}6d^{0}$				$4f^{14}5d^{10}6s^{1\sim2}6p^{0}6d^{0}$	

从表 8－2 可以看到，d 区、ds 区元素的前线电子构型有如下特点：

（1）d 区、ds 区元素的前线电子构型能够全面给出 d 区、ds 区元素原子相同能级组中的价电子数、空位和空轨道等完整信息；从这些信息可以理解这两个区元素的化合物类型多样和化合物性质丰富的特点。

（2）d 区、ds 区元素的前线电子构型能够明显体现同周期不同族元素性质上的递变情况，同时又体现了同族不同周期（横列）元素之间性质上的差异性。

（3）d 区与 ds 区元素的前线电子构型有明显差异。d 区同横列元素之间的（$n-1$）d 轨道电子数差异较大，由于 d 亚层共有 5 条 d 轨道，（$n-1$）d 轨道上电子数和空位数均有较大变化范围，并允许有较多自旋平行的单电子，当轨道为半充满时，自旋平行的单电子数达到最大值（5 个），因此 d 区元素的化合物有丰富的磁性质（源于电子自旋）和光谱性质（源于 d－d 跃迁）；此外 d 区元素可利用（$n-1$）d 轨道上的空位和空的 ns、np 和 nd 轨道接受配位原子的电子对形成种类繁多的配位化合物。所形成的配位化合物，可以是“内轨”型［利用（$n-1$）d 轨道］，也可以是“外轨”型（利用 nd 轨道）；ds 区元素的离子基本上为（$n-1$）d^{10} 构型，因（$n-1$）d 轨道全充满，d 区元素的化合物没有 d－d 跃迁光谱（Cu^{2+} 为 d^{9} 构型，例外）；ds 区元素可利用空的 ns、np 和 nd 轨道接受配位原子的电子对形成配位化合物，所形成的配合物属于“外轨”型。

（4）第三横列（第六周期）的 La 至 Lu 元素属于 f 区的 La 系元素（原子序数从 57～71）。由于 f 亚层有 7 条轨道，允许有更多自旋平行的单电子，当轨道为半充满时，自旋平行的单电子数达到最大值（7 个），因此 La 系元素的化合物有更为丰富的磁性质（源于单电子自旋）和非常丰富的光谱性质（源于 f－f 跃迁）；由于 4f 轨道受到外面两层电子的屏蔽，完全无法参与成键，即无论 4f 轨道上的电子数是多少，均对成键性质没有影响，因此 La 系元素的前线电子构型是 $4f^{0\sim14}5d^{1}6s^{2}6p^{0}6d^{0}$，La 系元素的化合物的磁性质和光谱性质也基本不受化合物类型的影响。从 Hf 起，因 4f 轨道已经全充满，使得这些元素的化合物不再具有 f－f 跃迁光谱。这些元素的前线电子构型为 $4f^{14}5d^{1\sim9}6s^{1\sim2}6p^{0}6d^{0}$，由于 4f 轨道全充满，使得其原子的有效核电荷有较大幅度增加，原子半径较大幅度变小，轨道能量也较大幅度下降，这种作用称为 La 系收缩。由于 La 系收缩，从 Hf 起，第三横列（第六周期）元素与第二横列（第五周期）的同族元素，其物理化学性质非常相似，这种影响结果称为 La 系收缩效应。

现在根据前线电子构型讨论 d 区、ds 区元素配位化合物的成键特性，以八面体配合物为例。

（1）σ 配位键。仅有 σ 配位键的八面体配合物的分子轨道（MO）能级图如图 8.1 所示。

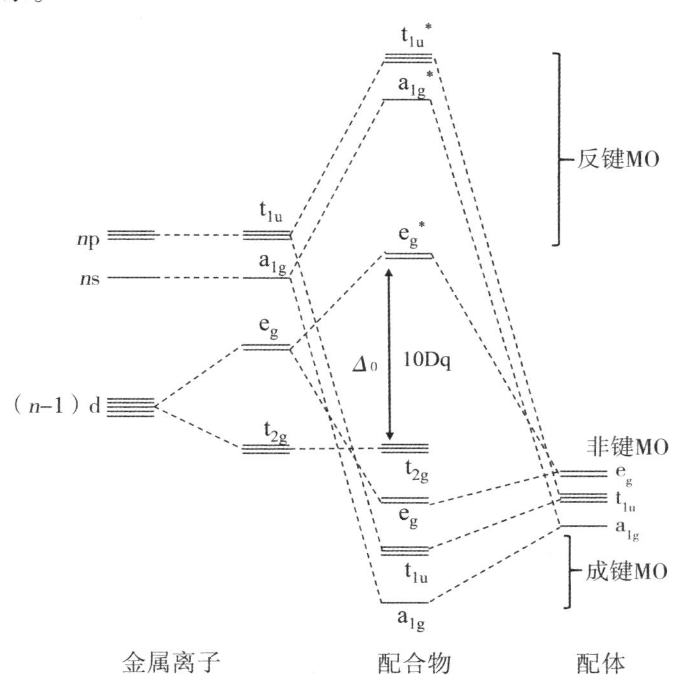

图 8.1　仅有 σ 配位键的八面体配合物的分子轨道能级图

从图 8.1 可以看到，在配合物的 MO 轨道中，金属离子原来能量简并的（$n-1$）d 轨道分裂为非键的 MO 轨道（t_{2g}）和反键的 MO 轨道（$e_g{}^*$），金属离子空的 ns 和 np 轨道成为反键的 MO 轨道（$a_{1g}{}^*$，$t_{1u}{}^*$）；配体的轨道群成为成键的 MO 轨道（a_{1g}，t_{1u}，e_g）。配体原子的电子对优先填充成键的 MO 轨道；金属离子的（$n-1$）d 轨道电子分别进入非键的 MO 轨道（t_{2g}）和反键的 MO 轨道（$e_g{}^*$）。金属离子形成配位化合物后，自旋状态是否发生改变，首先取决于金属离子的电子构型 d^n（n 为电子数），当 $n \leqslant 3$（d^0，d^1，d^2，d^3）和 $n \geqslant 8$（d^8，d^9，d^{10}），不发生自旋状态改变。假定非键的 MO 轨道（t_{2g}）和反键的 MO 轨道（$e_g{}^*$）的分裂能为 Δ_0（10Dq），电子成对能为 P，当 $4 \leqslant n \leqslant 7$（$d^4$，$d^5$，$d^6$，$d^7$）时，自旋状态是否发生改变取决于 Δ_0 和 P 的相对大小，若 $\Delta_0 < P$，自旋状态不改变，属于高自旋（high - spin state，HS）；若 $\Delta_0 > P$，自旋状态改变，变为低自旋（low - spin state，LS）。

（2）π 配位键。金属离子 d 轨道与配体的 p、π^* 和 d 轨道间可以按图 8.2 模式重叠形成 π 配位键。有关的分子轨道能级图如图 8.3 所示。π 配位键的形成对配合物的各种性质均会产生影响，如配合物的稳定性、磁性（自旋状态），谱学性质等。按照广义酸碱理论，凡是能够接受电子对的属于酸，给出电子对的属于碱。如果配体的 p、π^* 和 d 轨道是空的，则可以作为 π 电子受体，该配体也称为 π 酸；如果配体的 p、π^* 和 d 轨道已经有电子对，则配体可以作为 π 电子给体，该配体也称为 π 碱。通常空轨道能量较高，组成分子轨道后，能量降低的成键轨道可以接受金属离子 d 轨道上的电子，产生从金属离子到配体的电荷转移，并使轨道分裂能 Δ_0 进一步增大，体系总能量降低，如图 8.3 所示；而占有轨道能量较低，组成分子轨道后，能量降低的成键轨道优先接受配体的电子对，金属离子 d 轨道上的电子则只能填充到反键的 π^* 轨道，这样便产生从配体到金属离子的电荷转移，并使轨道分裂能 Δ_0 缩小，如图 8.3 所示。

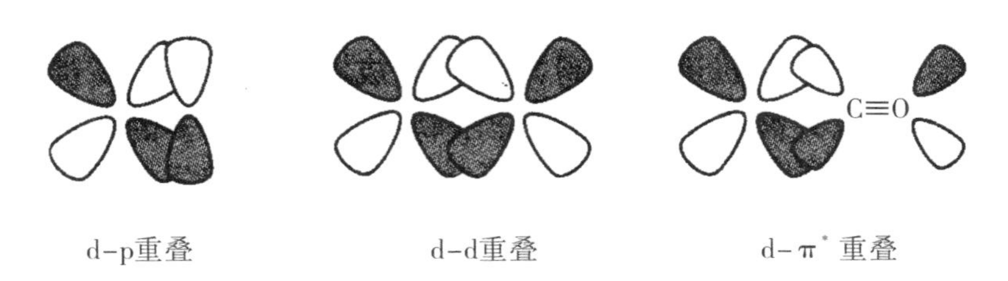

图 8.2　金属离子 d 轨道与配体的 p、d 和 π^* 轨道间重叠形成 π 配位键

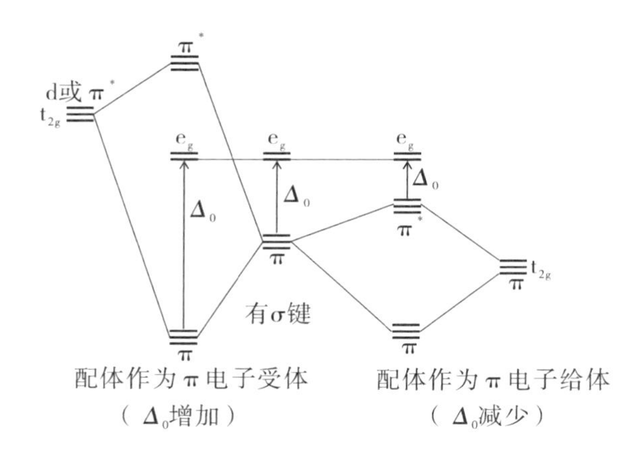

图 8.3　八面体配合物形成π键的分子轨道能级图（两种π键模式）

3. p 区元素

元素周期表中右边的ⅢA 族至ⅦA 族元素为 p 区元素，其价电子依次填充在次外层的 p 轨道上，价层电子构型通式为：$ns^2np^{1\sim5}$（$n=2$，3，……，6）；p 区元素的前线电子构型如表 8－3 所示。从表 8－3 可以看到，p 区元素的前线电子构型具有多样性：①第二周期元素，主量子数 $n=2$，角量子数 $l=0$，……，$n-1=0$，1；只有 2s 和 2p 轨道，没有 2d 轨道，前线电子构型为 $2s^22p^{1\sim5}$。②第三周期，$n=3$，$l=0$，……，$n-1=0$，1，2；有 3s、3p 和 3d 轨道，但 3d 轨道尚未填充电子，前线电子构型为 $3s^23p^{1\sim5}3d^0$。③从第四周期开始，$(n-1)$d 轨道已经填满，因此第四、第五周期元素原子的前线电子构型分别为 $3d^{10}4s^24p^{1\sim5}4d^0$ 和 $4d^{10}5s^25p^{1\sim5}5d^0$。④第六周期，因 4f 轨道已经填满，因此第六周期元素原子的前线电子构型为 $4f^{14}5d^{10}6s^26p^{1\sim5}6d^0$。

p 区元素的前线电子构型决定了 p 区元素性质的复杂多样。现就几个特别的方面作进一步说明。

（1）可提供σ配位键的元素。从元素 B 经 Si 至 At 画一斜线，则位于斜线右上方的元素可以作为配位原子，其共价键分子或无机离子均具有电子对，能与具有空位或空轨道的原子或离子形成σ配位键，即作为σ碱，这也是周期元素中所有可提供σ配位键的元素。

（2）p 区元素的配位中心原子。元素 B 至 At 斜线上及左下方的元素，其阳离子及其所形成的化合物，均可作为配位中心原子或离子，接受电子对形成配位化合物。

表 8－3　p 区元素的前线电子构型

ⅢA	ⅣA	ⅤA	ⅥA	ⅦA
B	C	N	O	F
		$2s^22p^{1\sim5}$		
Al	Si	P	S	Cl
		$3s^23p^{1\sim5}3d^0$		
Ga	Ge	As	Se	Br
		$3d^{10}4s^24p^{1\sim5}4d^0$		
In	Sn	Sb	Te	I
		$4d^{10}5s^25p^{1\sim5}5d^0$		
Tl	Pb	Bi	Po	At
		$4f^{14}5d^{10}6s^26p^{1\sim5}6d^0$		

（3）p 区第四、第六周期元素的高价态不稳定。这是由于 3d 轨道和 4f 轨道全充满的影响所致。

（4）化合物类型。第二周期与同族元素相比，没有高配位的化合物类型。这是由于第二周期元素没有 2d 轨道，只能用 2s 和 2p 轨道成键；而同族其他周期的元素可以利用空的 *n*d 轨道成键。p 区第三及以上周期的元素利用空的 *n*d 轨道成键，在化合物的类型、性质等方面都产生很大影响。

（5）σ 碱—π 碱配体，即 σ 给予体—π 电子给体配体。氟离子（F^-）就是 σ 碱—π 碱配体的典型代表，因此氢氟酸（HF）可以与具有空 d 轨道的离子或化合物形成具有特殊性质的配合物。例如 Si 和 Sb 分别利用空 3d 和 5d 轨道与 F^- 形成 σ 配位键和 π 配位键，即形成强酸 H_2SiF_6 和超强酸 $HSbF_6$。H_2SiF_6是一种二元强酸，必须储存在塑料（最好是聚四氟乙烯做成的容器）、蜡制或铅制的容器中；超强酸 $HSbF_6$ 是已知最强的超强酸。其中，HF 提供质子（H^+）和共轭碱氟离子（F^-），F^-通过与 SbF_5 配位生成具有八面体稳定结构的配阴离子 $[SbF_6]^-$，而该离子是一种非常弱的亲核试剂和非常弱的碱。于是 H^+（质子）就成了“自由质子”，从而导致整个体系具有极强的酸性。氟锑酸（$HSbF_6$）的酸性通常是纯硫酸的 10^{19} 倍（氟锑酸的 p*K*a = －28，纯硫酸的 p*K*a = －11.93）。由于超强酸的酸性和腐蚀性特别强，所以过去一些极难或根本无法实现的化学反应，在超强酸的条件下便能顺利进行，比如正丁烷，在超强酸的作用下，可以发生碳氢键的断裂，生成氢气；也可以发生碳碳键的断裂，生成甲烷；还可以发生异构化生成异丁烷，这些都是普通酸做不到的。超强酸可以使碳正离子活性降低，使其反应可受控制，对工业生产有重要作用。

（6）σ 碱—π 酸配体，即 σ 给予体—π 电子受体配体。CO 具有空的反键 π^* 轨道，其碳原子（C 端）和氧原子（O 端）均有孤电子对，是 σ 碱—π 酸配体的典型代表。CO 既可以用碳的端基配位，也可以用碳的桥连配位成键。由于 CO 空的反键 π^* 轨道接受金属 d 轨道电子，使得该类配合物中金属可以超常的低价态出现，并同时有金属—金属单键和金属—金属多重键形成，如 $Fe_2(CO)_9$、$Mn_2(CO)_{10}$、$Re_2(CO)_{10}$等。对这类配合物的研究，不仅具有理论意义，也具有实用价值。

第二节　生命元素及其在周期表中的分布

生命元素也称生命必需元素，或简称必需元素，是构成机体组织，维持机体生理功能、生化代谢所需的元素。这些元素为人体（或动物）生理所必需，在组织中含量较恒定，它们不能在体内合成，必须从食物和水中摄入。在天然的条件下，地球上或多或少地可以找到 90 多种元素，根据目前所掌握的情况，多数科学家的看法比较一致，认为生命必需元素共有 27 种，分布在元素周期表中的不同区域，其中 s 区 5 种，d 区、ds 区共 10 种，p 区 12 种，如图 8.4 所示。

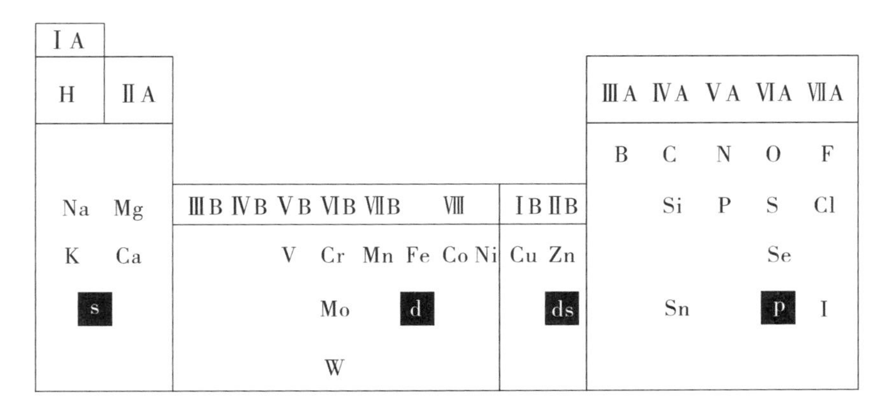

图 8.4　生命元素在元素周期表中的分布

1. 宏量元素（macro element）和微量元素（trace element）

按元素在生物体内的含量计，生命元素又可以分为宏量元素（也称常量元素）和微量元素。其中宏量元素指含量占生物体总质量0.01%以上的元素，包括H、Na、K、Mg、Ca、C、N、O、Si、P、S和Cl等，在人体中的含量均在0.03%～62.5%，这12种元素共占人体总质量的99.95%；微量元素指占生物体总质量0.01%以下的元素，如Fe、Co、Ni、Cu、Zn、Se、I和W等。这些微量元素占人体总质量的0.05%左右。这些微量元素在体内的含量虽小，但在生命活动过程中的作用是十分重要的。已被确认与生命有关的必需微量元素有15种，即B、F、V、Cr、Mn、Fe、Co、Ni、Cu、Zn、Se、Mo、Sn、I和W。

生命元素中能形成阳离子的主要分布在s区、d区、ds区及p区（仅有Sn），这些离子能够以盐的形式或作为配位中心离子以配合物的形式存在；能够以简单阴离子形式存在的主要有F、Cl、I、O、S等，这些离子同时也能够成为配体离子（配位原子）；其余的元素一般以共价化合物形式存在。

生命元素中的配位中心原子（离子），除了以上所述的阳离子作为配位中心离子外，p区的B、Si、P、Se和I等元素，即使它们以共价化合物的形式存在，也能够同时成为配位中心原子。

2. 配位原子

元素周期表中的所有配位原子都集中在p区，它们几乎都是生命元素。根据配位成键的性质，可分为：σ碱配体（含孤电子对），如氨分子（NH_3）和水分子（H_2O）；σ碱—π碱配体，如F^-、Cl^-、I^-、$(OH)^-$、O_2；σ碱—π酸配体，如CO、CN^-、S、P、Se、Cl^-、I^-。这些元素的生物功能与它们的配位性质是密切相关的。这些生命元素形成了一系列重要的生物配体，如氨基酸与蛋白质、碳水化合物、糖、碱基与核酸等都是生物配体。这些生命元素也是细胞的基本组成元素。

3. 生命元素的基本功能

硼是某些绿色植物和藻类生长的必需元素，而哺乳动物并不需要硼，因此人体必需元素实际上为26种。表8-4列出部分生命元素的生物功能。

表 8-4　部分生命元素的生物功能

元素	功能
Na	电荷载体，保持渗透压平衡，神经信号传输
K	电荷载体，保持渗透压平衡，神经信号传输
Mg	结构组织，水解酶，异构酶
Ca	结构组织，触发作用，第二信使，电荷载体
V	固氮酶，氧化酶
Mo	固氮酶，氧化酶，转氧酶
W	脱氢酶
Mn	光合作用，氧化酶，结构组织
Fe	氧化酶，氧气的输运及储备，电子转移，固氮酶
Co	氧化酶，羟基转移酶
Ni	加氢酶，水解酶
Cu	氧化酶，氧气的输运，电子转移
Zn	水解酶的辅基
Si	结构组织
Se	谷胱甘肽过氧化物酶，脱氢酶，脱碘酶，抗氧化，免疫调节
F	结构组织
I	甲状腺素

（1）C、H、O、N、S 和 P 是组成生物体内的蛋白质、脂肪、碳水化合物和核糖核酸的基础结构单元，也是组成地球上生命的基本材料。

（2）Na^+、K^+和 Cl^- 离子能调节体液的渗透压，维持电解质的平衡和酸碱平衡，通过 Na^+/K^+泵，将 K^+离子葡萄糖和氨基酸输入细胞内部，维持核糖体的最大活性，以便有效地合成蛋白质。同时，Na^+离子、K^+离子还参与神经信息的传递。而 K^+离子还是稳定细胞内酶结构的重要辅因子。

（3）Mg^{2+}、Ca^{2+}和 Na^+、K^+协同作用以维持肌肉神经系统的兴奋性，维持心肌的正常结构和功能。其中 Mg^{2+}离子参与体内糖代谢及呼吸酶的活性，是糖代谢和呼吸不可缺少的辅因子，不仅与乙酰辅酶 A 的形成有关，还与脂肪酸的代谢有关。Mg 在参与蛋白质合成时起催化作用。此外 Mg^{2+}还参与绿色植物和光合微生物的光合作用，在此过程中含 Mg^{2+}的叶绿素捕获光子，并利用此能量固定二氧化碳而放出氧。Ca^{2+}和F^-是骨骼、牙齿和细胞壁形成的必要结构成分（如磷灰石、碳酸钙等），Ca^{2+}还在传送激素、触发肌肉收缩和神经信号、诱发血液凝结和稳定蛋白质结构等方面都发挥着重要的作用。

（4）V、Cr、Mo和W都是对人体有益的元素，V能降低血液中胆固醇的含量。V还具有胰岛素的作用，对糖尿病人有一定的好处。Cr（Ⅲ）是胰岛激素的辅因子，也是胃蛋白酶的重要组分，还常与核糖核酸（RNA）共存。Cr（Ⅲ）具有调节血糖代谢的功能，可帮助维持体内所允许的正常葡萄糖含量，并和核酸、脂类、胆固醇的合成以及氨基酸的利用有关。Mo是固氮酶和某些氧化还原酶的活性组分，参与氮分子的活化和黄嘌呤、硝酸盐以及亚硫酸盐的代谢；阻止致癌物亚硝胺的形成，抑制食管和肾对亚硝胺的吸收，从而防止食道癌和胃癌的发生。W是某些脱氢酶的辅基。

（5）Mn（Ⅱ、Ⅲ）是水解酶和呼吸酶的辅因子。没有含Mn酶就不可能进行专一的代谢过程，如尿的形成。Mn也是植物光合作用过程中光解水的反应中心。此外，Mn还与骨骼的形成和维生素C的合成有关。

（6）Cu（Ⅰ、Ⅱ）和Zn（Ⅱ）是一些重要酶的活性中心。其中Cu（Ⅰ、Ⅱ）与Fe（Ⅱ、Ⅲ）相似，起着载氧色素（如血蓝蛋白）和电子载体（如铜蓝蛋白）的作用。另外，Cu对调节体内Fe的吸收、血红蛋白的合成以及形成皮肤黑色素、影响结缔组织和弹性组织的结构及解毒作用都有关系。Zn（Ⅱ）是许多酶的辅基或酶的激活剂。维持维生素A的正常代谢功能及对黑暗环境的适应能力，维持正常的味觉功能和食欲，维持机体的生长发育特别是对促进儿童的生长和智力发育具有重要的作用。

（7）Fe（Ⅱ，Ⅲ）、Co（Ⅱ）和Ni（Ⅱ）均参与机体很多重要的生化过程。其中Fe（Ⅱ，Ⅲ）是机体内运载氧分子的蛋白质活性中心，例如，哺乳动物血液中的血红蛋白和肌肉组织中的肌红蛋白的活性部位都由铁（Ⅱ）和卟啉组成，含铁蛋白（如细胞色素、铁硫蛋白）是生物氧化还原反应中的主要电子载体，是所有生物体内能量转换反应中不可缺少的物质。Co（Ⅱ）是体内重要维生素B_{12}的组分。维生素B_{12}参与体内很多重要的生化反应，主要包括脱氧核糖核酸（DNA）和血红蛋白的合成，氨基酸的代谢和甲基的转移反应等。Ni能促进体内Fe的吸收、红细胞的增长和氨基酸的合成等。

（8）Si和Sn：Si是骨骼、软骨形成的初期阶段所必需的组分。同时，Si能使上皮组织和结缔组织保持必需的强度和弹性，保持皮肤的良好化学和机械稳定性以及血管壁的通透性，还能排除机体内 Al 的毒害作用。Sn 可能与蛋白质的生物合成有关。

（9）Se 是谷胱甘肽过氧化物酶的必要构成部分，具有保护血红蛋白免受过氧化氢和过氧化物损害的功能，同时具有抗衰老和抗癌的生理作用。

（10）I 参与甲状腺素的构成，生物功能有待进一步确证。

4. 毒性风险

即使是生命必需的元素，也有毒性风险。这种毒性风险取决于元素的摄入量、摄入方式和元素的形态等因素。因为必需微量元素在体内的含量都有一个最佳的浓度范围，超过或低于这个范围，都对健康产生不利影响。例如，Se 是重要的生命必需元素，成人每天摄取量以 100μg 左右为宜，若长期低于 50μg 则可能引起癌症、心肌损害等；若过量摄入，又可能造成腹泻、神经官能症及缺铁性贫血等中毒反应，甚至死亡。同时，生命必需元素的存在形式与人体健康也有直接的关系，如 Cr（Ⅲ）是胰岛激素的辅因子，具有调节血糖代谢的功能；而 Cr（Ⅵ）的毒性风险远高于 Cr（Ⅲ）。Cr（Ⅵ）还能抑制某些酶的活性，干扰体内氧化还原和水解反应过程；Cr（Ⅵ）可使蛋白变性，核酸、核蛋白沉淀。Cr（Ⅵ）易通过细胞膜进入血细胞，使血红蛋白变成高铁血红蛋白，造成缺氧。此外 Cr（Ⅵ）还有致突变性和潜在致癌性。又如 Fe 在生物体内不能以游离态存在，只有在被特定的生物大分子结构（如蛋白质）包围的封闭状态之中，才能担负正常的生理功能，一旦成为自由的 Fe 离子就会催化过氧化反应，产生过氧化氢和一些自由基，干扰细胞的代谢和分裂，导致病变。

5. 污染元素

污染元素是指存在于生物体内，会阻碍生物机体正常代谢过程和影响生理功能的微量元素。根据文献报道，在人体内发现的元素有 70 多种，远比生命必需的元素多得多，这是因为地球环境中，进入生物圈的元素越来越多。尤其是随着人类对自然资源的开发利用和现代大工业的发展，人类对自然环境施加的影响越来越大，环境污染问题变得越来越突出。某些元素（如 Hg、Pb、Cd 等）通过大气、水源和食物等途径侵入人体，在体内积累而成为人体中的污染元素。当然，人体对于污染元素也逐渐产生了耐受机制和解毒机制。因此，研究污染元素对人体的健康影响，尤其是长时性的影响，以及人体对污染元素的耐受机制和解毒机制，都是非常有意义的课题。

6. 微量元素的拮抗作用

生物体内的微量元素存在着某种拮抗作用，这种拮抗作用对于污染元素而言，是指两种或两种以上元素联合作用的毒性小于每种元素单独作用毒性的总和。即其中某一元素能促进机体对其他元素的排泄加快、吸收减少或产生低毒性代谢物等，从而使两种或两种以上元素联合作用的毒性降低。

总之，生物体与环境之间不断进行着各种物质、能量和信息交流。随着人类活动对自然环境的影响日益增大，进入生物体的污染元素势必越来越多。研究元素及其化合物对生物过程的影响，研究元素及其化合物在生物体内的复杂相互作用及其基本规律，这将是无机生物化学领域中具有现实意义和深远意义的课题。

第九章 碳族生命元素

碳族元素位于元素周期表第ⅣA族，碳族元素有碳 C（Carbon）、硅 Si（Silicon）、锗 Ge（Germanium）、锡 Sn（Tin）和铅 Pb（Lead）共五种元素。碳族中的生命元素有三种，分别是C、Si 和 Sn。碳族中的生命元素在生命体中的含量和功能差别很大，这是由它们的性质决定的。

第一节 碳族元素的基本性质

碳族元素的基本性质见表 9－1。

表 9－1 碳族元素基本性质

元素	前线电子构型	主要氧化态	原子半径（pm）	M^{4+} 半径（pm）	电负性 χ
C	$2s^2 2p^2$	+4，+2，－4	77	15	2.55
Si	$3s^2 3p^2 3d^0$	+4，+2	117	41	1.90
Ge	$3d^{10} 4s^2 4p^2 4d^0$	+4，+2	122	53	2.01
Sn	$4d^{10} 5s^2 5p^2 5d^0$	+4，+2	141	71	1.96
Pb	$4f^{14} 5d^{10} 6s^2 6p^2 6d^0$	+4，+2	154	84	2.33

现根据表 9－1 讨论碳族元素在自然界的存在状态（简称自然形态）及某些典型化合物的基本性质。

1. 自然形态

碳的自然形态最复杂多样，有单质、氧化物、碳酸盐以及成千上万的有机（碳氢类）化合物；硅在地壳中的含量居第二位（27.2%），仅次于氧（45.5%），硅主要以二氧化硅或硅酸盐、硅铝酸盐等形式广泛分布于土壤和沙中；锗是分散元素，共生于其他金属硫化物中，如闪锌矿（ZnS）、硫银锗矿（$4Ag_2S \cdot GeS_2$）；锡以锡石（SnO_2）形态存在；铅以硫化铅矿（PbS）形态存在。

2. 氢化物

碳的氢化物是自然存在的，C 的氢化物指种类繁多的有机化合物，是最基本的生命物质。碳族其他元素也都可以形成氢化物，但 Sn 和 Pb 的氢化物很不稳定；Si 和 Ge 的氢化物类型较少，稳定性也较差。比较 CH_4 和 SiH_4 中相关元素的电负性（χ）值：C（2.55），Si（1.90），H（2.10），可知这两个氢化物中 C 和 Si 的氧化态分别是 −4 和 +4；SiH_4 在水和空气中均不稳定，容易水解和氧化：

$$SiH_4 + (n+2)H_2O = SiO_2 \cdot nH_2O + 4H_2\uparrow$$

$$SiH_4 + 2O_2 = SiO_2 + 2H_2O$$

3. 卤化物

碳族元素均可形成卤化物。C 与卤素可以形成长链卤化物；其他元素与卤素只形成单原子的卤化物。Si 只形成四卤化物；Ge、Sn 和 Pb 既形成四卤化物（+4 氧化态），也形成二卤化物（+2 氧化态），其中 Pb 的四卤化物稳定性差，例如 $PbCl_4$ 遇热会迅速分解：

$$PbCl_4 = PbCl_2 + Cl_2\uparrow$$

$PbCl_4$ 是强氧化剂，从前线电子构型可知，Pb（$4f^{14}5d^{10}6s^26p^26d^0$）受到其次内层 4f 轨道全充满的影响（La 系收缩效应），导致 6s 轨道能量明显下降，6s 轨道上的电子不易丢失（惰性电子对效应）。从热力学的角度看，CCl_4 和 $SiCl_4$ 两个化合物均有强烈水解倾向，但实际上，常温常压下 CCl_4 很稳定，而 $SiCl_4$ 却迅速水解。

$SiCl_4$ 的活泼性源于 Si 的 3d 空轨道，$SiCl_4$ 中 Si 属于配位未饱和，水分子中氧的电子对进入 Si 空的 3d 轨道，促进 $SiCl_4$ 的水解；CCl_4 的稳定性源于 C 的配位饱和状态。CCl_4 曾经被用作灭火剂，但 CCl_4 在高温时被水分解会产生有毒的光气（$COCl_2$）：

$$CCl_4 + H_2O = COCl_2\uparrow + 2HCl\uparrow$$

因此，现在已经使用更稳定的 CF_2ClBr（简称 1211）作为灭火剂。

碳和硅的卤化物和氢化物性质比较见表 9−2。

表 9－2　碳和硅的卤化物和氢化物性质比较

X 原子	键长（pm）		键能（$kJ \cdot mol^{-1}$）	
	CX_4	SiX_4	CX_4	SiX_4
F	135	157	485	565
Cl	177	202	327	381
Br	194	216	285	310
I	214	244	213	234
H	109	148	411	318

从表 9－2 可看到碳和硅卤化物的键长与键能关系的“反常”现象，例如 CF_4（C—F，键长 135pm，键能 $485kJ \cdot mol^{-1}$）和 SiF_4（Si—F，键长 157pm，键能 $565kJ \cdot mol^{-1}$）。而作为比较，CH_4 和 SiH_4 就呈现正常的现象。碳和硅卤化物的键长与键能关系的这种“反常”现象，是硅—卤原子之间形成 d－p π 配位键的有力证据。在卤化硅分子中，随着卤素原子半径增大，d－p π 的有效重叠逐渐减弱，键能也相应减弱。

4. 氧化物

碳族元素均可形成一氧化物和二氧化物。常温常压下碳的氧化物为气态，其他元素的氧化物均为固态。固态一氧化物中，一氧化硅是棕色粉末固体，很不稳定，在空气中燃烧生成二氧化硅（SiO_2）；与水作用放出氢气（H_2）：

$$2SiO + O_2 = 2SiO_2$$

$$SiO + H_2O = SiO_2 + H_2\uparrow$$

一氧化铅有两种晶体：红色的四方晶体称密陀僧；黄色的正交晶体称铅黄。两者都难溶于水，能溶于酸，微溶于强碱溶液，稳定性强。固态二氧化物中，二氧化铅具有强氧化性，是化学上常用的氧化剂。二氧化铅的另一用途是制造蓄电池，电池的负极是海绵状铅，正极材料是 PbO_2，有关反应为：

$$PbO_2 + Pb + 2H_2SO_4 \rightleftharpoons 2PbSO_4 + 2H_2O \qquad E = 2.041V$$

二氧化硅分晶态和无定形两种，晶态二氧化硅主要存在于石英矿中，大而透明的棱柱状石英就是水晶。熔融的二氧化硅缓慢冷却得到非晶态固体就是石英玻璃；将石英拉成丝可制作光导纤维。

碳的氧化物生成与转化反应在能源与化工生产上具有非常重要的意义：

$$2C(s) + O_2(g) = 2CO(g)$$

$\Delta_r S_m = 178\ J \cdot K^{-1} \cdot mol^{-1}$，$\Delta_r H_m = -221.0\ kJ \cdot mol^{-1}$

$$C(s) + O_2(g) \xlongequal{} CO_2(g)$$

$\Delta_r S_m = 3\ J \cdot K^{-1} \cdot mol^{-1}$，$\Delta_r H_m = -393.5\ kJ \cdot mol^{-1}$

$$2CO(g) + O_2(g) \xlongequal{} 2CO_2(g)$$

$\Delta_r S_m = -172\ J \cdot K^{-1} \cdot mol^{-1}$，$\Delta_r H_m = 566\ kJ \cdot mol^{-1}$

上述碳的氧化物生成与转化反应的 $\Delta_r G_m \sim T$ 关系曲线见图 9.1。$\Delta_r G_m \sim T$ 关系曲线的斜率是 $-\Delta_r S_m$；截距是 $\Delta_r H_m$。从 $\Delta_r G_m \sim T$ 关系曲线可以看到，在高温条件下，生成 CO_2 的热力学倾向比生成 CO 倾向小。因此，在高温条件下用碳作为还原剂时，碳的氧化产物主要是 CO。

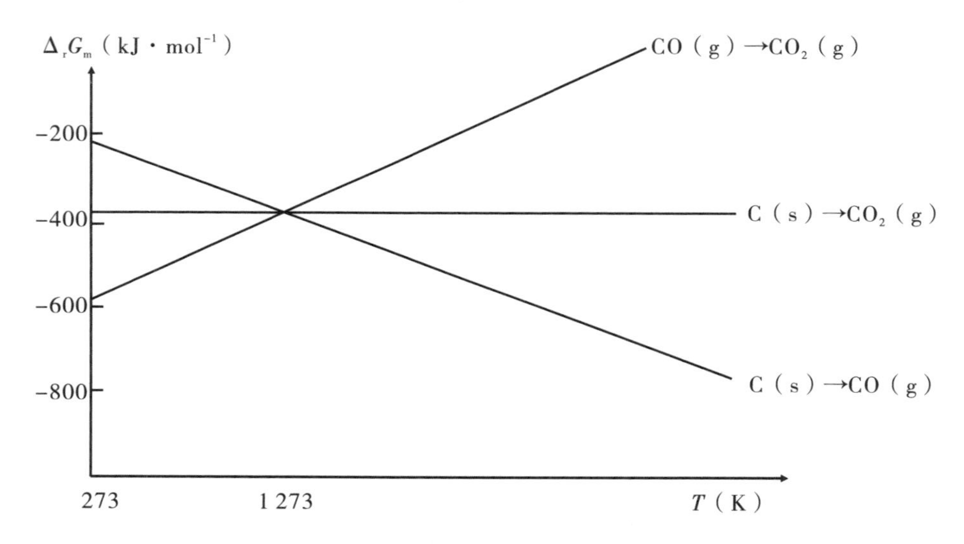

图 9.1 碳的氧化物生成与转化反应的 $\Delta_r G_m \sim T$ 关系曲线

第二节 碳的成键特性与化合物基本类型

碳的成键特性与化合物基本类型概括见表 9-3。碳的杂化类型有 sp 杂化、sp^2 杂化和 sp^3 杂化共 3 种。每一种杂化类型都有其相应的分子碎片，分子碎片的空间构型分别是直线形、平面三角形和四面体，但其键角可能因分子的组成不同而有所变化；每一种分子碎片与不同的基团或原子组合即形成分子碎片族群；所有的化合物，都是由各种分子碎片组装而成的。现按照表 9－3 中杂化类型的顺序分别进行讨论。

表 9－3　碳的杂化类型与分子碎片

杂化类型	空间构型	分子碎片			
sp	直线	—C≡	=C=	：C⇇	
sp^2	平面三角	 —C(=)—	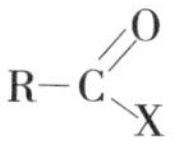 R—C(=O)—X	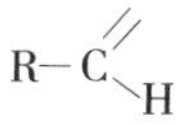 R—C(=)—H	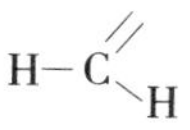 H—C(=)—H
sp^3	四面体	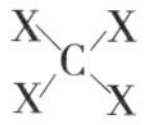 CX_4	 CX_3H	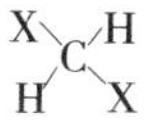 CH_2X_2	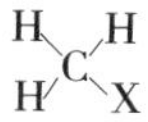 CH_3X

注：R 为烃基，X =—H、—OH、$—NH_2$、卤素等。

1. sp 杂化

碳的两种氧化物均属于 sp 杂化，如 C≡O 和 O═C═O 均为直线形；一个 sp 杂化碳原子与一个 sp 杂化氮原子组成的基团称为氰基（C≡N），该基团具有和卤素类似的化学性质，故 $(CN)_2$ 被称为拟卤素。无机氰化物，俗称“山奈”（Cyanide），是指包含氰根离子（CN^-）的无机盐，是氢氰酸（HCN）与碱作用所形成的盐，常见的有氰化钾和氰化钠；有机氰化物，是由氰基通过单键与另外的碳原子结合而成，视结合方式的不同，氰基可被称为腈基（—CN）或异腈基（—NC），如乙腈、丙烯腈、正丁腈等。凡能在加热或与酸作用后，在空气与组织中释放出氰化氢或氰离子的都具有与氰化氢同样的剧毒作用。另外一个拟卤素是硫氰 $(SCN)_2$，其氢化物称为硫氰酸（HSCN），含硫氰根离子 $(SCN)^-$ 的化合物称硫氰化物，如硫氰酸钾、硫氰酸铵等，硫氰化物是低毒性化合物；一个 sp 杂化碳原子与另一个 sp 杂化碳原子组成的基团称为炔基（—C≡C—），含炔基的化合物称为炔烃。碳以 sp 杂化形式的化合物类型相对较少。

2. sp^2 杂化

碳的 sp^2 杂化碎片，根据其所连接的基团或原子不同，可以组成各种不同类型的化合物，也可以组成碳单质的某些同素异形体。

（1）烯基和碳氧基。一个 sp^2 杂化碳与另一个 sp^2 杂化碳所形成的碳—碳双键基团（C ═ C）称为烯基，含烯基的碳氢化合物称为烯烃；各种含碳—碳双键基团的环状化合物，有的具有芳香性（形成环状共轭大 π 键），称为芳香环化合物。一个 sp^2 杂化碳原子与一个 sp^2 杂化氧原子所形成的碳—氧双键基团（C ═ O）称为碳氧基，含碳氧基的各类有机化合物分别见表 9－4 和表 9－5。

表 9－4　含碳氧基的有机化合物

碳碎片	E 基团	化合物类型
E—C(═O)—E	H	甲醛
	CH_3	丙酮
	R	酮
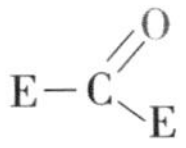	OH	碳酸
	OR	碳酸酯
	NH_2	尿素（脲）
	X（卤素）	碳酰卤

表 9－5　羧基及其衍生化合物

碳碎片	E 基团	化合物类型
R—C(═O)—E	OH	羧酸
	OR	酯
	NH_2	酰胺（伯）
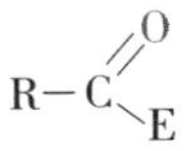	NHR	酰胺（仲）
	NR_2	酰胺（叔）
	X（卤素）	酰卤

（2）碳单质。碳单质中的石墨、富勒烯和纳米碳管等同素异形体，均是纯粹的 sp^2 杂化碳原子。其中石墨中每个碳原子以 sp^2 杂化轨道和相邻 3 个碳原子相连，未参加杂化的 p_z 轨道可以形成贯穿全层的大 π 键（与苯环类似），π 电子呈半填满状态并在二维平面上可以流动。这使石墨成为性能优良的二维导电和光学材料。石墨层平面与平面之间通过 π－π 堆积力结合。

富勒烯和纳米碳管的结构见图 9.2。虽然两者均是由纯粹的 sp^2 杂化碳原子组成，却具有复杂的空间构型。富勒烯（C60）为分子晶体，质谱分析、X－射线分析证明，60 个碳原子通过 20 个六元环和 12 个五元环连接而成，呈空心足球状，具有高度的 Ih 对称，高度的离域大 π 共轭，但不是超芳香体系，其碳碳双键分两种：有 30 个六元环与六元环交界的键，称［6，6］键，键长 135.5pm；60 个五元环与六元环交界的键，称［5，6］键，键长 146.7pm。六元环经常被看作苯环，五元环被看作环戊二烯或五元轴烯，C60 有 1 812 种异构体。纳米碳管，又名巴基管，是由呈六边形排列的碳原子构成的数层到数十层的同轴圆管。层与层之间保持固定的距离，约 0.34nm，直径一般为 2～20nm，是一种具有特殊结构的一维量子材料。碳原子均以 sp^2 杂化轨道和相邻 3 个碳原子相连，未杂化的 p 轨道在管的弯曲平面上形成大 π 键；根据碳六边形沿轴向的不同取向，可以将其分成锯齿形、扶手椅形和螺旋形 3 种。其中螺旋形的纳米碳管具有手性。

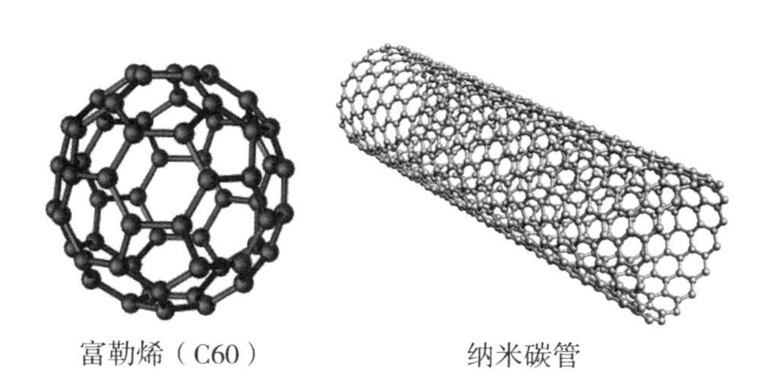

图 9.2　碳的两种同素异形体（纯粹的 sp^2 杂化碎片组成复杂的空间构型）

3. sp^3 杂化

碳的 sp^3 杂化碎片，根据其所连接的基团或原子的不同，可以组成各种不同类型的化合物，也可以组成碳单质的某些同素异形体。由各种基团取代烷烃类化合物中的氢原子所形成的取代烷烃类化合物见表 9－6。取代烷烃类可以在同一个碳原子上，也可以在不同碳原子上继续取代，形成多取代或全取代烷烃。

表 9-6　取代烷烃类化合物

碳碎片	E 基团	化合物类型
$R-CH_2E$	OH	醇
	OR	醚
	NH_2	伯胺
	NHR	仲胺
	NR_2	叔胺
	X（卤素）	卤代烃
	NO_2	硝基烃

碳的另一种同素异形体是金刚石。金刚石的每个碳原子以 sp^3 杂化轨道和相邻 4 个碳原子相连，即由纯粹的 sp^3 杂化碳组成。金刚石的硬度在已知材料中最大，熔点最高（3 823K），化学性质很稳定。这些性质均是由其组成和结构所决定的。

碳不同杂化类型的化合物可以相互转化。例如一氧化碳 CO（sp 杂化）在催化剂作用下的还原或加成反应：

$$CO + Cl_2 = COCl_2$$

$$CO + 2H_2 = CH_3OH$$

$$CO + 3H_2 = CH_4 + H_2O$$

上述反应的产物中，$COCl_2$（光气）是 sp^2 杂化，CH_3OH 是 sp^3 杂化，CH_4 和 H_2O 均为 sp^3 杂化。

同样，sp^3 杂化的化合物也可以转化为 sp^2 杂化或 sp 杂化的化合物。

碳离子（Carbonium ion），即带有正电荷的含碳离子，是一类重要的活性中间体，可用 R_3C^+ 表示（R 为烷基）。正碳离子可以认为是通过共价 C—C 单键（sp^3 杂化）异裂反应而产生：

$$R_3C : X \longrightarrow R_3C^+ + X^-$$

式中 X 为卤素，所形成的正碳离子 R_3C^+，带有一个正电荷，配位数为 3，一般是平面结构（sp^2 杂化），空的 p 轨道垂直于该平面。正碳离子十分活泼，可发生多种反应：①单分子亲核取代反应（SN1）。例如溴代叔丁烷 $(CH_3)_3CBr$ 在极性溶剂（醇—水）中发生取代反应而生成叔醇，反应分两步进行：首先 C—Br 键发生异裂，生成正碳离子中间体 $(CH_3)_3C^+$；接着正碳离子中间体与 H_2O 结合，然后失去 H^+ 而生成叔丁醇，总的取代反应速率只与溴代叔丁烷浓度的一次方成正比，故称为单分子取代反应。②单分子消除反应（E1）。正碳离子在碱存在下经历 β 位上氢的消除而生成烯烃，例如，溴代叔丁烷 $(CH_3)_3CBr$ 如果在碱存在时，所形成 $(CH_3)_3C^+$ 的 β 位质子被碱消除。取代和消除产物的比例主要取决于亲核试剂（如碱）的强度和正碳离子的立体效应。③烯烃与卤化氢或卤素等发生加成反应时，经过正碳离子中间体。例如异丁烯在极性溶剂中与溴化氢的加成反应，首先是 H^+ 进攻双键中电子密度较高的 1 位碳原子，形成正碳离子，再与 Br^- 结合。此外，有些正碳离子还可发生分子内重排反应。

第三节 生命体系中的碳元素

碳是有机化合物的基本组成和基本骨架，迄今发现的有机化合物已经超过 1 000 万种。在所有的有机化合物中，碳骨架结构组装所用的分子碎片也只不过是 sp^3 杂化、sp^2 杂化或 sp 杂化三种，却有千变万化的结构特点和物理化学性质。

在地球环境中，碳的循环涉及大气圈、水圈和岩石圈，涉及动植物，涉及有机物与无机物，涉及化合物类型以及各种能量形式的转化。在碳的这些循环之中，发挥着关键作用的却是一个小分子化合物——CO_2。

地球的原始大气，是以一氧化碳（CO）、二氧化碳（CO_2）、甲烷（CH_4）和氨（NH_3）为主。在光合微生物和绿色植物出现以后，光合作用把二氧化碳（CO_2）和水（H_2O）转化生成碳水化合物 $(C\cdot H_2O)_n$ 并放出了氧气（O_2）。原始大气里出现 O_2 后，O_2 把 CO、CH_4 氧化成为 CO_2，把 NH_3 氧化成 N_2。经过漫长的循环作用，形成了现在的空气组成。其中 N_2、O_2 以及稀有气体，这些成分几乎恒定不变；CO_2 和水蒸气则因地区和季节而异。现在正常的空气组成按体积分数计算是：N_2 约占 78%，O_2 约占

21%，稀有气体（氦 He、氖 Ne、氩 Ar、氪 Kr、氙 Xe、氡 Rn）约占 0.94%，CO_2 约占 0.03%，其他（O_3、NO、NO_2 和 H_2O 等）约占 0.03%。空气组成中，可变组分的微小波动，对地球生态系统的影响都是非常巨大的。人类的活动，特别是现代工业生产，对空气组成产生了微扰，并由此对地球生态系统造成了不良后果，这是令人担忧的。

1. CO_2 和碳酸盐

CO_2 可溶于水，常压下 273K 时，100g H_2O 可溶解 0.385g CO_2，溶液呈酸性，pH 约为 4，习惯上把 CO_2 的水溶液称为碳酸（Carbonic acid），并用 H_2CO_3 表示。H_2CO_3 是二元弱酸，可生成两类盐，正盐与酸式盐，其离子的结构见图 9.3。

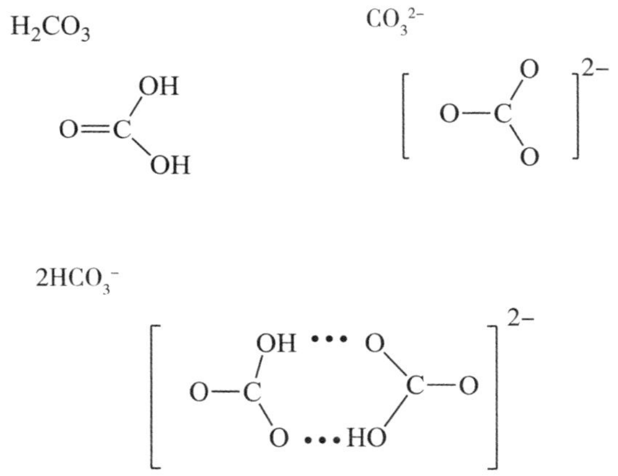

H_2CO_3　　　CO_3^{2-}

$2HCO_3^-$

图 9.3　碳酸及碳酸根离子的结构

碳酸盐的性质总结为以下几点：

（1）溶解性：难溶于水的正盐，对应酸式盐溶解度大，如：

$$CaCO_3 + CO_2 + H_2O \longrightarrow Ca(HCO_3)_2$$

易溶于水的正盐，对应酸式盐溶解度小，如浓碳酸钠溶液中通入 CO_2 至饱和，析出 $NaHCO_3$。

$$Na_2CO_3 + CO_2 + H_2O \longrightarrow 2NaHCO_3$$

（2）水解性：活泼金属碳酸盐水解显碱性：

$$CO_3^{2-} + H_2O \rightleftharpoons HCO_3^- + OH^-$$

活泼金属酸式盐水解显弱碱性：

$$HCO_3^- + H_2O \rightleftharpoons H_2CO_3 + OH^-$$

故碳酸盐可当碱使用，如无水碳酸钠 Na_2CO_3 叫纯碱；$Na_2CO_3 \cdot 10H_2O$ 叫洗涤碱。可溶性碳酸盐水溶液中有 OH^-、HCO_3^- 和 CO_3^{2-}，可作碱又可作沉淀剂，用于溶液中金属离子的分离。

（3）金属离子与可溶性碳酸盐作用形成的沉淀形式：

形成氢氧化物沉淀：$2M^{3+} + 3CO_3^{2-} + 3H_2O \longrightarrow 2M(OH)_3 \downarrow + 3CO_2 \uparrow$（M = Al、Fe、Cr）

形成碱式盐沉淀：$2M^{2+} + 2CO_3^{2-} + H_2O \longrightarrow M_2(OH)_2CO_3 \downarrow + CO_2 \uparrow$（M = Cu、Mg、Pb）

形成碳酸盐沉淀：$M^{2+} + CO_3^{2-} \longrightarrow MCO_3 \downarrow$（M = Ca、Sr、Ba、Cd、Mn）

（4）珍珠碳酸盐的天然组装体。珍珠的组成为：碳酸钙、碳酸镁占 91% 以上，其次为氧化硅、磷酸钙、Al_2O_3 及 Fe_2O_3 等，还含有天门冬氨酸、苏氨酸、丝氨酸、谷氨酸、甘氨酸、丙氨酸、胱氨酸、缬氨酸、蛋氨酸、异亮氨酸、亮氨酸、酪氨酸、苯丙氨酸、组氨酸、精氨酸、脯氨酸等氨基酸，30 多种微量元素，牛磺酸、丰富的维生素和肽类等。

2. 糖类化合物

糖类化合物又称碳水化合物（carbohydrate），是含醛基或酮基的多羟基化合物及其衍生物的总称。过去因大多数糖类化合物的结构式符合 $(C \cdot H_2O)_n$，故称碳水化合物。其实它们也有其他的组成元素，如脱氧糖和糖醛酸；或者含有另外的元素，如氨基糖和透明质酸，但习惯上碳水化合物名称至今仍保留使用。糖类化合物是自然界广泛存在的有机化合物，根据分子大小可分成单糖、寡糖和多糖三大类。单糖易发生构型转化，从开链式形成环状，如图 9.4 所示。

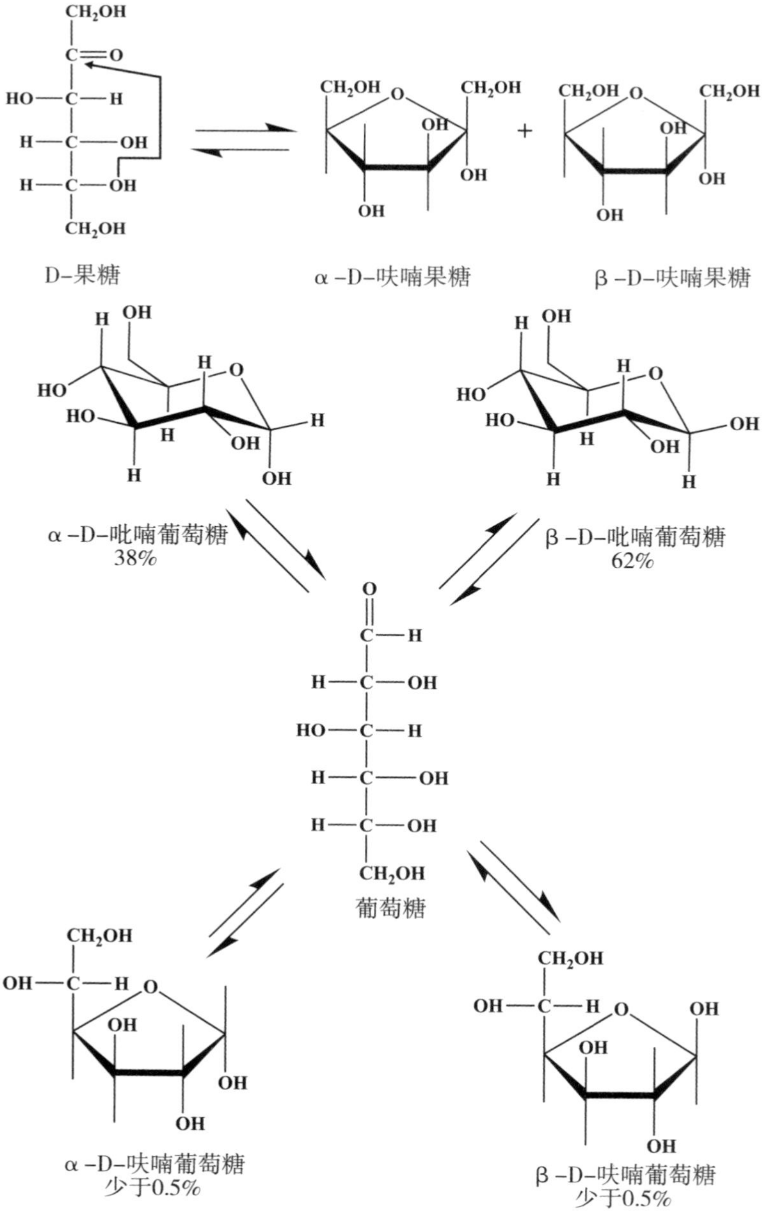

D–果糖　　α–D–呋喃果糖　　β–D–呋喃果糖

α–D–吡喃葡萄糖
38%

β–D–吡喃葡萄糖
62%

葡萄糖

α–D–呋喃葡萄糖
少于0.5%

β–D–呋喃葡萄糖
少于0.5%

图 9.4　糖分子的构象变化

单糖从开链式成环时，某个特定碳原子上的羟基氧与羰基（醛基或酮基）碳原子连接成环，同时羰基碳原子发生杂化类型转化，从 sp^2 杂化转化为 sp^3

杂化；成环的羟基氢原子转移到羰基氧原子上形成苷羟基。单糖从开链式转化为环式时产生两种构型：苷羟基位于环面下方的为 α 构型；苷羟基位于环面上方的是 β 构型。

开链式和环式糖类化合物的主要分子碎片见表 9－7，其中只有开链式才有 sp^2 杂化的羰基碳；环式糖的所有碳原子都是 sp^3 杂化的。

表 9－7　糖类化合物的主要分子碎片

杂化类型	空间构型	分子碎片
sp^2	平面三角	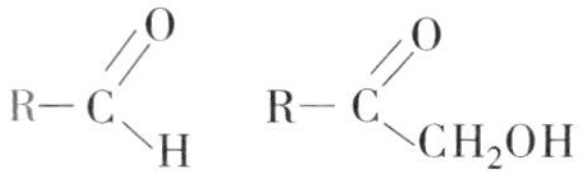 R—C(=O)—H　　R—C(=O)—CH_2OH
sp^3	四面体	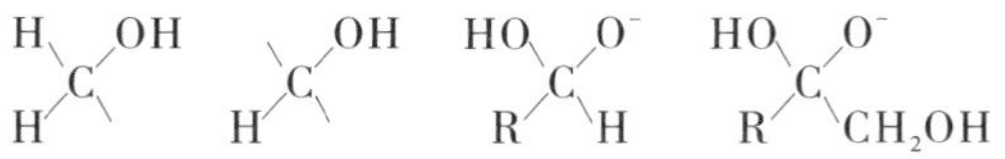 (H)(H)C(OH)—　　(H)C(OH)—　　HO, O^-, R, H 连于 C　　HO, O^-, R, CH_2OH 连于 C

在生物体内，糖类化合物可以和蛋白质或脂质结合成糖蛋白、蛋白聚糖、糖脂或脂多糖等复合物。糖类化合物的生物功能主要有：为生物提供能量以维持生命所必需的活动；作为结构组分参与各种组织，如植物的茎、叶和动物的结缔组织、软骨、滑液等，糖类起着支撑、保护或滑润的作用；具有信息功能，参与多种细胞间的识别。此外，某些糖类化合物还具有抗原性，是人的血型、细胞和许多微生物分型的基础。一些毒物、激素和细胞免疫有关因子的受体是糖蛋白或糖脂。受精、细胞分化等重要的生理功能也和糖蛋白的糖链有关。

3. 氨基酸及其等电点

氨基酸是羧酸碳原子上的氢原子被氨基取代后的化合物，按照氨基连在碳链上的位置不同而分为 α－，β－，……，γ－氨基酸。生物体内的氨基酸均是 α－氨基酸。氨基酸分子中含有氨基和羧基两种官能团。其结构通式和分子碎片如图 9.5 和表 9－8 所示（R 基为可变基团）。除甘氨酸外，其他蛋白质氨基酸的 α－碳原子均为不对称碳原子，因此可以有立体异构体，即 D－型与 L－型两种构型。生物体内的氨基酸均为 L－α－氨基酸（其中脯氨酸是一种 L－α－亚氨基酸）。

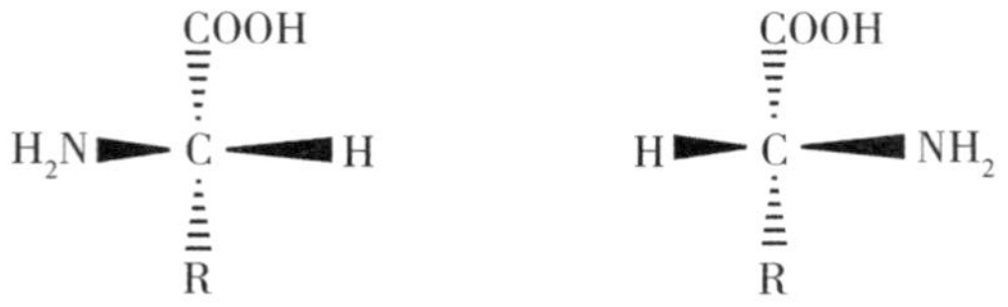

COOH
H_2N — C — H
R

D-型

COOH
H — C — NH_2
R

L-型

图 9.5　氨基酸的分子结构通式与构型

表 9－8　α－氨基酸的结构通式与分子碎片

氨基酸	分子碎片
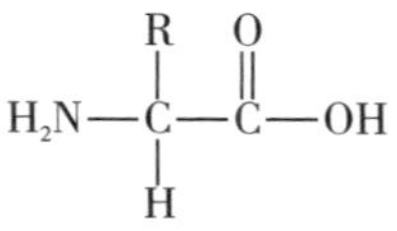 $H_2N-C(R)(H)-C(=O)-OH$	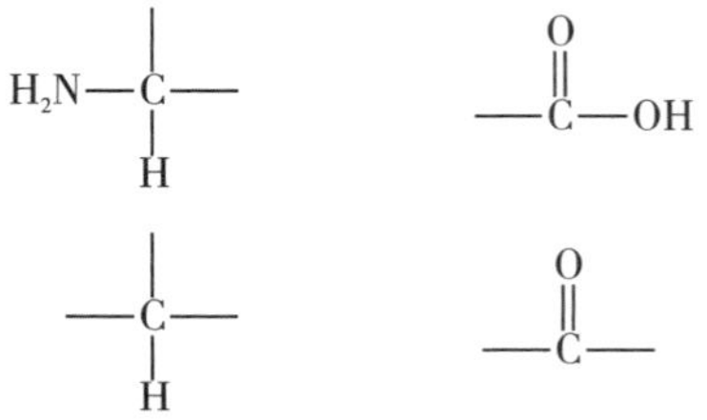 $H_2N-C(H)<$　　$-C(=O)-OH$ $>C(H)-$　　$-C(=O)-$ $R-$　　$-NH_2$　　$HO-$

氨基酸分子中同时含有羧基（酸性基团）和氨基（碱性基团），因此能和酸或碱反应生成盐，具有两性化合物的特征；其水溶液对 pH（酸或碱）有缓冲作用。当调节某一种氨基酸溶液的 pH 为一定值时，该种氨基酸刚好以偶极离子形式存在，在电场中，既不向负极移动，也不向正极移动，即此时其所带的正、负电荷数相等，净电荷为零，呈电中性，此时此溶液的 pH 称为该氨基酸的等电点（isoelectric point，pI）。如果调节氨基酸溶液的 pH 使其大于 pI，则氨基（$—NH_3^+$）释放质子，氨基酸主要以羧基（$—COO^-$）阴离子形式存在；反之，pH 小于 pI 时，羧基（$—COO^-$）结合质子，氨基酸主要以氨基（$—NH_3^+$）阳离子形式存在。

带电颗粒在电场的作用下，向着与其电性相反的电极移动，称为电泳（electrophoresis，EP）。由于各种氨基酸的相对分子质量和 pI 不同，在相同 pH 的缓冲溶液中，不同的氨基酸不仅带的电荷状况有差异，而且在电场中的泳动方向和速率也往往不同。基于这种差异，可用电泳技术分离氨基酸的混合物。

氨基酸的等电点主要由其 R 基团所调控，部分含烃基的 R 基团的 L－α－氨基酸及其等电点见表 9－9。

表 9－9　部分含烃基的 R 基团的 L－α－氨基酸及其等电点

R 基团	中文名	英文名（简称）	等电点
H—	甘氨酸	Glycine（Gly）	5.97
H_3C—	丙氨酸	Alanine（Ala）	6.0
$(H_3C)_2CH$—	缬氨酸	Valine（Val）	6.0
$(H_3C)_2CHCH_2$—	亮氨酸	Leucine（Leu）	5.98
$(H_3CCH_2)(H_3C)CH$—	异亮氨酸	Isoleucine（Ile）	6.02
$H_2C(CH_2—)(CH_2—)$	脯氨酸	Proline（Pro）	6.3
C_6H_5—CH_2—	苯丙氨酸	Phenylalanine（Phe）	5.48

氨基酸在人体内通过代谢可以发挥如下作用：①合成组织蛋白质；②变成酸、激素、抗体、肌酸等含氨物质；③转变为碳水化合物和脂肪；④氧化成二氧化碳和水及尿素，产生能量。

4. 碳循环与能量转化

地球生命的能量资源主要来自太阳能。光合微生物和绿色植物的叶绿体，通过光合作用吸收太阳能，把气态碳固化而合成糖（碳水化合物），同时释放出氧气，并将来自太阳的辐射能转化为化学能。地球上的光合微生物和绿色植物每年将 6×10^{14} kg 的 CO_2 转变为糖，同时释放 4×10^{14} kg 的 O_2。光合作用反应式为：

$$nCO_2 + nH_2O \xrightarrow[\text{叶绿体}]{h\nu} \underset{\text{（碳水化合物）}}{(C\cdot H_2O)_n} + nO_2$$

地球上的动物则通过绿色植物获取营养，同时吸收空气中的氧气进行新陈代谢，消化营养获取化学能，把化学能转化为动能和机械能，同时呼出二氧化碳。动物的这一代谢过程主要发生在动物细胞的线粒体中。线粒体的代谢作用反应式为：

$$\underset{\text{(碳水化合物)}}{(C \cdot H_2O)_n}\ (l) + nO_2\ (g) \xrightarrow[\text{线粒体}]{} nCO_2\ (g) + nH_2O\ (l)$$

这样，在动植物之间通过 CO_2 和 H_2O 的循环转化，实现了太阳能的吸收、转化和利用，维持了大气环境中气态物质的动态恒定（稳态平衡），同时调控着地球的气候。然而，人类活动正在干扰和破坏这种平衡。世界工业经济的发展、人口的剧增、人类欲望的无限上升和生产生活方式的无节制，使世界气候面临越来越严重的问题，二氧化碳排放量越来越大，地球臭氧层正遭受前所未有的危机，全球灾难性气候变化屡屡出现，已经严重危害到人类的生存环境和健康安全。

1997 年 12 月，《联合国气候变化框架公约》第三次缔约方大会在日本京都召开。149 个国家和地区的代表通过了旨在限制发达国家温室气体排放量以抑制全球变暖的《京都议定书》。《京都议定书》规定，到 2010 年所有发达国家二氧化碳等 6 种温室气体的排放量要比 1990 年减少 5.2%。2005 年 2 月 16 日，《京都议定书》正式生效。这是人类历史上首次通过国际公约的形式限制温室气体排放，共同解决人类发展所面临的全球性问题。

5. 生物甲基化

生物甲基化（biomethylation）是指从活性甲基化合物上将甲基催化转移到其他化合物上形成各种甲基化产物的过程。这种甲基化涉及基因表达的调控、核糖核酸（RNA）加工和蛋白质功能的调节；涉及重金属的生物解毒修饰。甲基化是经酶催化的，参与酶催化过程的主要有三种辅酶：S－腺苷甲硫氨酸（S－adenosyl methionine，SAM），N－甲基四氢叶酸衍生物和 B_{12}（甲基类咕啉）衍生物。对外源性化合物的甲基化，以 SAM 最重要。它是由 L－甲硫氨基酸和 ATP 合成的。

DNA 甲基化是在 DNA 甲基转移酶（DNA methyltransferase，DNMT）的催化下，以 S－腺苷甲硫氨酸为甲基供体，将甲基转移到特定的碱基上。DNA 甲基化可以发生在腺嘌呤的 N－6 位、鸟嘌呤的 N－7 位、胞嘧啶的 C－5 位等。但在哺乳动物中，DNA 甲基化主要发生在 5′－CpG－3′的 C 上生成 5－甲基胞嘧啶。DNA 甲基化能抑制某些基因的活性，去甲基化则诱导了基因的重新活化和表达。DNA 甲基化能引起染色质结构、DNA 构象、DNA 稳定性及 DNA

与蛋白质相互作用方式的改变，从而控制基因表达。

在哺乳动物的生殖细胞发育时期和植入前胚胎期，其基因组范围内的甲基化模式通过大规模的去甲基化和接下来的再甲基化过程发生重编程，从而产生具有发育潜能的细胞；在细胞分化的过程中，基因的甲基化状态将遗传给后代细胞。

组蛋白甲基化指由组蛋白甲基转移酶介导催化发生在 H3 和 H4 组蛋白 N 端 Arg 或 Lys 残基上的过程。组蛋白甲基化的功能主要体现在异染色质形成、基因印记、X 染色体失活和转录调控方面。由于 DNA 甲基化与人类发育和肿瘤疾病关系密切，特别是 CpG 岛甲基化所致抑癌基因转录失活问题，DNA 甲基化已经成为表观遗传学和表观基因组学的重要研究内容。

金属甲基化（methylation of metal）是水环境中较常见的由微生物把无机金属或类金属，如汞、锡、铅、砷、碲、硒等转化为烷基化金属化合物的过程。通常以甲基钴胺素（CH_3CoB_{12}）作为烷化剂，通过甲基化反应生成甲基金属化合物。金属甲基化被认为是生物的一种解毒修饰机制。但其所形成的产物，对人体和其他生物来说一般比相应的无机物具有更强的毒性，危害更大。

甲基（CH_3），一个甲烷分子的碎片（sp^3 杂化），在以上生物甲基化过程中，其功能犹如信使、标签和开关。

第四节　生命体系中的硅和锡元素

1. 硅

硅是一种必需微量元素。由于硅非常普遍，很少会出现硅缺乏症状。硅藻及放射虫会分泌由二氧化硅组成的骨骼物质。硅对于硅藻细胞 DNA 的合成是必需的，它促进两种 DNA 聚合酶的合成。有证据表明，硅还参与硅藻的中间代谢过程，包括蛋白质合成、光合作用、细胞呼吸等。

硅在植物中的含量与钙、镁和磷等常量营养元素的含量相当，草中的硅含量通常高于任何其他无机成分。二氧化硅通常沉淀于植物组织中。一些植物，例如水稻，需要硅才能生长。在某些植物中，硅可以改善植物细胞壁的强度和结构完整性。

硅化合物在许多生理、免疫、病理和老年病学过程中起着重要作用。硅是生物体骨组织、软骨组织、结缔组织正常生长的必需微量元素，硅对指甲、头发、骨骼和皮肤组织的健康至关重要。硅对细胞骨架形成和其他具有支撑功能的细胞结构也是必需的，是合成弹性蛋白和胶原蛋白所必需的，对蛋白质、糖和核苷酸的磷酸化具有有益作用。硅可以增强血管壁的弹性，减少毛细血管的通透性，加速愈合过程。硅化合物可增强细胞膜的稳定性，影响溶酶体，并聚集在线粒体中。

硅也积极参与钙及其他一些元素（P，Cl，F，Na，S，Al，Mo，Co）和脂质的代谢。硅化合物的代谢释放出硅酸，硅酸通过形成不溶性硅酸盐来结合一些生理上重要的阳离子。此过程可能与硅对动植物中多种酶系统的作用有关。

通过对具有生物活性的有机硅化合物的研究，人们发现了具有抗硬化、抗凝、镇痛、麻醉、解热、神经节阻滞、抗菌、抗真菌、杀虫、化学消毒和驱虫作用的硅衍生物。

硅化合物具有独特的光电性质，SiO_2 介孔材料具有良好的生物相容性与可降解性，通过对介孔 SiO_2 纳米粒子进行功能化修饰，赋予其特定的功能，可以作为临床分子影像（核磁共振成像、荧光成像、热成像、磁光和磁热等多模式成像）的造影剂，可用于疾病的诊断，同时还可高效地包覆和传输药物，对疾病进行治疗（化疗、基因治疗、光动力学治疗或者无创手术治疗）。因此，SiO_2 纳米材料近几年在药物输送、分子影像、基因治疗、组织工程等领域成为研究热点，也引起人们的高度关注。

矽肺（silicosis）是最早描述的尘肺，是由于生产过程中长期吸入大量含游离 SiO_2 的粉尘所引起的以肺纤维化改变为主的肺部疾病。在尘肺中矽肺发病率最高，迄今为止，矽肺仍是危害最严重的尘肺。矽肺一旦发生，即使脱离接触仍可以缓慢进展，迄今尚无令人满意的治疗方法。矽肺可造成患者的劳动能力丧失，但若脱离接触粉尘作业又无并发症，患者仍可存活较长时间。矽肺的严重程度取决于三个因素：空气中的粉尘浓度、粉尘中游离 SiO_2 的含量和接触时间，此外，防护措施及个体因素，如个人习惯（吸烟），上、下呼吸道疾病等在矽肺发生发展中均有一定影响。

游离 SiO_2 主要以结晶型方式存在于石英石、花岗石、黄砂等矿石中，通常称为石英，包括燧石、方石英、鳞石英和稀少的黑硅石。其中致纤维化危害程度以鳞石英最严重，其次为方石英。通常将接触含有 10% 以上游离的 SiO_2 粉尘作业称为矽尘作业。生产环境中的粉尘最高允许浓度为：空气中游离 SiO_2

在10%以下时为$2mg \cdot m^{-3}$，在80%以下时为$1mg \cdot m^{-3}$，超过以上标准即容易发病。空气中游离SiO_2的含量越高，颗粒越小（1～3μm），接触时间越长，越易发病，病情进展愈快，病变愈典型。开采各种金属矿山时，凿眼、爆破、碾碎、选矿等过程中以及煤矿掘进时都会遇到大量石英粉尘。其他如开凿隧道、石英研磨、水泥制造、金属铸造过程的喷砂清洗、清除金属铸造表面毛刺的抛光、采石、玻璃制造、陶器制造、工艺瓷砖制造、搪瓷制造及耐火材料制造等均易接触SiO_2。

游离SiO_2颗粒进入肺泡后，被肺巨噬细胞所吞噬，SiO_2被吞噬后，进入巨噬细胞溶酶体中，和巨噬细胞溶酶体膜脂蛋白肽链上的羟基、氨基形成配位键和氢键，引起细胞膜结构和通透性的变化，导致巨噬细胞溶酶体崩解，并释放出酸性水解酶进入细胞内，导致巨噬细胞死亡。死亡的巨噬细胞将SiO_2颗粒释放，释放出来的SiO_2颗粒再被巨噬细胞所吞噬，形成恶性循环，造成更多的细胞受损。受损的巨噬细胞释放出非脂类“致纤维化因子”，刺激成纤维细胞，导致胶原纤维增生，形成以胶原纤维为中心的病灶结节——矽结节。矽结节向全肺扩展并相互融合，造成双肺弥漫性损害。纤维化不仅仅局限于肺内，也存在于巨噬细胞所迁移到的淋巴结内。在许多矽肺病人中已发现血清γ-球蛋白水平增高，自身抗体的存在，以及在矽肺病变中存在γ-球蛋白，故提出了矽肺发生的免疫学机制，但免疫成分似乎不参与对巨噬细胞的杀伤和纤维化形成，因此为次要发病机制。

2. 锡

20世纪70年代人们发现锡对维持人体的正常生理活动和健康有重要影响，是人体不可缺少的微量元素之一。金属锡、简单的锡化合物和锡盐的毒性都相当低，但一些有机锡化物的毒性非常高。尤其锡的三烃基化合物被用作船的漆来杀死附在船身上的微生物和贝壳。这些化合物可以使含硫的蛋白质失去其原有的功能。锡的主要生理功能表现在促进蛋白质和核酸的合成；组成多种酶以及参与黄素酶的生物反应，能够增强体内环境的稳定性等；促进生长发育、血红蛋白的分解、机体组织生长和创伤愈合；在人体的胸腺中能够产生锡的化合物，抑制癌细胞的生成。有研究发现乳腺癌、肺肿瘤、结肠癌等疾病患者的肿瘤组织中锡含量比较少，低于其他正常的组织。许多研究表明低剂量的有机锡具有抗肿瘤活性，并与肿瘤细胞中的基因介导途径有关，开启了有机锡化合物的研究新领域。锡还能影响其他微量元素的代谢，文献报道锡能影响铁在小鼠内的代谢，同时给药小鼠锡和铁，锡能显著降低小鼠肠胃对铁的吸收，从而引起机体贫血。人体内缺乏锡会导致蛋白质和核酸的代谢异常，阻碍生长发育，尤其是儿童，严重者会患上侏儒症，但通常人体很少缺乏锡。锡含量比较丰富的食物有鸡胸肉、牛肉、羊排、黑麦、龙虾、玉米、黑豌豆、蘑菇、甜菜、甘蓝、咖啡、糖蜜、花生、牛奶、香蕉、大蒜等。另外，罐头食品（如沙丁鱼）、菠菜、芦笋、桃子、胡萝卜等也含有较为丰富的微量元素锡。

如果人们摄入过多的锡，有可能导致血清中钙含量降低，出现头晕、腹泻、恶心、胸闷、呼吸急促、口干等不良症状，严重时还有可能引发肠胃炎。锡相关工业生产中的职业病（锡中毒），则会导致神经系统、肝脏功能、皮肤黏膜等受到损害。

第五节　铅及其化合物的毒性作用

铅中毒（lead poisoning）多数由职业引起，少数为生活和工作中的意外事故引起。铅及其化合物主要以粉尘或烟气形态经呼吸道吸入，也可随进食经消化道进入体内。铅进入血液后与转铁蛋白结合，分布于全身，主要经肾脏排泄。铅矿开采和冶炼者频繁接触铅尘和铅烟；蓄电池的生产和修理者频繁接触铅化合物；油漆颜料和陶瓷釉料中使用的铅丹、铅铬黄和铅白，农药中的砷酸铅，作为塑料稳定剂的三盐基硫酸铅、二盐基性亚磷酸铅，医药中用于治疗癫痫和哮喘的铅化合物樟丹（Pb_3O_4）和黑锡丹等，都是居民生活中常见的铅化合物。在生活中盛酒或茶用的锡壶（主要成分是铅锡合金），用内面涂铅釉料的器皿装酸性饮料……都曾引发铅中毒。用含铅汽油的汽车排放出的废气将污染空气环境，根据冰岛冰山集存的冰标本，也测定出一定的铅，这充分说明了铅对环境的污染日益严重。因此预防铅中毒应与工业发展同步进行，充分了解铅的中毒渠道或可能途径是预防铅中毒的前期基础。

（1）生活性铅中毒，多见于用锡壶装酒或茶的酒客或饮茶者，也有因服用含铅类药物，如服用樟丹治疗癫痫，黑锡丹治疗哮喘，在连续用药 2 ~ 3 周后，发生恶心、食欲不振、大便秘结、腹绞痛、轻度黄疸、明显贫血、手脚发麻、无力等症状。体格检查见面色苍白、黄疸、牙龈缘铅线、肝大、腹部压痛，可出现四肢末梢感觉减退、手伸肌无力等症状。生活性铅中毒属亚急性铅中毒，也可见到重度铅中毒，以腹绞痛为特征，也可能伴有贫血、肝病、肾损伤和周围神经损害等。

（2）职业性铅中毒。对于涉铅职业的工作人员，如果在劳动条件较好环境中，可能仅有尿铅增高而无症状，但长期接触低浓度铅，可有轻度神经系统症状，如头晕、头痛、乏力、肢体酸痛；也可有消化系统症状，如腹胀、腹部隐痛、便秘等；如果在劳动条件恶劣的环境中，可导致铅中毒性肾损伤，中毒性肝病等，可伴有头痛、高血压；接触高浓度铅时，可出现贫血和周围神经病，也可出现铅麻痹。慢性铅中毒患者近期接触较高浓度的铅尘、铅烟，也可出现以腹绞痛为主的急性铅中毒发作。

（3）急性四乙基铅中毒。四乙基铅（tetraethyl lead）为略带水果香甜味的无色透明油状液体，约含铅64%；常温下极易挥发，即使在0℃时也可产生大量蒸气，其密度较空气稍大，遇光可分解产生三乙基铅；不溶于水，有高度脂溶性，易溶于有机溶剂。四乙基铅作为汽油和工业燃料的添加剂，能提高燃料的辛烷值，可防止发动机内发生爆震，并能提高汽车发动机效率和功率。由于四乙基铅燃烧会产生固体一氧化铅和铅，在发动机内迅速积聚，损害发动机内各个零件，因此还需加入1，2-二溴乙烷或1，2-二氯乙烷，令其在燃烧过程中反应生成可蒸发的溴化铅和氯化铅，但这些物质会造成空气污染，对儿童脑部构成损害，因此汽油公司开始推出无铅汽油。但四乙基铅依然在某些工业领域继续使用。急性四乙基铅中毒是以神经精神症状为主要临床表现的全身性疾病，重者可昏迷致死，多见于意外事故，例如在生产、使用、运输、转移等过程中，未按操作规程作业，或发生意外泄漏或打翻等事故。而生活性的四乙基铅中毒则鲜见报道。

（4）铅中毒性贫血。铅中毒性贫血的机制主要有：①溶血作用。铅作业工人红细胞变形性明显降低，易于发生溶血；铅作用于红细胞膜，使膜的机械性和通透性均发生改变，导致红细胞的破坏；铅可直接与酶蛋白的巯基结合而改变酶蛋白的构象，抑制其活性，如抑制红细胞膜 Na^{+}/K^{+}—ATP 酶和 Ca^{2+}/Mg^{2+}—ATP 酶的活性，使红细胞 K^{+} 外漏增加，水分丢失，细胞缩小；同时细胞内 Ca^{2+} 升高，使 Ca^{2+} 依赖的 K^{+} 通道开放，促进 K^{+} 的外漏，出现溶血，因此伴有贫血的铅作业工人，可见球形和异常形态的红细胞增多。②抑制嘧啶5′-核苷酸酶（P5N）活性，使网织红细胞内嘧啶5′-核苷酸不能降解而逐渐蓄积，在胞质内凝聚形成嗜碱性点彩红细胞（basophilic shppling），一种较幼稚的红细胞。细胞内除含血红蛋白外，还含有嗜碱性物质，经碱性染料染色后形成大量蓝色小颗粒。与网织红细胞不同，点彩红细胞用干燥血膜染色显示，点彩是在细胞干燥过程中形成的。嘧啶 5′－核苷酸增加可通过抑制 G－6－PD活性而抑制戊糖磷酸途径功能，使铅中毒红细胞更易受氧化剂损害而发生溶血。③血红蛋白合成障碍。铅抑制了血红素合成过程中的几种有关酶，从而抑制血红素的合成。例如抑制 δ－氨基－γ－酮戊酸脱水酶（ALAD），影响卟胆原的形成；抑制粪卟啉原氧化酶，使血中粪卟啉含量升高而由尿液排出；抑制血红素合成酶，使二价铁不能掺入原卟啉，红细胞内过多的原卟啉与锌结合，形成锌原卟啉（ZPP），多余的铁颗粒蓄积在成熟过程中的幼红细胞中，骨髓检查可见幼红细胞核周围含铁线粒体，称“环形铁粒幼细胞”。血红素合成减少通过反馈作用，刺激 δ－氨基－γ 酮戊酸合成酶（ALAS）增加血中 δ－氨基－γ－酮戊酸（ALA）合成，并由尿液排出；干扰珠蛋白的 β 和 α 链的合成，使其合成不同步；促进血红蛋白分解。这些改变可能使血红蛋白发生构型改变。

总之，短期接触高浓度铅引起的急性贫血，既与溶血有关，也与血红素合成障碍有关；长期接触低浓度铅引起的慢性轻度贫血与铅抑制血红素合成有关。以上有关铅中毒性贫血机制研究结果对于铅中毒的辅助诊断是有意义的。

（5）铅中毒性肾病。在急性铅中毒的儿童和实验动物中，近端小管功能障碍表现为经典的范科尼综合征（Fanconi syndrome，近曲小管多项转运缺陷病，包括氨基酸、葡萄糖、钠、钾、钙、磷、碳酸氢钠、尿酸和蛋白质转运缺陷）；在成人慢性铅肾病中，肾活检可显示非特异性小管间质病变，可见间质硬化、淋巴细胞浸润、小管萎缩和扩张、血管病变甚至严重的动脉硬化。在铅中毒的最初几年内，只有少数病例可见近端小管细胞核内嗜酸性沉积；慢性铅中毒的主要临床特点是一种潜在性、进行性疾病，早期难于通过一般的肾功能检查指标发现。铅肾病使肾血流减少，肾小球滤过率降低，有不同程度的高血压和高尿酸血症，50%的病例有痛风发作。部分病例有微量蛋白尿、高钾血症及肾小管酸中毒。随着肾小管变性、间质纤维化和钙化，缓慢发展到慢性肾功能衰竭。慢性肾功能衰竭可无其他铅中毒症状急性发作的病史。饮食、紧张等因素可引起骨铅沉积的缓慢释放，促进肾损害的进展。目前认为潜在的或有临床症状的铅中毒均可发展为慢性肾功能衰竭。目前尚无可靠的检查方法预示和判定铅肾病已进入不可逆阶段。铅的职业接触者尿中乙酰氨基葡萄糖苷酶

（NAG）和溶菌酶（LYS）排泄增加，在脱离铅接触后仍高于正常水平或仅有轻度减少。铅接触时间长短与尿 NAG 排泄水平呈正相关。这些结果表明，长期职业性铅接触导致了尿酶排泄增加，而持续的溶酶体酶尿提示慢性小管间质损害。在慢性铅中毒患者中常见动脉高血压。长期接触铅的工人，由慢性肾功能衰竭以及其他与动脉高血压相关的疾病（心力衰竭、脑血管意外等）引起的死亡有所增加。铅与动脉高血压的关系是复杂的，有研究认为，铅致高血压作用可能通过钙依赖机制，因为饮食中钙和磷与铅重吸收有关；也可能是铅使肾灌注减少，外周阻力增加；经铅的急性刺激肾小球旁器细胞数目增加，引起 α－肾上腺素能活性增强。实验研究证实，慢性小剂量接触铅造成的高血压如同时伴有慢性肾功能衰竭的患者，接受 EDTA 移动试验时铅排出量增加；而没有慢性肾功能衰竭的原发性高血压患者，接受 EDTA 移动试验时铅排出量不超过 3. 14μmol/24h。以上研究提示铅在部分原发性高血压的发病机制中具有一定作用。

第十章　氮族生命元素

氮族元素位于元素周期表第ⅤA族，氮族元素有氮N（Nitrogen）、磷P（Phosphorus）、砷As（Arsenium）、锑Sb（Antimony）和铋Bi（Bismuth）五种元素。氮族中的生命元素有两种，分别是N和P。它们是生命的基本元素。在生命体中这两种元素的含量和功能差别较大，这是由其原子的性质决定的。

第一节　氮族元素的基本性质

氮族元素的基本性质见表10-1。

表10-1　氮族元素基本性质

元素	前线电子构型	主要氧化态	原子半径（pm）	M^{3-}半径（pm）	电负性χ
N	$2s^22p^3$	-3，-2，-1 +1，+2，+3，+5	75	171	3.04
P	$3s^23p^33d^0$	-3，+1，+3，+5	110	212	2.19
As	$3d^{10}4s^24p^34d^0$	-3，+3，+5	122	222	2.18
Sb	$4d^{10}5s^25p^35d^0$	+3，+5	143		2.05
Bi	$4f^{14}5d^{10}6s^26p^36d^0$	+3，+5	152		2.02

从表10-1可以看到，氮原子的前线电子构型中没有d轨道；从As元素开始，前线电子构型中增加了$(n-1)\ d^{10}$，即内层$(n-1)$ d轨道全充满；而到了Bi，前线电子构型中增加了$(n-2)\ f^{14}$，即内层$(n-1)$ d轨道、次内层$(n-2)$ f轨道均全充满。随着电子层数的增加，其原子半径相应增加，但由于内层全充满构型产生的收缩效应，从P到As和从Sb到Bi，原子半径的变化幅度相应变小。以上这些性质特点，对氮族元素的自然形态及某些典型化

合物的基本性质均产生影响。

1. 自然形态

氮在自然界的存在形式主要有：单质，氮气是大气的主要成分，约占大气体积的78%；矿物，地壳层中的各种硝酸盐，如智利硝石 $NaNO_3$ 等；有机氮，分布在动植物组织中。磷在生物圈内的分布很广泛，磷在自然界的含量大约占地壳组成的0.11%，地壳含量丰度列前10位，主要形式是磷酸盐，如磷灰石[$Ca_5(PO_4)_3F$]、羟基磷灰石[$Ca_5(PO_4)_3OH$]和氯磷灰石[$CaCl_2 \cdot Ca_3(PO_4)_2$]等矿石；在海水中浓度属第二类。有机磷和生物矿物质，广泛存在于动植物组织中，也是人体含量较多的元素之一，稍次于钙，排列为第六位。磷约占人体重的1%，成人体内约含有600～900g的磷。体内磷的85.7%集中于骨和牙，其余散在分布于全身各组织及体液中，其中一半存在于肌肉组织中。磷参与生命活动中的一系列重要的代谢过程，是机体很重要的一种元素。砷、锑和铋在地壳中的含量不大，主要以硫化物和氧化物的矿物质形式存在，如雄黄（As_4S_4）、雌黄（As_2S_3）、砷黄铁矿（FeAsS）、辉锑矿（Sb_2S_3）、辉铋矿（Bi_2S_3）、黄锑矿（$Sb_2O_3 \cdot Sb_2O_5$）和铋华（Bi_2O_3）等。

2. 金属性

氮族元素随着原子序数的增加，它们电子层数逐渐增加，原子半径逐渐增大，导致原子核对最外层电子的作用力逐渐减弱，原子获得电子的趋势逐渐减弱，失去电子的趋势逐渐增强，因而元素的非金属性也逐渐减弱，金属性逐渐增强。砷虽是非金属，却已表现出某些金属性，而锑、铋却明显表现出金属性。

3. 氧化物

氮族元素均可形成R（Ⅲ）和R（Ⅴ）两种氧化态的氧化物，氧化物的化学式可分别用 R_2O_3 和 R_2O_5 表示（其中磷元素实际上是以 P_4 为基本单元与氧作用分别形成 P_4O_6 和 P_4O_{10}），其对应水化物为酸。它们的最高价氧化物对应水化物的酸性逐渐减弱（$HNO_3 > H_3PO_4 > H_3AsO_4$）。

4. 氢化物

氮族元素均可形成 RH_3（R＝N 氨，P 膦，As 胂，Sb 䏲，Bi 铋）形式的氢化物。其中胂、䏲、𬀩均是无色有恶臭的有毒气体，稳定性差，具有强还原性。𬀩的稳定性最差。胂的性质在医学上用于鉴定含砷物品。例如马氏

(Marsh)试砷法，有关原理如下。

（1）在酸性条件下，用活泼金属还原砷的化合物生成胂：

$$As_2O_3 + 6Zn + 6H_2SO_4 = 2AsH_3\uparrow + 6ZnSO_4 + 3H_2O$$

（2）所生成的气体通过热的玻璃管，胂热分解在玻璃管壁形成黑色的“砷镜”：

$$2AsH_3 = 2As\downarrow + 3H_2$$

马氏试砷法检出限量为 1×10^{-4}mg 砷。睇也有类似的反应，但“砷镜”可溶于 NaClO 水溶液，而“锑镜”则不溶。

5. 鎓阳离子（onium ion）

鎓阳离子指除碳原子外，带有正电荷的非金属离子。鎓离子中带正电荷的非金属原子具有惰性气体的电子结构，其配位数（共价键数）高于（或等于）它在正常共价化合物中的配位数。氮族元素鎓阳离子有：①铵，NH_4^+（ammonium，质子化胺）；②鏻，PH_4^+（phosphonium，质子化膦）；③鉮，AsH_4^+（arsonium，质子化胂）。

第二节　氮的成键特性与化合物基本类型

氮的成键特性与化合物基本类型见表 10－2。由于氮原子的前线电子构型中没有 d 轨道，因此氮原子在其各种化合物中，均没有 d 轨道参与成键。因此，氮只形成 sp^3 杂化、sp^2 杂化和 sp 杂化的化合物。

表 10－2　氮的成键特性与化合物基本类型

杂化类型	几何构型	实例
sp^3	四面体	NH_3，NH_4^+，$(NR_4)Cl$
sp^2	平面三角	NO_2，N_2O_4，NO_3^-，[吡啶结构式]，[咪唑结构式] 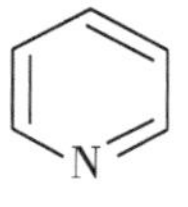 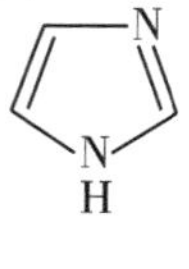
sp	直线	N_2，CN^-，N_3^-，N_2O

1. sp^3 杂化化合物

氮的 sp^3 杂化化合物的几何构型属于畸变的四面体（三角锥），如图 10.1 所示，这与碳的 sp^3 杂化化合物不同。在氮的 sp^3 杂化化合物中，氮原子上的孤电子对不仅对化合物的空间构型产生影响，对化合物的性质也产生影响。例如，氨（NH_3）由于氮原子上的孤电子对而具有碱性，NH_3 可以接受质子形成铵离子（NH_4^+），即弱碱性的 NH_3 与酸作用形成盐（铵盐）。需要特别指出的是，当 NH_3 与质子 H^+ 作用后，质子所带正电荷并不定域在某个原子上，而是分散到整个铵离子（NH_4^+）中，而铵离子（NH_4^+）成为等性 sp^3，具有正四面体空间构型。氨分子的氢原子可以分别被烷烃或芳烃取代形成胺。各种胺分子是氨的衍生物，也同样具有碱性并可与酸作用形成盐。氨及其衍生物分子也由于氮原子上的孤电子对而具有配位性质，这些配体分子均可以与金属离子作用形成配位化合物。氨的衍生物分子中，氨基可以和其他官能团形成某种协同作用而产生性质特别的功能分子，如羟胺、酰胺、氨基酸等。如果铵离子中的 4 个氢离子都被烃基取代，即可形成季铵阳离子（又称四级铵阳离子，quaternary - N），其相应的盐即为季铵盐。氮的 sp^3 杂化化合物，其分子的键角也将因成键原子或基团性质而发生变化。

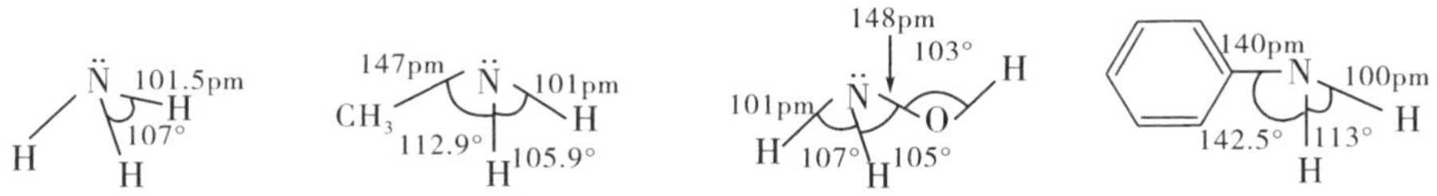

图 10.1 氮的 sp^3 杂化化合物

实际上，在对硝基苯胺分子中，苯环上的—NH_2 已经不再是 sp^3 杂化，而是 sp^2 杂化，芳环上—NH_2 的键角（杂化类型）变化在 DNA 碱基氢键有效形成中意义重大。

2. sp^2 杂化化合物

氮的 sp^2 杂化化合物的几何构型是平面三角形，如图 10.2 所示。在氮的杂环化合物中，其 5 个价电子在 3 个 sp^2 杂化和 1 个没有参与杂化的 2p 轨道上有两种不同的配置方式：①2 个 sp^2 杂化轨道和 1 个没有参与杂化的 2p 轨道上各 1 个电子，1 个 sp^2 杂化轨道 1 对电子（孤电子对），如吡啶（pyridine）环上的氮原子和咪唑（imidazole）环上的 3 位氮原子，sp^2 杂化轨道上的孤电子对使得这类含氮杂化化合物具有弱碱性，可以接受质子形成盐，可以对金属离子进行配位，也可以发生烷基化反应；②3 个 sp^2 杂化轨道上各 1 个电子和 1 个没有参与杂化的 2p 轨道上的 2 个电子，如吡咯（pyrrole）环上的氮原子和咪唑环上 1 位氮原子。由于 2p 轨道上 2 个电子可以参与环上的 π 键，形成 6 个 p 电子的五元环且具有芳香性。这类 6 电子五元芳香环的电子密度比苯环高，因而容易发生亲电取代反应，而杂化上的氮原子由于电子密度分散，使得 N—H 键上的氢原子容易被取代，也容易以质子的形式电离而显弱酸性。

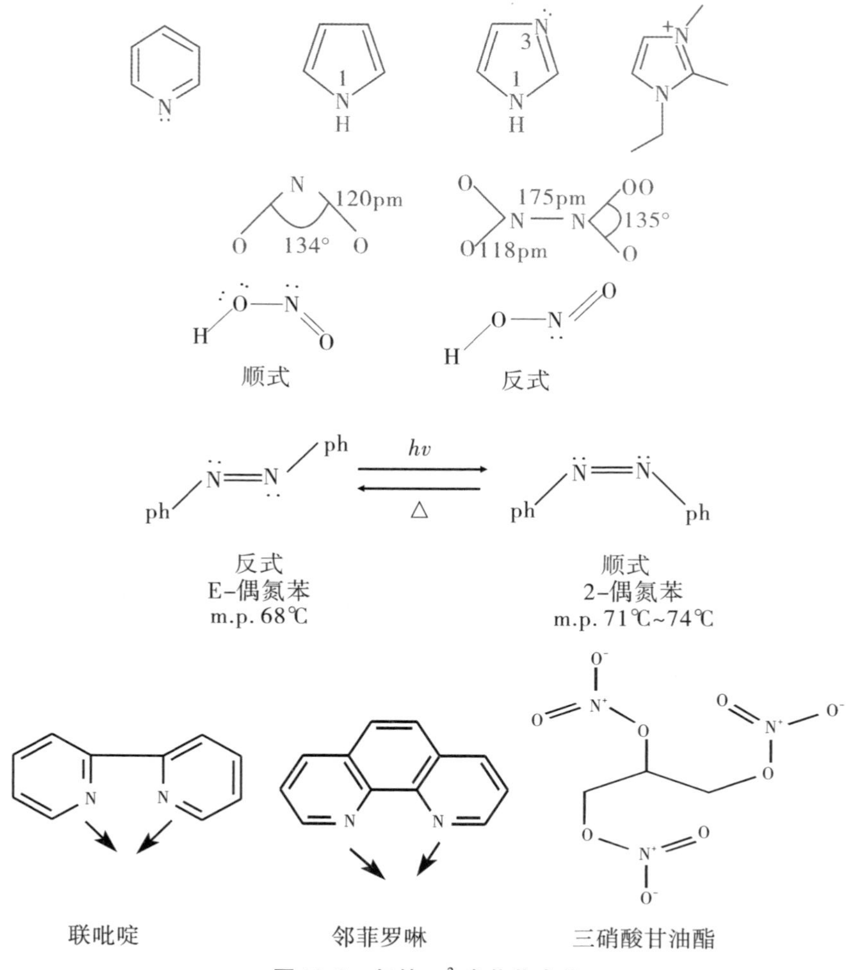

图 10.2　氮的 sp^2 杂化化合物

（1）联吡啶和邻菲罗啉。这两种都是含氮杂化化合物，均能与多种过渡金属形成配合物。其中联吡啶（bipyridine）由吡啶通过联合反应制得，常见的有2，2′-联吡啶、4，4′-联吡啶，常用于检定亚铁、银、镉、钼，作氧化还原指示剂。邻菲罗啉即1，10-菲罗啉（1，10-phenanthroline hydrate），邻菲罗啉与亚铁离子在pH为2～9的条件下生成橘红色络合物，用分光光度法测定铁含量。由于形成的配合物为螯合物，所以较为稳定。与铜形成的配合物及其衍生物因为对DNA有一定的切割活性，可以用作非氧化性核酸切割酶，进而有一定的抗癌活性。

（2）偶氮化合物（azo compounds）。偶氮化合物是 sp^2 杂化的代表性化合物之一，偶氮基—N ═ N—与两个烃基相连而生成的化合物，通式R—N ═N—R′。偶氮基能吸收一定波长的可见光，是一个发色团。偶氮染料是品种最多、应用最广的一类合成染料，可用于纤维、纸张、墨水、皮革、塑料、彩色照相材料和食品着色；可用作分析化学中的酸碱指示剂和金属指示剂；偶氮化合物加热时容易分解，释放出氮气，并产生自由基，如偶氮二异丁腈（Azo-iso-butyronitrile，AIBN）等，故可用作聚合反应的引发剂；偶氮化合物具有顺、反几何异构体，反式比顺式稳定。两种异构体在光照或加热条件下可相互转换，故在各种光控分子器件的设计合成中作为光控制的关键部件。

（3）三硝酸甘油酯（glyceryl trinitrate），又称硝化甘油（nitroglycerine）或硝酸甘油（nitroglycerin），一种黄色的油状透明液体，既是医药，也是炸药。在医药上用作血管扩张药，制成0.3%硝酸甘油片剂，舌下给药，作用迅速而短暂，可治疗冠状动脉狭窄引起的心绞痛。早在19世纪70年代，人们就发现有机硝酸酯对缺血性心脏病有良好的治疗作用，但令人们困惑不已的是，用于治疗缺血性心脏病的硝酸甘油竟是炸药。后来的药理研究发现，大部分来自硝基血管舒张剂家族，都是通过非酶生性产生的一氧化氮起作用。作为高性能炸药的主要活性成分，三硝酸甘油酯成就了一位发明家——阿尔弗雷德·伯纳德·诺贝尔的传奇人生。

阿尔弗雷德·伯纳德·诺贝尔（Alfred Bernhard Nobel，1833—1896），是瑞典化学家、工程师、发明家、军工装备制造商和炸药的发明者。出生于瑞典首都一个发明家的家庭，只读过一年正规小学，自幼勤学好问，到处访求名师指导，曾在美国和欧洲的一些国家学习，通晓俄文、英文、法文和德文。1862年5月，诺贝尔发现了引爆硝化甘油的原理，用少量的一般火药导致硝化甘油猛烈爆炸，1864 年在瑞典第一次获得了硝化甘油的引爆装置——雷管的专利权，完成了他的第一项重大发明；1868 年 2 月，瑞典科学会授予诺贝尔父子金质奖章，奖励其长期致力于硝化甘油炸药研制并使之应用于工业。

诺贝尔一生拥有 355 项专利发明，其中仅炸药就达 129 种。在欧美等五大洲 20 个国家开设了约 100 家公司和工厂，积累了巨额财富。但他永不满足，把自己的全部精力献给了科学事业，促进了人类文明发展。诺贝尔在他逝世的前一年（1895 年），立嘱将其遗产的大部分（约 920 万美元）作为基金，将每年所得利息分为 5 份，设立物理学、化学、生理学或医学、文学、和平 5 种奖项（即诺贝尔奖），授予世界各国在这些领域对人类作出重大贡献的人，受奖人不受国籍限制。1898 年 5 月 21 日，瑞典国王宣布诺贝尔遗嘱生效。1900 年 6 月 29 日，瑞典国会通过了诺贝尔基金会章程。1901 年 12 月 10 日，即诺贝尔逝世 5 周年的纪念日，颁发了首次诺贝尔奖。1968 年又增设诺贝尔经济学奖。诺贝尔奖颁奖仪式每年于诺贝尔逝世的那一天举行，也就是 12 月 10 日在瑞典的斯德哥尔摩举行，由瑞典国王亲自颁发。

（4）二氧化氮（NO_2）。NO_2 也属于 sp^2 杂化化合物，但 NO_2 分子的键角比较特别，同时该分子容易发生二聚化，如图 10. 2 所示。一种合理的解释是特别的电子配置方式：没有参与杂化的 2p 轨道上有 2 个电子，而 3 个 sp^2 杂化轨道各有 1 个电子。即其中没有成键的 sp^2 杂化轨道上不是孤电子对而是“孤单电子”。

3. sp 杂化化合物

叠氮化氢（HN_3）及其衍生物叠氮根离子（N_3^-）或叠氮基（$—N_3$）等和氮气分子 N_2 均是 sp 杂化化合物。

（1）叠氮化合物（hydrazoates），含有叠氮根离子的化合物（N_3^-）或叠氮基（$—N_3$）的化合物。叠氮根离子为直线形结构，和 CO_2 分子是等电子体，化学性质类似于卤离子，如白色的 AgN_3 和 $Pb(N_3)_2$ 均难溶于水。所有重金属叠氮化物、叠氮酸、有机叠氮化物及绝大多数轻金属叠氮化物都不稳定，对震动十分敏感。例如，叠氮化铅 $Pb(N_3)_2$ 受热到 350℃或受撞击时就发生爆炸，$Pb(N_3)_2$ 被用于雷管中的起爆剂；碱金属和碱土金属的叠氮化物均溶于水，是生产重要起爆剂叠氮化铅和其他叠氮化物的原料；其中叠氮化钠是有毒的晶状固体，约在 300℃分解，被用于汽车的安全气囊内。

（2）氮气分子 N_2 中，每个氮原子均为 sp 杂化，氮原子之间形成 1 个 σ 键和2个π键，即形成了N≡N三重键，N_2分子中三重键的结合力很强（离解能为941.7kJ·mol^{-1}），通常被认为这是氮气分子不活泼的主要原因，但事实并非如此简单。N_2与CO、CN^-、NO^+是等电子体，CO分子活泼性很高，在催化剂作用或加热条件下可发生氧化还原或加成反应。N_2与CO分子的成键特点见图10.3，某些性质比较见表10-3。

图10.3 N_2与CO分子的成键特点

表10-3 氮气与一氧化碳分子的性质比较

化合物	m.p.（℃）	b.p.（℃）	B.E.（kJ·mol^{-1}）		
			A≡B	A=B	A—B
N_2	-210	-196	941.7	418.4	154.8
CO	-205	-190	1 071.9	798.9	357.7

从表10-3可看到，CO三重键的结合力比N_2更强，其离解能达到1 071.9kJ·mol^{-1}，但键能在两个分子三重键中的分配是不同的，由表10-3数据推算可得：N_2分子能量的分配（π键、π键和σ键）依次是：523.3kJ·mol^{-1}、263.6kJ·mol^{-1}和154.8kJ·mol^{-1}；而CO分子则是：273kJ·mol^{-1}、441.2kJ·mol^{-1}和357.7kJ·mol^{-1}。如果要从分子的三重键中打开第一条键，N_2和CO分子的能量消耗分别为523.3kJ·mol^{-1}和273kJ·mol^{-1}。显然，N_2比CO牢固得多。这很容易从N_2与CO分子的成键特点（见图10.3）中得到解释，因为从N_2分子的三重键中打开第一条键是正常π键，对应的键能为523.3kJ·mol^{-1}；而从CO分子的三重键中打开第一条键则是π配键，对应的键能为273kJ·mol^{-1}。此外，两个分子的偶极矩不同，电子密度的分布也不同。N_2是非极性分子，电子密度呈均称分布；CO是极性分子，电子密度呈不均称分布，其中C原子为正电性，容易受亲核进攻，O原子为负电性，容易受亲电进攻。

（3）一氧化氮（nitric oxide）分子NO，为直线形，氮与氧各有一对孤对电子，是非经典的 sp 杂化，反键轨道上（π_{2p}^*）有 1 个电子，键级为 2.5，键长 115.08pm，带有自由基，具有顺磁性；无色气体，NO 在水中的溶解度较小，在液态或固态时呈蓝色；在固态时会缔合成松弛的双聚分子 $(NO)_2$，这是 NO 具有单电子的必然结果；易失去反键轨道上（π_{2p}^*）的电子生成亚硝酰阳离子 $(NO)^+$。工业上是在铂网催化剂上用空气中的氧气将氨氧化来制备；实验室则用金属铜与稀硝酸反应制备。NO 化学性质非常活泼，常温下 NO 很容易被氧化为腐蚀性的二氧化氮（NO_2）气体，NO_2 与水发生歧化反应生成硝酸 HNO_3 和 NO；NO 也能与卤素反应生成卤化亚硝酰（NOX）。

4. 离子液体（ionic liquid）

离子液体是指在室温或接近室温下呈现液态的、完全由阴阳离子所组成的盐，也称为低温熔融盐。一般由有机阳离子和无机或有机阴离子构成，常见的阳离子有季铵盐离子、咪唑盐离子和吡咯盐离子等，阴离子有卤素离子（X^-，X = F，Cl，Br，I）、四氟硼酸根离子[$(BF_4)^-$]、六氟磷酸根离子[$(PF_6)^-$]等。与典型的有机溶剂不一样，在离子液体里没有电中性的分子，100% 是阴离子和阳离子。

最早的室温离子液体是硝酸乙基铵（$EtNH_2NO_3$），于 1914 年合成，在当时并没有引起人们的兴趣，直到 1992 年，Wikes 的研究小组合成了低熔点、抗水解、稳定性强的 1 - 乙基 - 3 - 甲基咪唑四氟硼酸盐离子液体后，离子液体的研究才开始得以迅速发展，随后开发了多系列的离子液体。1996 年 Bonhote P. 和 Dias A. 采用固定阴离子，即改变咪唑分子上不同的取代基的方法，系统地合成了一系列离子液体，制得 35 个咪唑离子液体，研究了一系列物理化学性质，如熔点、水溶性、黏度、电导率、密度、折射率及随时间 t 的变化等。得出以下三点结论：①非对称的阳离子比对称的阳离子形成的离子液体熔点较低；②阴阳离子之间如果形成氢键，熔点升高，黏度增大；③阳离子带长链取代基的离子液体与有机溶剂的互溶性增加。

不挥发、不可燃、导电性强、室温下离子液体的黏度很大（通常比传统的有机溶剂高 1 ~ 3 个数量级，离子液体内部的范德华力与氢键的相互作用决定其黏度）、热容大、蒸汽压小、性质稳定，对许多无机盐和有机物有良好的溶解性，在电化学、有机合成、催化、分离等领域被广泛应用。与传统有机溶剂和电解质相比，离子液体具有一系列突出的优点：①液态范围宽，从低于或接近室温到 300℃ 以上，有高的热稳定性和化学稳定性；②蒸汽压非常小，不挥发，在使用、储藏中不会蒸发散失，可以循环使用，消除了挥发性有机化合物（volatile organic compounds，VOCs）污染环境问题；③电导率高，电化学窗口大，可作为许多物质电化学研究的电解液；④具有优良的可设计性，可以通过分子设计获得特殊功能的离子液体，例如通过阴阳离子的设计可调节其对无机物、水、有机物及聚合物的溶解性，并且其酸度可调至超强酸；⑤具有较大的极性可调控性，黏度低，密度大，可以形成二相或多相体系，适合作分离溶剂或构成反应—分离耦合新体系；⑥对大量无机和有机物质都表现出良好的溶解能力，且具有溶剂和催化剂的双重功能，可以作为许多化学反应溶剂或催化活性载体。由于离子液体的这些特殊性质和表现，它被认为与超临界 CO_2 和双水相一起构成三大绿色溶剂，具有广阔的应用前景。已经在诸如聚合反应、选择性烷基化和胺化反应、酰基化反应、酯化反应、化学键的重排反应、室温和常压下的催化加氢反应、烯烃的环氧化反应、电化学合成、支链脂肪酸的制备等方面得到应用，并显示出反应速率快、转化率高、反应的选择性高、催化体系可循环重复使用等优点。此外，离子液体在溶剂萃取、物质的分离和纯化、废旧高分子化合物的回收、燃料电池和太阳能电池、工业废气中二氧化碳的提取、地质样品的溶解、核燃料和核废料的分离与处理等方面也显示出潜在的应用前景。总之，离子液体的无味、无恶臭、无污染、不易燃、易分离回收、可反复多次循环使用、使用方便等优点，使之成为传统挥发性溶剂的理想替代品，它有效地避免了传统有机溶剂的使用所造成严重的环境、健康、安全以及设备腐蚀等问题，为名副其实的环境友好的绿色溶剂。适合于当前所倡导的清洁技术和可持续发展的要求，已经越来越被人们广泛认可和接受。

第三节　生命体系中的氮

生物体中含氮化合物主要有氨基酸、多肽、蛋白质、NO 及其前体化合物分子、胺类化合物、生物碱、核酸（DNA 和 RNA 中的碱基）、含氮杂环（碱基和卟啉等）以及一些含氮的小分子代谢产物，如尿素、尿酸等。生物体内部分含氮化合物的分子结构见图 10.4。

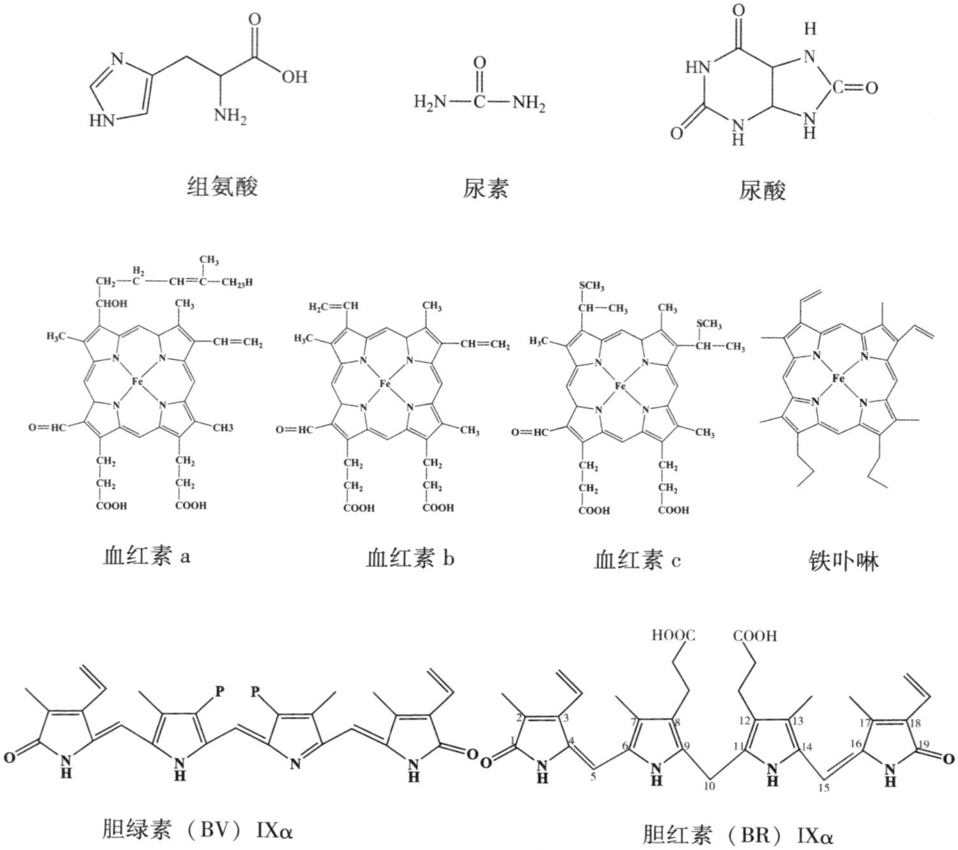

组氨酸　　尿素　　尿酸

血红素 a　　血红素 b　　血红素 c　　铁卟啉

胆绿素（BV）IXα　　胆红素（BR）IXα

图 10.4　生物体内部分含氮化合物的分子结构

1. 肽键（peptide bond）

肽键是一分子氨基酸的 α - 羧基和一分子氨基酸的 α - 氨基脱水缩合，失去一分子水形成的酰胺键（即—CO—NH—），如图 10.5 所示。肽键是蛋白质分子中的基本共价键。肽键形成时，由于受到羰基的作用，氨基氮从 sp^3 杂化向 sp^2 杂化过渡而形成肽键平面，原来的孤电子对，已经参与 π 键共轭，因此肽键具有部分双键的性质，难以自由旋转而有一定的刚性。C ═O、N—H 和肽键两端的 2 个 C 共 6 个原子的空间位置处在一个相对接近的平面上，而相邻 2 个氨基酸的侧链 R 又形成反式构型，从而形成肽键与肽链复杂的空间结构。

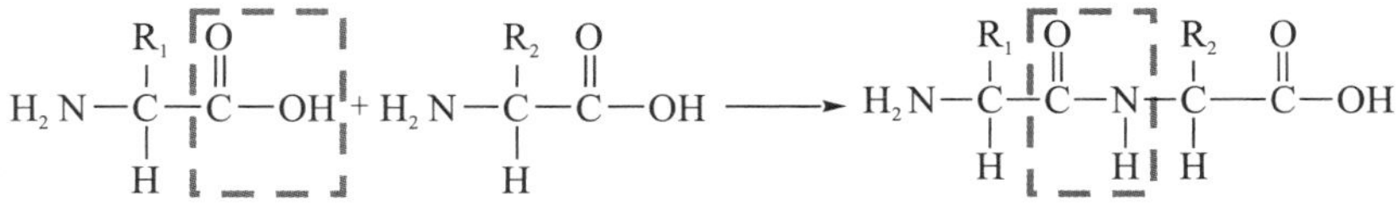

$$H_2N-\underset{H}{\overset{R_1}{C}}-\overset{O}{\overset{\|}{C}}-OH + H_2N-\underset{H}{\overset{R_2}{C}}-\overset{O}{\overset{\|}{C}}-OH \longrightarrow H_2N-\underset{H}{\overset{R_1}{C}}-\overset{O}{\overset{\|}{C}}-\underset{H}{N}-\underset{H}{\overset{R_2}{C}}-\overset{O}{\overset{\|}{C}}-OH$$

图 10.5　肽键的形成

氨基酸借肽键联结成多肽链，每两个分子的氨基酸经脱水缩合反应生成一个肽键，失去一个水分子，因此多肽链中的肽键数等于失去的水分子数；肽中的氨基酸称为氨基酸残基。一条多肽链的一端含有一个游离的氨基（称为 N 端），另一端含有一个游离的羧基（称为 C 端）。

2. 侧链含氮氨基酸

肽链的性质由其侧链 R 基所决定。侧链含氮 R 基团的氨基酸，如果氮原子属于 sp^3 杂化而带有孤电子对，则该氨基酸的等电点将在微碱性范围。部分侧链含氮 R 基团的 L－α－氨基酸及其等电点数据见表 10－4。

表 10－4　侧链含氮 R 基团的 L－α－氨基酸及其等电点

R 基团	中文名	英文名（简称）	等电点
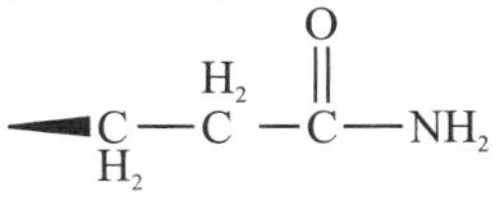 $-CH_2-CH_2-C(=O)-NH_2$	谷氨酰胺	Glutamine（Gln）	5.65
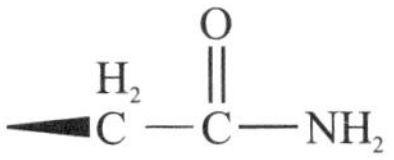 $-CH_2-C(=O)-NH_2$	天冬酰胺	Asparagine（Asn）	5.41
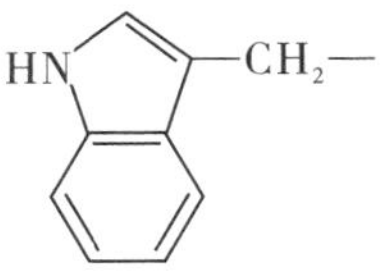 吲哚-3-基 $-CH_2-$（HN）	色氨酸	Tryptophan（Try）	5.89
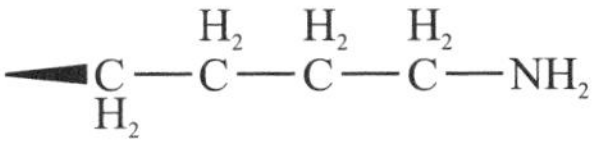 $-CH_2-CH_2-CH_2-CH_2-NH_2$	赖氨酸	Lysine（Lys）	9.74
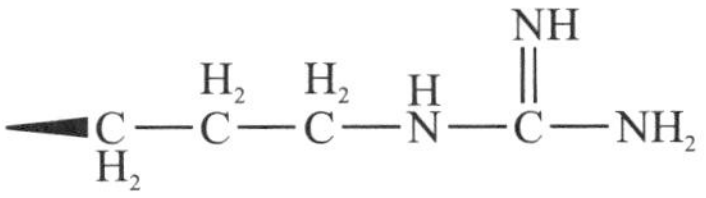 $-CH_2-CH_2-CH_2-NH-C(=NH)-NH_2$	精氨酸	Arginine（Arg）	10.76
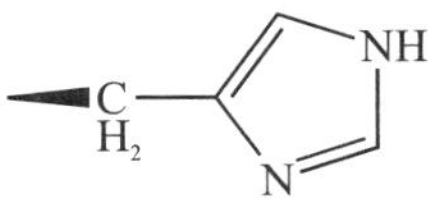 $-CH_2-$咪唑基（NH，N）	组氨酸	Histidine（His）	7.59

3. 卟啉（porphyrin）

卟啉是一类由四个吡咯类亚基的 α－碳原子通过次甲基桥（═CH—）互连而形成的含氮杂环化合物。卟吩（porphin）是卟啉的母体化合物，卟吩环上的氢原子被其他基团取代即成为卟啉。卟啉环是一个有 26 个 π 电子的大环共轭体系，显紫色，通常以金属离子配合的形式存在于生物体中，例如二氢卟吩与镁配位的叶绿素，铁卟啉配合物血红素，钴卟啉配合物维生素 B_{12} 等，它们既能感受光子，又能传递电子，在生物体内都有重要的生理功能。

由于无细胞色素的血红素与叶绿素在生物中的合成途径具有相似性，存在若干完全相同的中间产物，因而血红素被视为由叶绿素演化而形成的衍生物。即以叶绿素为核心的光化学反应中心在光合作用的起源中，得到不断的选择、发展与优化，而一部分叶绿素分子演变为血红素，在电子传递链的不同节点承担角色。血红素分子继续演化出结构多样而满足不同氧化还原电位需求的电子载体，成了所有生命类群的电子传递链的必需成分。而这也被视为生命之光合作用起源的一个证据。

4. 一氧化氮

一氧化氮广泛分布于生物体内各组织中，特别是神经组织中。在体内由一氧化氮合酶（nitric oxide synthase，NOS）催化 L－精氨酸（L－Arginine，L－Arg）脱胍基所产生，是一个内源性的信使分子，相对分子质量很小，带有自由基，具有顺磁性和脂溶性，容易快速地穿过细胞膜。1980 年，美国科学家 Furchgott 发现了一种小分子物质，具有使血管平滑肌松弛的作用，后来被命名为血管内皮细胞舒张因子（endothelium－derived relaxing factor，EDRF）。EDRF 在平滑肌细胞内，激活鸟苷酸环化酶，导致 cGMP 水平升高，cGMP 激活 PKG（cAMP 依赖性蛋白激酶），使平滑肌松弛。硝酸甘油是治疗心绞痛的药物，但本身并无活性，在体内硝酸甘油被转化为 NO，NO 刺激血管平滑肌内 cGMP 的形成而使血管扩张，这种作用与 EDRF 相似。1987 年，Moncada 等用化学方法测定了内皮细胞释放的物质为 NO，并据其含量，解释了其对血管平滑肌舒张的程度。1988 年，Polmer 等人证明 L－精氨酸是血管内皮细胞合成 NO 的前体，由 NOS 催化产生瓜氨酸和 NO，明确了哺乳动物体内可以合成 NO。1992 年美国 *Science* 期刊将 NO 评选为明星分子。

在血管内皮细胞里产生的 NO 可以很快渗透出细胞膜，向下扩散进入平滑肌细胞，使其松弛，扩张血管，导致血压下降；NO 向上扩散进入血液，进入血小板细胞，使血小板活性降低，抑制其凝集和向血管内皮的黏附，从而防止血栓形成，防止动脉粥样硬化发生。

在人体内广泛存在着以 NO 为递质的神经系统，它与肾上腺素能神经（adrenergic nerve）、胆碱能神经（cholinergic nerve）和肽类神经一样重要，若其功能异常就可能引起一系列疾病。NO 作为非肾上腺素能、非胆碱能（non－adrenergic，non－cholinergic，NANC）神经元递质，在泌尿生殖系统中起着重要作用，成为排尿节制等生理功能的调节物质，这为药物治疗泌尿生殖系统疾病提供了理论依据。

NO 在胃肠神经介导胃肠平滑肌松弛中起着重要的中介作用，在胃肠间神经丛中，NOS 和血管活性肠肽共存并能引起 NANC 舒张，但血管活性肠肽的抗体只能部分消除 NANC 的舒张，其余的舒张反应则能被 N－甲基精氨酸消除。

NO 可以产生于人体内多种细胞中。如当体内内毒素或 T 细胞激活巨噬细胞和多形核白细胞时，能产生大量的诱导型 NOS 和超氧化物阴离子自由基，从而合成大量的 NO 和 H_2O_2，这在杀伤入侵的细菌、真菌等微生物和肿瘤细胞、有机异物及在炎症损伤方面起着十分重要的作用。经激活的巨噬细胞释放的 NO 可以通过抑制靶细胞线粒体中三羧酸循环、电子传递细胞 DNA 合成等途径，发挥杀伤靶细胞的效应。

免疫反应所产生的 NO 对邻近组织和能够产生 NOS 的细胞也有毒性作用。某些与免疫系统有关的局部或系统组织损伤，血管和淋巴管的异常扩张及通透性等，可能都与 NO 在局部的含量有着密切的关系。

人体内有三种 NOS，分别是：①神经型一氧化氮合酶（缩写 nNOS 或 NOS1），分布于人体神经元细胞当中；②诱导型一氧化氮合酶（缩写 iNOS 或 NOS2），分布于人体免疫细胞当中，如淋巴、T 细胞；③内皮型一氧化氮合酶（缩写 eNOS 或 NOS3），分布于血管内皮细胞当中。

5. 氮循环（nitrogen cycle）

氮在自然界中的循环转化是生物圈内物质的基本循环之一。氮循环涉及氮单质和含氮化合物之间相互转换和生态系统的相互作用，这些相互转化作用包括生物体内有机氮的合成、氨化作用、硝化作用、反硝化（脱氮）作用和固氮作用等，如图 10.6 所示。

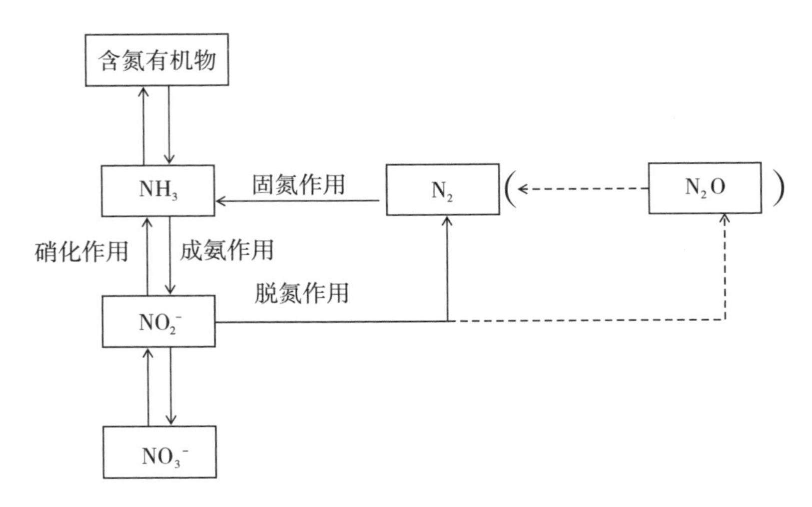

图 10.6　循环过程中氮单质及其化合物之间相互转换作用

土壤和水体中的铵盐、硝酸盐和氨等无机氮被植物吸收，同化成体内的叶绿素分子、蛋白质和核酸等有机氮；动物进一步将植物源有机氮同化成自身体内的有机氮。这一过程称为生物体内有机氮的合成。动植物的排出物、残落物及其遗体中的有机氮被微生物分解后形成氨，这一过程是氨化作用。土壤中的氨或铵盐，在有氧的条件下，被亚硝化细菌转化为亚硝酸根离子（NO_2^-），被硝化细菌转化为硝酸根离子（NO_3^-），这个转化过程称为硝化作用。氨化作用和硝化作用产生的无机氮，都能被植物吸收利用。土壤中的硝酸盐，在氧气不足的条件下，被反硝化细菌等多种微生物还原成亚硝酸盐，亚硝酸盐进一步被还原成为游离态的氮单质（氮气 N_2）而进入大气，这一过程被称作反硝化作用或脱氮作用。空气中约含有 78% 的氮气（N_2），但氮气不能被植物直接吸收利用。把游离态的氮气还原成氨，这一过程叫作固氮作用。地球上固氮作用有三种途径：①高能固氮（闪电所产生的高能，可以使空气中的氮气、氧气与水发生化学反应形成氨和硝酸）；②生物固氮；③工业固氮（通过高温、高压和催化的化学合成方法，将氮转化成氨）。据科学家估算，每年生物固氮的总量占地球上固氮总量的 90% 左右，可见生物固氮在氮循环中起重要作用。

6. 生物固氮（biological fixation of nitrogen）

生物固氮是固氮微生物将氮气分子还原成氨分子的一种生化过程，该过程在固氮酶的催化作用下进行，固氮酶由两种蛋白质组成：一种是铁蛋白，另一种是钼铁蛋白。只有铁蛋白和钼铁蛋白同时存在，固氮酶才具有固氮的作用。

生物固氮反应为：

$$N_2 + 6H^+ + nMg - ATP + 6e^- \text{（酶）} \longrightarrow 2NH_3 + nMg - ADP + nPi$$

固氮酶具有底物多样性，除了催化 N_2 还原成 NH_3 以外，还能催化乙炔还原成乙烯（该反应被用于固氮酶的活性测定）。在以上反应中，ATP 一定要与镁（Mg）结合形成 Mg - ATP 复合物，Mg - ATP 复合物被黄素氧还蛋白或铁氧还蛋白还原，铁蛋白每传递一个电子给钼铁蛋白，伴随有两个 Mg - ATP 复合物的水解。铁蛋白反复氧化和还原，电子和质子依次通过铁蛋白和钼铁蛋白传递给 N_2 或乙炔，使其还原成 NH_3 或乙烯。

根据固氮特点以及与植物的关系，固氮微生物可分为：①自生固氮，对植物没有依存关系，在土壤或培养基中生活时可以自行固氮，常见的自生固氮菌有好氧性（如圆褐菌）、厌氧性（如梭菌）和具有异形胞的固氮蓝藻（鱼腥藻、念珠藻和颤藻等，异形胞内含有固氮酶）；②共生固氮，只有和植物互利共生时才能固氮，常见的共生固氮微生物有豆科植物共生根瘤菌，非豆科植物（桤木属、杨梅属和沙棘属等）共生的弗兰克氏放线菌和水生蕨类植物或罗汉松等裸子植物共生的蓝藻等；③联合固氮，介于自生固氮和共生固氮之间，如固氮螺菌、雀稗固氮菌等。联合固氮微生物能够生活在玉米、雀稗、水稻和甘蔗等植物根内的皮层细胞之间，和共生的植物之间具有一定的专一性，但是不形成根瘤那样的特殊结构。

不同种类的固氮微生物都由共同的固氮基因（nif）控制着固氮特性的遗传，nif 基因和固氮酶只存在于固氮菌体中，共生固氮的高等植物提供宿主条件，便于固氮菌的固氮效能的表达。在根瘤菌的质粒中除了固氮基因之外还存在着结瘤基因（nod），使宿主的根毛变形弯曲的基因（hac），根瘤起始基因（noi）和产生色素的基因（pig）等。宿主植物中有参与共生固氮作用的基因，例如豆血红蛋白基因。在豆科植物的根瘤内豆血红蛋白具有运氧功能，能降低拟菌体周围的氧分压，有利于在嫌气条件下的固氮作用。豆血红蛋白基因是隐性基因，只有当根瘤菌侵入宿主的根毛之后该基因才有可能表达。除此之外，在根瘤发育过程中还需要 18～20 种基因的产物（多肽）协同作用，这些基因统称为结瘤素基因，其多肽产物统称为结瘤素。

当前，人类面临人口、粮食、能源和环境等方面的压力和挑战日益突出，对农作物单位面积产量持续增长的追求永不停步，这在很大程度上依赖于氮素肥料施用量的不断增加。过多施用氮素化肥必将以消耗能源和污染环境为代价。如何兼顾既增加粮食生产又不损害土地的持久生产力，不增加能源消耗和环境污染，则唯有生物固氮才能满足这个目标。目前，生物固氮研究已经被列为“国际生物学计划”中的重点研究内容，各国政府都将其视为重点科技攻关项目。

第四节　磷的成键特性与化合物基本类型

磷广泛存在于动植物体中，最初从人和动物的尿以及骨骼中取得。这和古代人们从矿物中取得的那些金属元素不同，它是第一个从有机体中取得的元素。第一位发现磷元素的人是德国人波兰特（Henning Brand，约 1630—1710）。波兰特抱着提炼黄金的目的将尿和砂、木炭、石灰等混合，加热蒸馏，不断实验，虽没有得到黄金，却意外地得到一种白色物质，它质软美丽，在黑暗中能闪烁亮光。波兰特将其取名“冷光”，这就是今日称之为白磷的物质。德国化学家孔克尔（Kunckel J.，1630—1703）探知这种所谓发光的物质，是由尿里提取出来的，于是他也用尿做试验，终于在 1678 年成功地从尿液提取到这种白色蜡状的固体物质。他为介绍磷，写了一本《论奇异的磷质及其发光丸》；英国化学家罗伯特·波义耳（Robert Boyle，1627—1691）也差不多与孔克尔同时，用相近的方法制得了磷；波义耳的学生汉克维茨（Codfrey Hanckwitz）进一步扩大规模，在英国生产磷，作为商品销售到欧洲其他国家。汉克维茨在 1733 年发表论文介绍制磷的方法。后来又有人从动物骨质中发现了磷。

1845 年，奥地利化学家施勒特尔（Anton Schrötter von Kristelli，1802—1875）发现了红磷，确定白磷和红磷是同素异形体。法国化学家拉瓦锡（Antoine - Laurent de Lavoisier，1743—1794）燃烧了磷和其他物质，确定了空气的组成成分，并把磷列入化学元素的行列。

磷（phosphorus）至少有 10 种同素异形体，其中主要有白磷（white phosphorus）、黄磷（yellow phosphorus）、红磷（red phosphorus）和黑磷（black phosphorus）等。其中白磷是无色透明结晶固体，密度 1.82g·cm^{-3}，熔点 44.1℃，沸点 280℃，着火点是 40℃，于暗处发磷光，有恶臭，剧毒，不溶于水，易溶于 CS_2；白磷遇光逐渐变黄磷，黄磷为无色至黄色蜡状固体，在暗处发淡绿色磷光，有蒜臭味，剧毒；白磷隔绝空气加热至 533K 转变为红磷，红磷是一种棕红色的粉末，密度 2.34g·cm^{-3}，熔点 59℃，沸点 200℃，着火点240℃，不溶于水、碱和CS_2，基本无毒，化学性质稳定；白磷在加压加热条件下会变为黑磷，黑磷的密度2.70g·cm^{-3}，显金属性，电离能为10.486eV，能导电，不溶于普通溶剂，不易发生化学反应。

白磷在工业上用于制备高纯度的磷酸，生产有机磷杀虫剂、烟幕弹等；红磷用于火柴生产，火柴盒侧面所涂物质就是红磷与三硫化二锑等的混合物。磷还可用于制备发光二极管的半导体材料等。

磷的成键特性和化合物基本类型见表10－5。磷的电子构型为$3s^23p^33d^0$，具有空的3d轨道，受$3d^0$轨道参与成键的影响，磷的成键特性与化合物基本类型与氮有很大差别。例如，磷的具有sp^3d杂化的化合物PF_5、PCl_5等；磷的sp^3杂化通常以P（R）$_3$和O═P（R）$_3$的形式存在，形成种类繁多的化合物，其中R可以是—H、—OH、—X、烃基—R或芳基—Ar等，而sp杂化和sp^2杂化类型的化合物则相对较少。

表10－5　磷的成键特性与化合物基本类型

杂化类型	几何构型	实例
sp	直线	R—C≡P，P≡P
sp^2	平面三角	P_2H_4，(磷杂苯环结构式)
sp^3	四面体（三角锥）	R_1—$\ddot{P}(R_2)$—R_3，R_1—P(═O)(R_2)—R_3，PH_3，H_3PO_3，H_3PO_4
sp^3d	三角双锥	PF_5

1. P_4和P_2

在溶液中或在蒸汽状态，磷均以P_4的形式存在，P_4分子呈四面体构型，键长是221pm，键角60°。即使是纯的3p轨道成键，纯p轨道间的夹角也应为90°，而P_4分子实际键角仅有60°，因此P_4分子中P—P键有很大的弯曲应力。加热至1 073K，P_4分解为P_2，P_2分子结构和N_2相同，属sp杂化。

2. PH_3 和 P_2H_4

白磷在热的浓碱液中发生歧化反应，生成磷化氢和次磷酸盐，磷化氢主要是 PH_3，还有 P_2H_4。其中 P_2H_4 为 sp^2 杂化，PH_3 为 sp^3 杂化。

3. P_4O_6 和 P_4O_{10}

磷在常温下缓慢氧化，或在不充分的空气中燃烧，均可生成 P（Ⅲ）的氧化物 P_4O_6，称为三氧化二磷；磷在充分的氧气中燃烧，可以生成 P（Ⅴ）的氧化物 P_4O_{10}，称为五氧化二磷。P_4O_6 的生成可以看成是 P_4 分子中的 P—P 键因受到 O_2 分子的进攻而断开，在每个 P 原子间嵌入一个 O 原子形成 P_4O_6 分子，4 个 P 原子的相对位置（正四面体的角顶）并没有变化，即 P_4O_6 是由 4 个分子碎片 P（—O—）$_3$ 连接而成具有球状结构的稠环分子。P_4O_6 是有滑腻感的白色吸潮性蜡状固体，熔点 296.8K，沸点（在氮气中）446.8K，易溶于有机溶剂中，溶于冷水中缓慢地生成亚磷酸（P_4O_6 是亚磷酸酐），在热水中歧化生成磷酸和磷化氢。在 P_4O_6 的球状分子中，每个 P 原子上的孤电子对受到 O_2 分子进攻，形成 O ═P 双键而形成 P_4O_{10}分子，即 P_4O_{10}分子与 P_4O_6 分子具有相似的结构，是由 4 个分子碎片 O ═P（—O—）$_3$ 连接而成具有球状结构的稠环分子。P_4O_{10}是白色粉末状固体，熔点 693K，573K 时升华，有很强的吸水性，在空气中很快就潮解，因此它是一种最强的干燥剂。P_4O_{10}是磷酸的酸酐，与水作用生成 P（Ⅴ）的各种含氧酸，但不能立即转变成磷酸，只有在 HNO_3 存在下煮沸才能转变成磷酸。

4. PX_3 和 PX_5

所有的单质卤素都能和白磷反应，生成 PX_3 和 PX_5 等类型的卤化物和混合卤化物，和红磷的反应则缓慢些。用气态的氯和溴与白磷作用可以得到 PCl_3 和 PBr_3，根据理论比值混合白磷和碘在 CS_2 中反应可以得到 PI_3；三氟化磷可用三氟化砷与三氯化磷的反应制备；磷也生成一些混合卤化物如 PF_2Cl 和 $PFBr_2$；三卤化物和卤素反应可以得到五卤化磷或混合卤化物：

$$PCl_3 + Cl_2 = PCl_5$$

$$PF_3 + Cl_2 = PF_3Cl_2$$

第二个反应特别适用于制备混合卤化物。

PX_3 和 PX_5 分别属于 sp^3 杂化和 sp^3d 杂化。五卤化磷和过量水作用，产生磷酸和卤化氢；和有限量的水作用，水解产物是氢卤酸和卤氧化磷 POX_3（或卤化磷酰）：

$$PX_5 + 4H_2O \longrightarrow H_3PO_4 + 5HX$$

$$PX_5 + H_2O \longrightarrow POX_3 + 2HX$$

卤氧化磷是许多金属卤化物的非水溶剂，它们也能和许多金属卤化物形成配合物，如 $ZrCl_4 - 2POCl_3$，这种配合物应用于分离 Zr 和 Hf。

5. 含氧酸及其盐

磷能生成多种氧化数的含氧酸及其盐，其中以 P（V）的含氧酸和含氧酸盐最为重要。各种氧化数的化合物中，P 原子均采取 sp^3 杂化，其有分子结构可表达为 $O{=}P(R)_3$ 形式，基团 R 分别为 OH 或 H，可以相同，也可以不同。

（1）氧化数为 P（V）：H_3PO_4（正磷酸），或表达为 $O{=}P(OH)_3$；$H_4P_2O_7$（焦磷酸），由两个 H_3PO_4 分子脱掉一分子水连接而成；$H_5P_3O_{10}$（三磷酸），由三个 H_3PO_4 分子脱掉两分子水连接而成；$(HPO_3)_n$（偏磷酸），由 n 分子的 H_3PO_4 脱掉 n 分子水连接而成的环状分子。

（2）氧化数为 P（Ⅳ）：$H_4P_2O_6$（连二磷酸），含两个 $O{=}P(OH)_2$ 单元，通过 P—P 键连接。

（3）氧化数为 P（Ⅲ）：H_3PO_3（正亚磷酸），$R_1 = R_2 = OH$，$R_3 = H$；$H_4P_2O_5$（焦亚磷酸），由两个 H_3PO_3 分子脱掉一分子水连接而成；HPO_2（偏亚磷酸），或表达为 $O{=}P(OH)$。

（4）氧化数为 P（Ⅰ）：H_3PO_2（次磷酸），$R_1 = OH$，$R_2 = R_3 = H$。

磷的 sp^3 杂化类型化合物主要有两种，一种是以 PX_3（X =—H，—X，—R，—Ar，—OH，—OR）的形式，如膦类配体等，可以利用磷原子上的孤电子对与金属离子配位，也可以利用磷原子空的 3d 轨道接受金属离子的 d 电子，即磷的 sp^3 杂化类型化合物（$:PX_3$）既是σ电子给体（σ碱），又是 π 电子受体配体（π 酸）；另一种是以 $O{=}PX_3$（X =—OH，—H，—X，—R，—Ar，—OR）的形式，如磷的含氧酸及其盐，磷的含氧酸衍生物等，在此类化合物中，O═P 双键已经是 p - dπ 键，即 d 轨道参与成键。

第五节　生命体系中的磷元素

磷广泛存在于动植物组织中。在生物体内，磷以正磷酸的形式与糖、蛋白或脂肪结合形成磷蛋白、磷脂、核酸、核苷酸和辅酶等。磷参与生命活动中的一系列重要的代谢过程，在糖类代谢、蛋白质代谢、脂肪代谢和能量代谢中发挥关键作用。磷的生理功能还包括：①核糖核酸（RNA）和脱氧核糖核酸（DNA）是具有储存、传递生命遗传信息和调控细胞代谢功能的生物大分子，核苷酸是DNA和RNA分子的基本单元，磷酸二酯键是DNA和RNA的分子骨架。②磷参与生物体内的能量代谢，尤其是通过ATP的合成与水解反应调节能量代谢，通过能量代谢调控生命活动过程。③以羟基磷灰石的形式组成骨骼和牙齿的基本材料，磷是促成骨骼和牙齿的钙化不可缺少的营养素，有些婴儿因为缺少钙和磷，常发生软骨病或佝偻病。磷摄入或吸收的不足可以出现低磷血症，引起红细胞、白细胞、血小板的异常，软骨病。因疾病或过多摄入磷，将导致高磷血症，使血液中血钙降低导致骨质疏松。④磷参与体内的酸碱平衡的调节和众多酶的合成调节。

生物体内主要的含磷化合物：①核苷的磷酸酯，含1~3个磷酸分子，主要承担能量载体（ATP类）、电子载体、乙酰基等，重要反应单元的载体，辅酶，环磷酸腺苷等；②生物膜和磷脂；③核酸类，DNA和RNA；④羟基磷灰石（硬组织）等。一些重要的磷酸衍生物见表10-6。其中ATP、ADP和磷酸（Pi）的分子结构如图10.7所示。

表10-6　生物体内主要的含磷化合物

化合物名称	磷酸衍生物类型
ATP	磷酸酯
DNA	磷酸二酯
RNA	磷酸二酯
磷酸肌酸	磷酰胺
磷酸烯醇丙酮酸酯	磷酸烯醇酯
吡哆醛磷酸酯	磷酸苯酚酯
烟碱嘌呤二核苷	磷酸酯及酸酐
果糖-1，6-二磷酸酯	磷酸酯
葡萄糖-6-磷酸酯	磷酸酯
异戊烯焦磷酸酯	焦磷酸酯
核糖-6-磷酸酯-1-焦磷酸酯	磷酸与焦磷酸酯

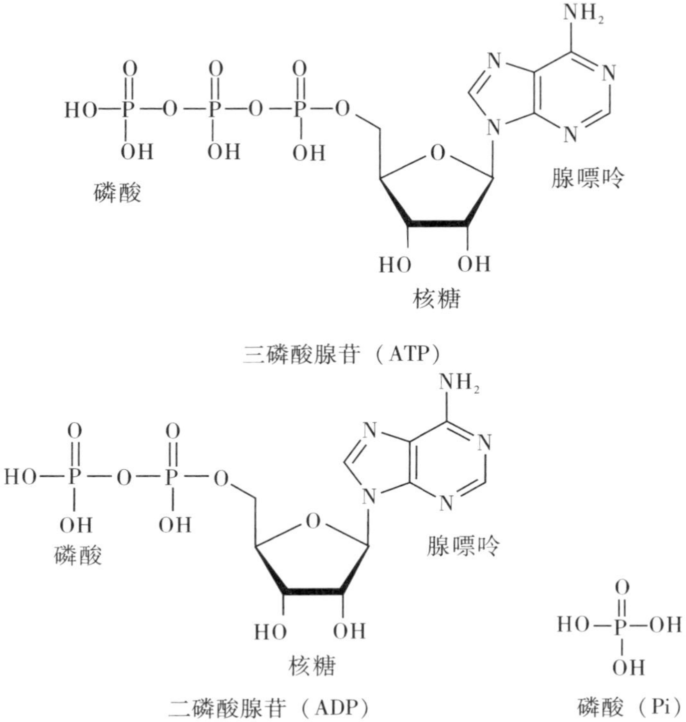

磷酸　腺嘌呤　核糖

三磷酸腺苷（ATP）

磷酸　腺嘌呤　核糖

二磷酸腺苷（ADP）　　磷酸（Pi）

图 10.7　ATP、ADP 和 Pi 的分子结构

20 世纪 60 年代末，在南部非洲的前寒武纪地层中发现了一种古老的细菌化石，古老的细菌的生存年代约在 32 亿年之前；另外还发现一些更古老的类似原藻类的微小生物化石，其生存年代约在 34 亿年以前，这是地球上发现得最早的生命的记录。关于生命的起源及分子进化方面的研究，先后有各种理论假设，如团聚体理论（A. И. 奥帕林 1936 年提出）、黏土表面理论（J. D. 贝尔纳 1952 年提出）、类蛋白微球体理论（S. W. 福克斯和 K. 原田馨 1959 年提出）和海生颗粒理论（江上石二夫 1969 年提出）。1975 年 M. 卡尔文提出了一个模型，认为覆盖于地球上的那些致生元素先是形成原始的致生小分子（甲烷、硫化氢等），致生小分子在各种能量（包括太阳的紫外线、电离辐射能和陨石等）的作用下形成低分子有机化合物，低分子有机化合物再过渡到高分子有机化合物。大约在 40 亿年前才由高分子有机化合物形成了最初的具有生命形态的有机体。

1952 年，米勒模拟了生命前时期的地球环境条件，在甲烷、氨、氢和水的混合物中通过放电反应形成多种产物，包括各种氨基酸、嘌呤、嘧啶和一些简单的糖类分子。以后在另一些条件下发现核苷的磷酸化现象。核酸同样可以在模拟的实验室条件下由核苷酸形成。所有这些实验结果都说明生物大分子可以在原始的地球表面不通过酶促反应而在生物体外形成。蛋白质和核酸在前生命进化中有一定的相互依赖关系。

（1）磷与氨基酸起源。地球原始大气（CH_4，NH_3，N_2，H_2O，PH_3）放电实验表明，含 PH_3 的原始大气可以产生除组氨酸以外的 19 种氨基酸，而不含 PH_3 的原始大气，只产生 6 种氨基酸，如表 10－7 所示。

表 10－7　PH_3 在氨基酸形成过程中的作用

氨基酸种类	氨基酸产量（10^{-9}mol）		
	P－1 条件	P－2 条件	N－1 条件
肌氨酸	230	2 700	
丙氨酸	57	540	18 000
α－丙氨酸	75		
缬氨酸	44		34 000
β－氨基丙酸	6	120	20
异亮氨酸	73	280	
亮氨酸	59	55	
N－亮氨酸	100	140	
脯氨酸	32	110	
苏氨酸	110	79	
丝氨酸	1 000	63	
天冬氨酸	160	280	11 000
苯丙氨酸	16	160	
谷氨酸	250	260	100
甘氨酸	970	6 700	5 800
α，β－二氨基丙酸	74	44	
酪氨酸	5		
鸟氨酸	610	250	
赖氨酸	31	110	

说明：P－1、P－2 反应条件：气相中 PH_3 分别为 4.0×10^3Pa 和 9.33×10^3Pa，CH_3 和 N_2 均为 2.6×10^4Pa；水相中水 100mL，NH_4^+ 500mol·L^{-1}，pH 为 8.0～8.7，温度 60℃，火花放电 24h。N－1 反应条件：气相不含 PH_3，其他与 P－1、P－2 反应条件相同。

（2）磷与糖的形成。磷酰羟基乙醛与甲醛反应或磷酸化甘油酯与甲醛反应可以高产率地生成戊糖。此外，Na_2HPO_3 与乙炔在紫外光照下可以生成乙烯基膦酸并进一步生成膦酸乙醛，进而与甲醛反应生成 2，4－二膦酸吡喃戊糖，即含磷酸吡喃戊糖，如图 10.8 所示。

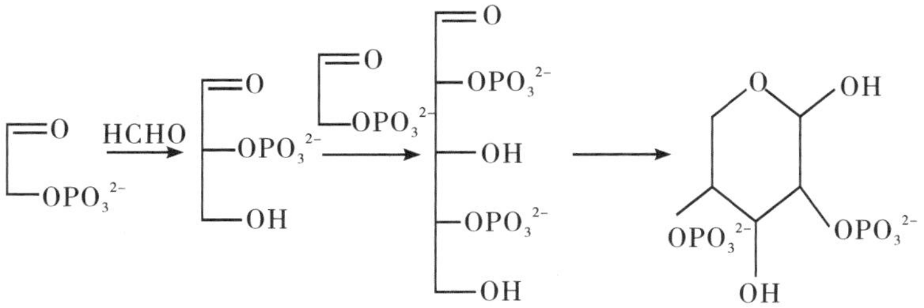

图 10.8　含磷酸吡喃戊糖的生成

（3）磷与核苷的形成。聚磷酸可以催化碱基生成核苷，如图 10.9 所示。

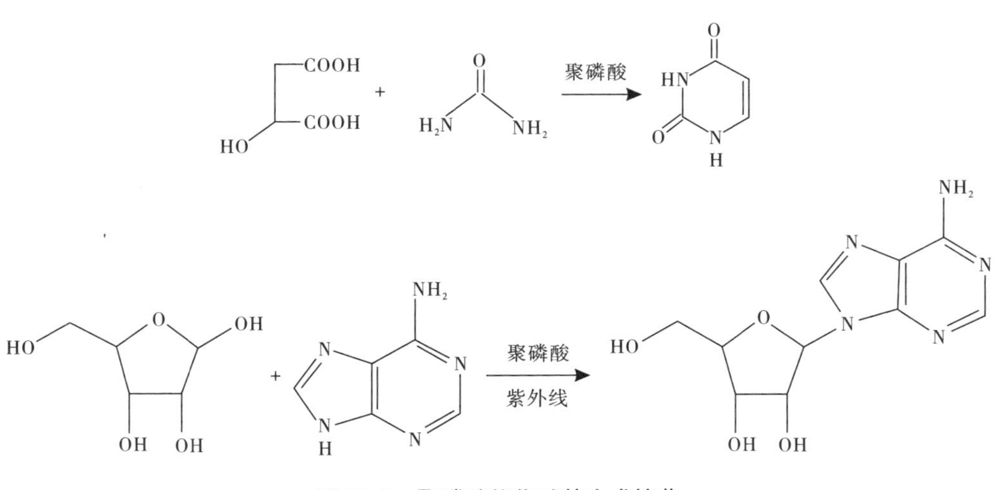

图 10.9　聚磷酸催化碱基生成核苷

（4）磷与多肽的形成如图 10.10 所示，环三聚磷酸钠可催化氨基酸形成肽键，磷酰化氨基酸成肽键时，只有α－氨基酸才能形成肽键，β－氨基酸则不能。

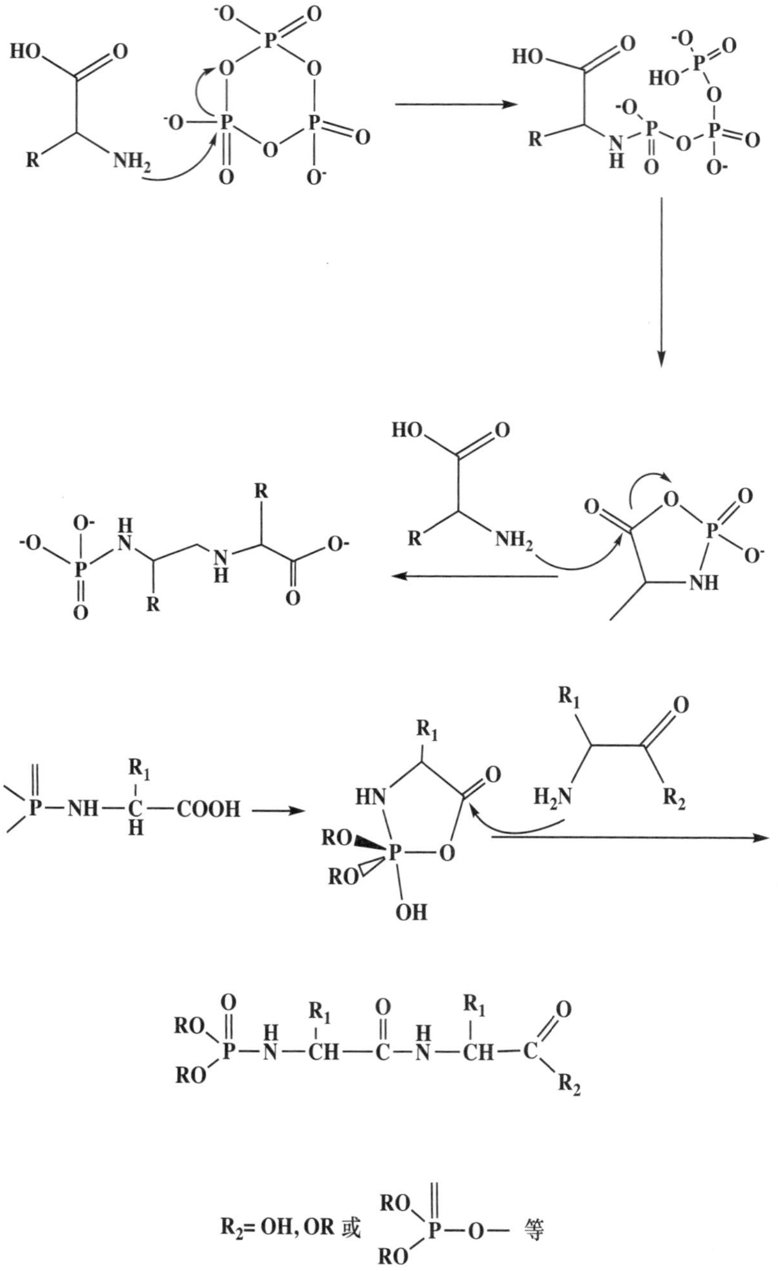

图 10.10　环三聚磷酸钠作用和磷酰化氨基酸成肽机理

（5）核苷酸与多肽共同起源。在生命起源研究史上，蛋白与核酸孰先孰后，或是共同起源，均有争论，而共同起源学说一直缺乏很好的分子模型。赵玉芬团队设计了磷酰化氨基酸与核苷的反应，发现磷酰化－α－丙氨酸与尿苷在吡啶中反应时，不仅生成了多肽，还生成了一系列寡聚尿苷酸及焦磷酸衍生物。磷酰化α－丝氨酸同样进行以上反应，有关路径如图10.11所示。

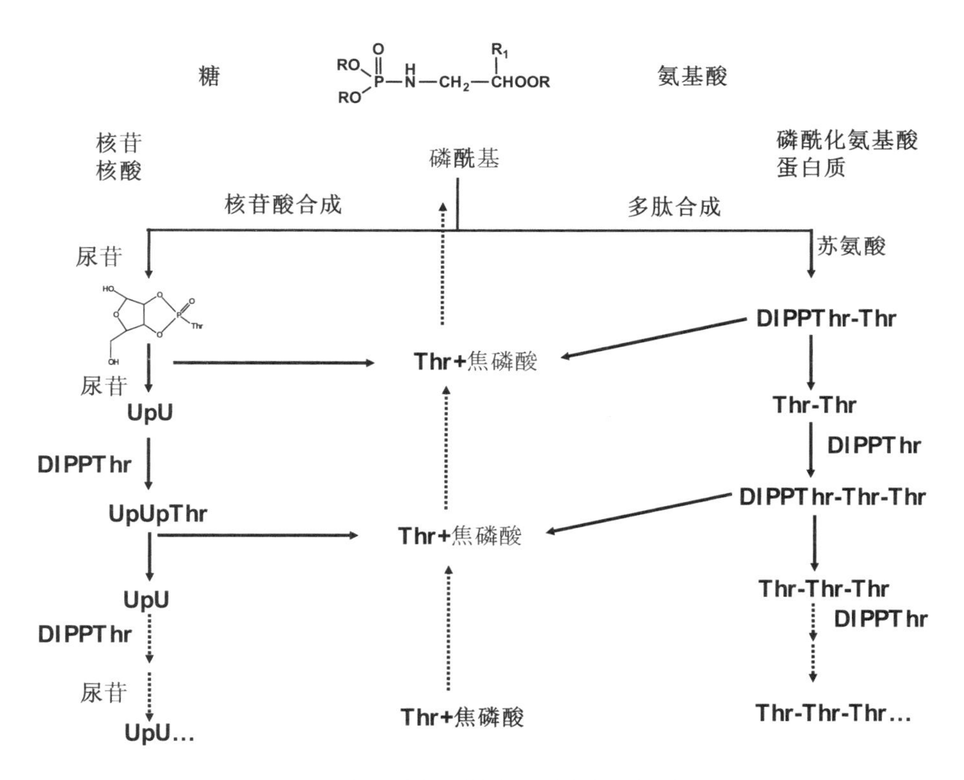

图10.11　**寡核苷酸与多肽的同时生成**

以上反应在水溶液中进行同样可以得到多肽和寡聚核苷酸。不同的N－磷酰化氨基酸对不同的核苷的酸化作用是不一样的，显示了一定的选择性，见表10－8。这一结果对研究遗传密码的起源意义重大。

表 10－8　磷酰化氨基酸对不同核苷酸磷酸化的产率

DIPP－aa	A（%）	G（%）	C（%）	U（%）
DIPP－Ala	15.01	10.37	9.85	10.47
DIPP－Leu	15.14	10.13	9.89	8.37
DIPP－Asp	33.42	30.47	9.91	10.63
DIPP－Glu	14.72	17.93	11.95	11.25
DIPP－Arg	11.87	11.05	10.48	8.78
DIPP－Ser	12.85	9.20	9.68	9.23
DIPP－Thr	11.71	12.98	14.76	13.42
DIPP－Cys	11.52	10.95	10.48	9.68
DIPP－Pro	11.85	9.13	10.64	9.42
DIPP－Phe	4.56	7.07	11.69	1.98

第六节　砷及其化合物的毒性作用

砷（As）通常与硫和金属元素共存，也有纯的元素晶体。德国哲学家艾尔伯图斯·麦格努斯（Albertus Magnus）在 1250 年分离了砷并对其进行了记载。明朝李时珍在《本草纲目》中介绍了砷化合物的毒性，并用于稻田的杀虫剂。砷单质以灰砷、黑砷和黄砷这三种同素异形体的形式存在，但只有灰砷在工业上具有重要的用途，灰砷具有金属性，质脆而硬。高纯砷是制取化合物半导体砷化镓、砷化铟等的原料，也是半导体材料锗和硅的掺杂元素，这些材料广泛用作二极管、发光二极管、红外线发射器、激光器等。砷的化合物还用于制造农药、防腐剂、染料和医药等。含砷农药有亚砷酸钠、亚砷酸钙等，多用于杀虫或灭鼠；含砷的药物有新胂凡纳明（neosalvarsan，neoarsphenamine，三价砷抗梅毒药）、雌黄（As_2S_3）、雄黄（As_4S_4）、亚砷酸钾（$KAsO_2$，potassium arsenite）、卡巴胂（carbarsone，对脲基苯胂酸，五价砷阿米巴滋养体杀灭剂）等。

砷化合物的毒性在很大程度上取决于它在水中的溶解度。砷单质不溶于水，几乎无毒。雄黄、雌黄在水中的溶解度很小，毒性很低。一般而论，无机砷的毒性比有机砷大，砷的氧化物和一些盐类绝大部分都属高毒性物质；三价砷毒性较五价砷毒性大；其中 As_2O_3 毒性最强，人口服 0.01～0.05g 可发生急性中毒，致死量为 0.06～0.6g。As_2O_3 俗称砒霜、白砒、砒石、信石，又称亚砷酐，为白色粉末，微溶于水，易升华（193℃），As_2O_3 可经呼吸道、皮肤及消化道吸收；砷化氢（化学式：AsH_3）又称砷化三氢、砷烷、胂，有毒气体，在锡矿开采、金属冶炼等工业生产中，当酸与含有微量砷的金属或矿物接触而产生新生氢时，均可生成砷化氢。

进入体内的砷，95%迅即与细胞内血红蛋白的珠蛋白结合，随血流分布到全身的组织和器官。三价砷易与巯基结合，可长期蓄积于富含巯基的毛发及指甲中。砷主要由尿液排出，少量由粪便、汗液、乳汁、呼气中排出；经口中毒者，粪中排砷较多。砷亦可通过胎盘损及胎儿。砷在体内主要与含巯基酶和硒酶结合，抑制巯基酶和硒酶的活性；砷酸盐在结构上与磷酸盐类似，可取代生化反应中的磷酸，例如对氧化磷酸化反应产生竞争，干扰细胞的能量代谢；作用于血管舒缩中枢及直接损害毛细血管，使毛细血管扩张，血管平滑肌麻痹；影响 DNA 的合成与修复等。

在砷矿的开采、冶炼、砷化合物的制造和使用等过程中均存在职业性接触；自服或误服砷化合物时发生急性砷中毒；如土壤或水源中含砷量过高（$>0.1mg \cdot L^{-1}$），可使当地居民发生地方性砷中毒；部分用煤地区的居民因使用含高砷的煤而引起慢性砷中毒；长期职业性接触，或从食物、饮水中摄入砷化物可引起慢性中毒。中毒表现除可能有脑衰弱综合征外，还可能有皮肤色素沉着和色素脱失、皮肤角化过度、疣状增生（“砒疔”或“砷疔”）及浅表型基底细胞癌等多样性的皮肤损害；部分患者出现肝大、周围神经病等症状。有报道称长期饮用高砷水可损害周围血管导致黑脚病。职业性急性砷化氢中毒是指在职业活动中，短期内吸入较高浓度砷化氢气体所致的以急性血管内溶血为主的全身性疾病，严重者可发生急性肾功能衰竭。

若发现急性砷中毒，应首先尽快清除毒物，口服中毒应尽早催吐，彻底洗胃，洗胃后可先给予鸡蛋清、牛奶或活性炭，而后服用硫酸镁（$MgSO_4 \cdot 7H_2O$）或硫酸钠（Na_2SO_4）导泻。急性砷中毒的解毒药是二巯丙磺钠（sodium dimercaptosulphonate）、二巯丁二钠（sodium dimercaptosuccinate）和青霉胺［D（-）-penicillamine，二甲基半胱氨酸，3,3-dimethyl-D（-）-cysteine］。对症与支持疗法，应防止或纠正脱水、休克及电解质紊乱。砷化氢中毒者应吸氧，给氢化可的松（hydrocortisone）或甲基氢化泼尼松（6α-methylprednisolone）以抑制溶血反应。慢性砷中毒可静脉注射硫代硫酸钠（$Na_2S_2O_3 \cdot 5H_2O$）以辅助肾排泄。

第十一章　氧族元素生物化学

氧族元素（Chalcogen，Oxygen group elements）位于元素周期表上的ⅥA族，氧族元素包含氧 O（Oxygen）、硫 S（Sulfur）、硒 Se（Selenium）、碲 Te（Tellurium）和钋 Po（Polonium）五种元素。其中钋为金属，是放射性元素；碲为类金属；氧、硫、硒是典型的非金属元素。氧族生命元素有三种，分别是 O、S 和 Se。在生命体中的三种元素的含量和功能差别较大，这是由其原子的性质决定的。

第一节　氧族元素的基本性质

氧族元素的基本性质见表 11－1。

表 11－1　氧族元素的某些基本性质

元素	前线电子构型	主要氧化数	半径（pm）		电负性 χ
			原子	离子（X^{2-}）	
O	$2s^2 2p^4$	－2，－1	73	140	3.04
S	$3s^2 3p^4 3d^0$	－2，＋4，＋6	103	184	2.58
Se	$3d^{10} 4s^2 4p^4 4d^0$	－2，＋4，＋6	117	198	2.55
Te	$4d^{10} 5s^2 5p^4 5d^0$	－2，＋4，＋6	137	221	2.10

从表 11－1 可以看到，氧原子的前线电子构型中没有 d 轨道；从 S 元素开始，前线电子构型中增加了空的 nd 轨道，因此，除氧元素外，其余元素均可利用 nd^0 轨道成键，如形成 d－pπ 键或接受孤电子对形成配位键；而到了 Se，其内层（$n-1$）d 轨道全充满。电子层数的增加，其原子半径相应增加，但由于内层全充满构型产生的收缩效应，使从 S 到 Se 原子半径的变化幅度相应变

小。以上这些性质特点，对氧族元素的自然形态及某些典型化合物的基本性质均产生影响。

1. 自然形态

氧是地壳中分布最广泛的元素，占地壳组成的48.6%，其中在陆界主要以二氧化硅（SiO_2）、硅酸盐或其他氧化物（含冰雪和水）、含氧酸盐的形式存在，在海洋主要以水的形式存在，在大气中以氧气和水的形式存在。硫大约占地壳组成的0.048%，以单质硫，硫化物，如黄铁矿 FeS_2、黄铜矿 $CuFeS_2$、方铅矿 PbS、闪锌矿 ZnS，一些硫酸盐，如石膏 $CaSO_4 \cdot 2H_2O$、芒硝 $Na_2SO_4 \cdot 10H_2O$、重晶石 $BaSO_4$ 等矿石形式存在。硒和碲是稀有分散元素，在自然界中存在量极少，硒大约占地壳组成的 $9 \times 10^{-5}\%$，碲大约占 $2 \times 10^{-7}\%$，极难形成工业富集。硒的赋存状态大概可分为三类：独立矿物形式、类质同形和黏土矿物吸附形式，主要取自精炼铜的阳极泥中（以化合态存在的硒和碲及贵金属）。

2. 单质

氧单质除了 ^{16}O 外，还有 ^{17}O 和 ^{18}O 同位素。通常条件下氧气呈无色、无臭和无味的气体，密度为 $1.429 g \cdot L^{-1}$，在 -182.962℃液化形成液体（淡蓝色），-218.4℃凝固（雪状淡蓝色固体），在水中的溶解度为 $4.89 mL/100mL H_2O$（0℃），这是水中生命体的基础，低温下可形成水合晶体 $O_2 \cdot H_2O$，干燥空气中氧气含量为20.946%（体积）。硫单质通常为淡黄色晶体，有多种同素异形体，重要的是斜方硫（菱形硫，$\alpha-S$）和单斜硫（$\beta-S$），均为 S_8 环状分子晶状硫，密度和熔点分别为 $2.07 g \cdot cm^{-3}$、112.8℃（$\alpha-S$），$1.96 g \cdot cm^{-3}$、119.0℃（$\beta-S$），晶体硫熔融后加热到160℃时，S_8 开始断环形成长链；到190℃时，长链中有 10^6 个硫原子，熔融硫颜色变深，黏度增大；在200℃时黏度最大；高于250℃后，黏度明显下降；290℃以上，有 S_6 生成；444.6℃沸腾，在蒸汽中有 S_8、S_6、S_4 和 S_2 等分子。把200℃的熔态硫迅速倾倒在冰水中得到弹性硫，硫单质导热和导电性差，不溶于水，易溶于二硫化碳（弹性硫只能部分溶解）。硒的同素异形体中，有三种晶体（α 单斜体、β 单斜体和灰色三角晶）和两种无定形硒（红色和黑色），其中无定形硒是不良导体，灰色三角晶硒（简称灰硒）密度 $4.26 g \cdot cm^{-3}$，第一电离能为9.752eV。硒在空气中燃烧发出蓝色火焰，生成二氧化硒（SeO_2）。碲的同素异形体有结晶形和无定形两种，电离能9.009eV，易传热和导电。结晶碲具有银白色金属光泽，密度 $6.25 g \cdot cm^{-3}$，熔点452℃，沸点1 390℃；无定形碲是黑褐色粉末，密度

$6.00\ g \cdot cm^{-3}$，熔点449.8℃，沸点989.8±3.8℃。碲的化学性质与硒相似，在空气或氧中燃烧生成二氧化碲，发出蓝色火焰，易和卤素发生剧烈反应，碲溶于硫酸、硝酸、氢氧化钾和氰化钾溶液。

第二节　氧族元素的成键特性与化合物基本类型

氧族元素的成键特性与化合物基本类型见表11-2。由于氧原子的前线电子构型中没有d轨道，因此氧原子在其各种化合物中，均没有d轨道参与成键。氧所形成的化合物主要有sp^2杂化和sp^3杂化。在一氧化碳和一氧化氮等分子或离子（CO，NO，NO^+）中，氧为sp杂化，这是为数不多的sp杂化实例，氧族其他元素均没有sp杂化类型的化合物。

表11-2　氧族元素的成键特性与化合物基本类型

序号	杂化类型	空间构型	分子碎片	Y原子	实例
①	sp^2	平面三角	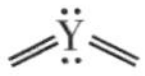 Y	O，S，Se	YO_2，O_3
②	sp^2	平面三角	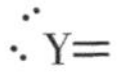 Y	O，S，Se	$R_2C=Y$
③	sp^3	弯曲型	 Y	O，S，Se	H_2Y，$(CH_3)_2Y$
④	sp^3	桥型	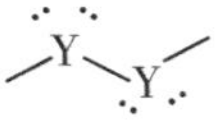 Y Y	O，S，Se	H_2Y_2
⑤	sp^3	三角锥	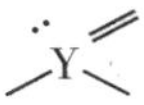 Y	S，Se	$YOCl_2$，OR_1R_2
⑥	sp^3	四面体	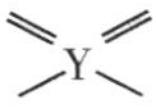 Y	S，Se	YO_2F_2，$YO_2R_1R_2$
⑦	sp^3d	变形四面体	 Y	S，Se	YF_4
⑧	sp^3d^2	八面体	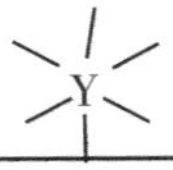 Y	S，Se	YF_6

注：①中心Y原子有一对孤对电子，另一对电子参与π键形成共轭体系；⑤和⑥中d轨道参与成键（没有参与杂化），其中的双键就是Y原子d轨道上的电子所形成的d-p π键。

氧族元素的前线电子构型，决定了氧族元素的成键特性与化合物基本类型，也决定了其化合物的键角、键长和键能以及化合物的特殊异构现象等特点。

1. 键角和键长

以氧族元素的氢化物为例来测量键角和键长。形式上氧族元素的氢化物应该都是 sp^3 杂化，但是从图 11.1 的键角数据可看到，硫属元素的氢化物中，几乎是用了纯的 p 轨道。

图 11.1　氧族元素的氢化物的分子结构及其参数

2. 键能

氧族元素化合物的部分键能数据见表 11－3。从表中的数据可看到，氧族元素氢化物的键能变化趋势与其键长数据是相对应的。

表 11－3　部分化学键的键能

单位：$kJ \cdot mol^{-1}$

元素	H	C	O	S	Se
单键					
H	436				
C	415	331			
O	465	343	138		
S	364	289	268	264	
Se	314	247	172		193
双键					
C		620	708	578	456
O		708	498	420	425

3. 分子异构体

硫属元素的某些化合物，具有特殊的异构现象。例如，顺反异构、手性和旋光对映体等，如图 11.2 所示。

α－型，顺式；β－型，反式

图 11.2　硫属元素某些化合物的特殊异构现象（X＝S，Se）

4. sp^2 杂化

在表 11－2 中的序号①和②均为 sp^2 杂化。杂化类型相同，但中心原子的电子配置情况不同，化合物的类型也不同。①的中心原子 Y，其杂化轨道上有一对孤对电子，另一对电子在没有杂化的 p 轨道（垂直于分子平面）上，可以与相邻原子的 p 轨道形成富电子的 p－pπ 键，如臭氧（O_3）、二氧化硫（SO_2）等，或形成环状共轭体系，如表 11－4 的杂环化合物。②的中心原子 Y，其杂化轨道上有两对孤对电子，在没有杂化的 p 轨道（垂直于分子平面）上有单电子，可以与相邻原子的 p 轨道形成正常的 p－pπ 键，其典型化合物如表 11－5 所示。

表 11－4　氧族的杂环化合物（sp^2 杂化）

化合物类型	Y 原子	化合物名称
	O，S，Se	呋喃，噻吩，硒吩
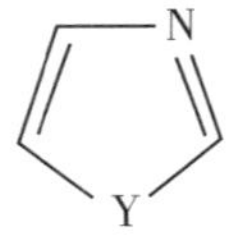	O，S，Se	唑，噻唑，硒唑
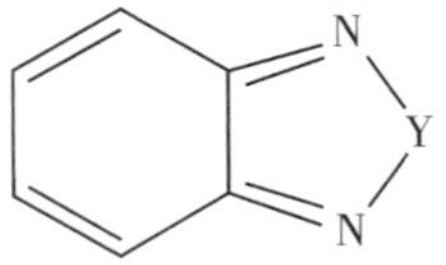	O，S，Se	2，1，3－苯并氧（硫、硒）咪唑

表 11-5　氧族元素的典型化合物（sp^2 杂化）

结构式	基团		化合物类型
	E^1	E^2	Y = O，S，Se
$E^1-C(=Y)-E^2$	R	H	醛，硫醛，硒醛
	R	R	酮，硫酮，硒酮
	$-NH_2$	$-NH_2$	脲，硫脲，硒脲
	R	—OH	羧酸，硫代，硒代
	R	—OR	酯，硫代，硒代
	R	X	酰卤，硫代，硒代
	R	$-NH_2$	酰胺，硫代，硒代
	R	—NHR	酰胺（仲）
	R	$-NR_2$	酰胺（叔）

氧族元素所形成的五元杂环化合物，其环共轭体系有 6 个 π 电子（$4n+2$），符合休克尔规则（Hückel′s rule），具有芳香性。表 11-6 给出了环上氢原子的核磁共振谱化学位移值 δ，该数据可以反映环上 π 电子的分布情况，即芳香性特点。环戊二烯（cyclopentadiene）的亚甲基碳原子（1 位）为 sp^3 杂化，二烯 π 电子在亚甲基处受阻断而没有形成环流，具有共轭性但没有芳香性；环戊二烯负离子（cyclopentadienylanion）环上具有 6 个 π 电子，在 5 个碳原子上形成环流并均匀分布，环上各位置氢原子的核磁共振谱化学位移值 δ 完全相同，芳香性最好；吡咯（Pyrrole）环上的 5 个原子均为 sp^2 杂化，处于同一平面，氮原子 p 轨道的一对电子与 4 个碳原子 p 轨道上的单电子形成 6 个 π 电子的闭合共轭体系（具有芳香性）；呋喃（furan，oxole）是一个含氧五元杂环，氧原子杂化轨道上有一对孤对电子（位于环平面，指向环外），在垂直于环平面的 p 轨道（没有参与杂化的）上的一对电子与 4 个碳原子 p 轨道上的单电子形成 6 个 π 电子的闭合共轭体系，具芳环性质；与呋喃相似，噻吩（thiophene）是含硫五元杂环，噻吩的芳香性仅略弱于苯；硒吩（selenophene）是含硒五元杂环，性质与噻吩相似。氧族元素的五元杂环化合物性质均与吡咯相似，同样可进行卤化、硝化、磺化、酰基化等反应，取代基主要进入 2 号位（2-H 的化学位移值 δ 相对较大）；这些杂环化合物中，由于杂原子的电负性和原子半径的差异，导致环上 π 电子出现非均匀性分布，整个环分子芳香性的强弱也有所不同，这些都体现在环氢原子的化学位移值 δ 上。

表 11 - 6　五元环化合物的氢化学位移值 δ 及芳香性比较

结构式	1 - H	2 - H	3 - H	最大差值
4 3 H 5 2 N H H 1	7.48	6.60	6.03	1.45
4 3 H 5 2 O H 1		7.39	6.3	1.09
4 3 H 5 2 S H 1		7.20	6.96	0.24
4 3 H 5 2 Se H 1		7.88	7.23	0.65
4 3 H 5 2 Te H 1		8.85	7.72	1.13
4 3 H 5 2 H C H H 1	1.96	5.66	5.60	3.70
⊖	7.27	7.27	7.27	0

5. sp^3 杂化

表 11－2 中序号③④⑤和⑥均为 sp^3 杂化。杂化类型相同，但中心原子的电子配置情况不同，d 轨道参与成键情况不同，化合物的类型也不同。表 11－7是氧族元素具有代表性的 sp^3 杂化化合物类型（Y＝O、S 和 Se），没有 d 轨道参与成键；表 11－8 是 S 和 Se 具有代表性的 sp^3 杂化化合物类型（Y＝S 和 Se），d 轨道没有参与杂化，但参与成键，首先中心原子的 p 电子激发到 d 轨道，然后形成 p－dπ 键。

表 11－7　氧族元素的典型化合物（sp^3 杂化）

结构式	基团		化合物类型
	E^1	E^2	Y＝O，S，Se
$E^1—\ddot{\underset{..}{Y}}—E^2$	R	H	醇，硫醇，硒醇
	Ar	R	酚，硫酚，硒酚
	R	R	醚，硫醚，硒醚
	R—C(=O)—	H	羧酸，硫代，硒代
	R—C(=O)—	R	酯，硫代，硒代
	R	OH	过氧化物，次硫酸，硒代
	R	X	次磺酰卤，硒代

表 11－8　硫和硒的典型化合物（sp^3 杂化，d 轨道参与成键）

结构式	基团		化合物类型
	E^1	E^2	Y＝S，Se
$E^1—Y(=O)—E^2$（Y 上有一对孤对电子）	R	R	亚砜，亚硒砜
	$—CH_3$	—OH	甲基亚磺酸，甲基亚硒酸
	$—CH_3$	—OR	甲基亚磺酸酯，甲基亚硒酸酯
	$—CH_3$	X	甲基亚磺酰卤，甲基亚硒酰卤
$E^1—Y(=O)_2—E^2$	R	R	砜，硒砜
	$—CH_3$	—OH	甲基磺酸，甲基硒酸
	$—CH_3$	—OR	甲基磺酸酯，甲基硒酸酯
	$—CH_3$	X	甲基磺酰卤，甲基硒酰卤

6. sp^3d 杂化

sp^3d 杂化的中心原子 Y 为变形四面体，其 6 个价电子在 5 个杂化轨道上的配置要求有一孤电子，即该类型的化合物必然为 4 配位。代表性的化合物是硫属元素的卤化物及其与芳基（或烃基）形成的混配化合物，如 YX_4（Y = S，Se，Te，下同）、$(Ar)_4Y$、$(Ar)_3YX$、$(Ar)_2YX_2$、$ArYX_3$、R_4Y、R_3YX、R_2YX_2 和 RYX_3 等。

7. sp^3d^2 杂化

sp^3d^2 杂化的中心原子为正八面体，其 6 个价电子在 6 个杂化轨道上，即该类型的化合物为 6 配位的 YX_6（Y = S，Se，Te）。代表性的化合物是硫属元素的卤化物，如六氟化硫（sulfur hexafluoride）SF_6。高纯 SF_6 因其化学惰性、无毒、不燃及无腐蚀性，被广泛应用于金属冶炼（如镁合金熔化炉保护气体）、航空航天、医疗（X 光机、激光机）、气象（示踪分析）、化工（高级汽车轮胎、新型灭火器）等领域。随着科技的发展，SF_6 涉及的领域不断扩展，被越来越多的基础领域和科技领域广泛应用。六氟化硒（selenium hexafluoride，selenium fluoride）SeF_6，无色带有气味的气体，主要用作氟化剂。六氟化碲（tellurium hexafluoride）TeF_6，无色具有蒜臭的气体，活性远高于六氟化硫，与六氟化硒相似，在水中慢慢水解为碲酸。

第三节　氧族元素的生物形态

氧族元素的生物形态非常丰富，概括地说，有含氧的小分子组分，如 H_2O、NO、CO、CO_2、PO_4^{3-}、CO_3^{2-}，活性氧类物质，硬组织（羟基磷灰石），含氧、含硫和含硒的氨基酸，铁硫蛋白，大分子组分等。

1. 水 H_2O

水的生物功能在第一章中已经有较为详细的讨论，这里再补充几点：①水是所有生命物质的溶剂系统，水为所有生物分子提供活动介质和发挥生物功能的平台；②水介导了所有生物分子的构筑与组装，从氨基酸到多肽，从多肽到蛋白质，从碱基到核苷酸，从单糖到多糖……每一步都离不开水分子的介导作用；③水分子的碎片成为众多生物分子的组装材料，如糖分子，碳链上每一个碳原子的“左臂右膀”，都是水分子的身躯；④地球环境中任何一种元素的循环都离不开水的参与。

2. 活性氧类物质（activated oxygen species，AOS，或 reactive oxygen species，ROS）

活性氧类物质包括自由基（free radicals，如 O_2^-、HO_2·、·OH 等）及过氧化氢 H_2O_2。ROS 的强氧化作用是细胞损伤的基本环节。细胞内同时存在生成 ROS 的体系和拮抗其生成的抗氧化剂体系（超氧化物歧化酶、谷胱甘肽过氧化物酶、过氧化氢酶及维生素 E）。机体内的 ROS 通过其浓度调节着机体细胞的生死平衡，除了引起细胞凋亡、坏死，低浓度的 ROS 更广泛的生理意义在于其对转录因子的激活以及对细胞增殖、分化的促进。

3. 过氧化氢（hydrogen peroxide）

过氧化氢，化学式 H_2O_2。纯过氧化氢是淡蓝色的黏稠液体，可任意比例与水混溶，水溶液俗称双氧水，为无色透明液体。过氧化氢中的两个氧原子均为 sp^3 杂化，其氧化数均为 -1，既是强氧化剂（被还原为 H_2O，-2 氧化数），也是中等强度的还原剂（被氧化成为 O_2，0 氧化数），因此过氧化氢不稳定，能发生自身氧化还原反应（即分解产生 O_2 和 H_2O），在一般情况下分解反应缓慢进行，若加入催化剂（如二氧化锰 MnO_2）或用短波射线照射将促进其分解。过氧化氢用途分医用、军用和工业用三种。日常消毒用的属医用，浓度等于或低于 3%，可杀灭肠道致病菌、化脓性球菌、致病酵母菌，一般用于物体表面消毒。

过氧化氢医用擦拭到创伤面会有灼烧感，表面被氧化成白色并冒气泡，过 3～5min 就恢复为原来的肤色；化学工业用作生产过硼酸钠、过碳酸钠、过氧乙酸、亚氯酸钠、过氧化硫脲等的原料，酒石酸、维生素等的氧化剂；医药工业用作杀菌剂、消毒剂，以及生产福美双杀虫剂和 401 抗菌剂的氧化剂；印染工业用作棉织物的漂白剂，还原染料染色后的发色；用于生产金属盐类或其他化合物时除去铁及其他重金属；也用于电镀液，可除去无机杂质，提高镀件质量；还用于羊毛、生丝、象牙、纸浆、脂肪等的漂白。高浓度的过氧化氢可用作火箭动力助燃剂。

过氧化氢属于爆炸性强氧化剂。过氧化氢自身不燃，在 pH 值为 3.5～4.5 时最稳定，在碱性溶液中极易分解，在遇强光，特别是短波射线照射时也能发生分解；当加热到 100℃以上时，开始急剧分解；与有机物，如糖、淀粉、醇类、石油产品等形成爆炸性混合物，在撞击、受热或电火花作用下能发生爆炸；与无机化合物或杂质接触后会迅速分解而导致爆炸，放出大量的热量、氧和水蒸气。

大多数重金属（如铜、银、铅、汞、锌、钴、镍、铬、锰等）及其氧化物和盐类都是活性催化剂，尘土、香烟灰、碳粉、铁锈等也能加速分解。浓度超过69%的过氧化氢，在具有适当的点火源或温度的密闭容器中，会产生气相爆炸。

过氧化氢的健康危害：高浓度过氧化氢有强烈的腐蚀性。吸入该蒸气或雾对呼吸道有强烈刺激性。眼直接接触液体可致不可逆损伤甚至失明。口服中毒出现腹痛、胸口痛、呼吸困难、呕吐、一时性运动和感觉障碍、体温升高等问题。个别病例出现视力障碍、癫痫样痉挛、轻瘫等症状。

4. 维生素 C（vitamin C，ascorbic acid）

维生素 C 又叫 L－抗坏血酸，是一种水溶性维生素。食物中的维生素 C 被人体小肠上段吸收。一旦被吸收，维生素 C 就会分布到体内所有的水溶性结构中，正常成人体内的维生素 C 代谢活性池中约有 1 500mg，最高储存峰值为3 000mg 维生素 C。正常情况下，维生素 C 绝大部分在体内经代谢分解成草酸，或与硫酸结合生成抗坏血酸－2－硫酸由尿液排出；另一部分可直接由尿液排出体外。

在 18 世纪，坏血病在远洋航行的水手中非常普遍，也流行在长期困战的陆军士兵中、长期缺乏食物的社区、被围困的城市、监狱犯人和劳工营中，例如加州的淘金工人和阿拉斯加的淘金工人都有大批的坏血病病例，且死亡率很高，曾被称作不治之症。直到 1911 年，人类才确定坏血病是因为缺乏维生素 C 而产生。因而维生素 C 也被称为抗坏血酸。

1959 年美国生化学家 J. J. Burns 发现人类和灵长类动物会得坏血病，是因为他们的肝脏中缺乏一种酶 L－gulonolactone oxidase，该酶是将葡萄糖转化为维生素 C 的四种必要酶之一。因此必须从食物中摄取维生素 C，才能维持健康。其他的哺乳动物都在肝脏中自行制造维生素 C，两栖动物及鱼类则在肾脏中制造维生素 C。人类特有的许多疾病，如伤风、感冒、流行性感冒、肝炎、心脏病及癌症，在动物中都少见，这些疾病都是因为人体不能自行制造维生素 C 而产生的。

维生素 C 有很多生物功能，主要有：①还原作用，维生素 C 在体内同时以还原型和氧化型的形式存在，所以可作为氢的供体，又可作为氢的受体，其活性部位是五元环上的 2 位和 3 位碳原子及其所连接的羟基，在氧化还原过程中，所在位置的两个羟基氧转化为碳基氧，羟基所连接的碳原子氧化态从 +1 变为 +2，如图 11. 3 所示。维生素 C 的还原作用可把体内难以吸收的三价铁（Fe^{3+}）还原为易于吸收的二价铁（Fe^{2+}）；把胱氨酸还原为半胱氨酸，使亚铁络合酶等的巯基处于活性状态，以便有效地发挥酶的活性，故维生素C是治疗贫血的重要辅助药物；促进叶酸还原为四氢叶酸，故对巨幼红细胞性贫血有一定疗效；清除自由基，与体内的生育酚、还原型辅酶Ⅱ协同清除自由基等。②参与羟化反应，促进胶原合成；促进神经递质（5－羟色胺及去甲肾上腺素）合成；促进类固醇羟化；促进有机物或毒物羟化解毒。此外，维生素C能提升混合功能氧化酶的活性，增强机体的解毒功能，缓解铅、汞、镉、砷等重金属对机体的毒害作用。

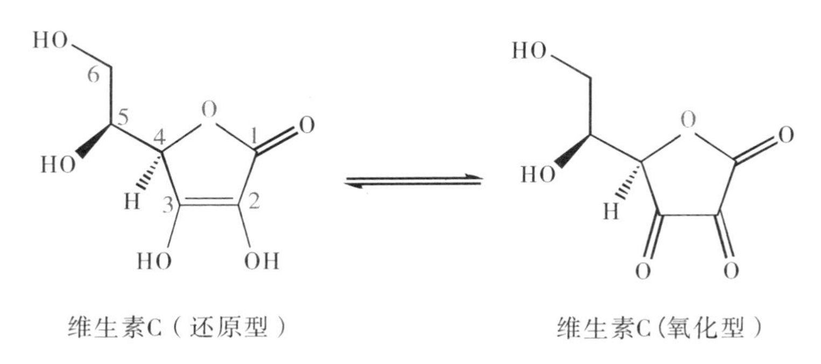

图11.3　维生素C的氧化还原与形态转化

5. 维生素E（vitamin E）

维生素E是一种脂溶性维生素，其水解产物为生育酚（维生素E苯环上的酚羟基乙酸酯水解为酚羟基后即为生育酚），是最主要的抗氧化剂之一。维生素E经肠道吸收，吸收后经淋巴以乳糜微粒状到达血液，随后与血浆β－脂蛋白结合，分布于所有组织和器官的线粒体和微粒体中，其中以垂体、肾上腺和睾丸含量最高，在胸腺和子宫含量低。在组织中能氧化成生育醌，再还原为β－生育氢醌，后者与肝脏中葡萄糖醛酸结合，主要经胆汁分泌入肠，随大便排出，在尿液中甚少。

维生素E是一种基本营养素，能清除自由基，具有抗氧化作用，可结合饮食中的硒，保护细胞膜及其他细胞结构的多价不饱和脂酸，使其免受自由基损伤，保护红细胞免于溶血，保护神经与肌肉免受氧自由基损伤，维持神经、肌肉的正常发育与功能，亦可能为某些酶系统的辅助因子。其对生殖功能、脂质代谢等均有影响，可使腺垂体促性腺分泌细胞亢进，分泌增加，促进精子的生成和活动，增强卵巢功能，使卵泡增加，黄体细胞增大并增强黄体酮的作用。

维生素 E 缺乏时可使动物生殖器官受损，不易受精或引起习惯性流产。维生素 E 还能改善脂质代谢，缺乏时可使动物的胆固醇、三酰甘油等的含量增加，导致动脉粥样硬化。有报道称维生素 E 可改善糖尿病的代谢异常；在眼科上可用于糖尿病性视网膜病变、视神经萎缩、病毒性角膜炎、各种脉络膜视网膜病变、视网膜色素变性、黄斑变性等；大剂量的可促进毛细血管及小血管增生，并改善周围循环；在维持机体健康及延缓衰老方面已日益受到重视；在防止组织再灌注损伤亦有重要作用。但维生素 E 对于治疗动脉粥样硬化、癌症、抗衰老等，其确切疗效尚待积累更多的资料证实。

近代医学和营养学的研究发现，与合成品相比，天然维生素 E 其实更符合人体的需要。天然的维生素 E 广泛存在于植物的绿色部分以及禾本科种子的胚芽里，尤其在植物油中含量丰富。合成型和天然型维生素 E 的分子结构如图 11.4 所示。

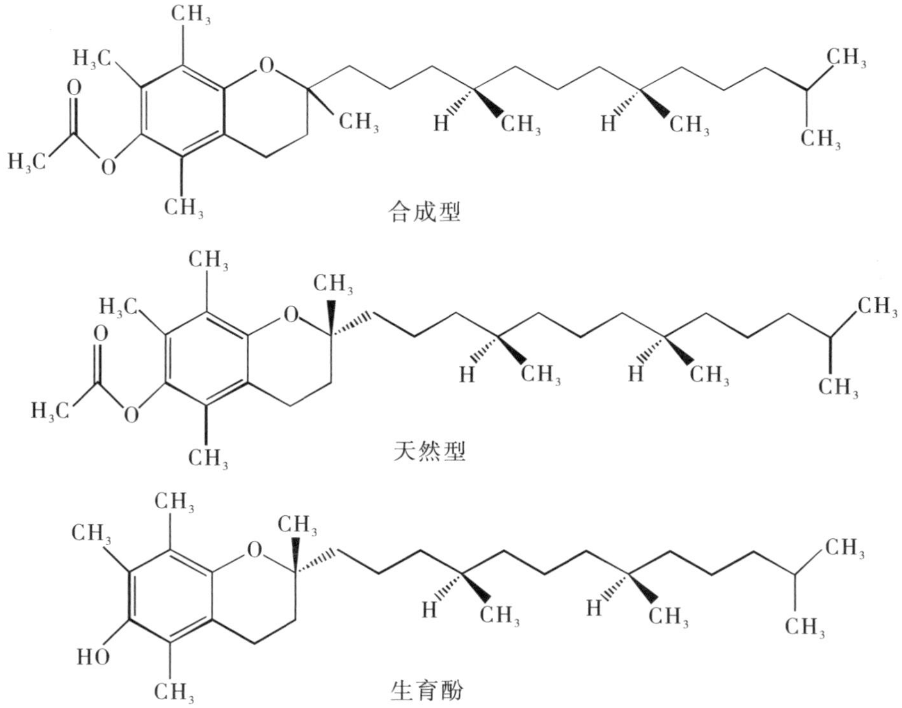

合成型

天然型

生育酚

图 11.4 维生素 E 分子结构

6. 氨基酸

侧链含氧、含硫和含硒基团（含 O、S 和 Se 的 R 基团）的氨基酸见表 11－9。从表 11－9 可以看到，侧链含 O、S 和 Se 的 R 基团，其氨基酸等电点均偏酸性，如天冬氨酸和谷氨酸；另外有三个氨基酸是完全同型的，分别代表 O、S 和 Se 三个相同结构的 R 基团，它们是丝氨酸、半胱氨酸和硒代半胱氨酸。

表 11－9　侧链 R（含 O、S 和 Se）基团的氨基酸

R 基团	中文名	英文名（简称）	等电点
$—OOC—CH_2—$	天冬氨酸	Aspartic acid（Asp）	2.77
$—OOC—(CH_2)_2—$	谷氨酸	Glutamic acid（Glu）	3.22
C H_2 —OH	酪氨酸	Tyrosine（Tyr）	5.66
$HO—CH_2—$	丝氨酸	Serine（Ser）	5.68
H OH CH_3	苏氨酸	Threonine（Thr）	6.16
$HS—CH_2—$	半胱氨酸	Cysteine（Cys）	5.07
$HSe—CH_2—$	硒代半胱氨酸	Selenocysteine（Sec）	
$H_3CS\ CH_2CH_2—$	蛋氨酸	Methionine（Met）	5.74

第四节　臭氧的环境生态效应

臭氧 O_3（ozone）又称为超氧，是氧气 O_2 的同素异形体，在常温下，它是一种有特殊臭味（有青草的味道）的淡蓝色气体。臭氧主要分布在 10～50km 高度的平流层大气中，极大值在 20～30km 高度之间。大气层的部分 O_2 被小于 185nm 的紫外线照射后裂解为 O 原子，O 原子和 O_2 分子结合成臭氧。臭氧分子不稳定，经 200～300nm 的紫外线照射之后又分解为 O_2 分子和 O 原子，形成一个持续稳定的循环过程，如此产生臭氧层。臭氧层通过这一循环过程持续不断地吸收太阳的紫外辐射，起着保护人类和其他生物的作用。

1. 臭氧的制备

工业上，用干燥的空气或氧气，采用 5 ~ 25kV 的交流电压进行无声放电制造臭氧。从氧气或空气制备臭氧，利用臭氧和氧气沸点的差别，通过分级液化可得浓集的臭氧。

2. 性质与应用

臭氧分子中 3 个氧原子均为 sp^2 杂化，中间原子的杂化轨道上有一对孤对电子，没有杂化的 p_z 轨道上有一对电子；两端原子的杂化轨道上有两对孤对电子，p_z 轨道上有单电子，3 个氧原子形成了 3 中心 4 电子的 p－pπ 键（π_3^4）。臭氧在常温常态常压下，较低浓度的臭氧是无色气体，当浓度达到 15% 时，呈现出淡蓝色，密度是 2.14g · L^{-1}（0°C，0.1MP），沸点 －111°C，熔点 －192°C。臭氧是一种强氧化剂，氧化还原电位为 2.07V，其氧化能力仅次于氟（2.5V），高于氯气（1.36V）、二氧化氯（1.5V）和过氧化氢（1.28V）。臭氧对很多有机物，包括各种生物大分子、有机和无机小分子化合物都能够发生氧化作用。臭氧的应用主要是基于其氧化特性。例如臭氧能直接氧化分解细菌的细胞壁，并很快扩散进入细胞内，进一步氧化分解核糖核酸、蛋白质、脂质类和多糖等大分子聚合物而杀灭细菌；臭氧通过直接破坏病毒的核糖核酸或脱氧核糖核酸而灭活病毒；臭氧化胺类物质、硫化氢、甲硫醇、二甲硫化合物、二甲二硫化物可发挥除臭作用；臭氧氧化分解有色物质中的发色基团（乙烯基、偶氮基、氧化偶氮基、羧基、硫羧基、硝基、亚硝基等）而对废水脱色解毒等。此外，臭氧与亚铁、Mn^{2+}、硫化物、硫氰化物、氰化物、氯等均可发生反应：

$$O_3 + SO_2 = SO_3 + O_2$$

$$O_3 + NO = NO_2 + O_2$$

$$4O_3 + 2NH_3 = NH_4NO_3 + H_2O + 4O_2$$

$$4O_3 + PbS = PbSO_4 + 4O_2$$

$$O_3 + 2Ag = Ag_2O + O_2$$

$$3O_3 + 6CN^- + 6H^+ = 3(OCN)_2 + 3H_2O$$

$$2O_3 + (OCN)_2 = 2CO_2 + 2O_2 + N_2$$

3. 臭氧层空洞

地球各地臭氧层密度大不相同，在赤道附近最厚，两极变薄。北半球的臭氧层厚度平均每年减少4%。现在大约4.6%的地球表面没有臭氧层，这些地方成为臭氧层空洞，大多在两极之上。

据报道，南极洲上空的臭氧空洞一直是困扰全世界环保人士的难题之一。最严重的时候，臭氧空洞的面积一度有3个澳大利亚那么大。科学家们研究发现，“吞噬”臭氧的罪魁祸首原来是大气层中的氯氟烃（电冰箱和空调的制冷剂“氟里昂”）。从20世纪50年代起，随着电冰箱和空调（氯氟烃的主要生产源）的大量普及，大气层中的氯氟烃含量逐年递增，到2000年达到了峰值。为了防止臭氧空洞进一步加剧，保护生态环境和人类健康，1990年各国制定了《蒙特利尔议定书》，对氯氟烃的排放量做了严格的限制。由于新型无氟冰箱的诞生，氯氟烃含量才开始明显下降，臭氧空洞面积明显缩小。但科学家警告说，目前就断言臭氧层在“修复还原”还为时尚早。据专家介绍，大气层的温度不断上升也造成了空洞的缩小。在2000年，南极洲的臭氧空洞面积曾经达到280万平方公里，相当于3个美国大陆的面积；在2002年9月初，航空航天局的科学家们估算，空洞将缩小到150万平方公里。

平流层上层臭氧的大量减少以及与此有关的平流层下层和对流层上层臭氧量的增长，可能会对全球气候起不良的扰乱作用。臭氧的纵向重分布可能使低空大气变暖，并加剧由二氧化碳量增加导致的温室效应。过量的紫外线使塑料等高分子材料容易老化和分解，结果又带来新的污染——光化学大气污染。

近来的研究发现，紫外线B可使免疫系统功能发生变化。有的实验结果表明，传染性皮肤病可能也与臭氧减少而导致的紫外线B增强有关。据估计总臭氧量减少1%，紫外线B增强2%，皮肤癌的发病率将增加5%～7%，白内障患者将增加0.2%～0.6%。人类受紫外线侵害还可能会诱发麻疹、水痘、疟疾、疱疹、真菌病和淋巴癌等。

紫外线的增加还会引起海洋浮游生物及虾、蟹幼体、贝类的大量死亡，造成某些生物灭绝。紫外线照射会使成群的兔子患上近视眼，成千上万只羊双目失明。

根据非洲海岸地区的实验推测，在增强的紫外线B照射下，浮游生物的光合作用被削弱约5%。增强的紫外线B还可通过消灭水中微生物而导致淡水生态系统发生变化，并因而减弱了水体的自净化作用。增强的紫外线B还可杀死幼鱼、小虾和蟹。如果南极海洋中原有的浮游生物极度下降，则海洋生物从整体上会发生很大变化。但是，有的浮游生物对紫外线很敏感，有的则不敏感。紫外线对不同生物的DNA的破坏程度有100倍的差别。

第五节　生命体系中的硫元素

生命体系中的含硫化合物，除了含硫氨基酸、硫蛋白外，还有金属硫蛋白、含硫小分子化合物等。

1. 生物素（biotin）

生物素为 B 族维生素之一，又称维生素 H、维生素 B_7、辅酶 R（Coenzyme R）等，其分子结构是一个脲基环、含有一个硫原子和一条戊酸的侧链，现已知有 8 种异构体，天然存在的仅 α－生物素。生物素为无色的针状结晶，极易溶于水，微溶于冷水，能溶于乙醇，但不溶于有机溶剂，对热具有稳定性。体内生物素主要储存在于肝脏，血液中含量较低。生物素的主要功能是在脱羧、羧化反应和脱氢化反应中起辅酶作用，可以把 CO_2 从一种化合物转移到另一种化合物上，从而使一种化合物转变为另一种化合物。药理剂量的生物素可降低 I 型糖尿病人的血糖水平，改善实验大鼠的葡萄糖耐量，降低胰岛素抗性。生物素在体内氧化生成顺视黄醛和反视黄醛。人视网膜内有两种感光细胞，其中杆细胞对弱光敏感，与暗视觉有关，因为杆细胞内含有感光物质——视紫物质，它是由视蛋细胞和顺视黄醛构成，当生物素缺乏时，顺视黄醛得不到足够的补充，杆细胞不能合成足够的视紫细胞，从而出现夜盲症。生物素是维持机体上皮组织健全所必需的物质，生物素缺乏时，可引起黏膜与表皮的角化、增生和干燥，产生眼干燥症，严重时角膜角化增厚、发炎，甚至穿孔导致失明，皮脂腺及汗腺角化时，皮肤干燥，发生毛囊丘疹和毛发脱落。生物素缺乏时还可导致消化道、呼吸道和泌尿道上皮细胞组织不健全，易于感染。生物素能增强机体的免疫反应和感染的抵抗力，稳定正常组织的溶酶体膜，维持机体的体液免疫、细胞免疫并影响一系列细胞因子的分泌。大剂量可促进胸腺增生，如同免疫增强剂合用，可使免疫力增强。生物素缺乏时，生殖功能衰退，骨骼生长不良，胚胎和幼儿生长发育受阻。生物素用于治疗动脉硬化、中风、脂类代谢失常、高血压、冠心病和血液循环障碍等疾病。

食物来源的生物素主要以游离形式或与蛋白质结合的形式存在。与蛋白质结合的生物素在肠道蛋白酶的作用下，形成生物胞素，再经肠道生物素酶的作用，释放出游离生物素。生物素吸收的主要部位是小肠的近端。低浓度时，被载体转运主动吸收；高浓度时，则以简单扩散形式吸收。被吸收的生物素经门脉循环，运送到肝、肾内贮存。其他细胞内也含有生物素，但量较少。人体的肠道细菌可从二庚二酸取代壬酸合成生物素，但人体内生物素的自身合成供给是不够的。人体内生物素主要经尿液排出，乳液中也有生物素排出，但量很少。

2. 盐酸硫胺（aneurine hydrochloride，thiamine hydrochloride）

盐酸硫胺是硫胺素的盐酸盐，是维生素 B_1 的一种存在形式，是维生素中发现最早的一种。无色结晶体，溶于水，在酸性溶液中很稳定，在碱性溶液中不稳定，易被氧化和受热破坏。维生素 B_1 主要存在于种子的外皮和胚芽中，如米糠和麸皮中含量很丰富，酵母菌中含量也极丰富，瘦肉、白菜和芹菜中含量也较丰富。维生素 B_1 在体内作为丙酮酸脱氢酶和 α－酮戊二酸脱氢酶的辅因子，在 α－酮酸脱羧反应中起作用，对维持神经传导、心脏以及消化系统的正常活动具有重要的作用，对神经组织及精神状态有十分重要的影响，有保护神经系统的作用，有助于维持精神组织、肌肉、心脏活动的正常。维生素 B_1 不足可引起能量供应障碍，乳酸一丙酮酸堆积，产生多发性神经炎，表现感觉异常、四肢无力、神经肌肉酸痛和萎缩，同时心肌代谢失调，出现心悸、胸闷等症状，严重时还可以影响心肌和脑组织的功能。

维生素 B_1 的发现与预防和治疗脚气病是分不开的。脚气病在我国典籍上早有记载，可鉴于《内经》和孙思邈的《备急千金要方》。

硫胺素分子中含有嘧啶环和噻唑环，它实际是嘧啶的衍生物。在机体中，硫胺素可被硫胺素激酶催化，在 ATP 及 Mg^{2+} 存在下，转化为焦磷酸硫胺素（TPP）。

生物素和硫胺素的分子结构如图 11.5 所示。

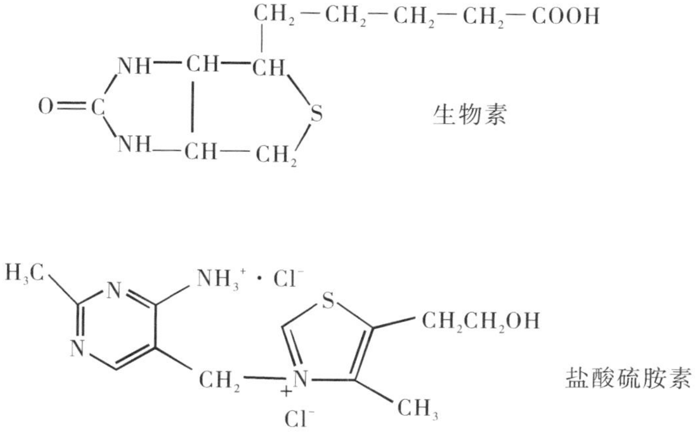

$CH_2-CH_2-CH_2-CH_2-COOH$

生物素

H_3C $NH_3^+ \cdot Cl^-$ CH_2CH_2OH CH_2 CH_3 Cl^-

盐酸硫胺素

图 11.5 生物素和硫胺素的分子结构

3. 谷胱甘肽（glutathione，GSH）

谷胱甘肽是由谷氨酸、半胱氨酸和甘氨酸结合，含有巯基的三肽，具有抗氧化作用和整合解毒作用。半胱氨酸上的巯基为谷胱甘肽活性基团（故谷胱甘肽常简写为G—SH或GSH），GSH的氧化型形式为G—S—S—G，在生理条件下以还原型GSH占绝大多数。GSH还原酶催化两型间的互变。该酶的辅酶为磷酸糖旁路代谢提供的NADPH。

GSH广泛存在于动植物中，在生物体内有着重要的作用。GSH能参与生物转化作用，从而把机体内有害的毒物转化为无害的物质排泄出体外，在人体内的生化防御体系中发挥重要作用，具有多方面的生理功能。人体红细胞中谷胱甘肽的含量很多，这对保护红细胞膜上蛋白质的巯基处于还原状态、防止溶血具有重要意义。GSH可以保护血红蛋白不受过氧化氢、自由基等氧化从而使它持续正常发挥运输氧的能力。因红细胞中部分血红蛋白在过氧化氢等氧化剂的作用下，将二价铁氧化为三价铁，使血红蛋白转变为高铁血红蛋白，从而失去了带氧能力。GSH既能直接与过氧化氢等氧化剂结合，生成水和G—S—S—G，同时将高铁血红蛋白还原为血红蛋白。GSH保护酶分子中—SH基，有利于酶活性的发挥，并且能恢复已被破坏的酶分子中—SH基的活性功能，使酶重新恢复活性。GSH还可以抑制乙醇侵害肝脏产生脂肪肝。GSH对于放射线、放射性药物所引起的白细胞减少等症状，有强有力的抑制作用。

GSH在面包酵母、小麦胚芽和动物肝脏中的含量很高，达100～1 000mg/100g，在人体血液中含26～34mg/100g，鸡血中含58～73mg/100g，猪血中含10～15mg/100g，在西红柿、菠萝、黄瓜中含量较高（12～33mg/100g），而在甘薯、绿豆芽、洋葱、香菇中含量较低（0.06～0.7mg/100g）。

4. S－腺苷甲硫氨酸（S－Adenosylmethionine，SAM）

S－腺苷甲硫氨酸即S－腺苷－L－蛋氨酸，是甲硫氨酸（Methionine，Met）的活性形式，在动植物体内广泛存在，由底物L－甲硫氨酸和ATP经S－腺苷甲硫氨酸合成酶（S－Adenosyl－L－Methionine Synthetase，EC 2.5.1.6）合成。1952年，Cantoni最先发现SAM，相对分子质量399。SAM是双手性物质，具有两种异构体：（R，S）－SAM和（S，S）－SAM，只有（S，S）－SAM具有生物活性。SAM在生物体所有细胞的代谢中均起重要作用，由于SAM含有一个能激活相邻碳原子的亲核攻击反应的高能硫原子，因而具有转甲基、转硫基、转氨丙基等作用，是体内100多种不同的甲基转移酶催化反应的甲基供体；也是合成谷胱甘肽的转硫过程和合成多胺的转氨丙基过程的前体分子。①转甲基作用：在细胞内大多数甲基化反应中，SAM 作为唯一的甲基供体发挥着重要的生理作用，细胞的专一性 SAM 转甲基酶，可将 SAM 上的甲基转移到硫、氮、碳、氧原子上，参与体内物质的合成与代谢。例如将 SAM 的甲基转移给氨基乙酸形成肌氨酸，转移给磷脂酰乙醇胺形成卵磷脂，转移给去甲肾上腺素形成肾上腺素。②转硫基作用：SAM 通过转甲基作用形成的 S－腺苷高半胱氨酸（SAH），在体内迅速被代谢为高半胱氨酸。胱硫醚合成酶催化高半胱氨酸和丝氨酸作用生成胱硫醚，胱硫醚通过一系列代谢，生成谷胱甘肽，而谷胱甘肽是细胞主要的抗氧化剂，可有效防止肝损伤。③转氨丙基作用：SAM 在聚胺合成中起重要作用，SAM 脱羧后生成 5′－腺苷甲基硫丙胺，将此物质中的氨丙基转移给腐胺，从而生成亚精胺和精胺，它们是真核生物中重要的多胺。5′－腺苷甲基硫丙胺脱去氨丙基后生成 5′－甲硫腺苷，其在体内被迅速转化为甲硫氨酸。

SAM 参与了体内 40 多种生化反应，与蛋白质、核酸、神经递质、磷脂质和维生素的合成密切相关，并连接多胺和谷胱甘肽的转化。SAM 是一种改善细胞代谢的生化药物，通过质膜磷脂和蛋白质的甲基化影响其流动性和微黏性，通过转硫基化增加肝内谷胱甘肽、硫酸根及牛磺酸水平，对预防恶性营养不良、肝毒素及酒精性脂肪肝有效，可防止肝脏因胆汁郁积等导致的肝炎、脂肪肝、肝纤维化、肝硬化和肝癌。SAM 也是一种良好的肝脏营养剂，可防止酒精、药物和细胞素对肝脏的损伤，预防慢性活动性肝炎以及其他因素而造成的肝损伤。此外，SAM 可促进神经细胞和神经纤维的组织再生；SAM 具有消炎、减轻疼痛及组织修复功能，对关节病疗效显著，具有明显促进软骨生成和减轻关节疼痛、僵硬和肿胀的功效。在欧洲，SAM 已作为处方药广泛用于关节炎、肝病、抑郁症等疾病的治疗；在美国，SAM 已经成为一种畅销的保健品。目前我国使用的 SAM 主要是德国基诺（Knoll）和意大利 RADIUMFARMAS. R. L.（IT）两个外资公司的产品，价格昂贵，远不能普及使用。

5. 铁硫蛋白（iron－sulfur protein，Fe/S protein）

铁硫蛋白是含铁—硫（Fe—S）发色团的非血红素铁蛋白，也是细胞色素类蛋白。铁硫蛋白广泛存在于植物、动物和微生物中。铁硫蛋白分子所含发色团称为 Fe—S 中心（iron－sulfur center）。Fe—S 中心在 400nm 左右具有较强的光吸收而使铁硫蛋白呈褐色。在400nm左右的光吸收往往是鉴定铁硫蛋白的方法之一。铁硫蛋白作为一种重要的电子载体在生命活动中起着重要的作用，它们往往具有较低的氧化还原电位（midpoint potential），Fe—S中心就是氧化还原中心（或电子储存中心）。根据氧化还原中心的组成和结构，铁硫蛋白通常分为：①1Fe—0S* $(Cys)_4$ 蛋白（红氧还蛋白，简化为1Fe—0S，下同）；②2Fe—2S* $(Cys)_4$ 蛋白（植物型铁氧还蛋白）；③4Fe—4S* $(Cys)_4$ 蛋白（高电位铁硫蛋白和细菌型铁氧还蛋白）。其中Cys为半胱氨酸，S*称为无机硫或活泼硫，又被称为酸易降解硫（acid-labile sulfur），当遇到无机酸时会变成 H_2S 放出。Fe代表铁离子 Fe^{3+}、亚铁离子 Fe^{2+}，测定蛋白当中的铁和酸易降解硫的含量也是鉴定铁硫蛋白的一个重要方法。铁硫蛋白的Fe—S中心也称为铁硫原子簇。生物体内的典型铁硫原子簇（电子传递体）结构见图11.6，铁硫蛋白的谱学特性见表11-10。

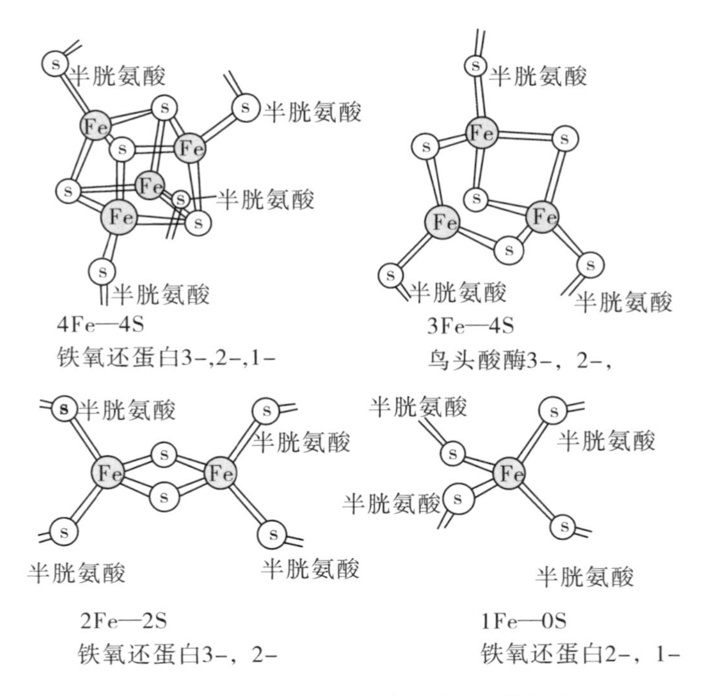

图11.6　生物体内存在的铁硫原子簇结构

表 11－10　铁硫蛋白的谱学特性

簇化合物	结构	氧化态	表观价态	穆斯堡尔异构位移（$mm \cdot s^{-1}$）	EPR g 值(T)	λ(nm)($\varepsilon \times 10^{-3}$)
1Fe—0S		氧化态	Fe^{3+}	0.25	4.39	390(10.8),490(8,8)
		还原态	Fe^{2+}	0.65	无(＜20K)	310(10.8),335(6.3)
2Fe—2S		氧化态	$2Fe^{3+}$	0.26	无(＜100K)	325(6.4),420(4.8),465(4.9)
		还原态	$1Fe^{3+}1Fe^{2+}$	0.25,0.55	1.89,1.95,205	ε 减少 50%
3Fe—4S		氧化态	$3Fe^{3+}$	0.27	1.87,2.0,2.02	305(7.7),415(5.2),455(4.4)
		还原态	$2Fe^{3+}1Fe^{2+}$	0.30,0.46	无	425(3.2)
4Fe—4S		氧化态	$3Fe^{3+}1Fe^{2+}$	0.31	2.04,2.04,2.12	325(8.1),385(5.0),450(4.6)
		中间态	$2Fe^{3+}2Fe^{2+}$	0.42	无(＜100K)	305(4.9),390(3.8)
		还原态	$1Fe^{3+}3Fe^{2+}$	0.57	1.88,1.92,2.06	ε 减少(无特征)

从表 11－10 可以看到铁硫蛋白的谱学性质有如下特点：①穆斯堡尔异构位移值可表征铁硫原子簇和铁离子的电荷密度，即可以依据穆斯堡尔异构位移值大小对铁硫原子簇和铁离子的电荷密度进行区分。②穆斯堡尔异构位移值表征铁硫原子簇中的铁离子表观价态，对于（1Fe—0S）、（2Fe—2S）和（3Fe—4S）铁硫原子簇，其穆斯堡尔异构位移值是 Fe^{3+} 比 Fe^{2+} 大，Fe^{3+} 和 Fe^{2+} 的表观价态是可以区分的；然而，对于（4Fe—4S）铁硫原子簇，Fe^{3+} 的穆斯堡尔异构位移值与 Fe^{2+} 的穆斯堡尔异构位移值相等，两者的表观价态变得不可区分，说明 Fe 离子周围的电子云密度是一样的，由此可以推断 Fe 离子处在一种三维离异体系中。

6. 金属硫蛋白（metallothionein，MT）

金属硫蛋白是由微生物和动植物产生的金属结合蛋白，富含半胱氨酸，对多种重金属有高度亲和性，与其结合的金属主要是镉、铜和锌，广泛地存在于从微生物到人类的各种生物中，其结构高度保守。1957 年，M. Margoshes 和 B. L. Vallee 从马的肾脏皮质中首次分离出一种含镉量高的富硫蛋白质，之后又在人和哺乳动物的肝肾等器官，植物、蓝绿藻和微生物中，分离出类似的蛋白质。此类蛋白称为金属硫蛋白（MT）。MT 的分子质量，哺乳动物一般为 6～7kDa（去金属后即硫蛋白分子质量为 6kDa 左右）；真核微生物范围较大，为 2～10kDa，如从粗糙脉孢菌中分离出来的 MT 为 2.5kDa 左右；酵母菌中分离得到的 MT 为 8～10kDa；高等植物的 MT 为 10～13.8kDa。MT 的等电点（pI），哺乳动物一般在 3.9～4.6 之间；水生生物在 3.5～6.0 之间。MT 的存在形式及稳定性与它所结合金属的种类、是否结合了金属及环境的 pH 密切相关，使 MT 中 50% 的金属离子发生解离的 pH 分别为：Zn－MT 的 pH 3.5～4.5，Cd－MT 的 pH 2.5～3.5，Cu－MT 的 pH <1.0，而对植物中的 MT，相应的 pH 偏高些。MT 的光吸收特征与其氨基酸组成和所结合的金属种类密切相关。

MT 是一类诱导性蛋白质，能由重金属离子诱导合成，其半胱氨酸巯基对金属离子有强烈的螯合作用，从而使 MT 具有解除重金属毒性和调节缓冲细胞内必需过渡金属（Zn、Cu）浓度的功能。半胱氨酸巯基是良好的电子给体，从而使 MT 具有很强的抗氧化活性。在所有的哺乳动物组织中，MT－1 和 MT－2协同表达，MT－3 是该家族中的脑部特异成员，能结合锌和铜，具有重要的神经生理和神经调节功能。MT 在治疗与金属代谢有关的疾病中的作用较大，在神经细胞中某些金属元素（如 Zn、Cu、Fe）的不平衡可导致某些蛋白质的相互作用，从而使这些蛋白质聚集或失调最终引起某些金属代谢失常的疾病，如 Wilson's 病就是一种先天性 Cu 积蓄症，此病起因于 Cu 的代谢缺陷。该病的治疗方法是，利用 Zn 复合物诱导肠、肝内 MT 的合成，从而延长 Wilson's 病人的生命。MT 通过与重金属结合可以有效地减轻重金属对机体的毒害，是目前临床上最理想的生物螯合解毒剂。MT 是体内清除自由基能力最强的一种蛋白质，其清除羟自由基的能力约为 SOD 的 10 000 倍，而清除氧自由基的能力约是谷胱甘肽的 25 倍，并且在体内可以作为补体抗氧化剂。MT 作为一种内源性细胞保护剂，在心血管系统抗损伤保护中发挥着重要作用，主要表现在对缺血再灌注损伤的抑制作用。临床实践证明，缺血预处理能提高体内 MT 含量，从而减轻再灌注造成的损伤。据实验证明，MT 参与预缺血的心肌细胞保护，并通过保护氧化酶活力减轻心肌细胞缺氧/复氧所导致的损伤。MT 对神经系统有保护作用。实验显示，在转基因小鼠中，MT－1 的过表达可以改变脑炎症状，促进脑修复，是神经细胞中的保护因子。通过对鼠刺伤模型和缺血模型的研究发现，MT－3 参与中枢神经系统损伤修复。Parkison（PD）病是由于 6－羟基多巴胺诱导自由基而产生的，而脑中某些 MT 异构体的诱导剂，如氧化压力、细胞因子和炎症过程等能防止这种神经毒害，这与 MT 清除自由基有关。研究表明，口服 MT 能够延长被一次性大剂量电离辐射的小鼠的存活时间，降低一次性大剂量和多次小剂量电离辐射对免疫系统的损伤，口服 MT 能吸收进入体内的大量 Cys，为修复体内受辐射作用而断裂的二硫键提供原料。MT 参与肿瘤细胞的分化和增生。MT 与肿瘤的关系研究主要集中在 MT 与肿瘤发生、减轻抗肿瘤药物毒副作用以及与肿瘤细胞获得性耐药性等方面。MT 表达缺陷是肿瘤发生的症状之一，因此，深入研究 MT 与肿瘤的关系，有望获得治疗肿瘤的靶药物。

第六节　生命体系中的硒元素

硒（Se）是人体必需微量元素，而且是唯一受基因调控的必需微量元素。硒在动物组织中最常以甲硒胺酸（selenomethionine，简称 SeMet）和硒半胱氨酸（selenocysteine，简称 Sec）的形态存在，其中 SeMet 无法由人体合成，仅能由植物合成后经摄食再经消化代谢而获得。一般把硒以含硒半胱氨酸（Sec）形式掺入多肽链的蛋白质称为硒蛋白（Selenoprotein），而把其他结合硒的蛋白质统称为含硒蛋白，有时为表达方便也把含硒蛋白称为硒蛋白。已查明哺乳动物体内有 10 多种含硒酶，Se 是这些酶的活性中心。

1. 含硒有机化合物

在含硒有机化合物中，硒原子既可以作为配位原子（电子对供体），同时它又可作为中心原子接受电子对（电子对受体），如在硒杂环与碘所形成的化合物中，硒提供空的杂化轨道接受碘的孤对电子。硒原子提供空的杂化轨道接受电子对成键的这一性质应该受到高度重视。在谷胱甘肽过氧化物酶中，作为活性中心的硒基团，在该酶的催化过程中，就可能会应用这一性质，甚至可能提供一个空的杂化轨道接受电子对的同时有一对电子对作亲核进攻。

（1）游离态硒氨基酸。高等植物中存在的硒氨基酸有硒胱硫醚、甲基硒半胱氨酸、蛋氨酸亚砜、Se－甲基硒蛋氨酸、硒代半胱氨酸、Se－丙烯基硒半胱氨酸亚砜、硒高胱氨酸、γ－L－谷酰基－Se－甲基硒－L－半胱氨酸、硒肽（Selenopeptide）、硒蛋氨酸、硒胱氨酸等 10 余种，其中硒代半胱氨酸、硒代胱氨酸和硒代蛋氨酸通常被称为蛋白质氨基酸，实际上它们常以结合态（蛋白质）形式存在。

（2）硒肽和硒蛋白。植物硒肽和硒蛋白的研究进展缓慢，直到 1969 年才发现植物中第一个硒肽－γ－L－谷酰基－Se－甲基－硒半胱氨酸。一直以来，植物硒蛋白在植物化学分类学上仍然是一片空白，人们对天然硒蛋白的研究几乎全部集中到细菌、动物和人的硒酶方面。迄今为止，至少已有 7 种细菌蛋白被鉴定为硒酶，分别为：甲酸脱氢酶、甘氨酸还原酶、烟酸羟化酶、黄嘌呤脱氢酶、硫酶、含硒氢化酶和含钨甲酸脱氢酶。

（3）硒核酸。硒核酸的研究历史比硒蛋白更迟。1972 年 Saelinger 等首次发现硒结合进入大肠杆菌 tRNA 中，证实了 Se－tRNA 具有重要的生物医学作用，但关于硒进入 tRNA 的方式还一直在探讨之中。

（4）硒多糖。现已发现的天然硒多糖仅有几例，分别是对壶瓶碎米荠、海藻、大蒜、硒酵母、黄芪、魔芋、茶叶、螺旋藻和箬叶等植物中硒多糖的研究报道。

（5）硒甾类、类脂。1980 年，有人提到废水中含有硒甾类物质，1984 年，Genity 发现用亚硒酸培养液培养的绿藻和红藻的类脂都结合 Se（饱和烃除外)。类脂含少量硒，而类胡萝卜色素则含 Se 最多，指出类脂中的硒不是代谢性结合，而可能是非共价键的结合。

除上述之外，还有硒进入黄酮、皂苷、茶多酚、脂肪酸脂、蜡和生物碱等相关报道。曾有学者研究了 9 种植物对无机硒有机化的难易程度，发现硒进入氨基酸和蛋白质的比率较多，前者为 1.27% ~13.8%，后者为 8.4% ~30.0%，进入皂苷的硒为 2.8% ~5.0%，进入茶多酚和多糖的硒均仅为 1% 左右，含硒的茶多酚具有更强的抗氧化作用。

总之，植物中是否含共价态小分子硒混合物，有待深入研究。

（6）硒代半胱氨酸（Selenocysteine，Sec）。硒代半胱氨酸是一种含硒氨基酸，结构和半胱氨酸类似，只是其硫原子被硒取代。Sec 存在于少数酶中，如谷胱甘肽过氧化酶、甲状腺素 5′-脱碘酶、硫氧还蛋白还原酶、甲酸脱氢酶、甘氨酸还原酶和一些氢化酶等。含硒半胱氨酸残基的蛋白都称为硒蛋白。

在遗传密码中，Sec 的编码是 UGA，通常用作终止密码子。但如果在 mRNA 中有一个 Sec 插入序列（Selenocysteine Insertion Sequence，SECIS），UGA 就用作 Sec 的编码。SECIS 序列是由特定的核苷酸序列和碱基配对形成的二级结构决定的。在真细菌中，SECIS 直接跟在 UGA 密码子之后，和 UGA 在同一个阅读框里。而在古细菌和真核生物中，SECISS 在 mRNA 的 3′-不翻译区域(3′-UTR)中，可以引导多个 UGA 密码子编码 Sec。当细胞生长缺乏硒时，硒蛋白的翻译会在 UGA 密码子处中止，成为不完整而没有功能的蛋白。和细胞中的其他氨基酸一样，Sec 也有个特异的 tRNA。这个 tRNA，和其他标准的 tRNA 相比有一些不同之处，最明显的是具有一个包含 8 个碱基（细菌）或 9 个碱基（真核生物）的接收茎（stem），一个长的可变臂，以及几个高度保守碱基的替换。tRNA 起初由丝氨酸-tRNA 连接酶加载一个丝氨酸，但这个 Sec-tRNA 并不能用于翻译，因为它不能被通常的翻译因子识别（细菌中的 EF-Tu，真核生物中的 eEF-1α）。而这个丝胺酰可以被一个含有磷酸吡哆醛的硒半胱氨酸合成酶替换成硒半胱胺酰。最后，这个 Sec-tRNA 特异性地和另外一个翻译延伸因子 SelB 或者 mSelB 结合，被输送到正在翻译硒蛋白 mRNA 的核糖体上。

（7）谷胱甘肽过氧化物酶（Glutathione peroxidase，GSH-Px）。谷胱甘肽过氧化物酶是第一个被阐明结构的典型 Se 酶。GSH-Px 分子质量为 76 ~95kDa，为水溶性四聚体蛋白，4 个亚基相同或极为类似，每个亚基有 1 个硒原子。GSH－Px 的活性中心是硒半胱氨酸，其活力大小可以反映机体硒水平。GSH－Px 是机体内广泛存在的一种重要的过氧化物分解酶。GSH－Px 酶系主要包括 4 种不同的 GSH－Px，分别为：胞浆 GSH－Px，血浆 GSH－Px，磷脂氢过氧化物 GSH－Px，胃肠道专属性 GSH－Px。①胞浆 GSH－Px 由 4 个相同的分子质量为 22kDa 的亚基构成四聚体，每个亚基含有 1 个分子硒半胱氨酸，广泛存在于机体内各个组织，以肝脏红细胞为最多。它的生理功能主要是催化 GSH 参与过氧化反应，清除在细胞呼吸代谢过程中产生的过氧化物和羟自由基，从而减轻细胞膜多不饱和脂肪酸的过氧化作用。②血浆 GSH－Px 的构成与胞浆 GSH－Px 相同，主要分布于血浆中，其功能目前还不是很清楚，但已经证实与清除细胞外的过氧化氢和参与 GSH 的运输有关。③磷脂氢过氧化物 GSH－Px 是分子质量为 20kDa 的单体，含有 1 个分子硒半胱氨酸。最初从猪的心脏和肝脏中分离得到，主要存在于睾丸中，其他组织中也有少量分布。其生物学功能是可抑制膜磷脂过氧化。④胃肠道专属性 GSH－Px 是由 4 个分子质量为 22kDa 的亚基构成的四聚体，只存在于啮齿类动物的胃肠道中，其功能是保护动物免受摄入脂质过氧化物的损害。GSH－Px 催化还原型谷胱甘肽氧化与过氧化氢还原反应，从而阻断超氧化阴离子细胞类脂过氧化而损害组织细胞；还能阻断由脂氢过氧化物（LOOH）引发自由基的二级反应，从而减少 LOOH 对生物体的损害。自由基是机体生化反应中产生的性质活泼、具有极强氧化能力的物质，体内抗自由基体系主要包括酶类（超氧化物歧化酶、GSH－Px、过氧化氢酶等）阻止自由基形成和通过非酶促抗氧化剂（还原型谷胱甘肽、维生素 E 等）捕获不成对的电子使自由基失活。过氧化脂质（LPO）是自由基对不饱和脂肪酸引发的脂质过氧化作用的最终产物，其含量的多少反映组织细胞的脂质过氧化速率或强度。机体存在阻止过氧化作用的防御体系，GSH－Px 是细胞内抗脂质过氧化作用的酶性保护系统的主要成分，可催化 LPO 分解生成相应的醇，防止 LPO 均裂和引发脂质过氧化作用的链式支链反应，减少 LPO 的生成以保护机体免受损害。ROOH（或 H_2O_2）与 GSH－Px 的反应过程如下：

$$E—CysSe^- + H^+ + ROOH\ (H_2O_2) \longrightarrow E—CysSeOH + ROH\ (H_2O)$$

$$E—CysSeOH + GSH \longrightarrow E—CysSe—SG + H_2O$$

$$E—Cys—Se—SG + GSH \longrightarrow E—CysSe^- + GSSG + H^+$$

在循环过程中 GSH－Px 恢复催化活性，而 GSH 却转化为 GSSG。

GSH－Px 的主要生物作用是清除脂类过氧化物、H_2O_2 和参与前列腺素合成的调节等。GSH－Px 可催化 LPO 分解生成相应的醇，防止 LPO 均裂和引发脂质过氧化作用的链式支链反应，减少 LPO 的生成以保护机体免受损害。在病理生理情况下，活性氧如·OH 可能诱发脂类过氧化，直接造成生物膜损伤。而脂类过氧化物进一步氧化蛋白质、核酸等，使机体发生广泛性损伤；脂类过氧化也是细胞老化的原因之一，预防脂类过氧化可延缓细胞老化，因此 GSH－Px 有预防机体衰老的作用。GSH－Px 可有效清除 H_2O_2。脑与精子中几乎不含过氧化氢酶，而含较多的 GSH－Px，代谢中产生的 H_2O_2 可以被 GSH－Px清除。有的病人缺乏产生过氧化氢酶的基因，但 GSH－Px 可清除 H_2O_2，故 H_2O_2 损伤组织不明显。GSH－Px 参与前列腺素合成的调节：前列腺素在体内分布较广，其合成原料为花生四烯酸，在环氧酶与脂氧合酶的作用下，花生四烯酸有可能被氧化成有机过氧化物（ROOH），从而干扰前列腺素的生物合成。在 GSH－Px 的作用下，ROOH 可转变为无活性物质（ROH），故 GSH－Px 对前列腺素的生物合成起到调节作用。此外，硒和 GSH 系统在氧化防御反应中起着关键作用。其他含硒蛋白也有抗氧化特性。硒蛋白和有机硒复合物可以催化过亚硝酸盐反应生成 NO_2，在预防过亚硝酸盐的生成中也起着重要作用，可以保护细胞免受过亚硝酸盐的损害。

脑内 GSH－Px 可防止脑细胞受到氧化损伤，脑内 GSH－Px 降低可能与脑智力发育障碍、大脑缺血或缺氧损伤、神经变性及重金属中毒有关。在人、牛、山羊和鼠乳汁中均可检出 GSH－Px，说明此酶存在于乳腺中。早产儿母乳GSH－Px 和 LCP 均高于足月儿，GSH－Px 的抗氧化作用可以保护乳脂肪球膜的结构，可能对乳腺内脂肪酸分泌和婴儿营养起辅助作用，对新生儿的发育起一定保护作用。GSH－Px 与心血管系统疾病关系也很密切，与动脉粥样硬化、原发性高血压、心肌炎等均有关。在严重动脉粥样硬化患者体内，GSH－Px 活性降低，这可能是动脉粥样硬化发生的独立危险因素，提示该酶与此类疾病有重要联系。

（8）脱碘酶（iodothyronine deiodinases）。脱碘酶家族是含硒酶，包括Ⅰ型脱碘酶、Ⅱ型脱碘酶和Ⅲ型脱碘酶，它们在甲状腺激素代谢过程中起非常重要的调节作用。它们的底物亲合性、对抑制剂的敏感性和动力学机制等方面都不同。三者的 cDNA 总的同源性不同，但有共同的保守序列，都含有 Sec 的密码子 UGA 和 SECIS。

（9）硫氧还蛋白还原酶（thioredoxin reductase，TrxR）。硫氧还蛋白还原酶是一种 NADPH 依赖的包含 FAD 结构域的二聚体硒酶，属于吡啶核苷酸－二硫化物氧化还原酶家族成员。它和硫氧还蛋白、NADPH 共同构成了硫氧还蛋白系统。TrxR 有很多生物学功能，与人类某些疾病的发病机制也密切相关。由还原型 NADP 催化硫氧还蛋白还原的酶，含有一个分子的 FAD。使氧化型硫氧还蛋白的胱氨酸残基还原，变成一对半胱氨酸残基，后者进一步成为核糖核苷酸还原的电子供体。它存在于大肠杆菌、酵母、肝脏以及肿瘤细胞中。

（10）其他硒蛋白。其他硒蛋白包括：①硒蛋白 P（Selenoprotein P），存在于血浆中，含 9 或 10 个 Sec，与内皮细胞结合，保护内皮细胞抗氧化损伤活性，有人认为其是血硒的贮运蛋白；②硒蛋白 W（Selenoprotein W），主要存在于肌肉组织中，对维护肌肉组织的正常功能是必要的；③18000 硒蛋白（18000 Selenoprotein），在肾及大量组织中存在，是防止硒缺乏的一种重要硒蛋白。

2. 食物来源

食物中硒含量测定值变化很大，例如：内脏和海产品 0.4 ~ 1.9mg · kg^{-1}，瘦肉 0.1 ~ 0.4mg · kg^{-1}，谷物 0.1 ~ 0.8mg · kg^{-1}；奶制品 0.1 ~ 0.3mg · kg^{-1}；水果蔬菜 0.1mg · kg^{-1}。表 11 – 11 列出一些主要食品中硒的含量（除谷物外均以鲜重计）。

表 11 – 11　主要食物中硒的相对含量

食物品种	Se 含量（μg · g^{-1}）	食物品种	Se 含量（μg · g^{-1}）
糙米	0.383	胡萝卜	0.022
白米	0.334	洋白菜	0.022
麦粒	0.241	菜花	0.006
白面包	0.280	蒜头	0.276
全麦面包	0.676	青椒	0.006
玉米	0.024	青豆	0.006
大麦	0.643	莴苣	0.009
碎牛肉	0.208	蘑菇	0.122
牛肝	0.454	洋葱	0.015
牛肾	1.41	鳕鱼	0.465
猪肾	1.89	蚝	0.533
鸡腿	0.124	蛋黄	0.174
鸡皮	0.154	蛋白	0.057
虾	0.572		

3. 生理需要

我国在2000年制定的《中国居民膳食营养素参考摄入量》标明18岁以上者的推荐摄入量为50μg·d^{-1}，适宜摄入量为50～250μg·d^{-1}，可耐受最高摄入量为400μg·d^{-1}。从2000年开始国际上已禁用无机硒即亚硒酸钠。

补硒不能过量，因为过量摄入硒可导致中毒。中国大多数地区膳食中硒的含量是安全的。临床所见的硒过量而致的硒中毒分为急性、亚急性及慢性。最主要的中毒原因就是机体直接或间接地摄入、接触大量的硒，包括职业性、地域性原因和饮食习惯及滥用药物等。因此，补硒要严格精确摄入量，建议服用有国家认证的补硒品。

4. 急性硒中毒

急性硒中毒通常是在摄入了大量的高硒物质后发生的，每日摄入硒量高达400～800mg/kg体重可导致急性中毒。主要表现为运动异常和姿势病态、呼吸困难、胃胀气、高热、脉快、虚脱，甚至因呼吸衰竭而死亡。致死性中毒者死亡前大多先有直接心肌抑制和末梢血管舒张所致顽固性低血压。其特征性症状为呼气有大蒜味或酸臭味、恶心、呕吐、腹痛、烦躁不安、流涎过多和肌肉痉挛。急性硒中毒的患者一般都有头晕、头痛、无力、嗜睡、恶心、呕吐、腹泻、呼吸和汗液有蒜臭味、上呼吸道和眼结膜有刺激症状。重者有支气管炎、寒战、高热、出大汗、手指震颤以及肝肿大等表现。急性硒中毒的特征是脱头发和指甲、皮疹、发生周围神经病、牙齿颜色呈斑驳状态。实验室检查，急性硒中毒者白细胞增多，尿硒含量不高，2～3天后症状逐渐好转。误服亚硒酸钠者，产生多发性神经炎和心肌炎，应与急性硒中毒鉴别以防误诊。

5. 慢性硒中毒

慢性硒中毒往往是由于每天从食物中摄取硒2 400～3 000μg，长达数月之久才出现症状。表现为脱发、脱指甲、皮肤黄染、口臭、疲劳、龋齿易感性增加、抑郁等。一般慢性硒中毒者都有头晕、头痛、倦怠无力、口内金属味、恶心、呕吐、食欲不振、腹泻、呼吸和汗液有蒜臭味，还可有肝肿大、肝功能异常，自主神经功能紊乱，尿硒增高。长期高硒使小儿身高、体重发育迟缓，毛发粗糙脆弱，甚至有神经症状及智能改变。慢性硒中毒的主要特征是脱发及指甲形状的改变。

第十二章　卤素生物化学

卤族元素（halogen）指元素周期表ⅦA 族元素，包括氟 F（Fluorine）、氯 Cl（Chlorine）、溴 Br（Bromine）、碘 I（Iodine）和极不稳定的放射性元素砹 At（Astatine）。其中砹是人工合成元素，不存在于自然界中。卤素的原意是成盐元素，因为这些元素都与碱金属化合生成典型的盐。卤素中的生命元素为氟、氯和碘。

第一节　卤素的基本性质

卤素的一些基本性质见表 12－1，其变化趋势和氧族元素相似。卤素的价层电子通式为 ns^2np^5（$n=2, 3, \cdots\cdots, 6$），它们都有获得 1 个电子成为卤素离子 X^- 的强烈倾向。氟原子的前线电子构型中没有 2d 轨道，原子半径最小，电负性最大，氧化性最强。从 Cl 元素开始，前线电子构型中增加了空的 nd 轨道，因此，除氟元素外，其余卤素均可利用 nd^0 轨道成键。原来成对的 s 电子和 p 电子拆开进入 nd 空轨道，故这些元素均有正氧化态，氧化数常为 +1，+3，+5 和 +7，由于每拆开一对成对电子时，将增加 2 个单电子，因此在 +1价基础上，将出现 +3，+5 和 +7 的奇数价态。而到了 Br，其内层（$n-1$）d 轨道全充满，电子层数增加，其原子半径相应增加，但由于内层全充满构型产生的收缩效应，从 Cl 到 Br，X 原子半径和 X^- 离子的变化幅度相应变小。以上这些性质特点，对卤素在自然界的存在状态及某些典型化合物的基本性质均产生影响。

表 12 – 1　卤素的一些基本性质

性质	氟	氯	溴	碘
前线电子构型	$2s^22p^5$	$3s^23p^53d^0$	$3d^{10}4s^24p^54d^0$	$4d^{10}5s^25p^55d^0$
主要氧化数	–1	–1，+1，+3，+5，+7	–1，+1，+3，+5，+7	–1，+1，+3，+5，+7
共价半径（pm）	71	99	114	133
X^-离子半径（pm）	136	181	195	216
第一电离能（$kJ \cdot mol^{-1}$）	1 681	1 251	1 140	1 008
电子亲和能（$kJ \cdot mol^{-1}$）	322	348.7	324.5	295
电负性χ	3.98	3.16	2.96	2.66
分子离解能（$kJ \cdot mol^{-1}$）	155	240	190	149

1. 自然资源

卤素在地壳中含量很少，其中氟为 0.065%，氯为 0.031%，溴只有 1.6×10^{-4}%，碘仅有 3×10^{-5}%，但在工业上占有重要的地位。氟广泛存在于自然界，占丰富元素的第 13 位，比氯、碳、硫都多，是锌和铜的 5～10 倍。在天然矿物中，氟约存在于 115 种矿石中，主要有萤石（CaF_2）、冰晶石（Na_3AlF_6）和氟磷灰石 {[$Ca_{10}F_2(PO_4)_6$]$_3$}。世界上萤石的储量不多，约为 8 000 万吨，而氟磷灰石储量较大，可以开采的氟磷灰石（含氟量 3%～4.5%）约有 400 亿吨，相当于 14 亿吨氟。萤石的主要产地为美国、俄国、墨西哥、加拿大、意大利、德国、西班牙、法国和英国，中国的浙江、河南、山东、辽宁、湖南和福建等地也出产。氟磷灰石主要产于美国、摩洛哥、突尼斯和俄国等。在磷矿处理过程中，氟被分散地带入产品、废水和大气中。在火山喷发的气体中，约含 0.03% 的氟化氢，如美国 Alaska 火山，每年向大气中喷出约 20 万吨氟化氢。动物的骨骼、牙齿、毛发、鳞、羽毛等组织中也含有氟的成分。

氯在地壳中是第20位的宏量元素，在自然界分布很广，主要以海水和各个内地盐湖中的氯化钠形式存在，以及据推测是史前的盐湖蒸发而形成的固体沉积物（钾石盐 KCl 和光卤石 $KCl \cdot MgCl_2 \cdot 6H_2O$）。氯化钠是氯的丰度最大的化合物，广泛存在于蒸发残渣沉积岩、盐水湖和海水及海洋中。在大量的氯化学品工业中，NaCl 仍是氯和盐酸的唯一来源。

溴的量比氟和氯都要少，其丰度排在第46位。溴和氯的最大自然资源是海洋，也主要存在于火成岩和沉积岩中，由于氯与溴具有相近的离子半径，它们的矿物化学很密切，在许多矿物中溴可以取代氯。

碘以食盐水中的碘化物和钠、钙的碘酸盐形式存在。各种海生生物也富集着碘，干海藻是碘的一个重要来源，海带中富集的碘浓度比海水中碘浓度高千倍以上。许多海洋生物如牡蛎、海绵和某些鱼类，其体内也富集碘。1825 年在墨西哥发现第一个含碘矿（AgI）。1840 年发现南美洲的智利硝石 $NaNO_3$ 中含少量的碘酸钠 $NaIO_3$，其碘含量为 0.02% ~1%，目前世界上的碘主要来自于此。

2. 卤素单质

卤素单质具有较高的化学活性，因此在自然界不可能以单质状态存在。大多数卤素以氢卤酸盐形式存在于自然界，碘是例外，碘的存在形式还有碘酸盐。所有卤素单质都是以双原子分子形式存在，由于是均核，没有固有偶极。随着卤素原子半径的增大，卤素分子之间的色散力逐渐增大，卤素单质的一些物理性质呈现规律性变化。卤素单质具有强的化学活性，在化学反应中表现出强的结合电子的能力，这是卤素最典型的化学性质。

在常温常压下氟和氯呈气态，溴呈液态，碘呈固态。氯容易液化，在293K、压强超过 6.7×10^5 Pa 时，气态氯即可转变为液态氯。固态碘具有高的蒸气压，在加热时固态碘可直接升华为气态碘。利用这种性质可对碘进行纯制。

气态卤素单质氟为浅黄色，氯为黄绿色，溴为棕红色，碘为紫色。固态碘为紫黑色并带有金属光泽。卤素单质颜色的变化规律可用分子轨道能级图（见图 12.1）进行解释。

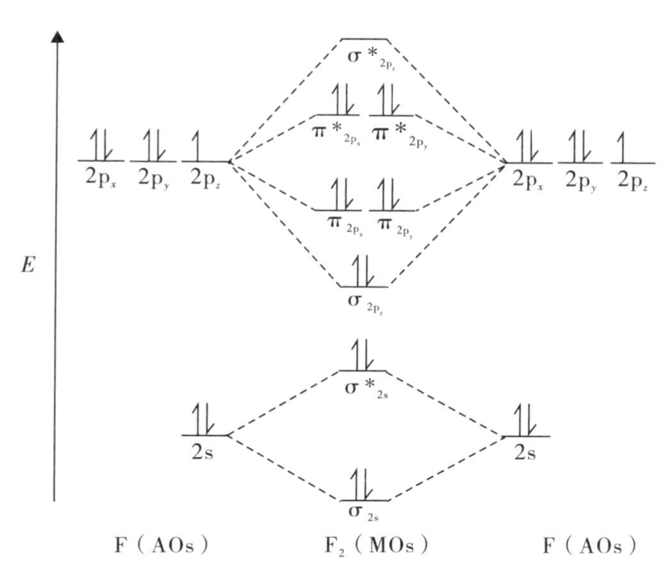

图 12.1　F_2 的分子轨道能级图

可见光照射到物体上时，其中一部分光被物体选择性吸收，物体所呈现的颜色就是吸收光的补色光的颜色。根据气态卤素单质的吸收光谱，其颜色变化规律与从反键轨道 π_{np}^* 激发一个电子到反键空轨道 σ_{np}^* 上所需要的能量的变化规律是一致的。

$$(\sigma_{np})^2\ (\pi_{np})^4\ (\pi_{np}^*)^4 \longrightarrow (\sigma_{np})^2\ (\pi_{np})^4\ (\pi_{np}^*)^3\ (\sigma_{np}^*)^1$$

随着卤素原子序数的增加，分子中这种激发所需要的能量依次降低。氟主要吸收可见光中能量较高、波长较短的光，而呈现出波长较长的那部分光的颜色，即黄色；碘主要吸收可见光中能量较低、波长较长的光，呈现出波长较短的那部分光的颜色，即紫色。当物质由气态向液态和固态转化时，呈现的颜色会不断加深，所以固态的碘为紫黑色。

卤素单质较难溶于水。常温下，$1m^3$ 水可以溶解约 $2.5m^3$ 的氯气，所得溶液为氯水。在水中溴的溶解度较大，碘的溶解度最小。氟不溶解于水，但它可以使水剧烈分解放出氧气，同时可以生成少量的臭氧。

溴和碘易溶于许多有机溶剂中。溴在乙醇、乙醚、氯仿、四氯化碳和二硫化碳中生成的溶液随着浓度的不同而呈现出从黄到棕红的颜色。碘在乙醇和乙醚中生成的溶液显棕色，这是由于生成了溶剂合物。碘在介电常数较小的溶剂（如二硫化碳、四氯化碳中），生成紫色溶液，因为在这些溶液中碘以分子状态存在。利用卤素单质在有机溶剂中的易溶性，可以把它们从溶液中分离出来。

3. 卤化物

卤化物（halides）是指在含有卤素的二元化合物中，卤素呈负价的化合物。卤素化合物矿物种数在120种左右，其中主要是氟化物和氯化物，而溴化物和碘化物则极为少见。卤化物与水作用会产生易溶、难溶和分解三种情况：①易溶，如卤化氢以及某些碱金属、碱土金属卤化物；②难溶或不溶，如某些碱土金属卤化物，复合卤化物（如光卤石 $KCl \cdot MgCl_2 \cdot 6H_2O$），四氯化碳、六氟化硫等；③一些与水作用发生水解，如四氯化硅、三氯化磷、五氯化磷等。卤素阴离子半径大小决定了卤化物形成时对阳离子的选择。其中氟离子半径最小，它主要与半径较小的阳离子 Ca^{2+}、Mg^{2+} 等组成不溶于水的稳定化合物；而氯、溴、碘的离子半径较大，它们总是与半径较大的阳离子 K^+、Na^+ 等形成易溶于水的化合物。卤化物常形成于多种地质环境，有些卤化物，如石盐，常见于蒸发岩地层，这是一种交替沉积岩层，其中所含的蒸发岩矿物，如石膏、石盐和钾石盐按照严格的顺序沉积，并与泥灰岩、石灰岩构成互层。其他卤化物，如萤石，产于热液矿脉。卤化物矿物通常质软，多呈立方对称晶体，比重偏小。

4. 卤素互化物

卤素互化物是一类特殊的卤化物，卤素相互结合放出热量，生成化学计量为 XY、XY_3、XY_5 和 XY_7 的4种化合物，其中 X 是较重的卤素。除 BrCl、ICl、ICl_3 和 IBr 外，这些化合物都是 ClF、BrF_3、IF_7 这样的卤素氟化物。已知的还有几种三元化合物，如 $IFCl_2$ 和 IF_2Cl。已知的六原子系列只有氟化物，包括 IF_5、BrF_5、ClF_5，IF_7 是八原子系列的唯一例子。所以卤素互化物都是反磁性的，包含偶数个卤原子。此外，密切相关的多卤阴离子 XY_{2n}^- 和多卤阳离子（XY_{2n}^+），每种都有奇数卤原子。

卤素互化物都很活泼，是腐蚀性氧化剂，与大多数金属和非金属猛烈反应生成相应的卤化物。卤素互化物会水解，如 BrF_3 水解时有爆炸的危险。水解反应式如下：

$$XY + H_2O = HOX + HY$$

氟的卤素互化物，如 ClF_3、BrF_3、ClF_5，通常作为氟化剂，可使许多金属、金属氧化物及金属氯化物、溴化物和碘化物转变为氟化物。卤素氟化物反应能力的次序通常为：

$$ClF_3 > BrF_5 > IF_7 > ClF > BrF_3 > IF_5 > BrF > IF_3 > IF$$

碱金属的多卤化物，如 KI_3、$KICl_2$、$KICl_4$ 和 $CsClBr_2$ 等在结构和性质上都与卤素互化物相似。

（1）双原子卤素互化物 XY：室温时，ClF 为无色气体，低于 -100℃时凝聚成微黄色液体；BrF 为浅棕色气体；BrCl 为红棕色气体；ICl 能形成两种晶体变体，分别为稳定的α型和亚稳的β型。α型可从熔融体中结晶而成，是大而透明鲜红色针状结晶。亚稳的β型是黄色的，堆积方式与α型稍有不同，它从强烈的过冷的熔融体中能得到棕红色晶体。IBr 为黑色晶体，最难挥发。IF 不稳定，歧化为 IF_5 和 I_2。溴与 ICl 的性质相似。双原子卤素互化物的热力学稳定性相差很大，ClF 非常稳定；ICl 和 IBr 中等稳定，室温时能得到非常纯的晶体；BrCl 容易可逆地离解成它的组成元素；BrF 和 IF 迅速歧化，不可逆地生成较高氟化物和 Br_2（或 I_2）。

ClF 是一种有效的氟化剂，在室温或高于室温条件下，能与许多金属和非金属反应，生成氟化物和游离氯，如：

$$W + 6ClF \xlongequal{} WF_6 + 3Cl_2\uparrow$$

$$Se + 4ClF \xlongequal{} SeF_4 + 2Cl_2\uparrow$$

ICl、IBr 的反应虽然比 ClF 温和，但也非常剧烈。这些化合物能和包括铂和金在内的大多数金属反应，但不与 B、C、Cd、Pb、Zr、Nb、Mo 或 W 反应。

（2）四原子卤素互化物 XY_3：室温下 ClF_3 为无色气体或液体；BrF_3 为草黄色液体；IF_3 为黄色固体，只在 -30℃以下才稳定，高于 -28℃分解。

在 XY_3 化合物中以 ClF_3 最活泼，它与许多惰性物质能发生激烈反应，ClF_3 能自发地点燃石棉、木材和建筑材料。ClF_3 能使大多数氯化物转化为氟化物，甚至与高熔点氧化物，如 MgO、CaO、Al_2O_3、MnO_2、Ta_2O_5 和 MoO_3 反应生成较高氟化物。

如 ClF_3 一样，在核燃料生产和重新处理的过程中，BrF_3 也用来将 U 氟化为 UF_6。BrF_3 用处较大，它具有较高的电导：

$$2BrF_3 \xlongequal{} BrF_2^+ + BrF_4^-$$

一些金属氟化物溶于 BrF_3 中得到四氟亚溴酸盐或六氟溴酸盐：

$$KF + BrF_3 \xlongequal{} KBrF_4$$

$$Sb_3F + BrF_3 \xlongequal{} SbBrF_6$$

（3）六原子和八原子卤素互化物（IF_5、BrF_5、ClF_5、IF_7）：BrF_5、ClF_5、

IF_7 都是非常强烈的氟化剂，能胜过它们的只有 ClF_3。IF_5 是一种极温和的氟化剂，可在玻璃器皿中操作。液体 IF_5 能储存在钢瓶中。室温时，四种化合物都是无色、易挥发的液体或气体。ClF_5 有极大的化学反应能力，与水发生激烈反应生成 HF 和 $FClO_2$。通常认为 IF_7 是五角双锥结构，IF_7 是比 IF_5 强的氟化剂，在冷或温热时能和大多数元素反应。CO 在 IF_7 蒸气中会着火，而 NO 反应平稳，SO_2 只是在温热时才反应。室温时 IF_7 与少量水作用能分离出氧氟化物：

$$IF_7 + H_2O \longrightarrow IOF_5 + 2HF\uparrow$$

5. 卤离子配合物

所有卤素离子能作为配体与不同的金属离子或共价卤化物生成配合物，如 SiF_6^-、$FeCl_4^-$、HgI_4^{2-}、$[Co(NH_3)_4Cl]^+$ 等。

负一价卤素离子的配位数通常仅为一，但在某些金属配合物中能形成配位数为二的桥卤化合物，在某些金属原子簇化合物中还发现存在配位数为三的三桥连卤素离子。

对于小体积、高电荷阳离子生成含氟配合物的一个不利因素是竞争水解，即使在高浓度下，很多含氟配合物也水解，在高氧化态时尤其如此。

Fe^{3+} 与 Cl^- 形成的最高级配合物为 $FeCl_4^-$（aq），但与 F^- 易形成 FeF_6^{3-}，这些现象涉及空间效应的影响。类似的情况如 $CoCl_4^{2-}$、SCl_4、$SiCl_4$ 是最高级的含氯形式，而相对应的却有 CoF_6^{3-}、SF_6、SiF_6^{2-}。很多情况下，在最大配位数上的这种差别，不能只考虑空间效应，还要考虑结构、键长和卤素离子的范德华半径等。

含碘的配合物一般极不稳定，在水中解离且不稳定。但如果使用腈、CH_3NO_2 这样的非水溶剂或液体 HI，则金属 M 可以氧化 I^- 得到大量配阴离子。因为 HCl 的生成自由能比 HI 高约 $85kJ\cdot mol^{-1}$，所以下列无水反应中，使用液体 HI，平衡向右移动，而 HCl 较大的挥发性则提供了额外的推动力：

$$MCl_6^{(6-n)-} + 6HI\ (l) \xlongequal{\quad} MI_6^{(6-n)-} + 6HCl\uparrow$$

将卤素离子的配位平衡与阴离子交换树脂配合，可以达到分离金属离子的目的。例如 Co^{2+} 和 Ni^{2+} 两个离子，采用经典的方法不易分离，但将它们的浓盐酸溶液通过一个阴离子交换柱，就能有效分离。Co^{2+} 很容易生成配阴离子 $CoCl_3^-$ 和 $CoCl_4^{2-}$。在熔融盐体系或非水解质中能得到四氯镍酸盐，但即使在所能达到的最高 Cl^- 的活度下，在水溶液中似乎也没有任何镍的氯配阴离子。

6. 卤素阳离子

卤素的第一电离能都比较大，说明它们失去电子的倾向比较小，虽然氯、溴、碘的第一电离能比氢的电离能（1 312kJ · mol^{-1}）低，而 H^+ 存在却没有简单的 X^+ 生成。卤素随原子序数增大，其原子半径和电正性相应增加，而电负性逐渐变小，因此卤素阳离子生成的趋势是从氯到碘增加，溴和氯的卤素间化合物和阳离子只能存在于足够高的亲质子溶剂中，被作为离解作用的中间产物而发现的，而碘却有许多阳离子衍生物。I^+ 在配合物中是比较稳定的，虽然还没有充分的证实表明 I^+、Br^+、Cl^+ 作为一种稳定物种存在于溶液或固体中，而这类物种的研究却导致了许多卤素多原子阳离子的发现。例如：碘在强酸介质呈蓝色，在乙醇中 I_2 和 ICl 能离解等都被认为是产生了卤素阳离子的依据。

卤素能够形成多种同一元素的或不同卤素间的复合阳离子，如 X^+、X_2^+、X_3^+、XY_2^+、X_5^+、XY_4^+、X_7^+、XY_6^+ 以及卤氧阳离子等。就卤素本身来说，卤素阳离子是缺电子的，它有一个亲电子的中心，因而它是一种强亲电子体。只能在强的 Lewis 酸介质或足够弱的 Lewis 碱介质中稳定存在。卤素复合阳离子中，X_3^+ 比对应的 X_2^+ 或 X^+ 更为稳定，这可简单地归结于双原子阳离子存在奇数个价电子，而单原子阳离子有更大的不对称性结构。卤素阳离子的形成与介质有关。

第二节　生命元素氟

氟是卤素的第一种元素，却最晚被发现，比氯迟了 112 年，比溴和碘迟了 60 ~ 70 年。1771 年瑞典化学家舍勒制得氢氟酸，法国化学家莫桑（Moissan）在 1886 年第一次分离出该元素并开创了氟及其化合物的化学。

氟在标准状态下是淡黄色的气体，带有刺激性臭味，在 -252℃ 左右黄色液体变成无色。由于氟的化学性质特别活泼，因此，对其物理性质的测定非常困难。氟的光谱性质报道很少，在波长 410nm 以下有连续吸收，而在 280nm 附近有吸收极大值。

在所有元素中，氟在化学上最活泼，在常温和提高温度时，能与除了氧和轻稀有气体以外的所有元素直接化合，反应常常极为剧烈。氟还与很多其他化合物，特别是有机化合物作用，使其破坏而变为氟化物，有机物在氟气中常常着火并燃烧。

氟的反应活性大的原因，是由于氟分子中 F－F 键的离解能较低（见表 12－1），以及原子氟的反应强放热性。对于这种反常的数值，一般的解释是由于非成键电子之间的斥力引起的。因此 F_2 的低离解能可以认为是由于其中一个氟原子与另一个氟原子提供来成键的电子相互作用的结果。

1. 氟的制备

氟的制备采用中温（373K）的电解氧化法。由于无水氟化氢是电的不良导体，所以电解时使用的电解质是三份氟氢化钾 KHF_2 和两份无水氟化氢 HF 的混合物（熔点 345K）。用铜制容器作为电解槽，用压实的无定形碳或渗铜的炭片做阳极，电极反应为：

阳极（无定形碳）　$2F^- = F_2\uparrow + 2e^-$

阴极（电解槽）　$2HF_2^- + 2e^- = H_2\uparrow + 4F^-$

在电解槽中有一隔膜将阳极生成的氟和阴极生成的氢分开，防止两种气体相混合而发生爆炸。在电解过程中只要不断加入无水氟化氢，反应就可以继续进行。电解产生的氟冷却到 203K 并通过氟化钠洗涤器吸收掉 HF，以高压装入镍制的特别钢瓶中。盛放氟的钢瓶必须放在隔离、通风良好的混凝土仓库中。

1986 年，电解法第一次制得氟单质后的整整 100 年，人们终于成功用化学方法制得了氟。首先制备 K_2MnF_6 和 SbF_5：

$$2KMnO_4 + 2KF + 10HF + 3H_2O = 2K_2MnF_6 + 8H_2O + 3O_2\uparrow$$

$$SbCl_5 + 5HF = SbF_5 + 5HCl$$

再以 K_2MnF_6 和 SbF_5 为原料制备 MnF_4。MnF_4 不稳定，可分解制得 F_2：

$$K_2MnF_6 + 2SbF_5 \xlongequal{423K} 2KSbF_6 + MnF_4$$

$$MnF_4 = MnF_3 + \frac{1}{2}F_2\uparrow$$

这组制备反应的起始原料是 HF 和 KF，可以认为是化学方法制氟。

2. 氟的应用

随着科学技术的发展，氟的用途也日益广泛。氟化学已广泛应用于农药、医药、材料、原子能、航空航天等各个领域。

在原子能工业中，用 F_2 将 UF_4 氧化成 UF_6，然后用气体扩散法使铀的同位素 ^{235}U 和 ^{238}U 分离。

大量的氟用于氟化有机物。氯氟烃是一类具有很高经济价值，也是第一个产业化大批量生产的含氟类化合物。氯氟烃（氟利昂）最初广泛应用于制冷剂，后来还用于喷雾罐中的喷雾剂、生产隔热高分子材料过程中的发泡剂等。CBr_2F_2 可用作高效灭火剂。液态氟也是火箭、导弹和发射人造卫星方面所用的高能燃料。

很多有机含氟小分子化合物在电子工业中也有多方面的应用。例如一些含氟的有机化合物气体 CF_4、$CClF_3$、CHF_3 和 C_2F_6 等，在制造微芯片的等离子蚀刻过程中，被用作蚀刻剂。含氟液晶材料广泛用于电视机、笔记本电脑和智能手机等。

含氟聚合物材料在许多领域都有广泛应用，例如聚四氟乙烯（PTFE），不溶于任何酸、碱和有机溶剂，具有优异的化学稳定性、耐高低温性、润滑性、电绝缘性、耐老化性、抗辐射性等特点，被称为“塑料王”，广泛用于航空、航天、石油化工、机械、电子电器、建筑、纺织等各个领域。氟树脂乙烯—四氟乙烯共聚物（ETFE）制成的膜具有很高的强度、透明度和防止雾滴凝聚的性能，是大型体育场暴露幕墙和农业种植大棚的理想材料，北京的水立方就是该膜结构建筑的典型代表。

20 世纪 70 年中期制造的氟化物玻璃，组成中含有 ZrF_4，BaF_2 和 NaF，其透明度比传统的氧化物玻璃大百倍，强辐射下也不变暗。氟化物玻璃纤维可用做光导纤维材料，其效果比二氧化硅的光导纤维（只适用于 200 公里内的通信联络）大百倍。

氟化氢是氟的重要化合物之一，有许多特殊的物理和化学性质，在理论和实际应用上很早就引起人们的兴趣。自从纽伦堡的 Schwanhard 把 HF 用于玻璃的装饰性腐蚀加工时，HF 烟雾和溶液的腐蚀性就已经被人们知道。氢氟酸剧烈灼伤皮肤，造成难以忍受的伤痛，因此对有可能水解生成 HF 的化合物都应谨慎。氟化氢与大多数金属发生作用，但有些金属如铁、镍等在氟化氢中能形成不溶性的氟化物保护膜。铜在没有氧化剂（如氧等）存在时，不与氟化氢反应，但有氧存在时会很快被腐蚀。氟化氢能侵蚀玻璃，它与二氧化硅作用能生成挥发性的四氟化硅，这一性质早已被用来刻蚀玻璃。

氟化氢是有机物的优良脱水剂和氟化反应的溶剂和氟化剂，在某些反应中有良好的催化性质，所以氟化氢是制备有机氟化物的重要试剂。

氟化氢与水在物理性质上很相似，两者都具有较强的氢键并产生分子间的相互缔合作用，因此氟化氢的沸点高于氯化氢。在水溶液中氟化氢是一种很弱的酸，存在着下列两个平衡：

$$HF + H_2O \rightleftharpoons H_3O^+ + F^- \quad (K_1^{\varnothing} = 2.4\times10^{-4} \sim 7.2\times10^{-4})$$

$$HF + F^- \rightleftharpoons HF_2^- \quad (K_2^{\varnothing} = 5 \sim 25)$$

氟化氢作为溶质是很弱的酸，而作为溶剂是很强的酸。在 HF - H_2O 混合体系中，随着氟化氢浓度增加，一部分 F^- 通过氢键与未解离的 HF 分子形成相当稳定的 HF_2^- 等离子，体系的酸度增大。当浓度大于 5mol · L^{-1} 时，氢氟酸便是一种相当强的酸。

无水氟化氢在 19.5℃凝聚为液体，可以在耐压钢制容器中储存。实验室常用的氟化氢水溶液即氢氟酸，其制备方法是将产生的氟化氢气体用水吸收，温度低于 20℃时，氟化氢可与水按任意比混合；在 112℃时可形成恒沸混合物，此时氟化氢的含量约为 37%。高浓度的氢氟酸在钢桶中会逐渐分解，但浓度高于 63% 时分解速率会逐渐降低，加硫酸或氟硅酸可以抑制其分解。

液体氟化氢广泛用于生物化学的研究，因为碳水化合物、氨基酸及蛋白质易于溶解在液态 HF 中，特别是有脱水能力的复杂有机化合物（纤维素、糖、酯等）常常在液态 HF 中溶解而不失水。不溶于水的球状蛋白质和许多纤维状蛋白质如丝蛋白等也类似。这些溶液相当稳定，例如一定温度下将激素胰岛素和促肾皮素质放置于液态 HF 中 2h，仍可基本保持其生物活性，从而可方便进行有关研究。

氟化合物在医药领域发挥着重要作用。一些含氟药物已广泛使用，如氧氟沙星、诺氟沙星等。从生物学水平看含氟药物和一般的药物相比具有更好的生物穿透性，具有使用剂量小的优点。向有机分子中引入氟原子也是开发新的抗癌药物、抗病毒药物、消炎药物等的重要方向。人们开发了很多含氟麻醉剂，例如，2，2，2 - 三氟乙基乙烯基醚（fluoroxene）是第一个用于人类的含氟麻醉剂，它的成功使用导致了氟化物在麻醉学领域的“氟革命”。

全氟碳液体具有优异的溶氧能力、无毒、完全生理惰性，作为血代和呼吸液体。纯的全氟碳（perfluorocarbon）和全氟醚液体，正被研究用于深度潜水中。全氟正辛基溴烷（PFOB）已应用于 X 光对身体软组织，如肺、胃、肠的管道成像技术，以及对不同器官组织的 ^{19}FNMR 成像技术。氟 - 18 同位素标记的 2 - 氟 - 脱氧葡萄糖（FDG）是应用最为广泛的癌症诊断正电子发射断层扫描（PET）探针。

3. 氟的生物活性与毒性

氟是生物体重要的微量元素，成人体内含氟量为2.6g左右，主要在骨骼、牙齿、指甲、毛发中。氟在生物矿化过程中起着重要的稳定作用，使人体骨骼和牙齿中的羟磷灰石形成热力学更稳定的氟磷灰石。例如，氟被牙釉质中的羟磷灰石吸附后，在牙齿表面形成一层抗酸性腐蚀的、坚硬的氟磷灰石保护层，因此少量氟可以促进牙齿珐琅质对细菌酸性腐蚀的抵抗力，防止龋齿。人体骨骼固体的60%为骨盐，而氟能与骨盐结晶表面的离子进行交换，形成氟磷灰石而成为骨盐的组成部分。适量的氟在一定的pH条件下有助于钙和磷形成羟基磷灰石，可以加速骨骼生长。氟对造血功能有影响，当机体处于缺铁状态时，氟对铁的吸收和利用有促进作用。

人体从水、食物、空气中摄入氟化物。氟在地理环境中属于易迁移元素，其含量的区域差异十分明显，使得有些区域氟对人体供应不足，而有些区域则可能过量。氟经消化道或呼吸道进入人体后，经血液循环散布全身组织。中国居民膳食氟的适宜摄入量，孕妇与正常成年人为1.5mg·d^{-1}，可耐受最高摄入量每日为3.0mg·d^{-1}。氟代谢后大部分由尿液排泄。

氟缺乏会造成龋齿、骨质疏松、贫血，并易患心血管病。但氟过量对人体有害，而且少量的氟（如150mg以内）就能引起一系列的病痛。例如，饮用水中含有1mg·L^{-1}以下的氟时，可以预防龋齿的发生，但含量高于1mg·L^{-1}时则牙齿会逐渐出现斑点并变脆。

长期高水平接触氟化物可导致氟骨症，是氟化物多年在骨骼中积累造成的。氟骨症的早期症状包括关节僵硬和疼痛。在严重的情况下，骨骼结构可发生变化，韧带可出现钙化，由此造成肌肉损伤和疼痛。过量的氟也是地方性氟中毒的原因，例如地氟病。

大量的氟化物进入人体会发生急性中毒。根据吸入量的不同可产生各种病症，如厌食、恶心、腹痛、胃溃疡、抽筋出血乃至死亡。如果是非致死量的中毒，利用静脉或肌肉注射葡萄糖酸钙，约有90%的氟可以被迅速消除，但残留的部分则要相当长时间才能除去。

经常接触氟化物的人，如铝厂、磷酸盐厂等人员，会发现有骨骼变硬、变脆、牙齿脆裂、断落等症状。任何接触氟化物工作的人最严重和最危险的是脸部和皮肤接触氟和氟化物。因此，使用氟和氟化物时必须遵守操作规程并有可靠的安全措施，包括佩戴橡胶手套、有遮盖的防护面罩和防酸性气体的防毒面具。工作场所应有良好的通风设施。若被氟化氢和氟化物灼伤时要及时处理，灼伤的部位先用大量水冲洗，再涂用甘油氧化镁（操作氟化物时的常备药），最妥善的办法是立即在患处注射葡萄糖酸钙，以使氟被固定为不溶性的氟化物。

有机氟化物中有一些毒性很大，如 $F(CH_2)_nCOOH$ 系列化合物，当 n 为奇数时是极毒，当 n 为偶数时毒性很小甚至无毒。例如一氟乙酸（$n=1$），其钠盐有毒，被用作杀虫剂来毒杀啮齿动物和害虫等。

第三节　生命元素氯

氯是卤素中首先被发现的元素。食盐（NaCl）很久以前就被人们知道，古希腊时代就认识到它在人类饮食中的作用。1648 年，J. L. Glauber 在蒸馏瓶中加热水合 $ZnCl_2$ 和砂用来制备浓盐酸。1772 年，J. Priestley 在汞上收集了无水纯 HCl 气体。1774 年，C. W. Scheele 分离出气态氯，反应为：

$$4NaCl + 2H_2SO_4 + MnO_2 \xrightarrow{热} 2Na_2SO_4 + MnCl_2 + 2H_2O + Cl_2\uparrow$$

然而 Scheele 认为他制得的是一种化合物（脱燃素的海洋酸气）。1811 年，Davy 参照气体的颜色（希腊语 chloros，微黄或浅绿），建议命名为氯。氯是淡绿色气体，中等程度溶于水并与水反应。当氯气在 0℃ 通入 $CaCl_2$ 的稀溶液中，生成羽毛状结晶的氯的水合物。

1. 氯的制备

氯的制备包括水溶液电解法、熔盐电解法和氧化法。

工业上，氯几乎都是由电解食盐水制得。电解反应的总反应式为：

$$Na^+ + Cl^- + H_2O \longrightarrow Na^+ + OH^- + \frac{1}{2}Cl_2 + \frac{1}{2}H_2\uparrow$$

氯在常温下，加不大的压力即可液化，装入钢瓶中贮存使用。

氯也可在电解氯化钠熔盐制取金属钠的反应中作为副产物得到：

$$2NaCl（熔态）\xrightarrow{通电} 2Na\ (l) + Cl_2\uparrow$$

在实验室用 MnO_2 和 $KMnO_4$ 等强氧化剂与浓 HCl 反应制取氯气：

$$MnO_2 + 4HCl = MnCl_2 + Cl_2\uparrow + 2H_2O$$

$$2KMnO_4 + 16HCl = 2MnCl_2 + 2KCl + 5Cl_2\uparrow + 8H_2O$$

2. 氯的应用

氯的产量是工业发展的一个重要标志。工业上，氯主要用于漂白剂和消毒剂、有机化工和无机化工等。

（1）漂白剂和消毒剂。Scheele 在 1774 年就提出 Cl_2 的漂白能力，并在 1785 年由 Berthollet 应用于工艺中。氯作为漂白剂是它的主要工业应用之一，例如漂白粉，单质氯，次氯酸盐溶液，二氧化氯、氯胺等。氯最早主要应用于纺织品漂白，由于其腐蚀性较大，对羊毛、丝及其他皮革产品不适宜，故现在氯在漂白工业上用得很少，已被过氧化氢代替。

从 1801 年开始，在一些国家已经开始生活用水的氯化消毒、游泳池消毒等。氯也用于处理某些工业废水，如将具有还原性的有毒物质硫化氢、氰化物等氧化为无毒物。

（2）有机化工。氯用于农药、炸药、有机染料、有机溶剂和化学试剂的制备。氯也是合成塑料和橡胶的原料。随着有机化工产品的发展，特别是石油化工产品的增长，一半以上的氯用于制造有机化工产品，如含氯溶剂、冷冻剂、塑料、增塑剂、杀虫剂、染料以及许多中间体等。

（3）无机化工。氯用于无机化工产品生产约只占 10%，如生产盐酸、溴、次氯酸钠、氯代异氰尿酸酯及各种氯化物，如 $AlCl_3$、$SiCl_4$、$SnCl_4$、PCl_3、PCl_5、$AsCl_3$、$SbCl_3$、$SbCl_5$、$BiCl_3$、S_2Cl_2、SCl_2、$SOCl_2$、ClF_3、ICl、ICl_3、$TiCl_3$、$TiCl_4$、$MoCl_5$、$FeCl_3$、$ZnCl_2$、Hg_2Cl_2、$HgCl_2$ 等。

3. 氯的生物活性

氯是生物体必需的元素。在动植物体中氯是以氯离子形式溶解在细胞液里。而有机氯化合物，多数是霉菌的起源，广泛存在于自然界中。

从整个地球及宇宙的元素组成来看，氯远比溴和碘要多；就人体的元素组成，氯占 0.15%，碘仅占 0.000 04%。卤素以卤阴离子形式存在于粮食、食盐和水等之中，经过吸收进入人体。通常卤阴离子扩散在软组织和血液中，经肾功能作用进入尿液中而排出（氯化物是尿的主要成分），阴离子还通过哺乳动物的头发和指甲而排泄。

人体中氯元素浓度最高的地方是胃中的消化液和脑脊髓液。氯离子在体内的独特作用，使其浓度受活性迁移而调节，在血浆中有大量的阴离子。已知在脊椎动物中，在胃的内壁的泌酸细胞可以隐蔽大约 $0.17mol \cdot L^{-1}$ 的盐酸，它可以帮助消化食物。泌酸还能将碳酸氢根离子和氯离子分别运载入血液和胃中，氯离子经血液进入胃中以保持其酸度。同时发现在血浆和红细胞里氯离子的分布是相似的。在血浆和红细胞之间的氯离子和 HCO_3^- 离子的迁移对于稳定血液的 pH 值具有很重要的作用。同样，在细胞外液中 Cl^- 和 HCO_3^- 离子浓度的改变通常伴随着 Na^+ 和 K^+ 离子浓度的改变，这种扩散行为是通过细胞膜进行的。Cl^- 和 HCO_3^- 离子与 Na^+ 和 K^+ 能保持体液的电解质平衡，调节渗透压以及维持酸碱平衡，这是氯化物在新陈代谢过程中的一个重要作用。

氯离子通道广泛分布于机体的兴奋性细胞和非兴奋性细胞膜及溶酶体、线粒体、内质网等细胞器的质膜，在细胞兴奋性调节、跨上皮物质转运、细胞容积调节和细胞器酸化等方面具有重要作用。在膜系统中，特殊神经元里的氯离子可以调控甘氨酸和伽马氨基丁酸的作用。肾是调节血液中氯离子含量的器官，氯离子转运失调会导致一些病理学变化，最为人熟知的就是囊胞性纤维症，该病症由质膜上一个氯离子转运蛋白 CFTR 的突变导致。已经发现的氯通道病有先天性肌强直、隐性遗传全身性肌强直、囊性纤维化病、遗传性肾结石病等。

在细胞中几乎所有的基本元素均认为具有一种或多种催化作用，最显著的就是氯离子可以活化α－淀粉酶。

自然界也发现有机氯化合物，它们大多数是霉菌的起源，例如从灰黄霉衍生的灰黄霉素就是一种有用的抗菌素。

第四节　生命元素碘

碘是第二个被发现的卤素。1811 年，法国人 B. Courtois 将海藻灰的浸取液与硫酸作用得到黑色沉淀，将沉淀加热可得到紫色的蒸气，气味和氯气类似。后来 N. Clément，H. Davy 和 J. L. Gay－Lus－sac 等人对此又都独立进行了研究，确认这是一个新元素，1813 年命名为碘，其希腊文原意为紫色。

碘的生产或是使 I^- 氧化，或是使碘酸盐还原为 I^- 进而氧化为单质。一般采用的氧化反应是在酸性溶液中用 MnO_2 氧化 I^-，也适用于从 X^- 制备 Cl_2 和 Br_2。

碘是略具金属光泽的黑色固体，在常压下加热可升华（紫色蒸气），微溶于水，易溶于 CS_2 和 CCl_4 等非极性溶剂。在不饱和烃、液体 SO_2、醇和酮等溶剂中碘溶液为棕色，在苯中为浅红棕色。碘与淀粉生成蓝色配合物，碘原子在多糖的直链淀粉的管道中排列成线状。

碘在水中的溶解度虽小，但在碘化钾或其他碘化物溶液中溶解度却明显增大。碘盐的浓度越大，溶解的碘越多，生成的溶液的颜色也越深。这是由于当I^-靠近I_2时，使I_2产生诱导偶极，进一步形成了I_3^-：

$$I^- + I_2 = I_3^-$$

在此平衡中，溶液里总有碘单质存在，因此多碘化钾溶液的性质实际上与碘溶液相同。已知的多卤离子还有Br_3^-和Cl_3^-，但远不如I_3^-稳定。

1. 碘的制备

碘离子具有较强的还原性，很多氧化剂如Cl_2、Br_2和MnO_2等在酸性溶液中都能将I^-氧化为碘单质。反应方程式如下：

$$Cl_2 + 2NaI = 2NaCl + I_2\downarrow$$

$$2NaI + 3H_2SO_4 + MnO_2 = 2NaHSO_4 + 2H_2O + MnSO_4 + I_2$$

析出的碘可用有机溶剂CS_2和CCl_4来萃取分离。在上述反应中要避免使用过量的氧化剂，以避免碘单质被进一步氧化成高价碘的化合物：

$$I_2 + 5Cl_2 + 6H_2O = 2IO_3^- + 10Cl^- + 12H^+$$

大量的碘是由碘酸钠制取的。经浓缩的碘酸盐溶液用亚硫酸氢钠还原而析出碘，反应如下：

$$2IO_3^- + 5HSO_3^- = 3HSO_4^- + 2SO_4^{2-} + H_2O + I_2\downarrow$$

2. 碘的应用

碘在近代工业和尖端技术方面得到广泛的应用。碘可用作催化剂、消毒剂、塑料稳定剂、火箭燃料添加剂和人工降雨催化剂、照相制版剂等，少量用于合成有机染料及中间体、塑料稳定剂。例如：碘仿CHI_3用作防腐剂。AgI用于制造照相软片并可作为人工降雨时造云的“晶种”。

I_2O_5是最重要和热稳定最好的碘氧化物，在1813年分别由J. L. Gay－Lus－sac和H. Davy制得。尽管该化合物历史悠久，直到1970年才准确测定出结构。

I_2O_5是在室温能迅速将CO完全氧化的几种化学试剂中最著名的一种物质：

$$5CO + I_2O_5 \longrightarrow 5CO_2 + I_2$$

该反应是测定大气或其他气态化合物含有CO的有效分析方法的基础。I_2O_5也能氧化NO、C_2H_4、H_2S、SO_3等生成碘酰基盐$[IO_2]^+$，而浓硫酸和有关酸（$H_2S_2O_7$，H_2SeO_4）还原I_2O_5成亚碘酰衍生物$[IO]^+$。以F_2、BrF_3、

SF_4 或 $FClO_2$ 进行氟化作用生成 IF_5，IF_5 再与 I_2O_5 反应生成 IOF_3。

在与人类生命活动有关的医药卫生方面，碘及其化合物的应用发展较快，除碘药物可治疗甲状腺肥大外，还用在 X 射线诊断中，应用有机碘化合物进行血管、脊椎等的造影。

3. 碘的生物活性与应用

碘在 1805 年被发现是人体必需微量元素，是第二个被确证的人体必需微量元素。碘对维持机体正常生理功能发挥了重要作用。健康成人体内含碘量约为 20 ~ 50mg，其中 20% 存在于甲状腺中。世界卫生组织（WHO）认为碘的最低生理需要量为每人 $60\mu g \cdot d^{-1}$，建议供给量为 $150\mu g \cdot d^{-1}$，是实际生理需要量的 2.5 倍。人体由食物提供的碘占所需碘的 90% 以上，食物中的无机碘易溶于水形成碘离子。在消化道，碘主要是在胃和小肠被迅速吸收，空腹时 1 ~ 2h 即可完全吸收，胃肠道有内容物时，3h 也可完全吸收。

碘由消化道吸收的无机碘经过肝脏的门静脉进入体内循环，正常人血浆无机碘浓度为 $0.8 \sim 6.0 mg \cdot L^{-1}$。血液中的碘离子可穿过细胞膜进入红细胞，红细胞碘浓度与血浆相当。经过血液循环，碘离子分布到全身组织器官。血碘被甲状腺摄取，在甲状腺滤泡上皮细胞内生成甲状腺激素。在人体的甲状腺里的主要含碘以有机化合物形式存在，甲状腺素的含碘量占人体甲状腺中总碘量的 35% ~ 40%。甲状腺激素中的碘被脱下成为碘离子后，可再重新被甲状腺摄取作为合成甲状腺激素的原料。甲状腺激素主要是四碘甲腺原氨酸（又称为甲状腺素，即 L－3，5，3′，5′－四碘甲腺原氨酸）和三碘甲腺原氨酸。甲状腺激素对物质代谢的影响，不仅刺激蛋白质、核糖核酸的合成，还参与糖、脂肪、维生素、盐类和水的代谢。在亚细胞中存在着能与甲状腺激素进行可逆的特异性结合的蛋白，但直到 20 世纪 70 年代，Oppenheimer 等发现了核受体存在后，才使得甲状腺激素与受体蛋白之间相互作用的研究有了突破性进展。近年的研究发现，甲状腺激素通过与核受体甲状腺激素受体结合调控靶基因的表达，可能是其众多作用的基础。因此，碘稳态代谢平衡、甲状腺激素水平、甲状腺激素受体的转录活性是调控碘生物学功能的三个重要因素。

碘主要通过肾脏由尿液排出；少部分由粪便排出，这主要是通过唾液腺、胃腺分泌及胆汁排泄等从血浆中清除碘，最后从粪便排出；极少部分可经乳汁、毛发、皮肤汗腺和肺呼气排出。通过乳汁分泌方式排泄的碘，对于由母体向哺乳婴儿供碘有重要的作用，使哺乳婴儿能得到所需碘。乳汁中含碘量为血浆的 20 ~ 30 倍，母体泌乳将需要较多碘。通常用尿碘排出量来估计碘的摄入情况。根据WHO的建议，14岁以上的男性及非妊娠妇女的最适宜尿碘量为100～500μg·L^{-1}。

碘缺乏和碘过量都不利于甲状腺正常发挥其生理功能。长期摄入不足和过量均会对人体健康造成危害。碘摄入不足可引起碘缺乏病，包括地方性甲状腺肿、地方性克汀病（简称“地克病”）、地方性亚临床克汀病等，对机体生长发育，尤其是对神经系统、大脑发育造成损害的疾病，同时碘缺乏也可导致流产、早产、死产、先天畸形等。碘过量也可以引起甲状腺功能异常，包括甲亢、甲减和自身免疫性甲状腺炎。由于碘缺乏所引发的碘缺乏病广泛存在于世界各国，中国曾是世界上碘缺乏病流行最严重的国家之一，但中国政府高度重视地方性克汀病和亚临床克汀病等碘缺乏病的防治，于1995年正式实施全民食盐加碘的政策，作为国家消除碘缺乏危害的公共卫生问题的干预措施，并规定在食盐中添加碘的标准为20～30mg·kg^{-1}。

4. 亚临床克汀病

亚临床克汀病是以轻度智力落后为主要临床表现，因此它属于有结构异常的精神发育迟滞。所谓结构异常是指这种智力落后是有一定的病理改变、结构异常和神经系统损伤。该病的发病机制与地克病是相同的，轻度缺碘或缺碘导致的轻度损伤是其发病的基本环节，发病比例远远大于地克病，因此构成了严重的公共卫生问题。1936年，DeQuervain和Wegelin首先在缺碘病区把非典型的克汀病人称为“半克汀病”（semicretin）；20世纪60年代以后，智力测验方法引入病区的研究之后，许多学者都注意到在缺碘地区的所谓正常人群中，有相当一部分人虽不能构成地克病的诊断，但实际上并不正常，他们既不是克汀病人，也不能被视为正常人。天津医科大学朱宪彝教授、马泰教授、河北医科大学的于志恒教授等在中国防治碘缺乏病的过程中做了大量的人群流行病学研究和碘营养干预工作。马泰教授领导了世界上最大规模的人群和基础研究，证实了碘缺乏对人类的主要危害不仅仅只是甲状腺肿和克汀病，更严重的是造成人类后代不同程度的智力发育障碍，影响人口素质的提高和社会发展。1980年，Laggasse明确使用“类克汀病”（cretinoid）这个术语，定义为：①可疑甲减；②可疑智力落后；③二者均有。Laggasse认为具备上述一项者可诊断为类克汀病。1985年，中国卫生部组织碘缺乏病专家在山西忻州召开了一次专题学术会议，在这个会议上，与会人员同意地方性亚临床克汀病的命名，简称“亚克汀”。

第十三章　硼族元素生物化学

硼族元素（Boron group）指元素周期表中ⅢA族元素，包括硼B（Boron）、铝Al（Aluminium）、镓Ga（Gallium）、铟In（Indium）和铊Tl（Thallium）五种元素。其中镓在自然界中存在两种同位素$^{69}_{31}Ga$（60.4%）和$^{71}_{31}Ga$（39.6%），其他均为放射性同位素；硼是本族唯一的生命元素，而且目前仅证明硼对植物生长是必需的微量元素之一，尚未确证为人体必需元素。

第一节　硼族元素的基本性质

硼族元素的基本性质见表13－1。硼族元素基态原子的价层电子通式为ns^2np^1（$n=2, 3, \cdots\cdots, 6$），它们的最高氧化态为+3；在共价化合物中，中心原子外层只有6个电子（ns^2，$np_x{}^2np_y{}^2np_z{}^0$），未达到稳定的8电子外层结构，还有一个空的np轨道，所以硼族元素的共价化合物为缺电子化合物，这就决定了硼族元素的所有共价化合物都不能成为配位原子，而只能成为配位中心原子；缺电子共价化合物有很强的继续接受电子的能力，这种能力促使分子以自身聚合或以接受电子对给予体形成稳定的化合物等。其中，硼原子只能以2s和2p轨道成键，其配位数最大只能达到4，因此硼以多种独特成键方式解决其缺电子的问题，例如，以自相聚合形成缺电子多中心键，即三中心二电子硼氢桥键、三中心二电子硼桥键和三中心二电子硼键等，如图13.1所示；以三角面组成的多面体，在多面体中，硼原子除了形成正常的二中心二电子的共价键外，还有多中心键存在。

表 13－1　硼族元素基本性质

性质	B	Al	Ga	In	Tl
前线电子构型	$2s^22p^1$	$3s^23p^13d^0$	$3d^{10}4s^24p^14d^0$	$4d^{10}5s^25p^15d^0$	$4f^{14}5d^{10}6s^26p^16d^0$
主要氧化数	+3	+3	（+1），+3	+1，+3	+1，（+3）
共价半径（pm）	82	118	126	144	148
离子半径（M^+）（pm）			113	132	140
离子半径（M^{3+}）（pm）	20	50	62	81	95
电离能 I_1（$kJ \cdot mol^{-1}$）	800.6	577.6	578.8	558.3	589.3
电离能 I_2（$kJ \cdot mol^{-1}$）	2 427	1 817	1 979	1 821	1 971
电离能 I_3（$kJ \cdot mol^{-1}$）	3 660	2 745	2 963	2 705	2 878
电子亲和能 E_A（$kJ \cdot mol^{-1}$）	29	48	48	69	117
电负性 χ	2.04	1.61	1.81（Ⅲ）	1.78	1.62（Ⅰ） 2.04（Ⅲ）

从表 13－1 可以看到，硼的原子半径最小、电离能最高、电负性最大，这些性质决定了硼原子不能以金属键形成单质，或以离子键形成化合物，而是以典型的共价性为其化学键特性；以典型的非金属特性显示与本族其他元素的性质差异。随着原子序数的递增，本族元素的性质呈现复杂的精细变化，从铝元素开始，均具有空的 nd 轨道可以参与成键，铝表现出典型的金属性；而到了 Ga，其内层（$n-1$）d 轨道全充满，电子层数的增加，其原子半径相应增加，但由于内层全充满构型产生的收缩效应，从 Al 到 In，M 原子半径和 M^{3+} 离子半径的变化幅度相应变小，同时加强了 ns 电子的穿透性，使 ns 能级降低，从 Ga 开始，显示出 M（Ⅰ）氧化态；到第六周期元素 Tl 时，由于原子中有全充

满的4f 亚层，原子核中有集中增强的核电场，进一步加强了6s 电子的穿透性，使6s 能级显著降低，6s 电子不易成键，展现了明显的“惰性电子效应”。即Ga、In、Tl 在一定条件下显示出 M（Ⅰ）氧化态，并且其稳定性依次增强。其中，Tl（I）氧化态很稳定，Tl（I）的化合物中具有较强的离子键特征。

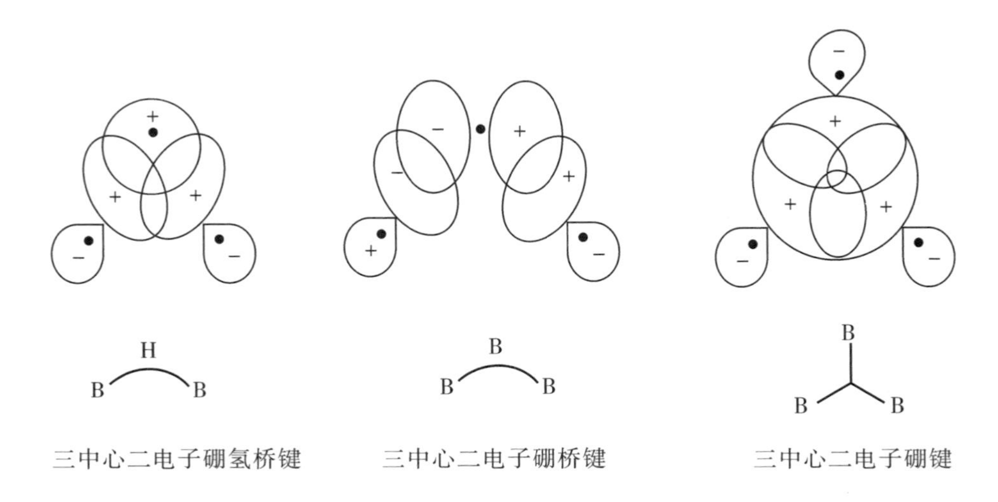

图 13.1　硼的缺电子多中心键

1. 自然资源

硼和铝都有富集的矿藏，铝在地壳中的含量（质量百分比 8.3%）仅次于氧（45.5%）和硅（25.7%），占第三位；硼在自然界主要以含氧化合物形式存在，如硼酸、各种硼酸盐和硼硅酸盐。硼酸在火山区分布较广，常常存在某些温泉中。自然中常见的是硼砂（$Na_2B_4O_7 \cdot 10H_2O$）、方硼石（$2Mg_3B_8O_{15} \cdot MgCl_2$）、白硼钙石（$Ca_2B_6O_{11} \cdot 3H_2O$）等。中国辽宁等地有硼镁酸盐矿床。铝在自然界主要以铝矾土矿形式存在，它是一种含有杂质的水合氧化铝矿，中国山东等地有铝的矿藏。镓、铟、铊没有单独的矿藏，以分散的形式与其他矿物共生，所以把镓、铟、铊和锗一起归属为稀有分散性元素。在地壳中的丰度，镓为 $1.5 \times 10^{-3}\%$，铟为 $2.5 \times 10^{-5}\%$，铊为 $1 \times 10^{-4}\%$。地球化学表明，在地壳中镓和 Zn、Al、In、Ge、Tl 等共生于矿物中，例如和 Ge、In、Tl 一起伴生于锌的硫化物矿和铝矾土矿中；人们曾偶然发现在一些氢氧化铁中铟的浓集高达千分之几。通过地层的下降过程形成的沉积物中铟的含量变化为 $1 \times 10^{-9}\% \sim 1 \times 10^{-6}\%$，泥质和沙质沉积物的含铟量比碳质的沉积物大。

中国的铟资源和铟产量为全球之冠，主要分布在云南地区。工业上从冶金获得的残留物中回收镓、铟和铊，主要来源之一是从闪锌矿提取锌之后的残留物中获得。

2. 单质。

硼与碳、硅相似，形成共价型分子或单质，硼单质是耐熔的、硬度高的非金属绝缘体；而铝、镓、铟、铊均为低熔点的、柔软的金属，具有很低的电阻率。这些金属的熔化热和蒸发热也比硼低很多，并随着原子序数增大而降低。

单质硼有无定形硼和晶体硼两种。无定形硼为棕色粉末，晶体硼为黑灰色。晶体硼有多种复杂的晶体结构，如α－菱形硼、β－菱形硼、四方硼－I、四方硼－II、四方硼－III 和六方硼。这些变体都是由硼原子构成的二十面体或二十面体碎片，以不同方式结合而成。α－菱形硼是最普通的一种，其基本结构单元为正二十面体的对称几何构型，每个面近似为一个等边三角形，20 个面相交成 12 个角顶，每个角顶为一个硼原子占据，然后由 B12 的这种二十面体配布起来组成六方晶系的α－菱形硼。

α－菱形硼的每个二十面体处于腰部的 6 个硼原子以三中心二电子硼键（如图 13. 1 所示），与同一平面内的相邻的 6 个二十面体连接起来。这种由二十面体组成的片层一层又一层结合起来，层间结合靠的是二十面体的上下各 3 个硼原子以 6 个正常 B—B 共价键（即二中心二电子键，键长为 171pm）同上下两层的 6 个邻近二十面体相连接（3 个在上一层，3 个在下一层）。

晶体硼属于原子晶体，硬度很大，在单质中仅次于金刚石，熔点、沸点高，化学性质不够活泼。无定形硼的化学性质比较活泼。

铝是一种银白色有光泽的金属，密度为 2. 7g · cm^{-3}，熔点为 930K，沸点为 2 740K。铝质轻，具有良好的延展性和导电性，抗腐蚀，无磁性。铝延性仅次于金，居第二位；展性居第六位。

镓、铟和铊的物理性质近似（见表 13－2）。镓、铟、铊皆为金属，其晶体皆为金属晶格，原子间的金属键较易断开，故熔点较低，但沸点较高，因此它们的液态温度范围很宽。其中固态镓的外观略带蓝色，质软，有延展性，是软金属，放在人的手掌上就能熔化；液态镓呈银白色。镓的熔沸点相差之大在金属中是独一无二的，凝固时体积膨胀这一点也是异常的。铟是一种柔软的具有耀眼光泽的银白色金属，弯曲时发出高声调的声音（像 Sn 一样），具有很好的延展性，铟比铅还软，用指甲可划痕，与其他金属摩擦时能附着上去，甚至在液氮温度下也能保持软性。铟具有很强的可塑性，不易硬化，所以它的延伸率反常地低，能无限制地受压变形。铊是一种柔软的灰白色金属，外观和性质与铅很相似。铊容易铸模，具有可塑性，用手也可塑造。新切开的铊具有灰白的金属光泽，在空气中立即变成铅一样的蓝灰色；铊有三种晶型：低于230℃为六方密堆积晶格，230℃以上转化为体心立方晶格，在高压下形成面心立方型。

表 13－2　镓、铟、铊单质的物理性质

性质	Ga	In	Tl
熔点（K）	302.78	430	577
沸点（K）	2 676	2 353	1 730
密度（$g \cdot cm^{-3}$）	5.91	7.31	11.0
晶体结构	斜方	四方	α六方，β立方
相对导电性（Hg＝1）	2	11	5

第二节　生命元素硼

硼是ⅢA 族元素中唯一的生命元素，而且仅是植物必需的微量元素。硼在自然界中分布较广，作为痕量元素存在于土壤中。天然硼有两种稳定同位素：$^{10}_{5}B$（相对原子质量为 10.012 9）和$^{11}_{5}B$（相对原子质量为 11.009 31），它们的相对丰度分别为 19.78% 和 80.22%。

硼砂是人们最早利用的含硼化合物，早在公元前 2000 年，硼砂就已被人们用来处理和焊接黄金。在古埃及和古罗马，人们用它来制造硬质玻璃。到公元 300 年，已有由硼砂制成的珐琅质。1808 年英国的 H. Davy，法国的 J. L. Gay－Lus－sac 和 L. J. Thénard，用钾还原硼酸第一次制备了不纯的单质硼。1892 年，H. Moissan 用镁还原 B_2O_3 得到纯度为 95% ～98% 的硼样品。1909 年有人通过单质区域熔融提纯第一次得到了高纯度单质硼，在电弧温度下用氢还原三氯化硼也获得了高纯硼。1912 年硼和氢的二元化合物问世，从此开辟了一个新的共价化学领域。

1. 硼的应用

硼与氧的亲和力超过硅，所以硼作为还原剂，能从许多稳定的氧化物（如 SiO_2、P_2O_5 等）中夺取氧，故硼在炼钢工业中用作去氧剂。例如：

$$3SiO_2 + 4B \xrightarrow{\text{强热}} 3Si + 2B_2O_3$$

硼在 900℃以上可与金刚石反应；在 1 200℃ –1 250℃可与碳纤维反应，生成 B_4C。硼与硅在低于 1 370℃时反应生成 B_4Si，而在高于 1 370℃时反应则生成 B_6Si。

硼可与许多金属直接反应生成金属硼化物。无定形硼用于生产硼钢，它是制造喷气发动机的优质钢材，抗冲击性能好。因为硼有吸收中子的特性，硼钢还用于制造原子反应堆中的控制棒。将硼酸盐、铝硅酸盐的陶瓷粉末与 Co、Ti、Ni 的金属粉末混匀，经过特殊热处理烧结成的金属陶瓷是耐高温和超硬质材料。

2. 硼化物

硼化物一般是指硼与电负性比较小的元素化合而成的二元化合物。绝大多数的硼化物是硼与金属所形成的二元化合物，有 200 种以上，这些化合物在化学计量比和结构类型上显示出惊人的多样性。通常根据晶格中金属原子与硼原子的比例不同，将金属原子相对比较多的硼化物称为富金属硼化物，如 M_5B、M_4B、M_3B、M_5B_2、M_7B_3、M_2B、M_5B_3、M_3B_2、$M_{11}B_8$、MB、$M_{10}B_{11}$、M_3B_4、M_2B_3、M_8B_5 和 MB_2 等；硼原子显著多的硼化物称为富硼的硼化物，如 M_2B_5、MB_3、MB_4、MB_6、M_2B_{13}、MB_{10}、MB_{12}、MB_{15}、MB_{18} 和 MB_{66} 等。周期表中ⅤB 至Ⅷ族的过渡金属多形成富金属的硼化物；而电正性比较大的金属，如碱金属、碱土金属、ⅡB 和ⅣB 族的过渡金属、镧系和锕系金属，则主要形成富硼的硼化物。此外，还有大量的组成可变的非化学计量物相，以及许多有一种以上金属与硼结合的三元的及更复杂的物相，如 $(Fe, Ni)_{23}B_6$ 以及硼合金等。

硼化物特殊的物理和化学性质，使其在工业上有广泛的用途。某些富金属硼化物极硬，化学上惰性、不挥发，熔点及电导率常常超过原来的金属。如高度导电的 Zr、Hf、Nb 和 Ta 的二硼化物的熔点都在 3 000℃以上，而 TiB_2（熔点 2 980℃）的电导率比金属钛大 5 倍。过渡金属硼化物 TiB_2、ZrB_2 和 CrB_2 等，用于制作涡轮机叶片，燃烧室内衬，火箭喷嘴及烧蚀防护罩。硼化物或涂有硼化物的金属具有抵抗各种熔融金属、炉渣及盐的腐蚀能力，因此它们可用于制作高温反应器、蒸发皿、坩埚、水泵转子及热电偶外壳。有些金属硼化物在高温下可耐化学腐蚀，并具有良好的导电、导热性，可用作铝电解槽的阴极、静电沉淀器中的电极导线、热交换材料和高温电接触器。沉淀出来的镍和钴的硼化物，具有高度的抗疲劳性，可用作氢化反应的多相催化剂。

硼化物应用于核工业。其优点在于^{10}B对热中子具有很高的有效吸收截面，即使对于高能中子（$10^4\sim10^6$eV），^{10}B也比其他任何核素具有更高的有效吸收截面。^{10}B的另一个优点是其反应的产物为稳定的非放射性元素Li和He：

$$^{10}_{5}B+^{1}_{0}n\longrightarrow^{4}_{2}He+^{7}_{3}Li$$

因此，自核动力工业出现以来，金属硼化物及硼碳化物一直广泛地用作中子屏蔽罩和控制棒，如CaB_6砖是很便宜的中子防护板。

硼碳化物在非核工业上的主要用途是作抛光或研磨用的磨料颗粒或磨料粉末；还用在制动器及离合器的摩擦片衬上。硼的碳化物及铍的硼化物还可用于防弹服及飞船防护板中。通过BCl_3/H_2与碳丝在1 600℃～1 900℃下反应可制成纤维状的硼碳化物：

$$4BCl_3+6H_2+C（纤维）\longrightarrow B_4C（纤维）+12HCl$$

在接近熔点时，通过拉伸热处理可以消除纤维的卷曲，最后得到的纤维耐热酸和热碱，且抗Cl_2的温度高达700℃，抗空气的温度高达800℃。

硼纤维复合材料主要应用于飞机和宇宙飞船上，在高尔夫球杆、网球拍及自行车方面也应用广泛。硼合金在黑色冶金和有色冶金工业中用途广泛。

（1）硼烷。硼可以形成一系列共价氢化物，即硼烷，在性质上类似于碳的氢化物（碳烷，即烷烃）和硅的氢化物（硅烷）。除了二十多种硼烷中性分子，还有多种多样的硼烷阴离子。多数硼烷组成是B_nH_{n+4}、B_nH_{n+6}，少数为B_nH_{n+8}、B_nH_{n+10}。根据结构及化学配比可以将它们分成笼形或闭式硼烷、巢形、蛛网形、网形和稠合形硼烷等。硼烷还形成一系列碳硼烷、氮硼烷、磷硼烷和硫硼烷等其他杂原子硼烷类衍生物。

硼烷是无色、抗磁性、热稳性中等到低等的化合物分子。低级硼烷在室温下为气体，但随着相对分子质量增加，变成挥发性液体或固体。如乙硼烷B_2H_6和丁硼烷B_4H_{10}在室温下为气体，戊硼烷B_5H_9和已硼烷B_6H_{10}为液体，癸硼烷$B_{10}H_{14}$为固体。硼烷极其活泼，蛛网形硼烷比巢形硼烷更趋活泼，笼形硼烷阴离子特别稳定。有几种硼烷在空气中能自燃。硼烷燃烧时放出大量的热，所以可用作火箭的高能燃料，但这类物质毒性大，在一般条件下燃烧不完全。几乎所有硼烷通过皮肤渗透或吸入时都是剧毒的，但用相对比较简单的保护措施就可以安全而方便地进行操作。

乙硼烷是最简单的硼烷，结构见图 13.2，两个 B 原子采取 sp^3 杂化，位于一个平面的 BH_2 原子团，以二中心二电子键连接，位于该平面上、下且对称的 H 原子与 B 原子分别形成三中心二电子键（硼氢桥键）。

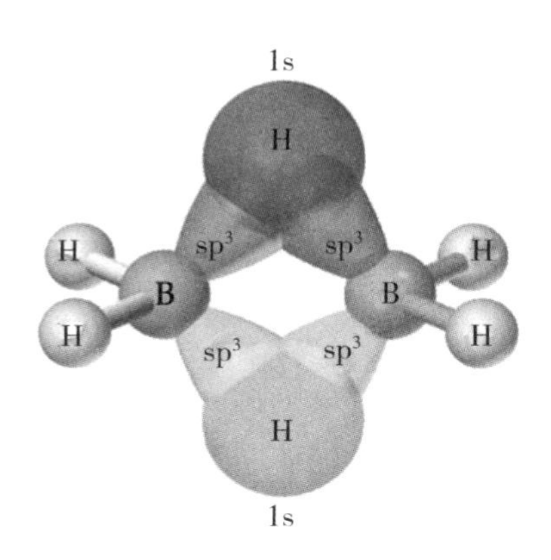

图 13.2　乙硼烷结构

乙硼烷化学性质活泼，即使在室温或低于室温时，也可以与各种无机分子和有机分子反应。乙硼烷只在 373K 以下稳定，高于此温度，则转变为高硼烷，别的硼烷都是由它直接或间接制备的。例如乙硼烷与 NH_3 反应，生成环氮硼烷 $B_3N_3H_6$：

$$3B_2H_6\,(g) + 6NH_3\,(g) = 2B_3N_3H_6\,(l) + 12H_2\,(g)$$

乙硼烷跟氢化锂反应生成更强的还原剂硼氢化锂：

$$2LiH + B_2H_6 = 2LiBH_4$$

$LiBH_4$ 和 $NaBH_4$ 被认为是有机化学中的万能还原剂，它们都是白色晶体，能溶于水或乙醇，无毒，化学性质稳定。在制药、染料和精细化工制品的生产中有广泛应用，还用于化学镀层，如在金属和非金属底物材料上，用 $NaBH_4$ 镀镍，可得到耐腐蚀、坚硬的保护层。$LiBH_4$ 的燃烧热很高，可做火箭燃料。

氨硼烷可作为储氢固体材料。例如一种硼—氮基（碳硼烷衍生物）液态储氢材料，可在室温下安全工作，在空气和水中稳定。硼氢化合物可作为固体推进剂的高燃速调节剂，在丁羟、丁羧和双基等固体推进剂中添加碳硼烷衍生物或氢硼酸盐，能使之获得 50 ~ 250mm · s^{-1} 的高燃速性能。金属碳硼烷可作为氢化反应中的催化剂。有研究报道了金属钴碳硼烷及其衍生物可作为非肽类抑制剂，可以抑制 HIV 蛋白酶活性；钴的碳硼烷烷氧基衍生物配合物具有抗菌作用；连接在抗体上的碳硼烷衍生物可用于硼中子俘获疗法。

（2）硼的含氧化合物。硼的含氧化合物包括几乎所有硼元素的天然存在形式，其分子结构中含有三角形 BO_3 单元构成或 BO_4 四面体单元。例如三氧化二硼（B_2O_3），其玻璃态和晶态都含有三角形 BO_3 结构单元的无限长链。B_2O_3 有吸湿性，溶于酸、碱溶液和乙二醇，与水反应生成硼酸 $B(OH)_3$，熔融时能溶解许多金属氧化物生成有特征颜色的硼酸盐玻璃：

$$CuO + B_2O_3 = Cu(BO_2)_2 \text{（蓝色）}$$

$$NiO + B_2O_3 = Ni(BO_2)_2 \text{（绿色）}$$

B_2O_3 与 NH_3 反应，在500℃生成与石墨结构相似的（$BN)_n$：

$$B_2O_3\ (s) + 2NH_3\ (g) = 2BN\ (s) + 3H_2O\ (g)$$

硼酸，即 H_3BO_3 或 $B(OH)_3$，为白色片状晶体，$B(OH)_3$ 单元通过氢键连接在一起，形成几乎六角形对称的无限广的层，层间以微弱的范德华力相吸引，所以硼酸晶片是片状，有解理性，有滑腻感，可做润滑剂。硼酸溶于乙醇和甘油，更易溶于高级醇，微溶于乙醚和丙酮。硼酸是很弱的和特有的一元酸，在反应中它不作为质子给予体，而作为路易斯酸接受 OH^-，反应如下：

$$B\ (OH)_3 + H_2O = B\ (OH)_4^- + H^+$$

硼酸的酸性可因加入甘油或甘露醇等多元醇而大大增强：

$$HO{-}B(OH)_2 + H{-}O{-}CH_2{-}CHOH{-}CH_2{-}O{-}H = [O{-}B(O{-}CH_2)_2CHOH]^- + H_3O^+ + H_2O$$

H_3BO_3 受热时会逐渐脱水，首先生成 HBO_2（偏硼酸），进一步脱水生成 $H_2B_4O_7$（四硼酸），温度更高时生成 B_2O_3（硼酐）。硼酸在医药上用作消毒剂、收敛剂，食物的防腐剂。工业上大量地用于制搪瓷、玻璃、光纤，还应用于照相和电子工业。

无水硼酸盐可通过熔融硼酸和金属氧化物制得，水合硼酸盐可由水溶液中结晶出来。在硼酸盐的晶体结构中，构成硼酸根阴离子的基本结构单元是平面三角形的 BO_3 单元和 BO_4 四面体单元。在不同硼酸盐中，BO_3 和 BO_4 单元的数目不同，连接方式不同。和硅酸盐类似，硼酸盐的结构也十分复杂。硼酸盐有 $Na_2B_4O_7 \cdot 10H_2O$（硼砂）、$KB_5O_8 \cdot 4H_2O$、CaB_2O_4 和 $Mg_7Cl_2B_{16}O_{30}$等。硼砂是无色半透明晶体或白色结晶粉末，在其晶体中［$B_4O_5\ (OH)_4]^{2-}$ 离子通过氢键连接成链状结构，链与链之间通过钠离子以离子键结合，水分子存在于链之间，所以硼砂的分子式按结构应写为 $Na_2B_4O_5(OH)_4 \cdot 8H_2O$。硼砂易于提纯，水溶液显碱性，具有酸碱缓冲作用，分析化学上常用它标定酸的浓度。

同 B_2O_3 一样，硼砂在熔融状态时能溶解一些金属氧化物并显出不同的颜色，因此硼砂在分析化学中可做硼砂珠试验，鉴定金属离子。

$$Na_2B_4O_7 + CoO \xlongequal{} 2NaBO_2 \cdot Co(BO_2)_2 \text{（蓝色）}$$

$$3Na_2B_4O_7 + Cr_2O_3 \xlongequal{} 6NaBO_2 \cdot 2Cr(BO_2)_3 \text{（绿色）}$$

硼砂除了鉴别金属外，还可以用来焊接金属，因为它可以消除金属表面的氧化物。用于搪瓷和玻璃工艺的上釉和着色，可以代替 B_2O_3 用于制特种光学玻璃和人造宝石，还可以做肥皂和洗衣粉的填料。

3. *植物必需元素*

1923 年，Warington 证实硼是植物生长发育的必需元素。硼对植物细胞壁和细胞膜的结构与稳定，蛋白质和核酸的代谢，碳水化合物的运输，促进花及果实的正常发育，促进作物的营养生长与繁殖等都有影响。硼影响花器官发育和花粉管萌发，其分子机理已经明确。科学家从拟南芥中克隆出植物硼转运基因，并揭示了硼的吸收与水通道蛋白有关。硼还作为抗热应激剂在植物中作用。

硼存在于植物的果实、籽粒和叶等器官中，水果、蔬菜、豆类和干果等食品中硼的含量较高。硼在调节植株激素水平和促进植物正常生长发育过程中发挥着重要作用。硼有助于增加花量、保花保果、刺激花粉管伸长、促进花粉萌发，促进种子与果实的正常发育。硼缺乏，可能表现为坐果率低、结实率低、花而不实、易落花落果，作物品质下降等性状。例如，硼缺乏可导致玉米不能正常授粉，大豆荚而不实，棉花的蕾而不花，油菜的花而不实，白薯的黄叶病，玉米的白条病，甜菜的腐心病，萝卜的褐心病，蔬菜作物的叶片上出现水渍区、烧尖和褐色或黑心症等。植物缺硼症明显地发生在茎和根的顶端。硼对豆科植物（如苜蓿、大豆及花生）根瘤的正常发育也很重要。

研究显示在缺硼土壤中合理施用硼肥可以明显提高农作物产量和质量，但是环境中过量的含硼物质也会使土壤变劣，农作物反而受害。

不仅植物，对于动物，硼也在生物学、机体代谢和生理过程中具有一些有益的功能。硼在高等动物胚胎发育、能量底物代谢、骨骼钙化和维持、调节炎症代谢等过程具有营养作用。硼对许多矿物质和酶的代谢也具有潜在影响。研究表明硼缺乏会导致免疫功能低下以及骨质疏松症。向动物饲料中添加硼可以增强动物的骨密度、加快伤口愈合速度和促进胚胎发育。但高剂量硼的摄入或吸收对植物和动物均会造成不良影响。

第三节　铝的重要化合物及毒性

铝（Aluminium）的名字出自明矾（alum），即 $KAl(SO_4)_2 \cdot 12H_2O$。铝元素在环境中广泛存在，几乎所有岩石中均含硅酸铝；铝在许多普通火成矿物（包括长石和云母）中是主要成分，这些火成矿在温和的气候下会变成黏土矿，如高岭石［$Al_2(OH)_4Si_2O_5$］、蒙脱石和蛭石；铝也广泛存在于植物中，特别是在潮湿和酸性的土壤中生长的植物，其含铝量相当高，但没有一种已知生命形式需要铝。

1. 铝的应用

铝是重要的工业原料，是世界上最为广泛应用的金属之一。铝能代替铜用来制造电线、高压电缆、发电机等电器设备；铝虽然是活泼的金属，但由于表面上覆盖了一层致密的氧化物膜，使铝不能进一步同氧和水作用，因而具有很高的稳定性，广泛地用于制造日用器皿；铝合金轻而坚韧，具有高机械强度和高抗张强度，能被铸、辗、挤、锻、拉或用机床加工，易于制成筒、管、棒、线、板、片和箔，用于飞机制造或其他运输机件上，如铝硅合金（约含 Si 12%）；在宇航工业中，铝广泛应用于火箭结构、外壳、燃料和氧化剂罐及电子传动装置的铸造。铝粉也常常用于需特大冲力的火箭发射用固体燃料中。

明矾主要用作净水剂、媒染剂，造纸工业用作胶料，还用于制焙粉、药物和钾肥；刚玉（Al_2O_3）是已知的最硬的物质之一，因此被用作磨料使用；许多宝石是含有杂质的氧化铝，如红宝石（含 Cr^{3+}）、蓝宝石（含 Fe^{2+}，Fe^{3+} 或 Ti^{4+}）、绿宝石和紫晶，以及有特殊光泽的黄晶等。商业价值中最重要的矿物是铝土矿 $AlO_x(OH)_{3-2x}$（$0<x<1$），它被用于提炼铝，用于生产耐火材料和高铝水泥，少量用作干燥剂，以及在石油化工中用作催化剂。

铝的氧化物和氢氧化物有 Al_2O_3、$Al(OH)_3$、$AlO \cdot OH$（羟基氧化铝）三种形式，它们用途广泛。氧化铝主要用于生产金属铝，在陶瓷、耐火材料、医药、吸附剂、催化剂及载体等方面也有重要应用。铝同氧在高温下的反应生成 Al_2O_3，利用这个反应的高反应热，铝常被用来从其他氧化物中置换出金属（铝热还原法），如 MnO_2、Cr_2O_3 等：

$$2Al(s) + \frac{3}{2}O_2(g) = Al_2O_3(s)$$

$$2Cr(s) + \frac{3}{2}O_2(g) = Cr_2O_3(s)$$

$$2Al(s) + Cr_2O_3(g) = Al_2O_3(s) + 2Cr(s)$$

在上述反应中释放出来的热量可以将反应混合物加热到很高的温度（3 273K），使产物金属熔化而同氧化铝熔渣分层。铝热还原法常被用来焊接损坏的铁路钢轨，而不需要先将钢轨拆除。

铝可与许多金属元素（包括镧系和锕系）形成金属互化物。在工业上应用的铝合金中主要掺入的元素有 Mg、Si、Cu、Zn、Mn、Ni。适量加入这些元素与铝能形成固溶体。在规定用途的特殊合金中常加入少量其他元素，如 Cr、Zn、V、Pb 和 Bi，制作精细的浇铸构件常加入 Ti。例如含锰合金（含 Mn 1.2%）具有中等强度，易加工，可做炊具和包装材料；Al—Mn—Mg 合金强度大，可用作建筑材料；Al—Mg 合金易加工并抗侵蚀，可用于船舶制造；Al—Cu—Mg—Mn 合金强度大，可用于航空工业和交通运输业；Al—Si 合金可用于制造铸件。

2. 铝的毒性

铝在 pH 值中性土壤中难溶并且对植物一般是无害的，但在酸性土壤环境中，铝是减缓植物生长的首要因素。在酸性土壤中，Al^{3+} 离子浓度会升高，从而影响植物的根部生长和功能，以及植物体内正常的代谢过程。铝对植物的毒性主要体现在根系周边土壤环境中的铝与根尖生长的相互作用。铝还可以降低植物细胞壁的延展性和导通性，在细胞壁或细胞膜的特定位置取代其他离子，对细胞结构造成伤害，降低植物抵御外来侵害的功能。铝还影响植物体对钙、营养盐、水分的吸收等。铝可以与植物细胞中的蛋白质、脂质、糖类结合，还能与有机酸、三磷酸腺苷及脱氧核糖核酸等主要的生长分子发生螯合，严重干扰植物细胞内离子的正常代谢，影响各种生理生化过程的正常进行，损伤细胞、组织，从而抑制植物的生长。世界上约 40% 的耕地为酸性，而且人类活动对环境的影响，使得酸雨的频度和范围逐渐扩大，因此，所带来的铝过量问题会严重危害植物的产量和品质，影响生物多样性。研究表明土壤酸化和铝毒可能是全球森林衰退的重要原因。

不仅酸雨，随着明矾在污水处理中的应用，以及新型絮凝剂（聚合氯化铝 PAC）在湖泊富营养化治理、除磷控藻方面的广泛应用，大量铝盐进入江河湖自然水生态系统，铝盐的富集对水生植物、鱼类也产生毒害。对淡水藻类的研究表明，铝作用会引起浮游藻类和底栖藻类群落结构组成显著变化。铝在偏酸条件下（pH 6.0 左右）对藻类毒性最强，Al^{3+}或无机单体铝是对藻类毒性最大的铝形态。铝对鱼类的毒性研究表明，铝对成鱼是一种鳃毒性物质，可引起离子调节和呼吸紊乱。铝对鱼类的毒性与浓度、价态、水的 pH 值与硬度（Ca^{2+}含量）均有关。

铝可对人体多系统产生毒性，包括神经系统、血液系统、骨骼系统、消化系统等。铝可从多种途径进入人体，比如水、空气中的粉尘、药物和食物、铝制容器等。20 世纪 70 年代初，Berlyne 等人首次提出铝可经胃肠道吸收，1976 年，Alfrey 等提出铝中毒是透析性脑病的病因，1989 年，世界卫生组织和粮农组织确定铝为食品污染物，指出人体摄入铝的含量每日不能超过$0.7mg\cdot kg^{-1}$。铝蓄积在体内组织和器官中，铝在脑组织中的蓄积和其神经毒性作用已有大量报道。体内过量的铝对人及动物的中枢神经系统、脑、肝、骨、肾、细胞、造血系统、人体免疫功能、胚胎以及学习和记忆等均有不良影响。铝可以抑制胆碱乙酰转移酶的活性和合成，提高乙酰胆碱酯酶活性，破坏胆碱能神经元和影响钙离子释放等，从而使学习记忆功能减退。铝还可以干扰孕妇体内的酸碱平衡，使卵巢萎缩，影响胎儿生长。大量证据表明，铝过量可以导致透析性脑病、透析性骨质疏松、骨发育不良、贫血等。

（1）铝与阿尔茨海默病：阿尔茨海默病严重影响老年人健康，人们对该病病因及其机制的了解非常有限，目前仍无有效的药物可以阻止和治疗该病的发生和发展。流行病学研究和病理学研究表明，铝暴露可能是阿尔茨海默病等神经退行性疾病的一个重要致病因素。大量文献也报道了锰与阿尔茨海默病有关。研究表明防止铝暴露可以降低阿尔茨海默病的发病率，微量元素组学研究表明血清铝可以作为阿尔茨海默病的生物标志物，并发现了铝与轻微智力损伤有关。病理学上，阿尔茨海默病的主要病理学标志特征为：脑实质组织中由神经元细胞外 Aβ 多肽聚集形成的老年斑沉积，神经元细胞内磷酸化 Tau 蛋白形成神经元纤维缠结，海马和大脑皮质区神经元突触的选择性丢失。

铝与阿尔茨海默病的研究表明：铝能引起 Aβ 在神经系统的累积，诱导老年斑的形成。铝可以促进 Tau 蛋白的异常磷酸化和积累，促进神经纤维缠结的形成。铝抑制海马和大脑皮层中的胆碱乙酰转移酶活性，提高乙酰胆碱酯酶活性，破坏胆碱能神经功能。铝影响神经系统突触的可塑性。铝抑制突触长时程增强，影响学习和认知能力。铝影响神经递质的含量及转运，损害谷氨酸——一氧化氮—环磷酸鸟苷信号通道。铝通过改变神经细胞的钙稳态造成细胞结构和功能障碍，改变神经元的功能。铝通过损害膜结构和膜酶引起 Fe^{2+} 介导的脂质过氧化增强。铝影响体内其他元素（如 Fe、Cu、Zn、Se、Mn 等）的分布，改变这些元素的氧化还原状态。铝还可以损伤葡萄糖代谢。因此，越来越多的研究表明脑部铝过量积累与阿尔茨海默病的发生密切相关，铝在阿尔茨海默病的发生过程中有着重要作用。

（2）铝与骨病：铝摄入量过多，会沉积于骨骼中，使血磷降低，骨质脱钙，导致骨软化，出现骨痛、易骨折、肌无力和肌肉疼痛等症状。铝不仅能阻止骨的矿化，铝还能直接损害成骨细胞的活性，从而抑制骨基质合成。临床研究中发现特发性股骨头坏死患者头发中铝含量明显高于正常人（$P<0.05$），铝增高会直接影响骨的代谢。铝对骨骼的危害是竞争性抑制，主要表现在以下方面：铝的摄入会导致甲状旁腺激素浓度下降，竞争抑制钙的吸收；铝与胶原蛋白结合沉积于骨骼上，抑制人体成骨细胞和破骨细胞的增殖和功能；铝的摄入会干扰骨磷酸酶的产生以及骨内钙、磷结晶的形成。

（3）铝与贫血：铝是小细胞性贫血和肾病晚期病人恶性贫血的因素之一。已证实在接受透析治疗的病人中发生的贫血与铝中毒有关，而且血清铝含量越高，贫血越严重。铝导致非缺铁性贫血的原因是，铝可抑制亚铁氧化酶的活性，铝能与血清中的转铁蛋白、白蛋白等几种血浆蛋白相结合，并能占据转铁蛋白上铁的特异性结合部位，干扰了血浆中铁的分布与代谢，影响铁的利用。因此，铝中毒导致的贫血可为小细胞低色素性贫血，或正常色素性贫血，并非都由缺铁而引起，只有减少人体铝的摄入量，才能修复贫血症状。

（4）铝与糖尿病：近年来，有关铝过量与人体血糖升高的相关研究报道越来越多。糖尿病是遗传和环境等因素共同作用而引起的慢性非传染性疾病。很多文献报道了铝、铬、铜、镁、铁、锌、锰等与糖尿病及其并发症的发生密切相关。研究发现，长期铝作业工人的血糖高于正常人，铝工业基地的居民血糖水平与血清铝含量呈正相关，长期高铝暴露可能导致糖代谢紊乱。铝引起糖代谢紊乱的主要机制可能涉及炎症反应和氧化应激。炎症因子可通过激活多个炎症通路诱发胰岛β细胞凋亡，而氧化应激可降低胰岛β细胞的基因表达，进而诱导细胞死亡。因此，铝暴露可能引发机体炎症反应，损害胰岛细胞，导致胰岛素减少，引发血糖升高。

第四节　镓、铟、铊的性质用途及毒性

镓、铟、铊3种元素都是通过光谱仪发现的。在1868年，法国化学家Paul Émile Lecoq de Boisbaudran用光谱分析从闪锌矿得到提取物时发现了镓，他用了7年时间，最终确认了镓元素。他电解$Ga(OH)_3$的KOH溶液，首次获得1克多的金属镓，并测定了镓的一些重要性质。1863年德国科学家F. Reich和H. T. RIchter用光谱法分析闪锌矿时发现了铟，元素命名取自其火焰光谱中耀眼的靛蓝色谱线。1861年英国科学家Sir William Crookes对硫酸厂废渣中的物质进行光谱分析，观察到新的绿色谱线，从而发现了铊，同年法国的Lamy电解三氯化铊溶液制得金属铊，其命名来自其火焰中的特征亮绿谱线。

1. 镓、铟、铊的用途

镓、铟、铊的高纯金属及其合金都是半导体材料。铟及其镉铋合金在原子能工业上有测定及吸收中子的用途，铊盐可以用于制作荧光粉活化剂。

（1）镓和As、Sb、P组成的二元化合物（GaAs、GaSb、GaP）用于半导体材料。例如砷化镓GaAs（和Ge是等电子体）用于制作微波振荡二极管、肖脱基势垒二极管、变容二极管以及红外线发光二极管和激光器等。砷化镓的电子迁移率和禁带宽度比硅、锗大，可以作为高频大功率器件的材料。砷化镓电池可应用于光电技术，通过镓、氯化氢和含有适当量掺杂剂的砷反应，使其沉积在涂有石墨衬底的钨上，可制得砷化镓薄膜同质太阳能电池。

镓的沸点和熔点相差大，可用来制造测温范围较宽的石英套管高温温度计。用Ga和Bi、Pb、Sn、Cd、In等能制成低熔合金，这些合金可用于防火信号材料、电路熔断器中。Ga和V、Nb、Zr等形成GaV_3、$GaNb_3$和$GaZr_3$在低温下具有超导性能的合金。镓铂、镓铟和镓钯合金是良好的镶牙材料。镓铝合金可代替汞做医疗器械上紫外线辐射灯的阴极，所发射的宝石蓝和红色光能提高治疗效果。往铝合金中加入少量镓可以增强合金的硬度，镓还能提高纯镁和镁锡合金的抗腐蚀性能。

镓能湿润玻璃、陶瓷和大多数其他物品（除了石英、石墨和聚四氟乙烯）表面，将它涂在玻璃上可形成光亮的镜子。镓的低蒸气压被用于真空装置的液封（如用于质谱仪入口系统的密封）。化合物$MgGa_2O_4$，当用二价杂质如Mn^{2+}

激活后，被用作一种亮绿色磷光体的紫外活化粉，用于静电复印机中。另外一种比较重要的用途是在铀的光谱分析中用于增加各个谱带的灵敏度。纯镓可作为核反应堆的热交换介质。在医学领域，某些放射性同位素（如^{67}Ga）可用于核医学中观察癌症的部位。

（2）铟最重要的用途是在低熔合金和电子仪器中。例如低熔的全保险装置，热稳定器和自动灭火喷水设备可用 In 和 Bi、Cd、Pb 及 Sn 的合金（熔点50℃～100℃）；外科手术中使用 In 与 Bi、Cd、Pb、Sn 及 Tl 的合金，熔点为49℃。铟显著的润湿性和耐碱性，可用作金属的焊料，在高真空设备中，金属和非金属的结合处用富铟的焊料密封。铟应用在 Ge 上制造 p—n—p 晶体管，它能使半导体焊接在低温下进行，铟金属的柔软性也使得 Ge 在逐渐冷却过程中应力减至最小。诸如 InAs 和 InSb 这样的Ⅲ—V 半导体被用于低温晶体管、热敏电阻和光学仪器，InP 被用于高温晶体管。在有色金属中加入少量铟，能提高耐震裂和耐腐蚀性。例如，在金、银、钯、铜等饰物的合金中加入铟，可提高饰物的硬度、耐久性、耐腐蚀性和增加色彩。75% 金、20% 银和 5% 铟的合金，俗称为绿金。

（3）铊的某些合金也具有独特性质，但由于其毒性极大，限制了用途。如银和铊制成的轴承合金具有高的耐久性和低的摩擦系数及良好的抗酸性能，其在机械性能方面胜过 Ag/Pb 和 Cu/Ag 合金。Hg/Tl 合金是低共熔合金，凝固点为 -59℃。TlBr 和 TlI 对于长波是透明的，所以在红外技术上显现出一些特殊的用途，并可能适用于光敏二极管和红外检测器中。氧硫化铊制成的光电池，其光谱的长波部分和在低强度照明方面都胜过硒光电池，已应用在测辐射热的仪器、测量星球辐射信号系统、光学光度计上对温度的控制调节方面等。另外，铊在医药上有治疗作用，但由于其毒性，限制了其应用。

2. 镓、铟、铊的毒性

镓、铟、铊及其化合物可以通过污染的水、大气、蔬菜等途径进入人体。镓、铟及其化合物属微毒类；铊及其化合物为高毒性，为强烈的神经毒物，可经呼吸道、消化道和皮肤吸收进入人体。当镓、铟、铊及其化合物在人体含量达到一定剂量即可对人体健康造成危害。

在一般原料中镓含量较低，所以不致对人体产生危害。据报道长期接触镓的化合物会引起龋齿和骨关节痛。动物实验表明，吸收大量氯化镓能使动物出现严重虚弱、畏光和消化不良性腹泻以及失明和后肢麻痹、血液中氮含量增高等症状。解剖发现有肺出血和水肿、肾皮出血等现象。将镓涂擦在动物已有炎症的皮肤上，能使炎症加剧。研究表明镓主要由尿液排出，在最初的 24 小时排出 50%，以后三天排出 10%。

铟及其化合物对人体没有明显危害。处理铟和铟的半导体器件制作 20 年以上的经验证明铟对皮肤没有刺激或伤害。未曾有铟工业中毒的报道。1986 年，拉扎列夫等首次提到铟及其化合物的毒性，进入体内的铟主要蓄积在骨骼、肝、肾、唾液腺等器官。铟盐和人体组织破伤部位接触是有毒的。口服铟盐的毒害则较低。金属铟和其氯化物、硫酸盐对人体的皮肤没有发现刺激性反应。建议有组织破伤的工作人员勿接触铟或铟盐溶液。铟盐溶液和铝盐味道相似。当注射 In^{3+} 离子对肾脏有毒。咽下小剂量粉末铟或铟的衍生物几乎不发生显著的中毒。这可能是胃酸没有和金属发生作用的结果。氧化铟和磷化铟中主要是铟离子会对肺和免疫系统造成伤害。铟在生物体无法代谢，主要由尿和粪排出。体内的铟的排泄分两个时期，开始为快排泄期，持续约 20 天，之后则为长时间的缓慢排泄期。

铊在元素周期表中位于两个有毒的重金属汞和铅之间，铊及其化合物都是极毒物质，亚铊的溶液有剧毒。迄今已有多个因铊中毒而死亡的案例。铊的蒸气和烟尘可通过呼吸系统吸收，而可溶性铊盐通过消化系统和皮肤吸收，因此皮肤接触、咽下和吸入都是危险的，铊会很快被胃或皮肤吸收。铊对体质量为 70kg 的成年人的最小致死量为 50 ~ 80mg，血铊含量达到 $40\mu g \cdot L^{-1}$ 可引起急性铊中毒。铊是一种累积性的毒物，在 1 ~ 5 天内就会出现中毒症状，能引起肠胃和神经系统的紊乱。铊慢性中毒的症状表现为虚弱、极端疼痛（多发性神经炎）和头发脱落。严重中毒则引起恶心、呕吐、腹泻、颤抖、极端疼痛、虚脱、昏迷、痉挛甚至死亡。

铊中毒的防治：在铊中毒的治疗上并没有真正意义的解毒剂，临床上通常应用治疗汞中毒的方法，如依地酸二钠钙、二巯基丙磺酸钠、二巯基丙醇、二巯基丁二酸钠或盐酸青霉素等，但效果并不理想。另外，双硫腙可与铊形成无毒的络合物，由尿液排出；普鲁士蓝 $KFe[Fe(CN)_6]$ 具有离子交换剂的作用，普鲁士蓝上的钾离子 K^+ 可置换 Tl^+，形成肠道难吸收的 $TlFe[Fe(CN)_6]$ 使之随粪便排出；同时给盐类泻剂和钾盐加速铊的排泄；慢性铊中毒用含硫氨基酸如胱氨酸、半胱氨酸、甲硫氨酸等，可有一定疗效。

由于口服铊盐发生的急性中毒，应立即采取刺激催吐、洗胃和导泻等措施。如用2%～4%盐水或淡肥皂水催吐；并用1%碘化钾或碘化钠100～200mL洗胃，使之形成不溶性的碘盐，减少自胃肠吸收，随即选用3%硫代硫酸钠溶液或清水洗胃；用硫酸盐等盐类泻剂导泻，加快毒物排出；并可口服活性炭，以减少毒物吸收；接着内服牛奶、生蛋清等。必要的静脉输液可促进排泄并维持体液平衡。严重中毒可用透析疗法或换血疗法，能在短时间内降低人体内的铊。

关键措施应该是加强管理，特别是加强对铊盐的管理，严禁误服铊盐和误用铊盐，防止中毒事件发生；加强安全生产教育，积极做好生产设备的密闭和生产车间的通风。从事铊相关行业者在作业时应戴防护口罩或防毒面具、手套，穿防护服，工作后进行淋浴。注意个人防护，避免其吸入及与皮肤直接接触。一旦皮肤沾染时，应该及时用肥皂水或清水冲洗。

水和植物中铊的含量比较高，中毒途径主要是食用高铊蔬菜和食物，长期积累导致慢性中毒。由于矿山开采等造成的土壤和饮用水污染，也有可能导致居民通过饮食摄入含铊化合物，产生急性或慢性铊中毒。中国是一个铊资源较丰富的国家，因此要注意含铊资源开发利用中铊的环境积累问题。

目前一些国家已经建立了一般人群镓、铟、铊负荷水平的连续性生物监测资料，中国一些省市的人群尿液和全血中镓、铟、铊水平分布也有相关研究报道。

第十四章　ds 区元素生物化学

ds 区元素是指元素周期表中的 Ⅰ B（铜族）、Ⅱ B（锌族）两族金属元素（Copper and Zinc group elements），包括铜 Cu（Copper）、银 Ag（Silver）、金 Au（Gold）、锌 Zn（Zinc）、镉 Cd（Cadmium）和汞 Hg（Mercury）六种自然形成的金属元素。其中铜 Cu 和锌 Zn 是生命元素。

第一节　ds 区元素的基本性质

ds 区元素是过渡金属元素，价层电子构型通式为 $(n-1)d^{10}ns^{1\sim2}$（$n=4$，5，6），内层（$n-1$）d 轨道已经全充满，价电子构型变化发生在 ns 轨道上，所体现的性质与其他过渡金属元素有所不同，氧化态为 M（Ⅰ）铜族的离子和氧化态为 M（Ⅱ）锌族的离子均为 18e 构型，均没有 d－d 跃迁光谱，所以 ds 区元素不能被认为是 d 区元素。ds 区元素的一些基本性质见表 14－1。

表 14－1　ds 区元素的一些基本性质

元素	前线电子构型	主要氧化态	原子、离子半径（pm）			密度	电负性 χ
			M	M^{+}	M^{2+}	（$g\cdot cm^{-3}$）	
Cu	$3d^{10}4s^{1}4p^{0}4d^{0}$	+1，+2	128	96	69	8.92	1.9
Ag	$4d^{10}5s^{1}5p^{0}5d^{0}$	+1	144	126		10.5	1.9
Au	$4f^{14}5d^{10}6s^{1}6p^{0}6d^{0}$	+1，+3	144	137		19.3	2.4
Zn	$3d^{10}4s^{2}4p^{0}4d^{0}$	+2	133		74	7.14	1.6
Cd	$4d^{10}5s^{2}5p^{0}5d^{0}$	+2	149		97	8.64	1.7
Hg	$4f^{14}5d^{10}6s^{2}6p^{0}6d^{0}$	+1，+2	151		110	13.55	1.9

从表 14 - 1 可看到，铜族的氧化态有 +1、+2、+3 价，铜常见的为 +1、+2 价，银常见的为 +1 价，金常见的为 +1、+3 价；锌和镉的常见氧化态为 +2 价，汞的常见的化合价有 +1、+2 价，两种不同化合价的化合物都非常重要。从 Cu 到 Au，以及从 Zn 到 Hg，原子半径增加幅度小，而核电荷对最外层电子的吸引力却增幅大，故化学活泼性和金属活泼性递变顺序与 s 区元素恰好相反，即金属单质活泼性顺序为 Cu > Ag > Au，Zn > Cd > Hg；锌族比铜族强，即 Zn > Cu，Cd > Ag，Hg > Au。由于 18 电子层结构的离子具有很强的极化力和明显的变形性，所以铜族和锌族元素容易形成共价性化合物，易形成配合物，它们所形成的化合物多为共价型；对于 Au 和 Hg，由于 4f 轨道全充满（镧系收缩效应），其离子的极化力在本族元素中最强。

1. 自然形态

铜、银和金因其化学性质不活泼，所以它们在自然界中有游离的单质存在，其中金主要以游离态存在，铜、银、锌、镉和汞主要以硫化物的形式存在，如黄铜矿（$CuFeS_2$）、辉铜矿（Cu_2S）、闪银矿（Ag_2S）、闪锌矿（ZnS）、辰砂（HgS）等。此外，还有孔雀石[$Cu_2(OH)_2CO_3$]、蓝铜矿[$Cu_3(OH)_2(CO_3)_2$]和角银矿（AgCl）等。

2. 卤化物

铜、锌分族元素能够形成众多的卤化物，如 CuX、CuX_2、AgX、ZnX_2、CdX_2、Hg_2X_2 和 HgX_2 等。它们在性质上除氟化物外，都有明显的共价性，因此，无水卤化物有一定的挥发性（如 CuCl、$HgCl_2$ 等）；在水中溶解度小，溶于有机溶剂；易形成配离子（如 $CuCl_2^-$、$HgCl_4^{2-}$ 等）；大部分卤化物是白色；少部分卤化物是有色化合物。

（1）铜卤化物 CuX、CuX_2。CuX（白色，X = Cl，Br，I），$CuCl_2$（棕色），$CuBr_2$（黑色），CuI_2（不存在）。重要反应有：

$$CuO + 2HX = CuX_2 + H_2O$$

$$CuX_2 + Cu = 2CuX$$

$$CuX + X^- = CuX_2^-$$

$$4CuI + Hg = \underset{\text{(暗红色)}}{Cu_2HgI_4} + 2Cu$$

最后一个反应可用于检验实验室空气中气态汞的含量，一般用悬挂 CuI 的纸条，在 15℃时，3h 内不变色为限，表明空气中含 Hg 量小于 $0.1mg \cdot m^{-3}$。

（2）银卤化物 AgX。AgF 是可于溶液水的离子型化合物，其余 AgX 均为共价性难溶盐，制备反应：

$$Ag^{+} + X^{-} = AgX\downarrow$$（X：Cl，白色；Br，浅黄；I，黄色）

（3）锌、镉卤化物 ZnX_2、CdX_2。ZnF_2 为离子型化合物，其余 ZnX_2 为白色共价性化合物，CdI_2 为黄色共价性化合物。

（4）汞卤化物 Hg_2X_2、HgX_2。氟化物 Hg_2F_2（黄色）、HgF_2（白色）受热容易分解，在水中容易水解；其余卤化物均是容易升华的共价性化合物，如 Hg_2I_2（黄色），HgI_2（α 红色，β 黄色）；Hg_2Br_2（白色），$HgBr_2$（白色）；Hg_2Cl_2（白色，甘汞），$HgCl_2$（白色，升汞）。甘汞 Hg_2Cl_2 可由升汞 $HgCl_2$ 还原制备得到：

$$2HgCl_2 + SnCl_2 = Hg_2Cl_2 + SnCl_4$$

在 Hg_2^{+}—Hg^{2+} 的平衡体系中，Hg_2^{+} 处于热力学的稳定态，且 $[Hg^{2+}]/[Hg_2^{+}] = 1/166$。但在一定条件下，$Hg_2Cl_2$ 可发生歧化反应：

$$Hg_2Cl_2 + 2OH^{-} = Hg + HgO + 2Cl^{-} + H_2O$$

$$Hg_2Cl_2 + NH_3 = Hg + HgNH_2Cl\downarrow + HCl$$

$HgNH_2Cl$ 为白色沉淀，Hg^{2+} 有很强的极化力，NH_3 分子受到极化而电离出质子形成特殊形式的化合物 $HgNH_2Cl$。

3. 配合物

铜、锌分族离子能够以 sp，sp^2，sp^3，sp^3d，sp^3d^2 杂化轨道成键形成配合物。表 14－2 列出铜、锌分族常见离子与常见配体作用情况。

表 14－2　铜、锌分族常见离子与常见配体作用情况

离子	$NH_3 \cdot H_2O$	KCN	KI
Cu^{+}	$Cu(NH_3)_2^{+}$ 无色	$Cu(CN)_4^{3-}$ 无色	CuI 白色
Cu^{2+}	$Cu(NH_3)_4^{2+}$ 深蓝色	$Cu(CN)_4^{3-} + (CN)_2\uparrow$	$CuI + I_2$ 黄棕色
Ag^{+}	$Ag(NH_3)_2^{+}$ 无色	$Ag(CN)_2^{-}$ 无色	AgI 黄色
Zn^{2+}	$Zn(NH_3)_4^{2+}$ 无色	$Zn(CN)_4^{2-}$ 无色	ZnI_4^{2-} 无色
Cd^{2+}	$Zn(NH_3)_4^{2+}$ 无色	$Cd(CN)_4^{2-}$ 无色	CdI_4^{2-} 无色
Hg^{2+}	$Hg(NH_2)Cl\downarrow$ 白色	$Hg(CN)_4^{2-}$ 无色	$HgI_2 \rightarrow HgI_4^{2-}$ 红→无色
Hg_2^{2+}	$HgNH_2Cl\downarrow + Hg\downarrow$ 灰色	$Hg(CN)_4^{2-} + Hg\downarrow$ 黑色	$Hg_2I_2 \rightarrow HgI_4^{2-} + Hg$ 绿→无色

从表 14－2 可看到，Cu^{2+} 离子由于极化力和氧化性，与 KCN 和 KI 作用时，都发生氧化还原反应并形成 Cu^{+} 的配离子或难溶盐沉淀；$Ag(NH_3)_2^{+}$ 具有氧化性，可以氧化醛基化合物并生成银单质（银镜反应），该反应在实验室用于醛基化合物的鉴定，在工业上用于玻璃镀银；含 $Ag(NH_3)_2^{+}$ 的溶液放置过程会分解成为有爆炸性的 Ag_2NH 和 $AgNH_2$，因此，含 $Ag(NH_3)_2^{+}$ 的溶液应及时处理，不可放置太久。

4. *硫化物*

铜、锌分族元素的离子可以形成稳定的硫化物难溶盐，表 14－3 给出了 ds 区元素硫化物的基本性质。从表 14－3 可以看到，K_{sp} 常数越小，该化合物溶解度越小，稳定性越高。铜、锌分族元素均为亲硫元素，这既可以用极化及附加极化来解释，也可以用前线轨道相互作用来理解，硫原子具有空的 3d 轨道，因此是 σ 电子给体，同时是 π 电子受体，ds 区元素的（$n-1$）d 轨道电子可以进入硫原子的 3d 轨道而形成 d－dπ 键。比较 Cu_2S 和 CuS 的 K_{sp} 常数可知，Cu_2S 比 CuS 更稳定，因此可发生以下反应：

$$2CuS = Cu_2S + S\downarrow$$

向 $Hg_2^{2+}-Hg^{2+}$ 平衡体系中通 H_2S 气体，可以促使 $Hg_2^{2+} \longrightarrow Hg^{2+}$ 的转化：

$$Hg_2^{2+} + H_2S = HgS\downarrow + Hg\downarrow + 2H^{+}$$

表 14－3　ds 区元素硫化物的基本性质

硫化物	颜色	$\Delta_f H_m^{\theta}$（$kJ \cdot mol^{-1}$）	K_{sp}（298K）	在 Na_2S 中溶解性
Cu_2S	黑色	－79.5	2.5×10^{-50}	不溶
CuS	黑色	－48.53	6×10^{-36}	不溶
Ag_2S	黑色	－31.80	2×10^{-42}	不溶
ZnS	白色	－202.92	2×10^{-22}	不溶
CdS	黄色	－144.35	8×10^{-27}	不溶
HgS	黑色或红色	－58.16	4×10^{-53}	溶

第二节　生命体系中的铜元素

铜是生命必需的微量元素，参与人体内许多重要的代谢过程和生理作用。

1. 铜蛋白（copper protein）

铜蛋白有多种生理功能，如载氧、传递电子、贮存铜、作为氧化酶等。铜与蛋白质有多种结合的形式。在肝细胞中的线粒体内膜中的细胞色素C氧化酶是一种含铜的血红素蛋白；在胞液中有两个含铜蛋白，一个是含铜锌的超氧化物歧化酶（肝铜蛋白），分子质量是30～40kDa；另一个是金属硫蛋白，分子质量为10kDa。人体中肝脏是铜储存和排泄的主要器官，在正常肝脏中，绝大部分铜是以氧化酶和超氧化物歧化酶的形式存在。氧化酶用于氧化有机毒物（解毒），超氧化物歧化酶用于保护细胞免受超氧自由基的损害。

根据铜蛋白的光谱特征和磁学性质，铜蛋白可分为Ⅰ型铜、Ⅱ型铜和Ⅲ型铜。①Ⅰ型铜：Ⅰ型铜的铜蛋白在可见光的600nm附近有强吸收峰而显蓝色，Ⅰ型铜的EPR（电子顺磁共振）超精细分裂常数值较小，它表示Ⅰ型铜是顺磁性的。②Ⅱ型铜：其吸收光谱没有明显作用，但它有特征的EPR讯号，说明它也呈顺磁性。③Ⅲ型铜：不能用EPR检测，是反磁性铜。

2. 铜蓝蛋白（ceruloplasmin，CP）

铜蓝蛋白又称血浆蓝铜蛋白、铜氧化酶，是一种含铜的α_2糖蛋白，相对分子质量约为13.4万，单链多肽，含6～7个铜原子，由于含铜而呈蓝色，含糖约10%，末端唾液酸与多肽链连接，具有遗传上的基因多形性。其作用为调节铜在机体各个部位的分布、合成含铜的酶蛋白。CP有着抗氧化剂的作用，在血循环中CP的抗氧化活力可以防止组织中脂质过氧化物和自由基的生成，特别在炎症时具有重要意义；CP具有氧化酶活性，可催化氧化Fe^{2+}为Fe^{3+}。一般认为铜蓝蛋白由肝脏合成，一部分由胆道排泄，尿中含量甚微。铜蓝蛋白测定对某些肝、胆、肾等疾病的诊断有一定意义。

CP也属于一种急性时相反应蛋白，血浆CP在感染、创伤和肿瘤时增加。其最特殊的作用在于协助Wilson病的诊断，即患者血浆CP含量明显下降，而伴有血浆可透析的铜含量增加。大部分患者可有肝功能损害并伴有神经系统的症状，如不及时治疗，此病是进行性和致命的，因此宜及时诊断，并可用铜螯合剂—青霉胺治疗。血浆 CP 在营养不良、严重肝病及肾病综合征时亦往往下降。妇女妊娠期、口服避孕药时其含量有明显增加。

血清中铜的含量虽有 95% 以非扩散状态处于 CP 中，但有 5% 呈可透析状态由肠管吸收而运输到肝的，在肝中渗入 CP 载体蛋白（apoprotein）后又经唾液酸结合，最后释入血循环。在血循环中 CP 可视为铜的没有毒性的代谢库。细胞可以利用 CP 分子中的铜来合成含铜的酶蛋白，例如单胺氧化酶、抗坏血酸氧化酶等。

3. 质体蓝素（plastocyanin，Pc）

质体蓝素是在细胞质中合成后被转运到叶绿体类囊体，定位于类囊体膜内表面的含铜蛋白质，具有电子传递功能，是光合链中的重要成员，其氧化还原电位约为 +0.36V。质体蓝素的前体含有 2 个转运肽，其中 N 端的与跨叶绿体膜有关，O 端的与过类囊体有关。氧化型为蓝色，还原型无色，是 P700 的电子供体。氧化型质体蓝素的活性中心（Ⅰ型铜蛋白）和铜的配位环境如图 14.1 所示。

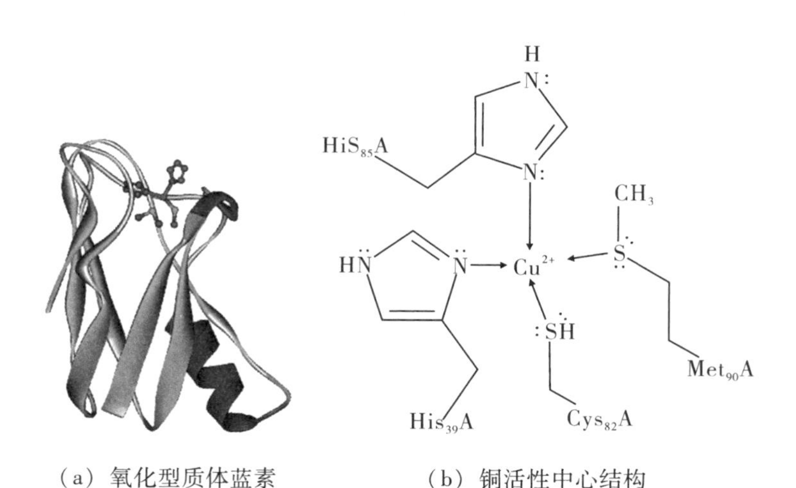

（a）氧化型质体蓝素　　（b）铜活性中心结构

图 14.1　氧化型质体蓝素的活性中心结构

4. 超氧化物歧化酶（superoxide dismutase，SOD，Ⅱ型铜蛋白）

超氧化物歧化酶，1938 年首次从牛红血球中分离得到，1969 年 McCord 等重新发现这种蛋白，并且发现了它们的生物活性，弄清了它催化过氧阴离子发生歧化反应的性质，所以正式将其命名为超氧化物歧化酶。SOD 是生物体内重要的抗氧化酶，广泛分布于各种生物体内，如动物、植物、微生物等。SOD 是一种含有金属元素的活性蛋白酶，按其所含金属辅基不同可分为四种：

①Cu_2Zn_2 - SOD，含两个相同的亚基，每个亚基中含一个铜（Cu）和一个锌（Zn）离子，最为常见的一种酶，呈绿色，主要存在于机体细胞浆中；②Mn - SOD，含锰（Mn）金属辅基，呈紫色，存在于真核细胞的线粒体和原核细胞内；③Fe - SOD，含铁（Fe）金属辅基，呈黄褐色，存在于原核细胞中；④Ni - SOD，含镍（Ni）金属辅基，从细菌中分离得到。现已证实，由氧自由基引发的疾病达60多种。SOD可阻断和修复因氧自由基对细胞造成的损害。由于环境污染、各种辐射、生活压力和超量运动都会造成氧自由基形成和氧化损伤，因此生物抗氧化机制中SOD具有重要的地位。图14.2给出了从牛红血球中分离得到的Cu_2Zn_2 - SOD其中一个亚基的结构与活性中心。

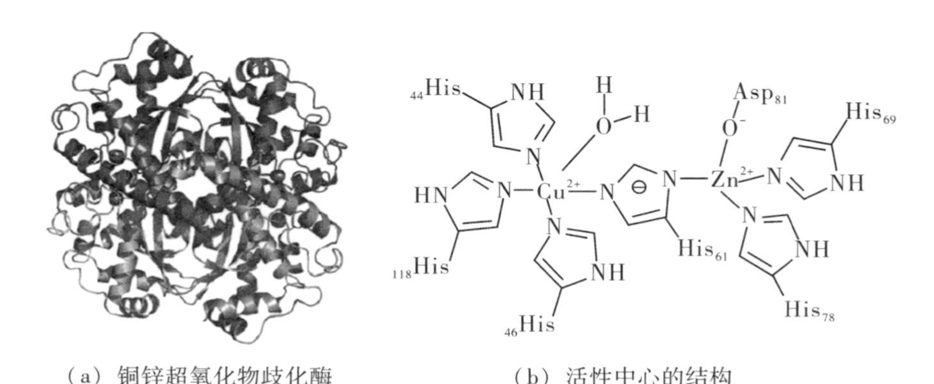

（a）铜锌超氧化物歧化酶　　（b）活性中心的结构

图14.2　超氧化物歧化酶的结构与活性中心

5. 血蓝蛋白（hemocyanin，haemocyanin）

血蓝蛋白又称血蓝素，是节肢动物和软体动物血淋巴中的含铜氧载体，脱氧状态为无色，结合氧状态为蓝色。分子质量一般为50～75kDa，由7个或8个功能单位组成圆柱形结构。组成血蓝蛋白的亚单位数目较多，每个亚单位都含有2个Cu（Ⅰ）离子。不同蛋白质所含亚单位数目不同，有些血蓝蛋白的分子质量可达9×10^3kDa。氧合血蓝蛋白的铜是Cu（Ⅱ），在347nm附近有吸收峰，这是由扭曲四面体场中的d - d跃进产生的。龙虾血蓝蛋白亚单位由3个结构区域组成。区域Ⅰ为蛋白的前175个氨基酸残基组，有大量的α螺旋二级结构；区域Ⅱ大部分也为α螺旋二级结构，由225个氨基酸残基（第176—400个）和作氧分子键合部位的双铜离子组成；剩余的258个氨基酸残基（第401—658个）构成区域Ⅲ，并且类似于如超氧化物歧化酶等其他蛋白的β

折叠二级结构。在区域Ⅱ的双铜活性中心中，每个铜离子与 3 个组氨酸残基的咪唑氮配位。未氧合时，2 个 Cu（Ⅰ）离子相距约 46pm，相互作用很弱，没有发现 2 个 Cu（Ⅰ）离子之间存在着蛋白质本身提供的桥基；氧合后，Cu（Ⅱ）为四配位或五配位，2 个 Cu（Ⅱ）离子与氧分子 O_2 和最近的 4 个组氨基酸残基咪唑氮配位，每个 Cu（Ⅱ）离子呈平面正方形几何构型，O_2 以过氧桥形式连接 2 个 Cu（Ⅱ），2 个 Cu（Ⅱ）相距约 36pm。

软体血蓝蛋白是圆柱状分子，含有 10 ~ 20 个亚单位，每个亚单位（分子质量为 350 ~ 450kDa）有 7 ~ 8 个氧分子结合部位；节肢动物血蓝蛋白由六聚体或多个六聚体组成，分子质量约为 3.5×10^3kDa，每个亚单位（分子质量为 7.5kDa）含有一个氧合中心。

节肢动物门的螯肢类、甲壳类、多足类、蜘蛛以及节肢动物的近亲有爪类（Onychophora）中都含有血蓝蛋白。节肢动物类型的血蓝蛋白有四级结构和三级结构，分子质量约为 75kDa，其中第 2 个域为 α 螺旋区，螯合 1 对 Cu（Ⅰ）离子，可结合 1 个 O_2，下方为第 3 个域，由 β 折叠块构成并含有 Ca 离子，功能尚不详。节肢动物血蓝蛋白至少已分化成为：①酚氧化酶原（prophenoloxidase）；②昆虫的六聚蛋白（hexamer），不螯合 Cu（Ⅰ）离子，为贮藏蛋白；③甲壳类的假血蓝蛋白（pseudo hemocyanin 或 crypto cyanin），也为贮藏蛋白；④双翅类的六聚蛋白受体。经分子系统学的分析，它们与血蓝蛋白相聚，共同构建了节肢动物血蓝蛋白基因超家族。

血蓝蛋白与血红蛋白（hemoglobins）和蚯蚓血红蛋白（hemerythreins）并称为动物界中的 3 种氧载体。但近年的研究表明，血蓝蛋白是一种多功能蛋白。血蓝蛋白除输氧功能外，还与能量的贮存、渗透压的维持、蜕皮过程的调节等有关，还具有免疫活性、抗菌活性和酚氧化物酶活性等。血蓝蛋白的进化地位也引起各国学者的浓厚兴趣。

第三节　生命体系中的锌元素

锌是人体必需的微量元素之一，在人体生长发育过程中起着极其重要的作用。锌存在于众多的酶系中，如羧肽酶、超氧化物歧化酶、碳酸酐酶、乳酸脱氢酶、碱性磷酸酶、DNA 和 RNA 聚合酶等；锌是核酸、蛋白质、碳水化合物的合成和维生素 A 利用的必需物质，具有促进生长发育、改善味觉的作用；锌常常会以锌指蛋白（zink finger）的形式参与体内基因表达，维持蛋白质和核酸的结构，完成细胞内分子运输和免疫等的任务。锌指蛋白因最初发现长得像手指而得名。现在锌指蛋白一般指的是所有需要结合锌才能正常行使功能的各类蛋白质。锌指蛋白几乎涵盖了六大酶类（300 多种酶），在动植物、细菌和病毒中都有锌指蛋白。锌指蛋白在氨基酸序列上有非常保守的地方，就是能够与锌形成配位键的几个氨基酸，例如 His、Glu、Asp、Cys 和 Ser 等，分别利用咪唑基、羧基、巯基和羟基以及活性中心周围的水分子与锌离子配位。

水解酶是催化水解反应的一类酶的总称（如胰蛋白酶就是水解多肽链的一种水解酶），也可以说它们是一类特殊的转移酶，用水作为被转移基团的受体。水解酶有多种为金属酶，即水解金属酶和金属离子激活酶。金属离子激活酶是指必须加入金属离子才具有活性的酶。表 14－4 列出了一些常见的金属水解酶和金属离子激活酶。从表 14－4 可以看到，大部分金属水解酶的活性中心是锌离子。

表 14－4　金属水解酶和金属离子激活酶

酶	催化反应	金属离子
羧肽酶	C－末端肽残基水解	Zn^{2+}
亮氨酸氨肽酶	亮氨酸 N－末端肽残基水解	Zn^{2+}
二肽酶	二肽水解	Zn^{2+}
中性蛋白酶	肽水解	Zn^{2+}，Ca^{2+}
胶原酶	胶原水解	Zn^{2+}
磷脂酶 C	磷脂水解	Zn^{2+}
β－内酰胺酶 II	β－内酰胺环水解	Zn^{2+}
嗜热菌蛋白酶	肽水解	Zn^{2+}，Ca^{2+}
碱性磷酸酯酶	磷酸酯水解	Zn^{2+}
碳酸酐酶	CO_2 水合	Zn^{2+}
α－淀粉酶	葡萄糖苷、糖苷水解	Ca^{2+}，Zn^{2+}
磷脂酶 A	磷脂水解	Ca^{2+}
无机焦磷酸酶	焦磷酸⟶正磷酸	Mg^{2+}
氨肽酶	N－末端肽残基水解	Mg^{2+}，Mn^{2+}
ATP 酶	ATP 水解	Mg^{2+}
Na^+，K^+－ATP 酶	ATP 水解与阳离子运送	Na^+，K^+
Ca^{2+}－ATP 酶	ATP 水解与阳离子运送	Ca^{2+}

1. 羧肽酶（carboxypeptidase，CP）

羧肽酶是一种消化酶，可专一性地从肽链的 C 端开始逐个降解，释放出游离氨基酸的一类肽链外切酶。以酶原形式存在于生物体内，酶活性与锌有关。常用的羧肽酶有 A、B、C 和 Y 共四种。

羧肽酶 A 能水解蛋白质和多肽底物 C 端芳香族或中性脂肪族氨基酸残基，释放除脯氨酸、羟脯氨酸、精氨酸和赖氨酸之外的所有 C 末端氨基酸，更易于水解具有芳香族侧链和大脂肪侧链的羧基端氨基酸，如酪氨酸、苯丙氨酸、丙氨酸等。羧肽酶 A（carboxypeptidase A，CPA），因其底物的首位字“A”而得名。羧肽酶 A 存在于哺乳动物胰脏，相对分子质量 34 600，约 300 个氨基酸残基，以 Zn^{2+} 为辅基。在不同条件下，可以产生四种不同羧肽酶 A：α307，β305，γ300，δ300。羧肽酶 A 活性部位含精氨酸残基、酪氨酸残基和锌离子。精氨酸残基的胍基（一种非常好阴离子络合点），可在非常宽的 pH 范围内（$pKa=13.5$）都可以保持其质子化形式，并能与阴离子羧基、磷酸根、硫酸根等参与形成双氢键，Zn^{2+} 与肽链的两个组氨酸（69，196）的咪唑基氮原子，以及谷氨酸（72）的羧基氧原子以配位键结合，第 4 配位为水。Zn^{2+} 处于畸变四面体配位状态中（见图 6. 12）。其催化水解机理见图 6. 13 所示。

羧肽酶 B 主要水解 C 端为碱性的氨基酸，如切割 C 端的 Lys 或 Arg；羧肽酶 C 专门水解肽链 C 端倒数第二位由 Pro 形成的肽键（在英文文献中被称为羧肽酶 P）和 N－acetyl－L－aspartyl－L－glutamate 结构下 C 端的 Glu（在英文文献中被称为羧肽酶 G）；羧肽酶 Y 能作用于任何一个 C－末端残基。

2. 碱性磷酸酯酶（alkaline phosphatase，AP）

碱性磷酸酯酶是一种核酸酶，催化从单链或双链 DNA 和 RNA 分子中除去 5′－磷酸残基，即脱磷酸作用。不同来源的 AP，其活性中心的结构基本相同。大肠杆菌的 AP 通常以二聚体形式存在，每个单元含 2 个 Zn^{2+} 和 1 个 Mg^{2+}，其中 Mg^{2+} 主要是稳定酶结构，不参与催化，Zn^{2+} 是活性位点，2 个 Zn^{2+} 之间的距离为 399pm，都形成 5 配位的空间构型，2 个组氨酸（His－331、His－412）的氮原子、1 个天冬氨酸（Asp－327）的 2 个氧和 1 个水分子与其中 1 个 Zn^{2+} 配位；2 个天冬氨酸（Asp－51、Asp－369）的氧原子、1 个组氨酸（His－370）氮原子、1 个丝氨酸（Ser－102）的氧原子和 1 个水分子与另外 1 个 Zn^{2+} 配位。

AP 广泛存在于各种生物体内，是参与细胞磷代谢和信号肽转导的一种磷酸酶，其最适 pH 在 7.0 以上，在 pH 为 8 时的活性最大，能够以同样的速率催化许多种磷酸单酯的水解，对磷酸二酯无催化作用。AP 能催化除去 DNA、RNA、三磷酸核糖核苷和三磷酸脱氧核糖核苷的 5′－磷酸基团，切除 rNTPs 及 dNTPs 的 5′－末端磷酸基团，为 5′－末端标记准备模板，防止 DNA 片段的自连接或克隆载体自环化连接，蛋白质的去磷酸化包括蛋白质丝氨酸、苏氨酸、酪氨酸残基的去磷酸化。在基因工程中主要是应用该酶处理经限制性内切酶切割后的载体 DNA，去除载体 DNA 两末端的 5′－磷酸残基，以防止载体 DNA 自我环化，从而提高其重组效率。同时，在用同位素 ^{32}P 标记 5′－OH 末端以制备 DNA 或 RNA 探针时，先用该酶去除 5′－磷酸基，而产生 5′－OH 末端，再进行末端标记。AP 在酶联免疫标记试验（ELISA）中用作的标记酶，将碱性磷酸酯酶与显色剂或去磷酸化后能发光的底物相互作用来揭示靶与检测酶复合物的存在。AP 作为非同位素标记被广泛应用于 Southern 和 Northern 印记分析和 DNA 序列分析等各个方面。

低碱性磷酸酯酶症（hypophosphatasia，HPP）是一种罕见的常染色体遗传疾病，由于碱性磷酸酯酶基因（alkalinephosphatase gene，ALPL）突变导致的系统性疾病。重症 HPP 通常为常染色体隐性遗传，而轻度 HPP 可以是显性或隐性遗传。其典型症状为骨骼和牙齿矿化不全以及血清碱性磷酸酶（ALP）活性偏低。重症 HPP 的发病率在十万分之一左右，轻度 HPP 则更为常见。HPP 有很多不同程度的临床表现，主要诊断依据是血清 ALP 活性检测和分子遗传学检测。该病目前尚无可靠的治疗方法。

3. 碳酸酐酶（carbonic anhydrase，CA）

碳酸酐酶是一种含锌金属酶，分布广泛，人和动物的 CA 是一条卷曲的蛋白质链和一个 Zn^{2+}，分子质量是 30kDa，含约 260 个氨基酸残基，活性中心的 Zn^{2+} 与肽链组氨酸（93、95 和 117）3 个咪唑氮原子配位，第 4 个配体为 H_2O，成为畸变四面体。CA 催化的最重要的反应是碳酸酐（CO_2）可逆的水合作用：CO_2（g）$+H_2O \rightleftharpoons HCO_3^- + H^+$，该反应对呼吸作用极为重要，在生理条件下 CA 对该反应的加速因子在 10^7 左右。在血液及其他组织中，CA 催化 CO_2 和 H_2O 合成 HCO_3^-，当 HCO_3^- 随血液循环到肺泡后，又由 CA 催化使它解离为 CO_2 排出体外。因此 CA 能够维持血液及其他组织中的酸碱平衡，帮助体内组织排除二氧化碳，确保以 CO_2 和 HCO_3^- 为催化底物的酶保持适度的底物浓度。CA 的活性中心及配位环境见图 14.3，催化机理见图 14.4。

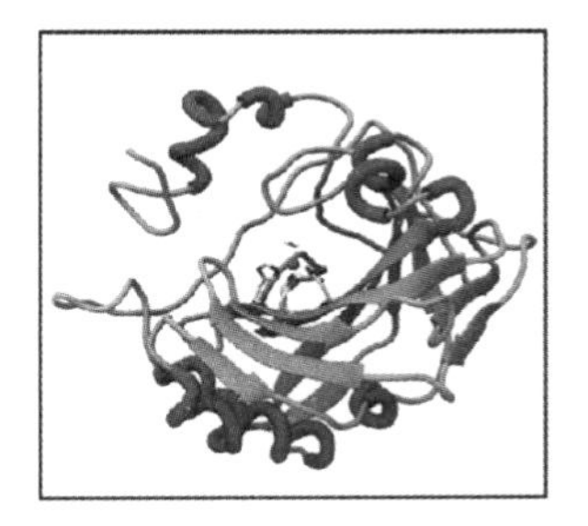

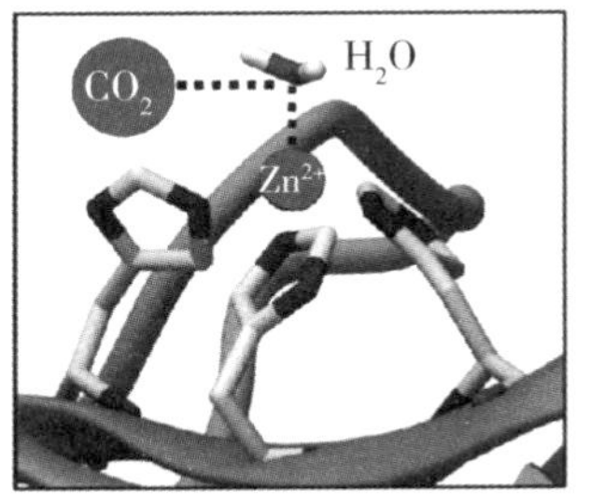

图 14.3　碳酸酐酶的活性中心及配位环境

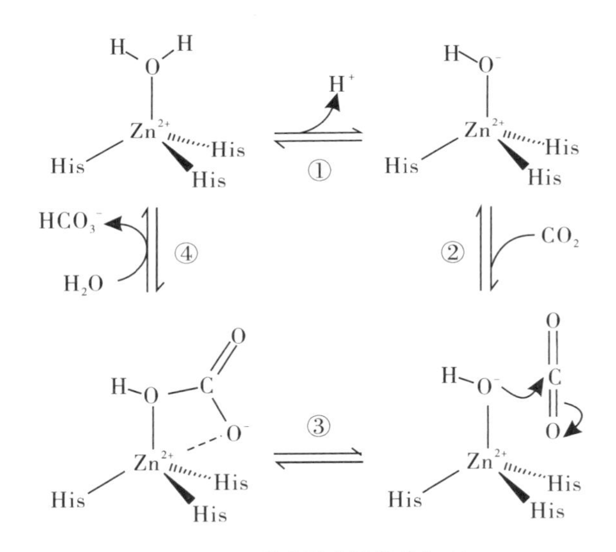

图 14.4　碳酸酐酶的催化机理

CA 在哺乳动物体内有 8 种同工酶，其结构、分布、性质各异，通过催化 CO_2 水化反应及某些脂、醛类水化反应，参与多种离子交换，维持机体内环境稳态。人 29kD 胞浆内酶 CA Ⅰ、CA Ⅱ 从红细胞首次分离得到，在胃肠道、肾远曲小管、肾上腺球状带细胞、附睾起始段狭窄细胞、远侧头体部和近侧尾部上皮细胞、快收缩骨骼肌细胞、脑脉络丛上皮细胞、髓磷脂形成细胞及眼部睫状突、角膜、视网膜细胞内都有 CA Ⅱ；人 29kD 胞浆内酶 CA Ⅲ 发现于骨骼肌细胞浆；29kD 膜相关酶 CA Ⅳ 发现于线粒体，实际还分布于胃肠道、肾远曲小管和髓袢升支粗段上皮细胞顶质膜、基侧质膜表面、附睾、输精管及其壶腹部的上皮微绒毛、顶质膜、皮下平滑肌层、脑毛细血管上皮细胞腔面、心肌、眼部分毛细血管床、脉络膜血管层以及骨骼肌、肝、泪腺等处；42kD 分泌型酶 CAⅥ分离纯化于唾液腺；近期在唾液腺及小脑浦肯野氏细胞中发现的新 CA 相关基因 CAⅧ亦为胞浆内酶。

4. CA 抑制剂（carbonic anhydrase inhibitors，CAIs）

CA 抑制剂可抑制 CA 的活性，使 HCO_3^- 生成减少而降低眼压，临床上主要用于降低眼压，治疗青光眼。CA 在睫状体上皮细胞中催化 CO_2 和 H_2O 生成 HCO_3^-，透过腔膜分泌于房水，由于房水中的液体要保持电中性，Na^+ 向房水分泌增加，同时带动 Cl^- 向房水移动，从而使房水形成高渗压，于是促进 H_2O 向房水流动。CAIs 可保持房水平衡和正常的 pH 值。青光眼病人由于房水回流不畅，引起眼压升高。因此临床上 CAIs 可用于治疗青光眼。

5. 离子探针（ion probe analysis，IPA）

离子探针主要指金属水解酶研究中的过渡金属离子探针（光谱探针）。Zn^{2+} 属于 d^{10} 电子构型，没有 d－d 光谱，无法直接用 d－d 光谱研究锌酶。研究发现 Co^{2+}（d^7）可以作为锌酶 d－d 光谱研究的有效探针离子。而半径更为接近的 Cu^{2+}（d^9）和 Ni^{2+}（d^8）却并不是 Zn^{2+} 的有效探针。探针离子的基本要求：①价态（电荷）相同；②半径相似；③配位构型相同；④电荷分布相似。表 14－5 是一些常用的金属探针离子对。

表 14－5　常用金属离子探针

酶中的金属离子		探针金属离子		检测技术
名称	半径（pm）	名称	半径（pm）	
K^+	133	Tl^+	140	NMR，荧光
Mg^{2+}	65	Mn^{2+}	88	EPR
Ca^{2+}	99	Mn^{2+}	88	EPR
Zn^{2+}	74	Co^{2+}	82	d－d 光谱

Ni^{2+} 和 Cu^{2+} 的离子半径与 Zn^{2+} 更接近，但 Ni^{2+} 和 Cu^{2+} 都不是 Zn^{2+} 的d－d 光谱有效探针离子。Co^{2+} 在四面体场中的电子分布情况见图 14.5，进一步比较四面体场中 d 轨道上的电子分布情况可发现，Co^{2+} 由于 t_{2g} 轨道半充满，e_g 轨道全充满，因此 d 轨道上的电子同样呈球对称分布，与 Zn^{2+}（d^{10}）的球对称分布完全相同，Co^{2+} 取代锌酶中 Zn^{2+} 的位置后，该酶仍有活性，同时具有

d－d跃迁，因此，Co^{2+}能够成为锌酶中Zn^{2+}的 d－d 光谱有效探针离子。

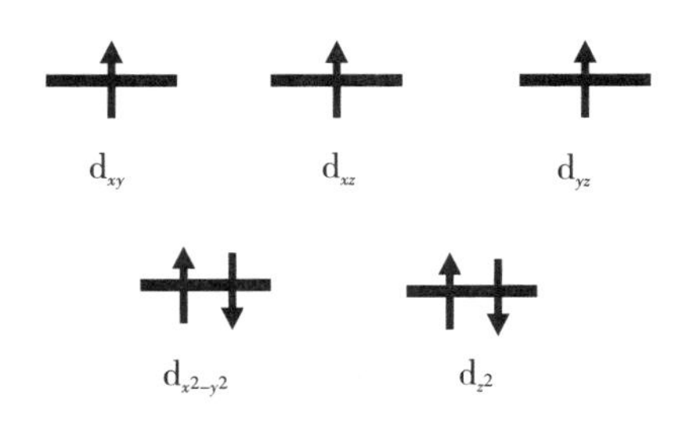

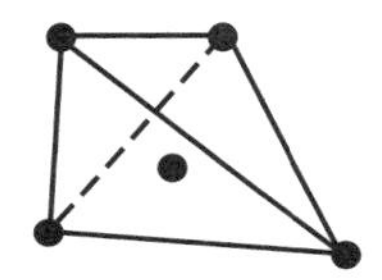

图 14.5　Co^{2+}在四面体场中的电子分布

第四节　生物有害重金属与生物解毒

重金属通常是指密度大于 $4.5g \cdot cm^{-3}$的金属，ds 区元素均属于重金属元素。重金属元素中有小部分是生物必需微量元素，如 ds 区元素中铜和锌。生物必需微量元素也称为生命元素。重金属元素中大部分对生物是有害的元素，这些重金属元素称为生物有害重金属元素，简称有害重金属，如 ds 区元素中的金、银、镉和汞，它们在人体中累积达到一定程度就会造成中毒。在环境污染方面，有害重金属主要是汞（水银）和镉这两种生物毒性显著的重金属元素。有害重金属在人体内能和蛋白质及酶等发生相互作用，使它们失去活性，也可能在人体的某些器官中累积，造成慢性中毒，例如重金属汞（Hg）和镉（Cd）。

1. 重金属汞（Hg）

Hg 食入后直接进入肝脏，对大脑、视力、神经破坏极大。天然水每升含 0.1mLHg 就会引起强烈中毒。含有微量 Hg 的饮用水，长期食用会引起蓄积性中毒。Hg 对人体主要危害中枢神经系统，使脑部受损，造成 Hg 中毒脑症引起的四肢麻、运动失调、视野变窄、听力困难等症状，重者心力衰竭而死亡。中毒较重者可出现口腔病变、恶心、呕吐、腹痛、腹泻等症状，也可对皮肤黏膜及泌尿、生殖等系统造成损害。Hg 经某些微生物或水生生物代谢后（甲基化）成为二甲基汞 $Hg(CH_3)_2$。$Hg(CH_3)_2$ 毒性比 Hg 更大，因为 $Hg(CH_3)_2$ 具有脂溶性、原形蓄积和高神经毒三项特性。首先 $Hg(CH_3)_2$ 进入胃与胃酸作用，产生氯化甲基汞 CH_3HgCl，经肠道吸收进入血液，然后在红细胞内与血红蛋白中的巯基结合，随血液输送到各器官。$Hg(CH_3)_2$ 和 CH_3HgCl 都能顺利通过血脑屏障进入脑细胞，还能透过胎盘，进入胎儿脑中。脑细胞富含类脂质，而脂溶性的 $Hg(CH_3)_2$ 和 CH_3HgCl 对类脂质具有很高的亲和力，很容易蓄积在脑细胞内。$Hg(CH_3)_2$ 和 CH_3HgCl 分子结构中的 C—Hg 键结合力很强，不易断裂，在细胞中呈原形蓄积，以整个分子损害脑细胞，这种损害的表现具有进行性和不可恢复性。因此，对含 Hg 废水必须经过净化处理，达到 $0.05mg \cdot L^{-1}$（按汞计）以下方可排放，地面水及饮用水 Hg 的最高容许质量浓度为 $0.001mg \cdot L^{-1}$，粮食 $\leqslant 0.02mg \cdot kg^{-1}$，薯、蔬菜、水果、牛乳 $\leqslant 0.01mg \cdot kg^{-1}$，肉、蛋（去壳）、油 $\leqslant 0.05mg \cdot kg^{-1}$，鱼 $\leqslant 0.3mg \cdot kg^{-1}$（其中甲基汞 $\leqslant 0.2mg \cdot kg^{-1}$）。

2. 重金属镉（Cd）

Cd 可在人体中积累引起急、慢性中毒。急性中毒可使人呕血、腹痛甚至死亡，慢性中毒首先使肾功能损伤，导致高血压，引起心脑血管疾病；由于离子半径、电荷分布情况 Cd^{2+} 与 Ca^{2+} 很相近（离子半径分别为 97pm 和 99pm），Cd^{2+} 离子对骨骼有较强的亲和性，Cd^{2+} 能够取代 Ca^{2+} 沉积在骨骼中，导致骨骼中因镉的含量增加而脱钙，造成严重的骨骼疏松，甚至导致瘫痪等。“痛痛病”就是典型的镉慢性中毒病。

生物对有害重金属的解毒机制主要是：①把重金属转化为惰性或低毒形态；②把重金属转化为易排形态；③通过元素间的拮抗作用（antagonism）解毒。生物通过富含巯基的硫蛋白与重金属离子结合形成金属硫蛋白，这是一种生物对重金属的有效解毒方式。金属硫蛋白（metallothionein，MT）在生物体内的主要生物功能是必需微量金属元素的贮存、运输、代谢；对有害重金属元素的解毒（转化为惰性形态）；此外还有抗电离辐射、清除自由基及机体的免疫和应激反应等。哺乳动物 MT 一般有两种：MT－1 和 MT－2，都只有一条多肽链，氨基酸顺序具有高度的同源性，含有较多赖氨酸残基和丝氨酸残基，没有芳香氨基酸残基和组氨酸残基；除个别例外，其氨基末端都是乙酰蛋氨酸，羧基末端都是丙氨酸。整条多肽链含 61 个氨基酸残基，有 20 个半胱氨酸（Cys）残基，相对位置不变，均与金属离子配位，如图 14.6 所示。

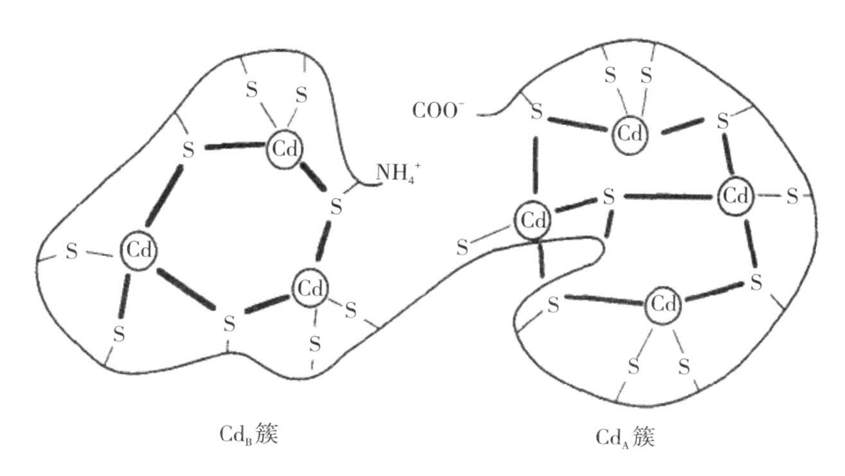

图 14.6　金属硫蛋白的金属配位结构模型

从图 14.6 可看到，Cd^{2+} 与 MT 形成 Cd－MT 配合物，实际上就是把 Cd^{2+} 转化成为一种惰性或低毒（相对安全）的形态，否则，Cd^{2+} 可直接攻击锌酶、铜酶等，使这些酶丧失功能，而 Cd－MT 配合物的形成则可有效减低或减少 Cd^{2+} 在体内的毒性作用。

有些微生物能够对某些重金属进行烷基化代谢，例如形成甲基汞和甲基镉等。重金属的烷基化产物对于代谢微生物来说，是一种低毒化形态或易排形态，是微生物对重金属的一种解毒机制；但对于该环境中的其他生物来说，则可能是毒性更大的形态。

在生物体内，某些金属或类金属之间的相互作用会减轻甚至解除重金属对生物体的毒害，这种现象称为拮抗作用。金枪鱼含汞量很高，然而金枪鱼未表现出任何汞毒害的症状。研究发现金枪鱼含硒量异常高，而且随汞含量升高而增加。这显然说明硒化合物在细胞和组织里能消除汞的毒性；硒还对镉和铅等多种毒害重金属元素有拮抗作用。锌对镉、汞等也有拮抗作用，N. Sugawara 在动物试验中观察到，给 Cd 的大鼠肝脏和肾脏的 Zn 浓度显著增加，而且肝脏内的 Cd 和 Zn 含量有明显相关性。这提示可能是 Zn 诱发 MT 合成，因而抑制了 Cd 的毒性。元素拮抗作用实际上也促使重金属转化为低毒或惰性形态。

需要特别强调的是，由于某些生物对重金属的解毒功能和耐受能力特别强，即使在其体内富集了很多的重金属，依然能够正常生活，然而这对人类却存在很大风险。因为通过食物链的传递最终可到达人，水俣病和痛痛病就是典型案例。

3. 水俣病

水俣病发生在日本南部沿海的熊本县水俣湾，故以地名称之，是 1953—1956 年发生在日本熊本县水俣市的公害事件。1953 年发现首例怪病，症状初始是口齿不清、步态不稳、面部痴呆；进而耳聋眼瞎、全身麻木；最后精神失常、身体弯弓高叫而死。1955 年 5 月又出现了 50 多例该病症，据 1972 年日本环境厅统计，水俣湾和新潟县阿贺野川下游有中毒患者 283 人，其中 60 人死亡。水俣病实际为甲基汞中毒，甲基汞来源于一家氮肥公司，在生产乙醛和氯乙烯过程中，将含甲基汞的废水排入水俣湾，水生生物摄入甲基汞并蓄积于体内，又通过食物链逐级富集，在污染的水体中，鱼体内甲基汞比水中要高万倍，人们因食污染水中的鱼、贝壳而中毒。水俣病发生 2 年后开始出现先天性水俣病，此后日本其他地方也有先天性水俣病发生。先天性水俣病是世界上第一个因水体污染诱发的先天缺陷，是母体摄入甲基汞，通过胎盘引起胎儿中枢神经系统障碍，主要临床表现为严重的精神迟钝，协调障碍，共济失调，步行困难，语言、咀嚼、咽下困难，生长发育不良，肌肉萎缩，大发作性癫痫，斜视和发笑。病儿通常在 3 个月后出现各种症状。病儿家族中没有精神病、痴呆及神经病患者，没有分娩异常情况。其病史的共同特点是，病儿家中有 64% 的家属有急性水俣病史；孕妇都吃过甲基汞污染的鱼、贝；小儿发汞高于母亲发汞 20% ~30%；脐带血汞高于正常婴儿；母亲乳汁中甲基汞含量也高。中国松花江及邻近河流渔村也发现有儿童食甲基汞污染的鱼类而影响神经肌肉随意运动功能，使握力降低，眼手协调功能下降，记忆力较差等。因此，水俣病是环境污染中有毒微量元素造成的最严重的公害病之一。

4. 痛痛病（Itai – Itai Disease）

痛痛病是首先发生在日本富山县神通川河流域的一种奇病，富山县神通川河两岸居民同饮该河的水，并用于灌溉庄稼。1955 年，在该地区出现了一种怪病，开始时人们只是在劳动后感到腰、背、膝等关节处疼痛。休息或洗澡后可以好转。可是如此几年之后疼痛遍及全身，人的正常活动受到限制，就是大喘气时都感到疼痛难忍。人的骨骼软化，身体萎缩，骨骼出现严重畸形，严重时，一些轻微的活动或咳嗽都可以造成骨折。最后，病人饭不能吃、水不能喝，卧床不起，呼吸困难，病态十分凄惨，在极度疼痛中死去。这种怪病的发生和蔓延，引起人们的极度恐慌，但是谁也不知道这是什么病，只能根据病人不断地呼喊“痛啊，痛啊！”而称为“痛痛病”（亦称骨痛病）。痛痛病在当地流行 20 多年，造成 200 多人死亡。

根据流行病学资料，本病在日本大正年代即已开始出现，长期被认为是原因不明的特殊的地方病。1960 年 12 月成立了富山县地方特殊病对策委员会，在 1963 年及 1965 年日本厚生省、文部省又先后组织了专门的研究班子进行了调查研究，通过流行病学、临床、病理以及动物实验等方面的深入细致的研究，在 1968 年确定并指出“痛痛病”是由镉引起的慢性中毒。原来在日本明治初期，三井金属矿业公司在神通川上游发现了一个铅锌矿，于是在那里建了一个铅锌矿厂。这个工厂在洗矿石时，将含有镉的大量废水直接排入神通川，使河水遭到严重的污染。河两岸的稻田用这种被污染的河水灌溉，有毒的镉经过生物的富集作用，使产出的稻米含镉量很高。人们长年吃这种被镉污染的大米，喝被镉污染的神通川水，久而久之就造成了慢性镉中毒，从而“痛痛”被定为日本第一号公害病。

痛痛病不只在日本发生过，在其他国家和地区也有发现，中国广西某些地区也有人曾患有痛痛病。痛痛病至今尚无特效的治疗方法，而且体内积蓄的镉也没有安全有效的排除方法。因此，消除镉对环境的污染就显得特别重要，这是防止痛痛病发生的根本措施！

第十五章　d 区元素生物化学

过渡金属元素（transition metal elements）是元素周期表的第四、五、六周期中的元素，从ⅢB 族到 VⅢ族，共有三个系列 24 种元素（钪到镍、钇到钯和镧到铂）。有人把镧系和锕系元素也列为过渡元素，并分外过渡元素（d 区元素）和内过渡元素（f 区元素）两大组。本书所指过渡元素就是 d 区元素。d 区元素中的生命元素有：钒 V（Vanadium）、铬 Cr（Chromium）、锰 Mn（Manganese）、铁 Fe（Iron）、钴 Co（Cobalt）、镍 Ni（Nickel）、钼 Mo（Molybdenum）、钨 W（Wolfram）。

第一节　d 区元素概述

过渡金属元素同一周期元素价电子一般依次填充在次外层的（$n-1$）d 轨道上，价层电子构型通式为（$n-1$）$d^{1\sim8}ns^{1\sim2}$（$n=4,5,6$）；最外层只有 1 ~ 2 个电子［Pd（$4d^{10}5s^{0}$）例外］。前线电子构型见表 15－1。

表 15－1　过渡金属元素的前线电子构型

ⅢB	ⅣB	ⅤB	ⅥB	ⅦB	Ⅷ			前线电子构型
Sc	Ti	V	Cr	Mn	Fe	Co	Ni	$3d^{1\sim8}4s^{1\sim2}4p^{0}4d^{0}$
Y	Zr	Nb	Mo	Tc	Ru	Rh	Pd	$4d^{1\sim10}5s^{0\sim2}5p^{0}5d^{0}$
La－Lu	Hf	Ta	W	Re	Os	Ir	Pt	$4f^{0\sim14}5d^{1\sim9}6s^{1\sim2}6p^{0}6d^{0}$

过渡金属元素的电子构型决定其特征性质：①原子半径小。与同周期的ⅠA、ⅡA 族元素相比较，过渡金属元素的原子半径较小，同周期中随原子序数的增加，原子半径依次减小，这是由于 d 电子的屏蔽效应较小，核电荷

依次增加，对外层电子的吸引力增大，所以原子半径依次减小。各族中从上到下原子半径增大，但由于镧系收缩的影响，第五、六周期同族元素的原子半径相近，铪的原子半径（146pm）与锆（146pm）几乎相同。②密度大。除钪和钛属轻金属外，其余都是重金属。熔点、沸点高，硬度高，如钨是所有金属中最难熔的，铬是金属中最硬的。其具有金属光泽，良好的延展性、导电性和导热性，相互之间可形成多种合金。③可用作磁性材料，大多数过渡金属有顺磁性，铁、钴、镍 3 种金属还可以观察到铁磁性。④由于最外层 s 电子和次外层 d 电子都可以参与形成金属键，使键的强度增加，并有连续变化的多种氧化态，同周期从左到右呈现“低→高→低”，这是因（$n-1$）d^5半满后 d 电子作为价电子趋势变弱；同族从上到下，高氧化数化合物更趋稳定；ⅢB 至ⅦB 中同族最高价与族数相同，Ⅷ中只有 Ru 和 Os 两种元素达 +8；高氧化数的过渡金属离子具有很高的电场强度和极化力，其稳定形式的化合物主要有氧化物和含氧酸盐。⑤大多数过渡金属都是以氧化物或硫化物的形式存在于地壳中。⑥由于具有不饱和或不规则的电子层结构，金属离子的化合物或溶液均具有颜色；金属及其化合物具有良好的催化活性。⑦金属离子都很容易成为配位中心体，与各种配位体形成稳定的配位化合物。过渡金属元素的配位特性、磁性质和催化性质都是密切相关且彼此相互影响的。

1. 配位特性

d 区元素的离子的前线电子构型通式为（$n-1$）$d^{0\sim8}ns^0np^0nd^0$，与配体配位时，可以用（$n-1$）$d^{0\sim8}ns^0np^0$ 轨道组，也可以用 $ns^0np^0nd^0$ 轨道组杂化成键，分别形成内轨型（低自旋）和外轨型（高自旋）配合物；除了通过 σ 键接受配体的孤对电子外，还可以通过 π 键方式用空的 d 轨道接受配体 π 电子（配体为 π 电子给体），或把 d 电子给予配体空的 π 轨道（配体为 π 电子受体）。

同一个过渡金属离子与不同的配体形成配合物时，可以用内轨型或外轨型不同的杂化方式，例如 Mn^{2+}（$3d^5$）与 CN^-配位形成［Mn（CN）$_6$］$^{4-}$时，采用 d^2sp^3 杂化（内轨型，低自旋）；与水分子 H_2O 配位形成［Mn（H_2O）$_6$］$^{2+}$则采用 sp^3d^2 杂化（外轨型，高自旋），如图 15.1 所示。

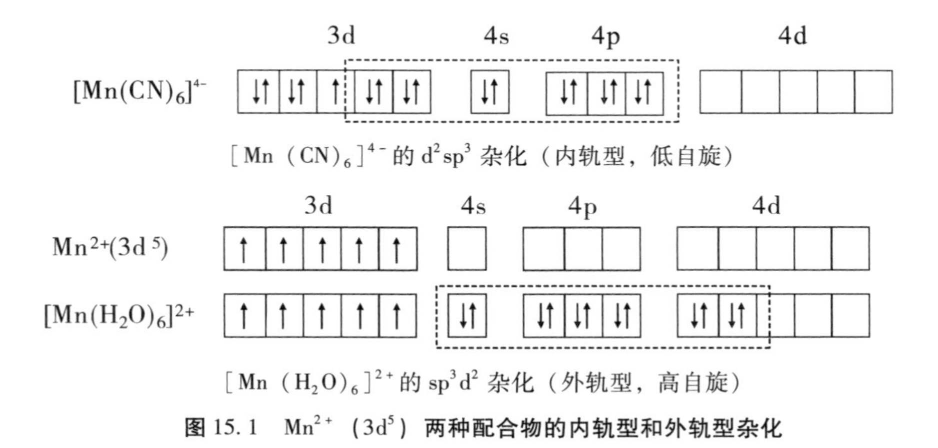

图 15.1　Mn^{2+}（$3d^5$）两种配合物的内轨型和外轨型杂化

2. 配合物的磁性

多数过渡元素的原子或离子有未成对电子，所以具有顺磁性和磁矩，磁矩 μ 与未成对电子数 n 的关系为：

$$磁矩\ \mu = [n(n+2)]^{\frac{1}{2}} \qquad (15-1)$$

式（15-1）中磁矩 μ 的单位是波尔磁子 B. M（Bohr Magneton 的缩写）。凡有未成对电子的分子，在外加磁场中必定与磁场相同的方向排列（顺磁场方向），分子的这种性质为顺磁性（paramagnetism）；所有物质都会对外加磁场作出不同程度的抗磁性反应，凡所有电子完全配对的分子，在外加磁场中必定与磁场相反的方向排列（反磁场方向），分子的这种性质为反磁性（diamagnetism）。d 区过渡金属元素在各种化合物中的未成对电子数 n 最多为 5，按照式（15-1），可计算出 d 区过渡金属元素化合物的磁矩 μ。

d 区过渡金属元素配合物的磁性质既决定于金属离子，也决定于配体，同一个金属离子，与不同配体形成的配合物，磁性质不同，例如以上 Mn^{2+}（$3d^5$）的两种配合物，查表可知，$[Mn(H_2O)_6]^{2+}$，$n=5$，$\mu_{理论}=5.92$B. M，比较接近实验测定值 $\mu_{实测}=6$B. M；$[Mn(CN)_6]^{4-}$，$n=1$ $\mu_{理论}=1.73$B. M，比较接近实验测定值 $\mu_{实测}=1.78$B. M。可见，计算值与实验测定值很吻合，说明配合物的价键理论对配合物磁性质的预测得到实验的支持和验证，也说明磁性质的测定对配合物的研究是很有帮助的。

铁磁性（ferromagnetism）指的是一种材料的磁性状态，具有自发性的磁化现象。过渡族金属（如铁）及其合金和化合物产生铁磁性必须满足的条件：①原子本征磁矩不为零，即原子内部要有未填满的电子壳层；②要有合适的晶体结构，即 R_{ab}/r 之比大于 3，从而使交换积分 A 为正。在铁磁性物质内部，如同顺磁性物质，有很多未配对电子。由于交换作用（exchange interaction），这些电子的自旋趋于与相邻未配对电子的自旋呈相同方向。然而铁磁性物质内部分为很多磁畴，虽然磁畴内部所有电子的自旋会单向排列，造成“饱和磁矩”，磁畴与磁畴之间，磁矩的方向与大小都不相同，所以未被磁化的铁磁性物质，其净磁矩与磁化矢量等于零。铁磁质自发磁化的根源是原子（离子）磁矩，而且在原子磁矩中起主要作用的是电子自旋磁矩。量子力学计算表明，当磁性物质内部相邻原子的电子交换积分为正时（$A>0$），相邻原子磁矩将同向平行排列，从而实现自发磁化。这种相邻原子的电子交换效应，其本质仍是静电力迫使电子自旋磁矩平行排列，作用的效果好像强磁场一样。交换积分 A 不仅与电子运动状态的波函数有关，而且强烈地依赖子原子核之间的距离 R_{ab}（点阵常数）。只有当原子核之间的距离 R_{ab} 与参加交换作用的电子距核的距离（电子壳层半径）r 之比大于 3，交换积分才有可能为正。铁、钴、镍以及某些稀土元素满足自发磁化的条件。铬、锰的 A 是负值，不是铁磁性金属，但通过合金化作用，改变其点阵常数，使得 R_{ab}/r 之比大于 3，便可得到铁磁性合金。

3. 配位体场中 d 轨道的分裂

d 轨道在配位体场中的分裂见图 15.2，图中（A）为八面体场中 d 轨道的取向分组。（B）为八面体场中 d 轨道的分裂，当过渡金属离子处于电场中时，受到电场的作用，轨道的能量要升高，若电场是球形对称的，各轨道能量升高的幅度一致；若处于非球场电场中，根据电场的对称性不同，各轨道能量升高的幅度可能不同，原来的简并轨道将发生能级分裂，分裂的能量就叫作分裂能，用 Δ_0 表示，d 轨道在八面体场中分裂为 t_{2g} 和 e_g 两组。（C）为不同配位体场中 d 轨道的分裂。

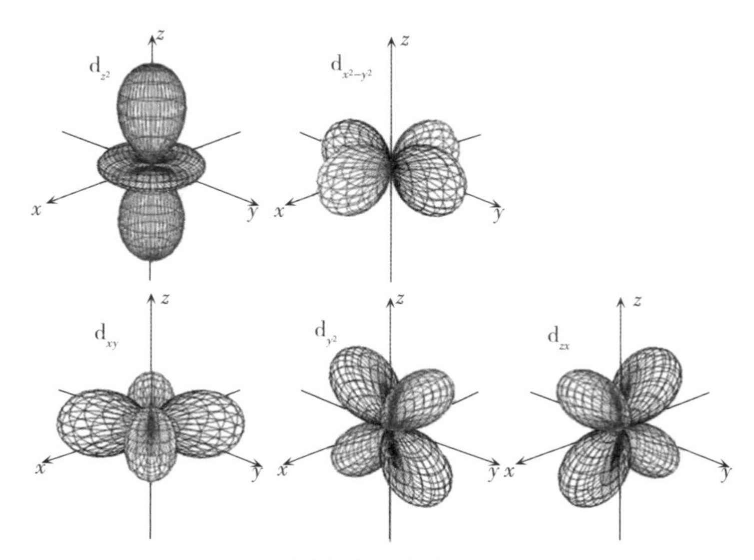

（A）八面体场中 d 轨道的取向分组

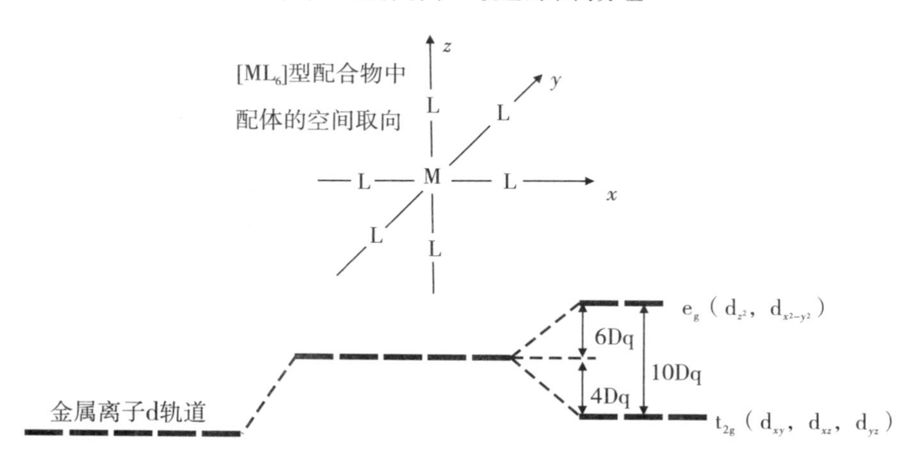

（B）八面体场中 d 轨道的分裂

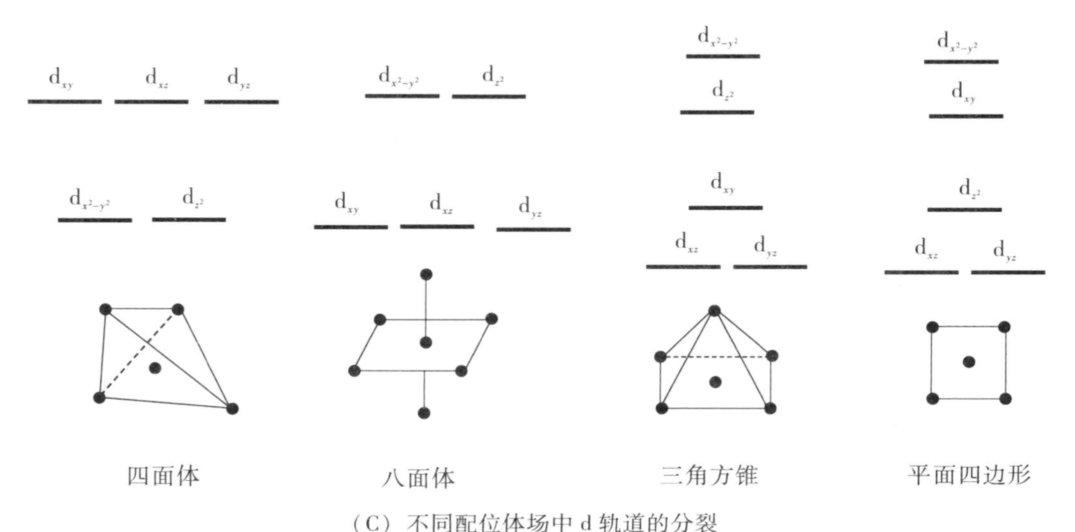

（C）不同配位体场中d轨道的分裂

图15.2　d轨道在配位体场中的分裂

金属离子形成配位化合物后，自旋状态是否发生改变，取决于Δ_0和P的相对大小，若$\Delta_0 < P$，自旋状态不改变，属于高自旋（HS）；若$\Delta_0 > P$，自旋状态改变，变为低自旋（LS）。

影响分裂能Δ_0大小主要有中心原子和配体两个方面的因素。配体对分裂能大小的影响是经验地由光谱学数据确定的，由弱至强的顺序是：$I^- < Br^- < S^{2-} < SCN^- < Cl^- < NO_3^- < F^- < OH^- < (C_2O_4)^{2-} < H_2O < NCS^- < NH_3 < en < bipy < NO_2^- < CN^- < CO$，这个顺序称为配体的光谱化学序列，通常前三个叫作弱场，后三个叫作强场；中心原子对分裂能的影响顺序既与离子的电荷有关，又与在周期表的位置有关。同种原子，电荷越高，对分裂能的影响越大。周期系同族金属元素自上而下分裂能增大。例如相同价态的同族金属离子，第二过渡系比第一过渡系的分裂能增大40%～50%；第三过渡系比第二过渡系又增加20%～25%。

4. 金属羰基化合物（metal carbonyl compounds）

金属羰基化合物是指过渡金属元素（低氧化态、零和负氧化态）与CO中性分子形成的一类配合物。通式为$M_x(CO)_y$的化合物是目前最重要的一类金属有机配合物。最早发现的羰基化合物是$Ni(CO)_4$，将CO通过还原镍丝，然后再燃烧，就发出绿色的光亮火焰，将该气体冷却则得到一种无色的液体；继续加热则分解出 Ni 和 CO。利用这一反应可分离 Ni 和 Co，制取高纯度的 Ni。

金属羰基化合物的形成是 CO 的 C 原子上的孤对电子（sp 杂化轨道中的电子对）进入中心金属原子的空 d 轨道（或杂化轨道），而中心原子的 d 电子进入 CO 的 π^*（反键轨道）形成反馈 π 键，反馈 π 键的形成有效减少了中心原子上的负电荷积累，加强 σ 配键。这种 σ－π 协同作用增强了羰基配合物的稳定性；有利于过渡金属羰基配合物的中心原子形成低氧化态、零和负氧化态。例如$[V(CO)_6]^-$、$Cr(CO)_6$、$[Mn(CO)_6]^+$、$Mn_2(CO)_{10}$、$Fe(CO)_5$、$[Fe(CO)_4]^{2-}$、$Co_2(CO)_8$、$[Co(CO)_4]^-$和 $Ni(CO)_4$等。

羰基化合物的研究既有使用价值，又有理论意义。在应用方面，羰基化合物主要用于制备高纯金属和催化剂等；在理论方面，主要推动了分子结构和化学键理论的发展。

5. 金属有机化合物（organometallic compound）

金属有机化合物是金属与有机基团以金属与碳直接成键的化合物。习惯上，某些化合物即使有金属—碳键存在也被归属于无机物，如金属碳化物（CaC_2，Mg_2C_3，Al_4C_3）和氰化物（KCN）；带有羰基（CO）的金属化合物和金属氢化物归属于金属有机化合物；有机膦化合物，如 PPh_3，归为准金属有机化合物；B 或 Si—C 化合物是金属有机化合物；周期表位于 P 以下的 As、Sb、Bi 的化合物，通常按金属有机化合物处理。含金属—氮（M—N）化合物不具有有机物性质，但含 N_2 配位化合物，如 $CoH(N_2)(PPh_3)_3$属于金属有机化合物（N_2与 CO 是等电子体）；一般将电负性在 2.0（含 2.0）以下元素与 C 成键的化合物称为金属有机化合物。

过渡金属与烷基以 σ 键直接键合的代表性化合物是二乙基锌 $Zn(C_2H_5)_2$（1849年 Frankland）和羰基镍 $Ni(CO)_4$（1890年 Mond）；而在金属有机化学发展中具有里程碑意义的却是“夹心饼干”二茂铁（Ferrocene）$Fe(C_5H_5)_2$ 的合成（1951年 Pauson 和 Miller）；在工业催化领域得到重要应用的是 Ziegler－Natta 催化剂，Ziegler－Natta 催化剂能使烯烃聚合，在插入烯烃反应中有重要应用。1963 年 Ziegler 和 Natta 等由于这些研究获得了诺贝尔化学奖；2000 年，Alan J. Heeger，Alan G. MacDiarmid，Hideki Shirakawa 等因 Ziegler－Natta 催化合成导电高分子（聚乙炔）而获得诺贝尔化学奖；2010 年 Richard F. Heck，Ei－ichi Negishi，Akira Suzuki 因“有机合成中钯催化交叉偶联”的研究而获得诺贝尔化学奖。

第二节 生命体系中的铁元素

铁是一种重要的生命元素，生物体内主要含铁蛋白及其生物功能见表15－2。铁的代谢过程在包括人在内的高级动物中有完善的控制体系，保持铁的吸收与排泄的相对平衡状态。许多疾病可以导致铁代谢异常；铁代谢异常也可引起多种疾病。成人体内约有4～5g铁，其中72%以血红蛋白、3%以肌红蛋白形式存在，其余为储备铁。储备铁约占25%，在人体内的分布非常广，几乎所有组织中都包含铁，以肝、脾含量为最高，肺内也含铁。铁是血红蛋白的重要组成部分，是血液里输送氧和交换氧的重要元素，铁同时是很多酶的组成成分与氧化还原反应酶的活化剂。

表15－2 主要含铁蛋白及其生物功能

功能分类	蛋白名	分布
氧载体	血红蛋白	红细胞
	肌红蛋白	肌肉
	蚯蚓血红蛋白	海洋无脊椎动物的血球血浆
电子传递	铁硫蛋白	细菌，植物
	细胞色素	线粒体
含铁酶催化体系	双氧酶	细菌，动物
	单氧酶－细胞色素P450	动植物
	过氧化氢酶和过氧化物酶	动植物
	固氮酶	植物
铁的储存和运输	铁蛋白	各种动物
	铁传递蛋白	血浆
	铁色素	细菌

正常人维持体内铁平衡需每天从食物中摄取铁：男性15mg，女性20mg，因此妊娠和哺乳期妇女容易发生缺铁性贫血。铁的吸收部位在十二指肠及空肠上段，而$VitB_{12}$的吸收部位在回肠末端，因此切除空肠可引起铁的吸收障碍导致缺

铁性贫血，切除回肠易导致巨幼细胞性贫血。Fe（Ⅱ）比Fe（Ⅲ）易吸收，食物来源的铁多为Fe（Ⅲ），因此必须在胃和十二指肠内还原成Fe（Ⅱ）才可被充分吸收。吸收了的Fe（Ⅱ）在肠黏膜上皮细胞内重新被氧化为Fe（Ⅲ），并且刺激十二指肠的黏膜细胞形成一种特殊的亲铁蛋白，后者和Fe（Ⅲ）结合形成铁蛋白。铁蛋白里的铁分解为Fe（Ⅱ）并非常快进入血循环，残留的铁蛋白仍贮存在肠黏膜细胞内。影响铁吸收的因素非常多，胃酸与胆汁都具有促进铁吸收的作用。铁的吸收也需要铜、钴、锰和维生素C等协助。

1. 血红素蛋白

哺乳动物体内铁元素约70%是铁卟啉配合物。血红素是铁卟啉配合物的总称。血红素与相应的蛋白质结合成为血红素蛋白。卟啉的骨架是卟吩，具有多个双键的高度共轭的大π键体系，它们的金属配合物称为金属卟啉。

金属铁卟啉分子的功能可能因轴向配体不同而改变。如血红蛋白的轴向配位的第五位置是组氨酸基的咪唑氮，第六位置则是氧分子（可逆吸放氧）；脱氧血红蛋白中，Fe（Ⅱ）与卟啉环、组氨酸残基咪唑氮原子配位，配位数为5，四方锥构型，Fe（Ⅱ）离子位于卟啉环平面上方，高自旋$t_{2g}^{4}e_{g}^{2}$，顺磁性，有效磁矩5.44B.M。氧合血红蛋白中，Fe（Ⅱ）离子轴向配位的第六位置与氧分子结合，配位数为6，八面体构型，Fe（Ⅱ）离子与卟啉环同平面，低自旋$t_{2g}^{6}e_{g}^{0}$，反磁性，有效磁矩为零。

2. 细胞色素（cytochrome，Cyt）

细胞色素是一类以铁卟啉作为辅基的电子传递蛋白，广泛参与动植物、酵母以及好氧菌、厌氧光合菌等的氧化还原反应。细胞色素作为电子载体传递电子的方式是通过其血红素辅基中铁离子的还原态（Fe^{2+}）和氧化态（Fe^{3+}）之间的可逆变化，在细胞能量转移中发挥重要的作用。还原状态的细胞色素在可见光区域都有3个特征吸收峰，分别称为α、β、γ峰，其中β、γ峰的波长比较接近，唯有α峰的波长有较大的差别。根据α峰波长的不同，可将细胞色素分为a、b、c和d类。a类的α峰位于598~605nm，其辅基是血红素A，与原血红素的不同在于卟啉环的第八位上以甲酰基代替甲基，第二位上以羟基代替乙烯基；b类的α峰在556~564nm，其辅基是原血红素即铁—原卟啉Ⅸ，卟啉环上的侧链取代基为4个甲基、两个乙烯基和两个丙酸基，与血红蛋白、肌红蛋白辅基的结构相同；c类的α峰位于550~555nm，其辅基是血红素；d类的α峰为600~620nm，其辅基为铁二氢卟啉，与其他细胞色素不同，d类细胞色素仅在细菌中被发现。

Cyta 及 Cyta3 的辅基血红素 A 与多肽链的结合是非共价键；Cytc 及 Cytc1 中的辅基血红素通过卟啉环上的乙烯基的 α 碳和酶蛋白多肽链的 14、17 位半胱氨基酸残基的 – SH 连接成硫醚键；CytbT，CytbK，Cytb5，P450，Cytc 和 Cytc1 的辅基血红素与多肽链结合都是非共价键结合。a3 及 P450 第六个配位位置没有被占据，所以该位点能与其他配体如 O_2、CN^-、CO 等结合；其余细胞色素中的铁离子的第五、第六个配位位置分别被多肽链的 18 位的组氨基酸的咪唑氮及 80 位的蛋氨酸残基的硫原子所饱和，所以不能再与其他配体结合。

真核细胞的线粒体膜和某些细菌的细胞质膜上的氧化磷酸化电子传递链中，细胞色素包括 Cyta、Cyta3、Cytb、Cytc、Cytc1，它们的氧化还原电位逐渐增加，其作用是将电子从各种脱氢酶系统按顺序地传递到氧分子 O_2。其中 Cytc 是膜的外周蛋白，位于线粒体内膜的外侧，能被盐溶液抽提；其他的细胞色素都紧紧地与线粒体内膜相结合，需要高浓度去垢剂才能把它们溶解下来。

在植物和一些藻类的光合电子链中，至少有 Cytb6、Cytb3 和 Cytf 三种细胞色素参与光诱导的光合电子传递，Cytf 在结构上属于 c 类细胞色素，分子质量约为 100kDa，其 α 峰位于 552 ~ 555nm。Cytb3、Cytb6 和 Cytf 不对称地分布于叶绿体类囊体的膜上，是与膜紧密结合的膜蛋白。光合细菌，如紫色非硫细菌或绿色光合菌在无光照且给予氧气的条件下，其电子传递链与线粒体的呼吸链十分相似；在光照及无氧气条件下，其电子传递链由辅酶 Q – Cytc2 氧化酶组成。Cytc2 是水溶性分子，分子质量为 12 ~ 14kDa，其一级结构与哺乳类线粒体中的 Cytc 十分相似，α 峰位于 550nm，具有典型的 c 类特征吸收光谱。

高等动物的 Cytc 由 104 个氨基酸残基的一条肽链组成，分子质量约为 13kDa，其血红素辅基共价结合于肽链，铁离子的第五、六个配位位置被组氨酸咪唑基的氮原子和甲硫氨酸的硫原子所占据，它催化电子从细胞色素还原酶（Cytbc1 复合物）传递到细胞色素氧化酶（Cyt aa3 复合物）。已对 80 多种不同种属的 Cytc 进行了一级结构测定，并根据其氨基酸变异数绘制了种属发生图，这不仅揭示了 Cytc 在进化上来自一个共同的祖先，也可以据此估计生物的主要种属发生进化的可能时间。Cytb 和 Cytc1 是辅酶 Q – Cytc 还原体系中的两个带氧化还原中心的组分。Cytb 是一个横贯膜两侧的极端疏水性的蛋白。对 Cytb 氨基酸组成和结构基因的脱氧核糖核酸（DNA）顺序研究指出，约 68% 的氨基酸为非极性的。对 Cytb 在电子传递链中的复杂功能至今还不清楚。

Cytc1 的多肽含有一个大的亲水区域和一个小的疏水区域，亲水区带血红素辅基位于膜外水相中，与 Cytc 有一个结合点。Cyta、Cyta3 也称细胞色素氧化酶，其功能是催化氧分子氧化还原态的 Cytc。Cyta3 卟啉环中铁离子的第六个配位位置并没有被氨基酸残基所占据，在还原态时，Fe^{2+}能与氧和一氧化碳直接结合；在氧化态时，Fe^{3+}能与 HCN、HN_3 和 H_2S 等结合，这些物质都是细胞色素氧化酶的抑制剂。氰化物的剧烈毒性就是由于它对细胞色素氧化酶的强烈抑制从而阻断了生物体的呼吸作用。

3. 非磷酸化的电子传递酶系

除了氧化磷酸化和光合磷酸化的电子传递链以外，细胞色素还存在于非磷酸化的电子传递酶系中。在动物组织的细胞器内质网系膜和微生物中，广泛存在着两种重要的细胞色素，即细胞色素 P450（cytochrome P450 或 CYP450）和 Cytb5，它们催化一些脂溶性的底物的羟化、去饱和及氧合等反应。微粒体 Cytb5 是 NADH－Δ9 硬脂酰辅酶 A 去饱和酶系中的一个组分。分子质量约为 16kDa，是一个两性的膜蛋白，N 端亲水的催化区由约 80 个氨基酸残基组成；C 端疏水肽由 40 个左右氨基酸组成，是与膜的结合区。Cytb5 从 NADH－Cytb5 还原酶（黄素蛋白）接受电子后，传递给硬脂酰辅酶 A 去饱和酶，使硬脂酸在 Δ9 位去饱和，生成油酸。CYP450 也是一种 b 类细胞色素，辅基为原血红素Ⅸ，其特点是在还原状态时能与一氧化碳结合，在 450nm 处呈现吸收峰因而得名。CYP450 主要分布在内质网和线粒体内膜上，作为一种末端加氧酶，参与了生物体内的甾醇类激素合成等过程。在肝脏微粒体中，存在有 5～6 种不同的 CYP450 参与一些脂类物质的代谢（如类固醇、脂肪酸、前列腺素），也催化一些外来物质如药物毒物等的氧化代谢（羟化）而促使这些物质排出体外。但并非所有物质的羟化产物都能解毒，例如多环芳烃的羟化产物则是强烈的致癌物质。

4. 过氧化氢酶（catalase，CAT）

过氧化氢酶是催化过氧化氢分解成氧和水的酶，CAT 通常定位于一种被称为过氧化物酶体的细胞器中，是过氧化物酶体的标志酶，约占过氧化物酶体酶总量的 40%。CAT 存在于所有已知动物的各个组织中，特别在肝脏中以高浓度存在。CAT 是红血素酶，以铁卟啉为辅基的结合酶，不同的来源有不同的结构，在不同的组织中其活性水平高低不同，在肝脏中分解速度比在脑或心脏等器官快。CAT 可促使 H_2O_2 分解为分子氧和水，清除体内的 H_2O_2，从而使细胞免于遭受 H_2O_2 的毒害，是生物防御体系的关键酶之一。CAT 作用于 H_2O_2 的

机理实质上是 H_2O_2 的歧化，必须有两个 H_2O_2 分子先后与 CAT 相遇且碰撞在活性中心上，才能发生反应，H_2O_2 浓度越高，分解速度越快。

一些人群体内的过氧化氢酶水平非常低，但也不显示出明显的病理反应。这很有可能是因为正常哺乳动物细胞内主要的 H_2O_2 清除剂是过氧化物还原酶（peroxiredoxin），而不是 CAT。

细胞被病原体感染时，H_2O_2 可以被用作一种有效的抗微生物试剂。部分病原体，如结核杆菌、嗜肺军团菌和空肠弯曲菌，能够生产 CAT 以降解 H_2O_2，使得它们能在宿主体内存活。

重金属离子（如硫酸铜中的铜离子）可以作为 CAT 的非竞争性抑制剂。另外，剧毒性的氰化物是 CAT 的竞争性抑制剂，可以紧密地结合到酶中的血红素上，阻止酶的催化反应。

处于过氧化状态的 CAT 中间体的三维结构已经获得解析，可以在蛋白质数据库中检索到。

5. 铁代谢异常

铁代谢异常包括铁过剩或铁缺乏。铁过剩又称铁过载，有原发性和继发性两类；铁缺乏包括亚临床铁缺乏（在生育期女性可达 50%）和缺铁性贫血等。在铅中毒时铁的利用障碍，同时肠道铁的吸收受到抑制；缺铁性贫血病人细胞内铜、锌的浓度降低，加服铁剂后上升。实验小鼠口服镉能够抑制肠道对铁的吸收，血清铁蛋白降低，引发小细胞低色素性贫血，并且必须静脉补充铁剂才可纠正；长时间血液透析的尿毒症病人出现小细胞低色素性贫血，也必须静脉补充铁剂才可纠正；机体缺铜时不仅使铁的吸收量减少，同时铁的利用也发生障碍。

第三节　生命体系中的其他过渡金属元素

d 区过渡金属元素中的生命元素包括：钒 V，铬 Cr，锰 Mn，铁 Fe，钴 Co，镍 Ni，钼 Mo 和钨 W。上一节已经介绍了铁元素，本节将介绍生命体系中的其他过渡金属元素的生物功能与吸收代谢作用。

1. 钴 Co

Co 是维生素 B_{12}（Vitamin B_{12}，Cobalin，Cyanocobalin）的组成部分，反刍动物可以在肠道内将摄入的 Co 用于合成维生素 B_{12}，而人类与单胃动物则不能

在体内合成 B_{12}，但体内的 Co 仅有约 10% 是维生素的形式，因此还不能确定 Co 的其他的功能。已知 Co 可通过刺激胍循环或影响肾释放促红细胞生成素；Co 可使肾释放舒缓肌肽而扩张血管；Co 能拮抗碘缺乏产生的影响，提示 Co 可能对甲状腺的功能有作用；Co 能刺激人体骨髓的造血系统，促使血红蛋白的合成及红细胞数目的增加，Co 刺激造血的机制大多与维生素 B_{12}的参加有关。

食物中 Co 含量较高者有甜菜、卷心菜、洋葱、萝卜、菠菜、西红柿、无花果、荞麦和谷类等，蘑菇含量可达 61μg/100g。经口摄入的 Co 在小肠上部被吸收，并部分地与铁共用一个运载通道，在血浆中是附着在白蛋白上。吸收率可达到63% ~93%，铁缺乏时可促进 Co 的吸收。Co 主要通过尿液排出，少部分由肠、汗、头发等途径排出，一般不在体内蓄积。

维生素 B_{12}又称钴胺素或氰钴素，是一种由含 Co 的卟啉类化合物组成的 B 族维生素。1926 年，Minot 和 Murphy 发现用生的或半熟的动物肝脏可治疗当时的不治之症——恶性贫血；1948 年，美国 Rickes 和英国的 Smith 及 Parker 各自从肝脏中分离出这种具有控制恶性贫血效果的红色晶体物质，定名为维生素 B_{12}（B_{12}在肝中含量为 $1mg \cdot kg^{-1}$）。1956 年，Hodgkin 用 X－射线晶体结构分析确定了结构，阐明了含 Co－C 键卟啉环的配合物；1972 年，Woodward 等完成了维生素 B_{12}的化学合成。

维生素 B_{12}是一种含有 Co（Ⅲ）的咕啉环（corrin ring），与卟啉相似，咕啉也有 4 个吡咯环，但其中 2 个吡咯环不通过亚甲基相连，而是借 α－碳原子直接相连接。整个咕啉环有 6 个双键，其共轭性不及卟啉环。环上有 8 个甲基和 7 个酰胺取代基，其中 3 个乙酰胺、3 个丙酰胺、1 个 N－取代丙酰胺。Co（Ⅲ）的第五位置配体为 α－5，6－二甲基苯基咪唑氮（N－3），α－5，6－二甲基苯基咪唑核苷酸通过其 3′－磷酸根与咕啉环的 1 个支链丙酰胺间形成酯键相连；凡第五位置配体为 α－5，6－二甲基苯基咪唑核苷酸者统称为钴胺素（cobalamin），第六位配体用 X 表示，如图 15.3 所示。当 X 为 CN^-时，称为氰钴胺素（cyanocobalamin）。配体 CN^-是为了离析 B_{12}结晶而加入的，并非天然存在。生物体中的 B_{12}第六位配体是水分子 H_2O，称水合钴胺素（aquocobalamin）；B_{12} 第六位配体是甲基者，即甲基钴胺素（methylcobalamin），Me－B_{12}。在生物体内起辅酶作用的钴胺素已经分离出 3 种，其第六位配体分别为腺苷钴胺素、苯并咪唑钴胺素和二甲基苯并咪唑钴胺素，其中活性最高的是腺苷钴胺素（Ado－B_{12}），又称辅酶 B_{12}。Me－B_{12} 和

Ado－B_{12}都具有 Co－C 键，是自然界罕见的金属有机化合物。

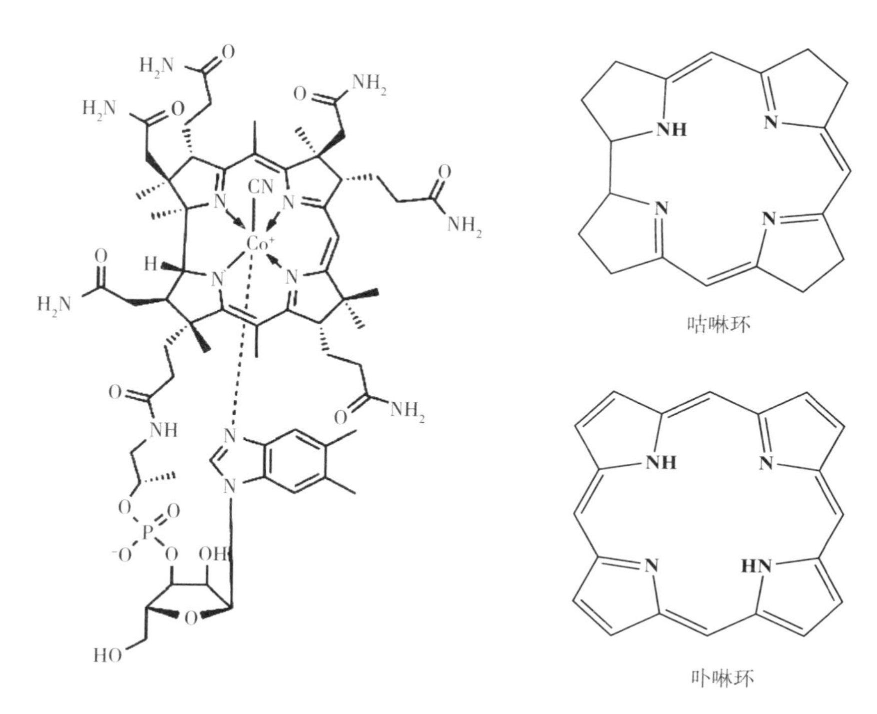

图 15.3　钴胺素及其母核咕啉环的结构（与卟啉环比较）

食物中的维生素 B_{12}与蛋白质结合，进入人体消化道内，在胃酸、胃蛋白酶及胰蛋白酶的作用下，维生素 B_{12}被释放，并与胃黏膜细胞分泌的一种糖蛋白内因子结合而在回肠被吸收。维生素 B_{12}的贮存量很少，约 2～3mg，贮存在肝脏，主要从尿液排出，部分从胆汁液排出。肠道细菌可以合成维生素 B_{12}，故一般情况下不缺乏维生素 B_{12}，但 B_{12}是消化道疾病患者容易缺乏的维生素，也是红血球生成不可缺少的重要元素，如果严重缺乏，将导致恶性贫血。

维生素 B_{12}作为甲基转移酶的辅因子，参与涉及 C－C 键断裂的一系列分子重排反应和甲基转移。反应过程中钴离子可能发生一系列复杂的氧化还原反应，钴离子呈多种价态，并可能出现多种 Co－C 键的断裂方式：

$$Co(\mathrm{II})-R \longrightarrow Co(\mathrm{I})+R^{+}$$

$$Co(\mathrm{II})-R \longrightarrow Co(\mathrm{II})+R\cdot$$

$$Co(\mathrm{II})-R \longrightarrow Co(\mathrm{III})+R^{-}$$

所参与的以上生物甲基化反应中维生素 B_{12} 是发挥生物功能的生化基础。维生素 B_{12} 的生物功能主要有：①参与某些生物的重金属及非金属解毒作用。维生素 B_{12} 参与的生物甲基化过程可以将 Hg、Pb、Tl、Pd、Au、Cr、As、S、Se 和 Te 甲基化并排出体外。这是元素生物地球化学循环中的一个特殊的过程，该过程改变了元素的形态、毒性和代谢传播路径，大多数的金属甲基化产物的毒性均比其无机形态大，对于代谢生物个体来说是解毒过程，而对于所在环境中的其他生物却增加毒性风险。②维生素 B_{12} 可促进蛋白质的生物合成。维生素 B_{12} 参与蛋氨酸、胸腺嘧啶等的合成，如使甲基四氢叶酸转变为四氢叶酸而将甲基转移给甲基受体（如同型半胱氨酸），使甲基受体成为甲基衍生物（如甲硫氨酸，即甲基同型半胱氨酸），因此缺乏时影响婴幼儿的生长发育。③维生素 B_{12} 间接参与胸腺嘧啶脱氧核苷酸合成。维生素 B_{12} 保护叶酸在细胞内的转移和贮存，以供大量 DNA 合成。维生素 B_{12} 缺乏对血液学的影响与叶酸缺乏相似，即 DNA 合成受阻，导致巨幼细胞贫血。④奇数碳脂肪酸和某些氨基酸氧化生成的甲基丙二酰辅酶 A 转变为琥珀酰辅酶 A 必须有甲基丙二酰辅酶 A 变位酶和辅酶 B_{12} 参与。人体缺乏维生素 B_{12} 时，可引起甲基丙二酸排泄增加和脂肪酸代谢异常，如果甲基丙二酸沉着于神经组织中，可能使之变性。⑤S－腺苷蛋氨酸和蛋氨酸主要由同型半胱氨酸接受 N5－甲基四氢叶酸的甲基而形成。Me－B_{12} 是上述反应的辅酶。因此维生素 B_{12} 的缺乏，可以导致蛋氨酸和 S－腺苷蛋氨酸的合成障碍，很可能是神经系统病变的原因之一。

2. 镍 Ni

Ni 是生命元素，在高等动物与人的体内，Ni 的生化功能尚未得到完全了解。体外实验显示了 Ni 硫胺素焦磷酸、磷酸吡哆醛、卟啉、蛋白质和肽的亲和力，并证明 Ni 也与 RNA 和 DNA 结合。Ni 在人体内含量极微，正常情况下，成人体内含 Ni 约 10mg，血液中 Ni 的正常质量浓度为 $0.11\mu g \cdot mL^{-1}$。在激素作用和生物大分子的结构稳定及新陈代谢过程中都有 Ni 的参与，人体对 Ni 的日需要量为 0.3mg。Ni 缺乏时肝内 6 种脱氢酶减少，包括葡萄糖－6－磷酸脱氢酶、乳酸脱氢酶、异柠檬酸脱氢酶、苹果酸脱氢酶和谷氨酸脱氢酶等。这些酶参与生成 NADH、无氧糖酵解、三羧酸循环和由氨基酸释放氮。而且 Ni 缺乏时显示肝细胞和线粒体结构有变化，特别是内网质不规整，线粒体氧化功能降低。贫血病人血 Ni 含量减少，而且铁吸收减少，Ni 有刺激造血功能的作用，人和动物补充 Ni 后红细胞、血红素及白细胞增加。Ni 缺乏可引起糖尿病、贫血、肝硬化、尿毒症、肾衰、肝脂质和磷脂质代谢异常等病症。

人体每天摄入可溶性 Ni 达到 250mg 则会引起中毒，特有症状是皮肤炎、呼吸器官障碍及呼吸道癌症。依据动物实验，慢性超量摄取或超量暴露，可导致心肌、脑、肺、肝和肾退行性变。一般的 Ni 盐毒性较低，但胶体态的 Ni 和 Ni（CO)$_4$ 毒性较大，可引起中枢性循环和呼吸紊乱，使心肌、脑、肺和肾出现水肿、出血和变性。与直接进入血液相比，口服 Ni 盐药物毒性低，会出现呕吐、腹泻症状，发生急性肠胃炎和齿龈炎。

调查表明，Ni 为香烟中含量较高的微量元素（共含有 49 种），吸烟过程中 Ni 与烟雾中的一氧化碳结合生成 Ni（CO)$_4$，烟雾对肺和呼吸道的刺激和损害作用可能与 Ni（CO)$_4$ 的形成有关；井水、河水、土壤和岩石中 Ni 含量与鼻咽癌的死亡率呈正相关；白血病人血清中 Ni 含量是健康人的 2 ~ 5 倍，且患病程度与血清中 Ni 的含量明显相关；哮喘、尿结石等病都与人体内 Ni 的含量有关；精炼 Ni 作业工人肺癌发病率明显偏高；Ni 还有降低生育能力、致畸和致突变作用。有资料显示：每天喝含 Ni 高的水会增加癌症发病率；Ni 是最常见的致敏性金属，约有 20% 的人对 Ni 离子过敏，过敏人群中女性患者人数高于男性患者，在与人体接触时，Ni 离子可以通过毛孔和皮脂腺渗透到皮肤里面去，从而引起皮肤过敏发炎，其临床表现为瘙痒、丘疹性或丘疹水泡性皮炎和湿疹，伴有苔藓化。一旦出现致敏症状，Ni 过敏能无限期持续。

天然水中的 Ni 常以卤化物、硝酸盐、硫酸盐以及某些无机盐形式溶解于水，形成水合离子 Ni（$H_2O)_6^{2+}$，或与氨基酸、胱氨酸、富里酸等形成可溶性有机络离子，并随水流迁移；迁移过程中，逐渐形成沉淀、共沉淀以及在晶形沉积物中进一步向底质迁移，这种迁移的 Ni 共占总迁移量的 80%；溶解形态和吸附形态的迁移仅占 5%；在底质沉积物中含 Ni 量可达 18 ~ 47mg · L^{-1}。土壤中的 Ni 主要来源于岩石风化、大气降尘、灌溉用水（包括含 Ni 废水）、农田施肥、植物和动物遗体的腐烂等；随污灌进入土壤的 Ni 离子被土壤中的无机和有机复合体所吸附，主要累积在表层。

（1）尿素酶，也称脲酶（urease），一种含 Ni 的寡聚酶，编号为 EC3. 5. 1. 5，分子质量约为 483kDa，pI 4. 8，最适 pH 值 7. 4，特异性地催化尿素（脲）水解释放出 NH_3 和 CO_2 或（$NH_4)_2CO_3$ 的酶。广泛分布于植物的种子中，但以大豆、刀豆中含量丰富；也存在于动物血液和尿中；某些微生物也能分泌脲酶。尿素酶活性的中心及催化尿素水解反应机理如图 15. 4 所示。

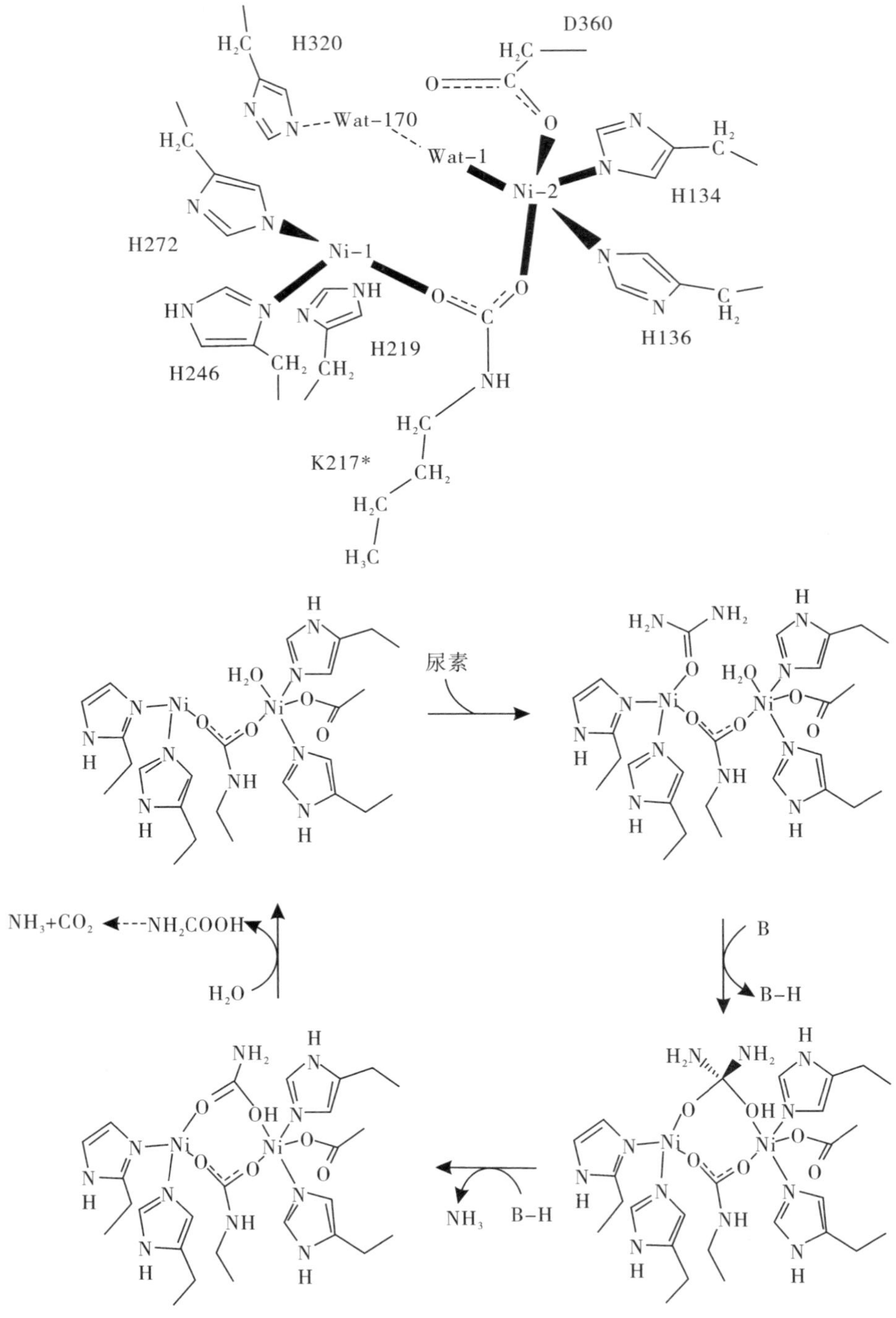

图 15.4　尿素酶活性的中心及催化尿素水解反应

（2）一氧化碳脱氢酶（carbon monoxide dehydrogenase，CODH）。一氧化碳脱氢酶是一大类存在于许多需氧和厌氧微生物中的脱氢酶，能够催化 CO 氧化为 CO_2 的反应或其逆反应，在这些微生物的代谢途径中起着关键作用。含镍 CO 脱氢酶（Ni - CODH）广泛存在于以 CO 为碳源和能源的厌氧微生物中，如乙酸生成细菌（acetogenic bacteria）、光养细菌（phototrophic bacteria）、氢气生成细菌（hydrogenogenic bacteria）、硫酸还原细菌和古菌（sulfate - reducing bacteria and archaea）以及甲烷生成古菌（methanogenic archaea）等。Ni - CODH 的活性中心为 Ni 离子，负责电子传递的铁硫簇为［4Fe - 4S］。生理状态下需要 Ni - CODH 与乙酰辅酶 A 合成酶（ACS）结合，形成CODH/ACS复合物共同发挥功能，因此通常用CODH/ACS代表含镍 CO 脱氢酶而不用简单的 Ni - CODH。根据催化活性、代谢功能和蛋白性质和组成的不同，CODH/ACS可以分为以下四类：①第一类存在于专性化能自养的甲烷生成菌，负责直接利用 CO_2 和氢气（H_2）来合成乙酰辅酶 A；②第二类存在于利用乙酸的甲烷生成古菌和硫酸还原菌中，负责第一类的逆反应，即将乙酰辅酶 A 分解为 CO_2 和 CH_4；③第三类 CODH/ACS 存在于乙酸生成细菌中，其作用与第一类酶相同，只是以丙酮酸盐作为 CO_2 和 H_2 的来源；④第四类是一类单功能酶，只负责催化 CO 的氧化。除第四类 CODH/ACS 外，其他三类酶都是双（多）功能酶，具有两（或多）个活性中心，催化两个核心反应，即 CO 的氧化和乙酰辅酶 A 的合成，对应的活性中心金属簇分别为 C 簇和 A 簇。C 簇位于 α 亚基（第三类 CODH/ACS 中为 β 亚基），其组成为［Ni - 4Fe - 4S］或［Ni - 4Fe - 5S］；而 A 簇位于 β 亚基（第三类 CODH/ACS 中为 α 亚基）。A 簇和 C 簇之间通过一个疏水通道相连，从而可以相互传递催化产物。此外，α 亚基（第三类 CODH/ACS 中为 β 亚基）二聚体中还含有 5 ~ 7 个铁硫簇［4Fe - 4S］，负责电子传递。

（3）甲基 - 辅酶 M 还原酶（methyl - coenzyme M reductase）。甲基 - 辅酶 M 还原酶是存在于产甲烷菌（methanogen）中的含镍蛋白酶，当甲基 - 辅酶 M（methyl - coenzyme M）将其分子上的甲基插入到该酶表面的活性中心时，活性中心的镍离子负责转移一个氢原子到甲基上并释放出甲烷分子。美国密歇根大学等机构的最新研究结果表明，该过程涉及甲基自由基（methyl radical）的形成机制①。

生物体内含镍的酶，除了以上介绍的尿素酶、一氧化碳脱氢酶和甲基－辅酶 M 还原酶外，还有氢化酶（hydrogenase）和含镍（Ni）金属辅基的超氧化物歧化酶（Ni－SOD）。其中氢化酶是自然界厌氧微生物体内存在的一种金属酶，它能够催化氢气的氧化或者质子的还原这一可逆化学反应。根据氢化酶活性中心所含金属的不同，可以分为镍铁［NiFe］氢化酶和铁铁［FeFe］氢化酶等。

3. 锰 Mn

Mn 是生命元素，广泛分布于生物圈内。植物主要吸收锰离子，植物细胞中许多酶需要 Mn 作为的活化剂，在糖酵解和三羧酸循环中发挥重要作用：叶绿体光系统Ⅱ（photosystem）中的锰氧原子簇在光合过程中把水裂解为氧。植物缺 Mn 时，叶脉间缺绿，伴随小坏死点的产生，缺绿会在嫩叶中或老叶中出现，依植物种类和生长速率决定。

人体内 Mn 含量甚微，约 12～20mg，分布在身体各种组织和体液中，骨、肝、胰、肾中较高；脑、心、肺和肌肉中较低；Mn 在人体内一部分作为金属酶的组成成分，另一部分作为酶的激活剂起作用。

Mn 经小肠吸收，其吸收机制可能是通过一种高亲和性、低容量的主动运输系统和一个不饱和的简单扩散作用完成，首先从肠腔摄取，然后跨过黏膜细胞输送，两个动力过程同时进行，可迅速达到饱和；吸收过程中 Mn、Fe 与 Co 竞争相同的吸收部位，三者相互竞争、相互抑制。代谢的 Mn 经肠道排泄，仅有微量经尿液排泄。

食物中的 Mn 含量，茶叶、坚果、粗粮、干豆较高，精米、白面、肉、乳偏低；蔬菜和干鲜果略高于肉、乳和水产品；鱼肝、鸡肝比其肉中的含量高。一般荤素混杂的膳食，每日可供给 5mg Mn，基本可以满足人体需要。成年人对 Mn 的适宜摄入量为 3.5mg · d^{-1}，最高可耐受摄入量为 10mg · d^{-1}。

Mn 中毒可引起类似帕金森综合征或 Wilson 病那样的神经症状，发现有神经系统功能障碍者脑中锰浓度高于正常；发现有暴力行为的人锰浓度高于正常。长期接触者及采矿和精炼矿石的人群存在一定 Mn 中毒风险。

---

① THANYAPORN W, DARIUSZ S, BOJANA G, et al. The radical mechanism of biological methane synthesis by methyl－coenzyme M reductase, Science. 2016, 352 (6288): 953－958.

4. 铬 Cr

Cr 是人体的一种必需微量元素，在正常人体内的含量只有 6～7mg，但具有重要生物功能。Cr 在体内主要是与其他控制代谢的物质，如激素、胰岛素、各种酶类、细胞的基因物质（DNA 和 RNA）等，配合发挥作用。例如，Cr（Ⅲ）与烟酸、谷氨酸、甘氨酸和含硫氨基酸等组成的葡萄糖耐量因子（glucose tolerance factor，GTF）能增强胰岛素的生物学作用，通过活化葡萄糖磷酸变位酶而加快体内葡萄糖的利用，促使葡萄糖转化为脂肪；Cr（Ⅲ）能抑制胆固醇的生物合成，降低血清总胆固醇和三酰甘油含量以及升高高密度脂蛋白胆固醇含量，影响脂类代谢；Cr（Ⅲ）在核蛋白中能促进 RNA 的合成，影响氨基酸在体内的转运，促进蛋白质代谢和生长发育。

天然水中不含 Cr，海水中 Cr 的平均浓度为 $0.05\mu g \cdot L^{-1}$，饮用水中更低。人体对无机 Cr 的吸收利用率极低，不到 1%；对有机 Cr 的利用率可达 10%～25%。啤酒酵母、废糖蜜、干酪、蛋、肝、苹果皮、香蕉、牛肉、面粉、鸡以及马铃薯等食物材料为 Cr 的主要来源。铬的代谢物主要经肾排出，少量经粪便排出，正常健康成人每天尿液里流失约 1μg 的 Cr。人体在糖代谢时需要消耗 Cr，当糖大量利用时有可能造成 Cr 的不足，而 Cr 不足时又影响糖的利用。一些长期胃肠外营养的病人，由于 Cr 未能及时补充而使糖耐受量下降和体重减轻，补充 Cr 后即得到恢复；冠心病患者血中 Cr 含量明显低于正常人，因精加工食品在加工过程中丢失了大量的 Cr，习惯食用精加工食品人群，糖尿病和冠心病发病率高。

Cr 的毒性与其价态有关，Cr（Ⅲ）对人体几乎不产生有害作用，未见引起工业中毒的报道。Cr（Ⅵ）易被人体吸收，易被积存在人体组织中，代谢和被清除的速度缓慢，通常导致慢性毒害。Cr（Ⅵ）进入血液主要与血浆中的球蛋白、白蛋白、γ－球蛋白结合；Cr（Ⅵ）还可透过红细胞膜，15min 内可以有 50% 的 Cr（Ⅵ）进入细胞并与血红蛋白结合；通过消化道、呼吸道、皮肤和黏膜侵入，主要积聚在肝、肾和内分泌腺中；通过呼吸道进入，开始侵害上呼吸道，引起鼻炎、咽炎和喉炎、支气管炎，最后积存在肺部。Cr（Ⅵ）有强氧化作用，所以慢性中毒往往以局部损害开始逐渐发展，相继引起肾脏、肝脏、神经系统和血液的广泛病变。

5. 钼 Mo

Mo 为重要的生命元素。在机体的主要功能是参与硫、铁、铜之间的相互反应；是固氮菌中钼黄素蛋白酶、植物硝酸还原酶的活性成分；是钼金属酶，黄嘌呤氧化酶/脱氢酶、醛氧化酶和亚硫酸盐氧化酶的辅基；人体各种组织都含 Mo，其中肝、肾中含量最高，人体内总量为 9mg。

人和动物机体均对 Mo 有较强的内稳定机制，经口摄入钼化合物不易引起中毒。人体主要是通过肾脏以钼酸盐形式排泄而不是通过控制吸收来保持体内 Mo 平衡，膳食摄入 Mo 增多时肾脏排泄 Mo 也随之增多，此外也有一定数量的钼随胆汁排泄。2000 年中国营养学会根据国外资料，制订了中国居民膳食 Mo 参考摄入量，成人适宜摄入量为 $60\mu g \cdot d^{-1}$，最高可耐受摄入量为 $350\mu g \cdot d^{-1}$。

Mo 在环境中的迁移同环境条件有关，氧化性高、碱性大，易形成 MoO_4^{2-} 离子，易被植物吸收；酸性大、还原性高，易转变成 MoO^{2+} 复合离子，易被黏土和土壤胶体及腐植酸固定。在海洋的还原环境中，Mo 被有机物质吸附后包裹于含锰的胶体中，最终形成结核沉于海底，脱离生物圈的循环。

（1）黄嘌呤氧化酶（xanthine oxidase）。黄嘌呤氧化酶，分子质量约 270kDa，钼蝶呤辅因子是酶的活性位点，含［2Fe－2S］簇参与电子转移，既能催化次黄嘌呤生成黄嘌呤，进而生成尿酸，又能直接催化黄嘌呤生成尿酸的酶。存在于牛乳、动物特别是鸟类的肝脏与肾脏、昆虫、细菌中。

（2）固氮酶（molybdenum－dependent nitrogenase）。固氮酶由铁钼蛋白（Fe－mo protein）和铁蛋白（Fe－protein）组成，它们单独存在时都不呈现固氮酶活性，只有两者聚合构成复合体时才有催化氮还原的功能。铁钼蛋白是底物的结合部位，由 2 个 α 亚基（51kDa）和 2 个 β 亚基（60kDa）组成的四聚体（$\alpha_2\beta_2$），含 2 个铁钼辅基（FeMo 辅基）和 2 个 P 簇对，FeMo 辅基位于 α 亚基内部，P 簇对位于 α 亚基和 β 亚基的界面，FeMo 辅基与底物的结合位点如图 15.5 所示；铁蛋白含有 1 个［4Fe－4S］簇和 2 个相同的 30kDa 亚基单位（γ_2）。固氮酶是多功能的氧化还原酶，除了还原 N_2 以外，还能还原多种类型的底物，如乙炔、氰化物、氧化亚氮、联氨、叠氮化物和 H^+ 等。

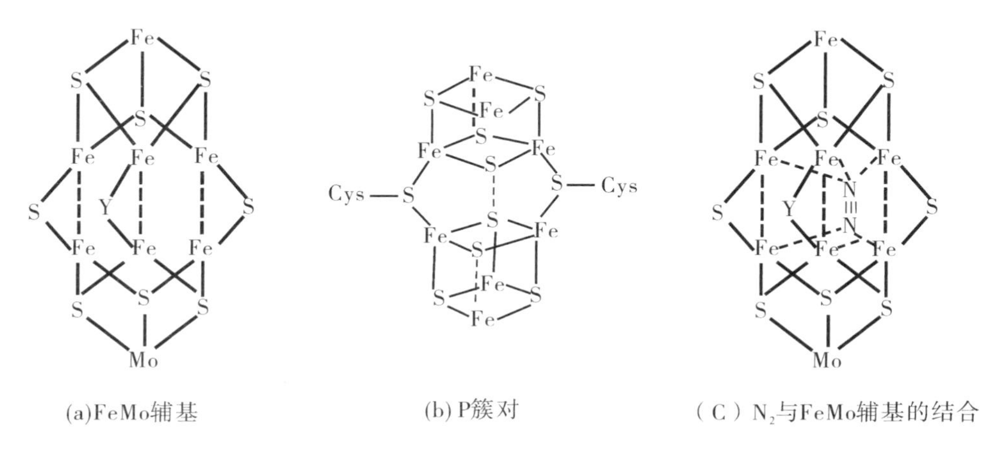

图 15.5　FeMo 辅基及其与底物的结合位点

6. 钒 V

V 是人体必需的微量元素，主要调节 Na^+，K^+ – ATP 酶、调节磷酰转移酶、腺苷酸环化酶、蛋白激酶类的辅因子，与体内激素、蛋白质、脂类代谢关系密切；在人体内 V 的总含量不足 1mg，主要分布于内脏，尤其是肝、肾、甲状腺等部位，骨组织中有也较高含量。人体主要通过谷类制品、肉类、鱼类及贝壳类、小黄瓜、蘑菇、欧芹、莳萝籽、黑椒等食物来源摄入 V，其吸收部位主要在上消化道，但吸收率仅 5%（大部分由粪便排出），此外环境中的 V 可经皮肤和肺吸收入体内。血液中的 V 以 VO^{2+} 状态与转铁蛋白结合而运输，因此在体内与 Fe 可相互影响。代谢的 V 大部分由尿液和胆汁排出。关于人体对 V 的正常需要量目前尚无数据，考虑每天从膳食中摄取 10μgV 即可以满足需要，一般不需要特别补充。因 V 在体内不易蓄积，由食物摄入引起的 V 中毒的现象十分罕见。

7. 钨 W

W 是一些最古老的生命——超嗜热产甲烷古细菌陈代谢所必需的元素，是大多数严格厌氧菌（strict anaerobes）的营养元素。W 在生物体内以钨氧转移酶（简称“钨酶”）的形式发挥其生化功能。钨酶在生物体系内氮、硫和碳的天然循环过程中起着重要的催化作用。第一种天然钨酶——甲酸脱氢酶（FDH），于 1983 年 Ljunngdal 从热醋酸菌（clostridium thermoacetium）中提取出来；1990 年，Adams 从超高温古生菌（hyperthermopilie archaea）中提取出醛氧化还原酶（aldehydeoxidoreductase，AOR）；1995 年，Hansa 从巨大脱硫孤菌中分离出了醛脱氢酶（ADH），同年 Schink 从乙炔黏土杆菌中分离出了乙炔水化酶（AH）。W 和 Mo 具有相似的化学性质，因此在大多数真核和原核生物中，W 通常是 Mo 的一种拮抗剂，易于置换钼酶中的钼，使钼酶失活；几乎所有的钨酶都与同种生物或血缘生物体内存在的钼酶具有类似的结构与性质。钨酶总体上可分为三类：AOR 族、F（M）DH 族、AH 族，绝大多数钨酶都归属于 AOR 族。

第十六章　s区金属元素生物化学

s区金属元素包括碱金属（Alkali metal）和碱土金属（Alkaline earth metal）。碱金属指周期表ⅠA族中存在于自然界的锂Li（Lithium）、钠Na（Sodium）、钾K（Potassium）、铷Rb（Rubidium）、铯Cs（Caesium）和由核反应产生的钫Fr（Francium）；碱土金属指ⅡA族的铍Be（Beryllium）、镁Mg（Magnesium）、钙Ca（Calcium）、锶Sr（Stronium）、钡Ba（Barium）和放射性元素镭Ra（Radium）。s区金属中的生命元素包括钠Na、钾K、镁Mg和钙Ca。

第一节　s区金属元素概述

s区金属元素的电子构型分别是：$2s^{1\sim2}2p^0$（Li，Be）和$ns^{1\sim2}np^0nd^0$（n = 3，4，5），价电子均填充在ns轨道上，形成$ns^{1\sim2}$价电子构型。表16－1列出s区金属元素的基本性质（主要是自然存在的非放射性元素），从表16－1可看到，s区金属元素具有较大的原子半径和较小的密度，均属于轻金属（light metal），其中Na、K、Ca、Sr和Ba划分为轻有色金属，Li、Rb、Cs和Be划分为稀有轻金属；电负性较小，是典型的活泼金属，容易失去价电子，通常只有一种（碱金属呈＋1，碱土金属呈＋2）稳定的氧化态，它们的离子均具有球形分布的正电场；同一族元素（除第二周期的Li和Be元素外）随着核电荷数的增加，原子半径、离子半径逐渐增大，电负性逐渐减小，金属性、还原性逐渐增强；Li和Be具有特殊的电子构型，离子的半径特别小，具有很强的电场强度和极化力，在化合物中表现出明显的共价性；在同族离子中，K^+、Rb^+和Cs^+相应的化合物性质相近，Ca^{2+}、Sr^{2+}和Ba^{2+}相应的化合物性质也相近，而与同族的Na^+、Mg^{2+}有较大的差异。

表16-1 s区金属元素基本性质

元素	前线电子构型	氧化态	原子半径（pm）	离子半径（pm）	密度（$g \cdot cm^{-3}$）	电负性χ
Li	$2s^1 2p^0$	+1	123	60	0.53	0.98
Na	$3s^1 3p^0 3d^0$	+1	154	95	0.97	0.93
K	$4s^1 4p^0 4d^0$	+1	203	133	0.86	0.82
Rb	$5s^1 5p^0 5d^0$	+1	216	148	1.53	0.82
Cs	$6s^1 6p^0 6d^0$	+1	235	169	1.90	0.79
Be	$2s^2 2p^0$	+2	88.9	31	1.85	1.57
Mg	$3s^2 3p^0 3d^0$	+2	136.4	65	1.74	1.31
Ca	$4s^2 4p^0 4d^0$	+2	173.6	99	1.55	1.0
Sr	$5s^2 5p^0 5d^0$	+2	191.4	113	2.63	0.95
Ba	$6s^2 6p^0 6d^0$	+2	198.1	135	3.65	0.89

1. 自然形态和资源

轻金属资源丰富，大都同时拥有矿物和卤水（海水及盐湖卤水、地下卤水等）两类资源，矿物基本为氧化物或含氧酸盐矿。在自然界中，碱金属矿物有锂辉石[$LiAl(SiO_3)_2$]、锂云母[$KLi_{1.5}Al_{1.5}(OH,F)_2$]、透锂长石($H_4AlLiSi_4O_{10}$)，石盐($NaCl$)、天然碱($Na_2CO_3$)、芒硝($Na_2SO_4 \cdot 10H_2O$)、智利硝石($NaNO_3$)，硝石($KNO_3$)、钾石盐($KCl$)、光卤石($KCl \cdot MgCl_2 \cdot 6H_2O$)、钾镁矾[$K_2Mg(SO_4)_2 \cdot 4H_2O$]、明矾石[$KAl_3(SO_4)_2(OH)_6$]，红云母、铷铯矿，铯榴石[$Cs(AlSi_2O_6) \cdot H_2O$]等；碱土金属矿石有碳酸盐，如菱镁矿($MgCO_3$)、白云石[$CaMg(CO_3)_2$]、石灰石($CaCO_3$)，硫酸盐，如明矾石[$KAl_3(SO_4)_2(OH)_6$]、石膏($CaSO_4$)、天青石[$(Sr,Ba)SO_4$]、重晶石($BaSO_4$)，磷酸盐，如磷灰石[$Ca_5(PO_4)_3(F,Cl,OH)$]等。自然界中也有卤化物矿，如氯化物（食盐、钾盐、光卤石）和萤石（CaF_2）等。在卤水资源中，一般均含有钠、钾、钙、镁、硼、锂、铷、铯等多种元素，在以卤水为资源的工业生产中，多种共生有价金属实际上均为综合利用的产物；一般须经蒸发浓缩，然后分阶段提取各个金属盐类的富集物，如盐湖卤水经日晒蒸发后，顺次结晶析出氯化钠、钾石盐、光卤石及水氯镁石，可分别作为提取钠、钾、镁盐的原料。

2. 单质的性质

碱金属和碱土金属都是具有金属光泽的银白色（铍为灰色）金属，主要特点为轻、软、低熔点，具有良好的导电、导热性能；是化学活泼性很强或较强的金属元素，能直接或间接地与电负性较大的非金属元素形成相应的化合物；单质的还原性强，都能与水反应，并生成氢气，因此常将钠和钙作为某些有机溶剂的脱水剂。碱金属的反应活性很高，在空气中极易形成氧化膜，因此要保存在无水煤油中，其中锂因密度很小而浮在煤油上，所以须将其保存在液体石蜡中。

3. 氧化物

碱金属单质与氧气能生成各种复杂的氧化物。正常氧化物 M_2O 是反磁性物质，都能与水反应生成对应的氢氧化物 MOH；除 Li 外，所有碱金属都能形成过氧化物 M_2O_2、超氧化物 MO_2 和臭氧化物 MO_3。过氧化物 M_2O_2 为淡黄色固体，呈强碱性，其中过氧阴离子 O_2^{2-} 的键级为 1，与水反应生成氢氧化物 MOH 和过氧化氢 H_2O_2，由于反应放出大量的热，促使 H_2O_2 迅速分解生成水和氧气 O_2；M_2O_2 与酸性氧化物反应生成对应的正盐并放出氧气 O_2；若与之反应的酸性氧化物有较强还原性，则有被氧化的可能。例如：

$$2M_2O_2(s) + 2CO_2(g) \longrightarrow 2M_2CO_3(s) + O_2(g)$$

$$M_2O_2(s) + SO_2(g) \longrightarrow M_2SO_4(s)$$

过氧化物在熔融状态下可与某些铂系元素形成含氧酸盐：

$$Ru(s) + 3M_2O_2(l) \longrightarrow M_2RuO_4(s) + 2M_2O(l)$$

过氧化物中常见的是过氧化钠（Na_2O_2）和过氧化钾（K_2O_2），它们可用于漂白、熔矿、化学制氧。

超氧化物 MO_2 有顺磁性，超氧离子 O_2^- 键级为 3/2，化学性质类似过氧化物，与水反应生成对应的 MOH、O_2 和 H_2O_2，反应放出大量的热，促使 H_2O_2 进一步分解；与酸性氧化物反应，生成对应的正盐并放出氧气 O_2，如：

$$4MO_2(s) + 2CO_2(g) \longrightarrow 2M_2CO_3(s) + 3O_2(g)$$

最常见的超氧化物是超氧化钾 KO_2，KO_2 为淡黄至橙黄色固体，KO_2 与 CO_2 的反应被应用于急救空气背包中。

臭氧化物 MO_3 具有顺磁性，臭氧离子 O_3^- 键级为 1/3，极不稳定，MO_3 的化学性质与超氧化物类似。

碱土金属的普通氧化物 MO 均是难溶于水的白色粉末，它们具有较大的晶格能，熔点高、硬度也较大。除 BeO 为 ZnS 型晶体外，其余 MO 都是 NaCl 型晶体。BeO 和 MgO 常用来制造耐火材料和金属陶瓷。特别是 BeO，因具有反射放射性射线的能力，常用作原子反应堆外壁砖块材料。生石灰 CaO 是重要的建筑材料，由 CaO 制得价格便宜的碱 $Ca(OH)_2$，即熟石灰。除铍外，碱土金属在一定条件下都能形成过氧化物 MO_2，其中钙、锶、钡的过氧化物 MO_2 可由氧化物 MO 与过氧化氢 H_2O_2 反应制得：

$$MO + H_2O_2 + 7H_2O = MO_2 \cdot 8H_2O \quad (M = Ca, Sr, Ba)$$

4. 氢氧化物

碱金属和碱土金属的氢氧化物都是白色固体，在空气中易吸水而潮解。其中碱金属的氢氧化物都易溶于水，溶解时放出大量的热；碱土金属的氢氧化物的溶解度和碱性随着核电荷数的增加而增加，铍的氢氧化物为两性，其余都是强碱或中强碱。

5. 盐

碱金属的盐大多数是离子晶体，熔沸点较高，有较强的热稳定性，并易溶于水。其中硝酸盐热稳定性较差，加热时易分解。碱土金属的盐的离子键特征比碱金属差，溶解度与热稳定性相比于碱金属的盐均较差，其中铍的卤化物 BeX_2 带有明显的共价性；碳酸盐、磷酸盐和草酸盐都是难溶盐；硫酸盐和铬酸盐中镁盐溶解度较大，钡盐溶解度最小。

6. 氢化物

碱金属和碱土金属中的 Mg、Ca、Sr 和 Ba 在氢气流中加热，可以分别生成离子型氢化物，常温下离子型氢化物都是白色晶体，熔沸点较高，熔融时能够导电；但热稳定性差异较大，分解温度各不相同。碱金属氢化物的热稳定性比碱土金属氢化物差一些，且从 Li 到 Cs 依次减弱；离子型氢化物都具有强还原性；都能与水发生剧烈的水解反应而放出氢气。此外，碱金属还形成很多复杂的氢化物，如 $LiAlH_4$、$NaBH_4$ 等，它们都是有机反应中常用的还原剂。

7. 金属有机化合物（metallo – organic compound）

金属有机化合物可分为烷基金属化合物（alkylmetalic compounds）和芳香基金属化合物（arymetalic compounds）两类。锂、钠、铍、镁和钙等金属，与烃基的碳原子通过 M—C 键直接结合形成较稳定的金属有机化合物，烷基包括甲基、乙基、丙基、丁基等，芳香基通常为苯基等。金属有机化合物是非常重要的有机合成试剂，具有代表性的是 Grignard 试剂（格氏试剂）和有机锂化合物（organolithium compound）。格氏试剂通式为 RMgX，R 为烷烃或芳烃，X 为卤素（Cl、Br 或 I），通常用卤代烃和金属镁在无水乙醚或四氢呋喃中制取，性质极为活泼，可与具有活泼氢的化合物（如 H_2O，ROH，RC≡CH……）、醛、酮、酯、酰卤、腈、环氧乙烷、卤代烷、二氧化碳、三氯化磷、三氯化硼、四氯化硅等反应；有机锂通式为 RLi，R 为烷烃或芳烃，如丁基锂 C_4H_9Li、苯基锂 C_6H_5Li 等，由卤代烃与金属锂在无水乙醚或苯中反应制得，可与金属卤化物、含羰基物质、卤代烃和含有活泼氢化合物反应，与醛、酮（含有羰基）等反应生成相应的醇；RLi 化学性质类似 RMgX，但更活泼。

8. 冠醚络合物

冠醚（crown ether）的环中央存在一个特定大小的空腔，能与阳离子，尤其是与碱金属离子络合，并且随环空腔的大小而对不同半径的金属离子有选择性。例如，12－冠－4 与 Li 离子而不与 Na、K 离子络合；同样，15－冠－5 选择性络合 Na 离子；18－冠－6 选择性络合 K 离子。通过冠醚与试剂中阳离子络合，使该离子及其对离子（阴离子）一同从水相进入有机相，在有机相中裸露的阴离子反应活性很高，能迅速参与反应。冠醚的这种性质在有机合成上极为有用，使许多在传统条件下难以反应甚至不发生的反应能顺利地进行，在此过程中，冠醚把试剂从水相带入有机相中，称为相转移催化剂（phase transfer catalyst，PTC），这样的反应称为相转移催化反应。这类反应速率快、条件简单、操作方便、产率高。

第二节　生命体系中的钠、钾元素

Na 和 K 是同族相邻的元素，Na^+ 和 K^+ 具有相同的外层电子构型和电荷数，它们在水溶液中均以水合离子的形式存在，它们在细胞内不同区隔中的浓度直接决定着该区隔的酸碱度、电解质浓度、电荷平衡及参透压等，从而也直接影响水在细胞中的运动方向；比较离子的半径，Na^+ 为 95pm，K^+ 为 133pm，可知 Na^+ 比 K^+ 有更强的电场强度（带电粒子的电场强度与电量成正比，与粒子半径的立方成反比），从而可知 Na^+ 和 K^+ 离子极化力的差异。这就是 Na^+ 和 K^+ 生物功能有相似性和差异性的物理化学基础。从表 16－2 可以看到，在细胞中的 Na^+ 大部分分布于胞外液中，K^+ 则主要存在于细胞内液中，细胞通过 Na^+ 和 K^+ 合理的分工合作，维持细胞膜内外的电荷、酸碱度和渗透压平衡。

表 16－2　元素及金属离子在生物细胞中的分布

细胞外液	细胞质脂	细胞质
Na^{+}，Ca^{2+}	K^{+}，Mg^{2+}	K^{+}，Mg^{2+}
Cu^{2+}，（Mo）	Fe，Co	Co
	Zn，Ni，Mn	Zn
Cl，Si	P（S）	P（S）
Al	Se	Se

1. Na 的生物功能

Na 主要功能是控制细胞、组织液和血液内的电荷平衡，参与水的代谢，保持体内水和体液的正常流通和控制体内酸碱平衡；对神经信息传递起重要作用。人体内的 Na 有 1/3 分布在骨骼中；Na 也是胰汁、胆汁、汗和泪水的组成成分；Na 与水在体内的代谢与平衡有相当密切的关系；Na 能维持人体的血压、神经、肌肉的正常运作。

2. Na 的吸收代谢

几乎所有食物都含有 Na，Na 缺乏问题很少发生；体内的钠主要经由肾脏制造的尿液排出，汗水也可排出相当量的钠。人摄入 Na 多，排出量也多，正常情况下，Na 摄入过多在体内并不蓄积；体内对 Na 的调节与对水的调节息息相关，在下视丘可分泌抗利尿激素，作用于肾脏以减少水的排出，进而调控体内水与 Na 的比例；在高温环境下，通过排汗也相应带出 Na，因此需要注意及时补充，身体丢失 1L 水需要补充 2～7gNaCl。Na 以不同量存在于所有食物中。一般而言，蛋白质食物中含 Na 的量比蔬菜和谷物中多；水果中很少或不含 Na，在食品加工制作中添加的盐可能比食品中天然存在盐量多许多倍。普通食物中 Na 的来源主要有：熏腌猪肉、大红肠、谷糠、玉米片，泡黄瓜、火腿、青橄榄、午餐肉、燕麦、马铃薯片、香肠、海藻、虾、酱油、番茄酱等。中国营养学会制定 Na 的每日安全和适宜的摄入量（$mg \cdot d^{-1}$）为：6 个月以内婴儿 115～350；6 个月至 1 岁为 250～750；1 岁以上 325～975；4 岁以上 450～1 350；7 岁以上 600～1 800；11 岁以上 900～2 700；成人每天需 1 100～3 300，相当于 2.5～8.4$g \cdot d^{-1}$的 NaCl 用量。人奶每升含 Na 161mg，普通瓶装奶品每升含 Na 161～391mg；牛奶每升含 Na 483mg。一岁以内婴儿平均摄入 Na 量，从出生 2 个月的婴儿约 300$mg \cdot d^{-1}$到 12 个月的婴儿约 1 400$mg \cdot d^{-1}$，远远超过需要量。健康的成年人食用的 Na 量比幼儿最低需要量稍高便可维持 Na 的平衡。世界卫生组织建议每人 NaCl 摄入量以不超过 $6g \cdot d^{-1}$ 为宜。

3. Na 的吸收代谢异常

人体容易产生缺 Na 的情况是：禁食、少食，Na 限制过严的膳食导致摄入量非常低，高温或重体力劳动导致过量出汗，肠胃疾病、呕吐、腹泻导致 Na 过量排出，某些疾病，如艾迪生病引起肾不能有效保留 Na，胃肠外营养缺 Na 或低 Na，利尿剂的使用而抑制肾小管重吸收 Na。Na 缺乏将导致倦怠、淡漠、食欲减退、昏睡、低血糖、心悸等症状，导致哺乳期的女性奶水减少、肌肉痉挛、恶心、腹泻和头痛；失 Na 达 0.5g/kg 体重以上时，可出现恶心、呕吐、血压下降、痛性吉尔痉挛，尿中无氯化物检出；过多的 Na 则会引致水肿、血压上升、血浆胆固醇升高、脂肪清除率降低、胃黏膜上皮细胞受损等。

4. K 的生理功能

钾离子 K^+ 是细胞内液的主要阳离子，K^+ 与 Na^+ 在细胞内外稳定的浓度分布，维持细胞膜内外的稳定电场梯度，同时也维持细胞膜内外的电荷、酸碱度和渗透压平衡。K^+ 能促进细胞内酶的活性，细胞内有 50 多种酶或完全依赖于 K^+，或受 K^+ 的激活，如丙酮酸激酶、谷胺合成酶、6－磷酸果糖激酶，膜结合 ATP 酶等都能被 K^+ 激活。

5. K^+ 对植物的作用

K^+ 对生物体具有重要的生理功能。N、P、K 是植物的三大基肥，土壤中增施 K 肥能显著影响植物的生长，有利于植物体内与酚类物质代谢相关的酶的活性保持在较高水平，增加酚类物质含量，降低一些病害的发生，促进碳代谢，提高植物组织含糖量；增强植物光合作用，增强植株体内物质合成和转运，提高能量代谢等，例如，土壤中施加 N、P、K 能提高旗叶中蔗糖合成酶活性，增加了麦粒的糖和淀粉含量，而施加 K 的效果最为明显，K 有利于提高小麦茎秆中果聚糖、蔗糖、果糖和葡萄糖在灌浆期间的积累，促进灌浆后期果聚糖的降解及蔗糖、果糖和葡萄糖的输出；K 对甜玉米和甘蔗茎秆含糖量影响较大，在一定 K 量范围内，茎秆含糖量随施 K 量的增加而增加，而超出范围后过度施 K 会降低茎秆含糖量，导致糖代谢失调。

6. 人体的 K 代谢

K 是人体生长必需的营养素，占人体无机盐的 5%，心肌和神经肌肉都需要有相对恒定的 K^+ 浓度来维持正常的应激性，因此维持合适的 K^+ 浓度对保持健全的神经系统和调节心脏节律非常重要。血清钾过高时，对心肌有抑制作用，可使心跳在舒张期停止；血清钾过低能使心肌兴奋，可使心跳在收缩期停止。血钾对神经肌肉的作用与心肌相反。正常情况下，日常饮食中的钾含量足以满足机体的需要，不会出现缺钾。钾由肠道吸收后，约有30%由肾脏排泄，肾脏对钾的排泄没有限制，即使机体处于缺钾状态，肾脏仍继续排钾。

7. 低K血症

当血清 $K < 3.5 mmol \cdot L^{-1}$ 时，结合病情可判断为低K血症。临床上有多种原因导致缺K，如频繁呕吐、腹泻，长期胃肠引流等；肾上腺皮质机能亢进症患者或长期应用肾上腺皮质激素治疗；高温作业、高强度劳动和训练，造成大量出汗等。低钾血症往往会伴有神经系统、肌肉系统、泌尿系统的损害，因此发现后一定要及时到医院进行诊治。

8. 高K血症

当血清 $K > 5.5 mmol \cdot L^{-1}$ 时，结合病情可判断为高K血症，临床上导致高K血症的原因有：①K输入过多，多见于K溶液输入速度过快或量过大，特别是肾功能不全、尿量减少时，又输入K溶液。②K排出减少，如肾功能衰竭少尿期，长期口服安体舒通、氨苯蝶啶等利尿剂，肾小管排K功能缺陷，肾上腺皮质机能减退，尿毒症。③细胞内的 K^+ 外移，如大面积烧伤，组织细胞大量破坏，细胞内 K^+ 大量释放入血；代谢性酸中毒，血浆的 H^+ 往细胞内转移，引起细胞内的 K^+ 外移；同时，肾小管上皮细胞泌 H^+ 增加，而泌 K^+ 减少，使 K^+ 潴留。

第三节　生命体系中的镁、钙元素

镁和钙都是s区同族的相邻元素，Mg^{2+} 和 Ca^{2+} 两种金属离子具有相同的外层电子构型和电荷数，然而，离子半径却有明显的差异，Mg^{2+} 半径为65pm，Ca^{2+} 半径为99pm，显然，Mg^{2+} 比 Ca^{2+} 有更强的电场和极化力，Mg^{2+} 对配位原子的极化作用使得所形成的配位键具有更大的共价性，使得所形成的配合物在空间构型上更具有选择性，也使得 Mg^{2+} 与配体的结合和离解过程速率都比 Ca^{2+} 相应慢得多，例如，Mg^{2+} 与 H_2O 的交换速率几乎比 Ca^{2+} 慢了5个数量级；Ca^{2+} 容易显示高配位和不规则的配位几何构型；Ca^{2+} 在溶液中很难与简单配体形成稳定配合物，配位选择性低，与 H_2O 之外，还能与电中性氧原子给予体配体和 N 原子给予体配体结合。Mg^{2+} 和 Ca^{2+} 所形成的盐，水溶性差别也明显，例如 $MgCl_2$ 溶于有机溶剂，$CaCl_2$ 却易溶于水，不溶于有机溶剂；$MgSO_4$ 可溶水，$CaSO_4$ 却是难溶盐。以上这些，使得 Mg^{2+} 和 Ca^{2+} 在生物功能方面具有相似性，也具有明显的差异性，也造就了 Ca^{2+} 比 Mg^{2+} 有更多的生物功能。现就 Mg^{2+} 和 Ca^{2+} 在生物体中的基本功能、代谢情况进行简要讨论。

1. 镁（Mg）

Mg 是构成叶绿素的重要成分；是人体必需的矿物元素，正常成人身体 Mg 的总含量约 21 ~28g，其中 50% 存在于骨骼中，27% 分布于软组织；Mg 主要分布于细胞内，能激活多种酶的活性，如参与能量贮存和利用的各种磷酸激酶；参与蛋白质的合成，促使 mRNA 与 70S 核糖体连接，作用于 DNA 的合成和分解；细胞外 Mg 主要与神经肌肉传导和心血管张力有关，Mg^{2+} 能使运动神经接头处与植物神经末梢的乙酰胆碱释放减少，因而有抑制周围神经的功能；维护骨骼生长和神经肌肉的兴奋性；维护胃肠道和激素的功能。

正常健康人需 Mg 量并不多，每日摄入量常超过生理需要，所以体液内的 Mg 经常维持饱和状态。若肠功能吸收好，即使进食不足，短期内也不容易产生 Mg 的缺乏。Mg 普遍存在于各种天然食物中，富含叶绿素的新鲜蔬菜、茶叶尤为丰富；海味、谷类、坚果、肉类、蛋、乳中含量也很高。成人 Mg 的需要量为 $330mg \cdot d^{-1}$，男性需 Mg 量大于女性，但孕妇及哺乳期妇女需要量为 $450mg \cdot d^{-1}$。人乳含 Mg 量约为 400mg/100g，哺乳期泌乳量过多可引起 Mg 的缺乏。

Mg 的吸收主要在小肠，属于简单的离子扩散过程，净吸收一般为 30% ~ 40%；在肠道吸收的 Mg 实际包括饮食来源和消化液中内源性 Mg 的重吸收，分泌含 Mg 的消化液包括唾液、胃液、胰液及胆液等；吸收后 4h，血浆 Mg 即达高峰。影响 Mg 吸收的主要因素有：①阳离子 Ca^{2+}、Na^+、K^+ 的影响，Ca^{2+} 对 Mg^{2+} 有吸收竞争，Na^+ 促进 Mg^{2+} 吸收，K^+ 降低 Mg^{2+} 吸收；②阴离子 F^-、I^-、PO_4^{3-}、HPO_4^{2-} 均抑制 Mg 吸收；③药物的影响，维生素 D、生长激素、甲状旁腺激素、蛋白质和碳水化合物促进 Mg 吸收；降钙素和脂肪等降低 Mg 吸收。

Mg 的排泄可通过粪、尿及汗液。粪 Mg 为未吸收部分，汗 Mg 只在高热或活动量多时少量出现，尿 Mg 随饮食摄入量而变化。正常成人尿 Mg 含量平均为 90 ~100$mg \cdot d^{-1}$，男性尿 Mg 含量多于女性；甲状旁腺功能减退时尿 Mg 降低，利尿药、甲状旁腺激素可使尿 Mg 增加。

Mg 代谢紊乱（disturbance of magnesium metabolism），是 Mg 摄入、排泄或体内过程障碍所致的疾病。正常人血浆 Mg 含量为 0.80～1.05mmol·L^{-1}，其中约65%～70%为蛋白质结合 Mg，30%～35%为小分子结合 Mg（磷酸盐、柠檬酸盐和碳酸盐），游离的 Mg^{2+} <1%。人体血浆 Mg 的正常水平，主要靠肾脏的保 Mg 功能进行调节，肾小球滤过的 Mg 被肾小管重吸收，血浆 Mg 浓度减低时，肾小管对 Mg 重吸收加强（可达100%），使肾脏排镁（尿 Mg）减少；血浆 Mg 浓度增高时，肾小管对 Mg 重吸收减弱，尿 Mg 增加；骨骼中储存的 Mg 对血浆 Mg 也有调节作用。血浆 Mg 高可抑制甲状旁腺激素的分泌，低则刺激其分泌。当机体的调节功能出现障碍时，血浆 Mg 偏离正常水平，机体可能产生一系列的连锁反应。血浆 Mg<0.75mmol·L^{-1}，结合临床症状可诊断为低 Mg 血症（hypomagnesemia）；血浆 Mg>1.25mmol·L^{-1}，则可能为高 Mg 血症（hypermagnesemia）。缺 Mg 时可肌注硫酸镁（$MgSO_4$）；急性 Mg 中毒时，可静注10%葡萄糖酸钙，这是利用 Ca 对 Mg 的拮抗作用。

低 Mg 血症可由多种原因引起，例如：肠吸收障碍，严重腹泻、吸收不良综合征、溃疡性结肠炎、肠道大部分切除术、肝硬化、胆道疾病、Crohn 病等；醛固酮分泌增多，心力衰竭患者由于钠、水潴留常伴有继发性醛固酮分泌增多，醛固酮分泌增多使肠道镁吸收和肾小管镁重吸收减少；肾脏疾病，如慢性肾盂肾炎、肾小管酸中毒的部分病例伴有肾小管重吸收机能减退，以及急性肾功能不全多尿期；甲状腺功能亢进及甲状旁腺功能亢进患者约半数以上可表现低 Mg 血症；糖尿病酸中毒，由于尿 Mg 显著增加可引起低 Mg 血症，胰岛素治疗后，镁向细胞内转移，可加重低血 Mg；一些药物的应用，如长期应用利尿剂、免疫抑制剂，使肾排 Mg 增加。缺 Mg 早期常伴有恶心、呕吐、厌食、衰弱等症状；缺 Mg 加重常发生神经肌肉及行为异常，如纤维颤动，震颤，共济失调，抽搐和强直，眼球震颤，反射亢进，易受声、光、机械刺激而诱发。患者常有明显的痛性腕足痉挛，Trousseau 症或 Chvostek 症阳性。有时精神方面失常，失去定向力。

高 Mg 血症临床较少见，除肾衰竭外，多数为医源性，与使用含镁药物过多有关。如肾衰竭，严重脱水及少尿，甲状腺功能减退，肾上腺皮质功能减退等导致肾排镁减少；糖尿病酸中毒时，由于缺乏胰岛素，组织分解代谢增强，细胞内 Mg 大量移出；服用过多的含 Mg 泻药及抗酸药，用含 Mg 制剂（如

$MgSO_4$）静脉注入或灌肠治疗新生儿手足抽搐、甲状腺功能亢进、心律失常及洋地黄中毒等应用过多；骨的破坏性肿瘤或恶性肿瘤骨转移时，由于骨 Mg 释放入血，可引起高 Mg 血症。

叶绿素（chlorophyll）是一类与光合作用（photosynthesis）有关的最重要的色素，存在于所有能营造光合作用的生物体，包括绿色植物、原核的蓝绿藻（蓝菌）和真核的藻类；叶绿素为镁卟啉化合物，叶绿素分子由 4 个吡咯环通过 4 个甲烯基（═CH—）连接形成环状结构（称为卟啉环），卟啉环是 Mg^{2+} 的结合位点；叶绿素是叶绿酸的酯，叶绿酸是双羧酸，其中一个羧基被甲醇所酯化，另一个被植醇（phytol）所酯化。植醇是由四个异戊二烯单位组成的双萜，是一个亲脂的脂肪链，它决定了叶绿素的脂溶性。叶绿素分子因卟啉环上取代基的不同而有不同的衍生物，包括叶绿素 a、b、c、d、f 以及原叶绿素和细菌叶绿素等。高等植物叶绿体中的叶绿素主要有叶绿素 a 和叶绿素 b 两种。叶绿素 a 呈蓝绿色，其分子式：$C_{55}H_{72}O_5N_4Mg$；叶绿素 b 呈黄绿色，分子式：$C_{55}H_{70}O_6N_4Mg$。叶绿素不参与氢的传递或氢的氧化还原，而仅以电子传递（即电子得失引起的氧化还原）及共轭传递（直接能量传递）的方式参与能量的传递。叶绿素 a 和 b 都可以吸收光能但只有少数处于激发状态的叶绿素 a 可以将光能转化为电能；叶绿素 a 和叶绿素 b 的比值反映植物对光能利用的多少，比如阳生植物叶绿素 a 和叶绿素 b 的比值较大；而阴生植物叶绿素 a 和叶绿素 b 的比值较小。

叶绿素 a 的生物合成途径，是由琥珀酰辅酶 A 和甘氨酸缩合成 δ-氨基乙酰丙酸，两个 δ-氨基乙酰丙酸缩合成吡咯衍生物胆色素原，然后再由 4 个胆色素原聚合成一个卟啉环——原卟啉Ⅳ，原卟啉Ⅳ是形成叶绿素和亚铁血红素的共同前体，与亚铁离子结合就成亚铁血红素，与镁离子结合就成镁原卟啉。镁原卟啉再接受一个甲基，经环化后成为具有第Ⅴ环的原叶绿酸（原脱植醇基叶绿素），再经光还原、酯化等步骤而形成叶绿素 a。

叶绿素在活体内也和其他物质一样处于不断更新状态，它被叶绿素酶分解，或经光氧化而漂白。深秋时许多树种叶呈美丽的红色，就是因为这时叶绿素降解速度大于合成速度，含量下降，原来被叶绿素所掩盖的类胡萝卜素、花色素的颜色显示出来的缘故；在植物衰老和储藏过程中，通过直接和间接的酶促作用进一步引起叶绿素的分解破坏。直接的酶促作用是叶绿素酶，它以叶绿素为底物催化叶绿素中植醇酯键水解而成为叶绿酸；它同时以脱镁叶绿素为底物，产物是水溶性的脱镁叶绿酸；间接酶促作用的是蛋白酶、酯酶、果胶酯酶等，其中蛋白酶和酯酶通过分解叶绿素蛋白质复合体，使叶绿素失去保护；果胶酯酶的作用是将果胶水解为果胶酸，从而提高质子浓度，使叶绿素脱镁而被破坏。

叶绿素卟啉环中的 Mg^{2+} 可被 H^+、Cu^{2+} 和 Zn^{2+} 等所置换。用酸处理叶片，H^+ 易进入叶绿体，置换 Mg^{2+} 形成去镁叶绿素，使叶片呈褐色；去镁叶绿素易与 Cu^{2+} 结合，形成铜代叶绿素，颜色比原来更稳定。根据这一原理用醋酸铜处理来保存绿色植物标本。

2. 钙（Ca）

Ca 的生物功能：①作为结构性物质（如骨和壳）中的主要阳离子，Ca^{2+} 在这些硬组织中的作用是基于其碳酸盐和磷酸盐的强大晶格能和稳定性（难溶性）；②与 Na^+、K^+ 和 Mg^{2+} 等离子一起，共同构成细胞中的阳离子，共同维持细胞膜内外及细胞区隔间的酸碱、电荷、电解质及参透压等方面的平衡，从而控制细胞液和小分子物质的流动；③通过在不同部位与生物分子的结合、解离和移动，参与着更广泛的生理过程，如细胞兴奋性的控制、细胞代谢、细胞形态的维持、细胞周期的调控等。Ca 以此为基础，参与机体各项生理活动，如促进神经递质、激素合成与分泌，传导神经脉冲信号，触发肌肉收缩和调节心律，参与凝血过程等。

Ca^{2+} 在细胞中的分布具有明显的区域特征，细胞外液 Ca^{2+} 浓度远高于细胞内，细胞内的 Ca^{2+} 有90%以上储存于细胞内钙库（内质网和线粒体内），使细胞内 Ca^{2+} 浓度通常维持在 $10^{-7}mmol \cdot L^{-1}$ 左右的水平，如果细胞质膜或细胞内钙库的 Ca^{2+} 通道开启，胞外钙内流或细胞内钙库的钙释放，使胞质内 Ca^{2+} 浓度急剧升高（如达 $10^{-6} \sim 10^{-5}mmol \cdot L^{-1}$），$Ca^{2+}$ 与钙调蛋白分子结合，相继激活相关的靶酶，启动相应的细胞生化过程，包括激活细胞质膜及钙库膜上的钙泵（Ca^{2+} - ATPase），使 Ca^{2+} 返回细胞外或细胞内钙库，从而使细胞质内的 Ca^{2+} 浓度恢复正常水平。

钙调蛋白（calmodulin，CaM）也称钙调素，是真核生物细胞中的胞质溶胶蛋白，由 148 个氨基酸组成单条多肽，分子质量为 16.7kDa，等电点为 4.3，属酸性蛋白质，其外形似哑铃，有两个球形的末端，中间被一个长而富有弹性的螺旋结构相连，每个末端有两个 Ca^{2+} 结构域，每个结构域可以结合一个 Ca^{2+}，即每个 CaM 可以结合 4 个 Ca^{2+}。当外来的刺激使细胞内 Ca^{2+} 浓度瞬息

间升高至 $10^{-6} \sim 10^{-5}$ mmol · L^{-1} 时，Ca^{2+} 同 CaM 结合形成 Ca^{2+} · CaM 复合物(calcium－calmodulin complex)，构象改变，螺旋度增加，成为活性分子，活性 Ca^{2+} · CaM 复合物激活靶酶，启动靶酶的催化过程，即 Ca^{2+} · CaM 复合物与靶酶，如磷酸二酯酶、蛋白激酶等作用，使靶酶构象发生变化而活化，从而对代谢过程起调控作用。CaM 调节的有关酶及生理过程如表 16－3 所示。当 Ca^{2+} 浓度低于 10^{-6} mmol · L^{-1} 时，Ca^{2+} · CaM 复合物解离，CaM 和酶都复原为无活性态。

表 16－3　CaM 调节的生理过程及有关酶

生理过程	蛋白质与酶
环苷酸代谢	腺苷酸环化酶、鸟苷酸环化酶、环苷酸磷酸二酯酶
细胞 Ca^{2+} 代谢	质膜 Ca^{2+} －ATP 酶、磷酸化蛋白激酶、其他肌浆网系膜蛋白激酶
细胞收缩	肌球蛋白轻链激酶、管蛋白、τ－蛋白
运动、骨架系统	Fodrin，Fodrin 激酶、Caldesmon
神经功能	蛋白激酶、酪氨酸单加氧酶激酶、色氨酸单加氧酶激酶、脑蛋白激酶、突触蛋白 I 激酶、神经钙蛋白激酶
糖代谢及其他	磷酸化酶激酶、糖原合成酶激酶 NAD 激酶、葡萄糖 1，6－二磷酸化酶

因此，通过 Ca^{2+} 浓度的变化来控制细胞内很多重要的生化反应，例如，第二信使 cAMP 合成与分解的腺苷酸环化酶和磷酸二酯酶；在糖原合成与分解中提供和储存能量的磷酸化酶激酶和糖原合成酶激酶；与蛋白质磷酸化及脱磷酸化有关蛋白激酶和蛋白磷酸解酶；起着钙泵作用的 Ca^{2+} －ATPase 和与平滑肌收缩有关的肌球蛋白轻链激酶等。此外，CaM 还参与介导的生命活动进程有炎症反应、代谢、细胞凋亡、肌肉收缩、细胞内运动、短期和长期记忆、神经生长以及免疫反应等。

Ca 是人体含量最高的无机元素，成人身体约含 1 200g 的钙，主要（约 99%）存在于骨骼和牙齿中，少量（约 1%）存在于体液和软组织中；由于新陈代谢，成人每天约排泄 500mg 钙，同时需要从食物中进行补充，中国营养学会推荐的钙摄取量为成人 800mg · d^{-1}，青少年 1 300mg · d^{-1}，最多不能超过 2 000mg · d^{-1}；身高发育主要取决于遗传，但也与后天的营养有关，食物中的营养要靠酶的分解，才能被人体吸收，而蛋白酶、脂肪酶、淀粉酶、ATP 酶等多种酶和激素，要靠钙离子的作用，才会充满活性，因此营养学有“补钙，是补充一切营养的根源”的说法。

人在不同年龄阶段的新陈代谢中，成骨细胞（osteoblast）和破骨细胞（osteoclast，bone - resorbing cells）的活性不同，在婴儿—青年期，成骨细胞的活性远大于破骨细胞，以新骨的生成为主，直到 30 岁骨峰值达到高峰；30 ~ 40 岁，成骨细胞和破骨细胞活性相当，维持着高骨峰值的水平；40 岁后，破骨细胞活性大于成骨细胞，容易产生骨密度下降和骨矿含量减少。

低钙血症和高钙血症：正常人血清总钙量相当恒定，一般为 2.25 ~ 2.75mmol · L^{-1}，儿童偏高。低钙血症（hypocalcemia）是指血清钙低于 2.2mmol · L^{-1}者，临床常见于继发性甲状旁腺功能减退症患者；维生素 D 缺乏或代谢异常；慢性肾功能不全和急性胰腺炎等。高钙血症（hypercalcemia）是指血清蛋白正常时，血清钙高于 2.75mmol · L^{-1}者，原发性和继发性甲状旁腺功能亢进症，及恶性肿瘤等是主要原因；其次常见疾病，如甲状旁腺腺瘤、甲状旁腺增生、甲状旁腺癌、慢性肾炎、维生素 D 缺乏、低血磷、肾衰竭、骨转移性肿瘤、白血病等也易引起高钙血症。

第四节　物质跨膜运输与离子通道

物质跨越细胞膜的方式包括被动运输和主动运输两种。被动运输是由浓度梯度产生，典型的自由扩散和协助扩散均属于被动运输，例如某些脂溶性物质，如甘油、脂肪酸、维生素 D、性激素等可以通过自由扩散方式跨越细胞膜，如缬氨霉素介导 K^+ 以协助扩散的方式顺电化学梯度进行跨膜运输；主动运输是消耗能量的运输方式，由细胞体自主完成运输物质，如氨基酸、各种无机盐离子、葡萄糖、生长素、核苷酸等，常见主动运输中能量来源见表16 - 4。细胞跨膜运送物质的其他方式还有胞饮（pinocytosis）和胞吐（exoplasmosis）。胞饮是被运送物与膜的某种蛋白质结合，膜内陷并包围被运物，然后膜断开口，被运送物进入细胞内；胞吐是通过分泌泡或其他膜泡与质膜融合而将膜泡内的物质运出细胞的过程，是细胞内大分子物质运输的方式，细胞通过胞吐向外分泌物质。胞饮和胞吐属主动运送的形式，需消耗能量。

表 16－4　主动运输中能量来源

载体蛋白	功能	能量来源
直接能源		
Na^+/K^+泵	Na^+的输出和K^+的输入	ATP
细菌视紫红质	H^+从细胞中主动输出	光能
磷酸化运输蛋白		磷酸烯醇式丙酮酸
间接能源		
Na^+、葡萄糖泵协同运输蛋白	Na^+、葡萄糖同时进入细胞	Na^+梯度
F_1-F_0ATPase	H^+质子运输	H^+质子梯度

1. 膜离子通道

生物膜离子通道（ion channels of biomembrane）是各种无机离子跨膜被动运输的通路。生物膜对无机离子的跨膜运输有主动运输（逆离子浓度梯度）和被动运输（顺离子浓度梯度）两种方式。主动运输的离子载体称为离子泵（ion pump），被动运输的通路称离子通道。生物膜对离子的通透性与多种生命活动过程密切相关。例如，感受器电位的发生，神经兴奋与传导和中枢神经系统的调控功能，心脏搏动，平滑肌蠕动，骨骼肌收缩，激素分泌，光合作用和氧化磷酸化过程中跨膜质子梯度的形成等。

离子泵是一类特殊的载体蛋白，通过消耗外能驱使特定的离子逆电化学梯度穿过质膜，外能可以是电化学梯度能、光能和化学能等，例如被活化的离子泵水解 ATP，与水解产物磷酸根结合后自身发生变构，从而将离子由低浓度转运到高浓度处，这样 ATP 的化学能转变成离子的电化学梯度能。已知的离子泵有多种，每种离子泵只转运专一的离子。细胞内离子泵主要有钠钾泵、钙泵和质子泵。

（1）Na^+/K^+泵，是Na^+/K^+激活的 ATP 酶（Na^+/K^+ ATPase），存在于动物细胞质膜上，植物细胞质膜无Na^+/K^+泵。它有大小两个亚基，大亚基催化 ATP 水解，小亚基是一个糖蛋白。Na^+/K^+泵的基本功能是：①维持细胞Na^+离子的平衡，抵消了Na^+离子的渗透作用；②在细胞膜两侧建立Na^+离子浓度梯度，为葡萄糖协同运输泵提供驱动力；③维持细胞外电位，有利于神经和肌肉电脉冲传导。Na^+/K^+泵的结构和工作机制分别见图 16.1 和图 16.2。Na^+/K^+泵的工作过程为：①初始（静息）状态，Na^+/K^+泵的Na^+结合位点位于膜内侧，当细胞内 Na^+ 浓度升高时，Na^+ 与该位点结合；②Na^+ 的结合激活了 ATP 酶，ATP 水解，α 亚基被磷酸化；③酶构型转化，Na^+ 结合部位转向膜外侧，释放 Na^+；④膜外的 K^+ 同 α 亚基结合；⑤K^+ 与磷酸化的 Na^+/K^+ ATPase 结合后，促使酶去磷酸化；⑥酶去磷酸化并恢复原构型，K^+ 释放到细胞内。每水解 1 个 ATP，运出 3 个 Na^+，输入 2 个 K^+。Na^+/K^+ 泵工作的结果，使细胞内的 Na^+ 浓度比细胞外低 10 ~ 30 倍，而细胞内的 K^+ 浓度比细胞外高 10 ~ 30 倍，所以 Na^+/K^+ 泵使细胞外带上正电荷。

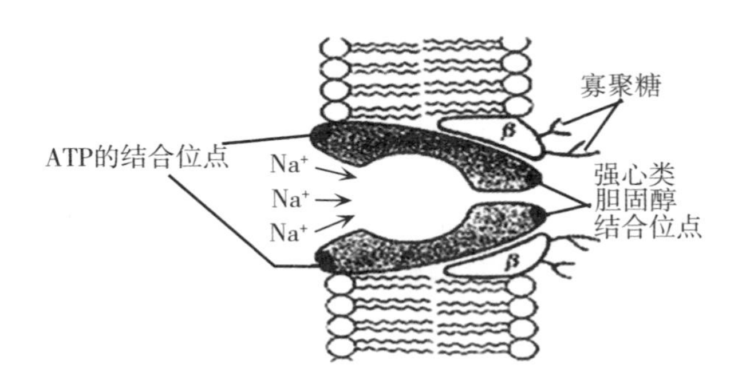

图 16.1　Na^+/K^+ 泵的结构

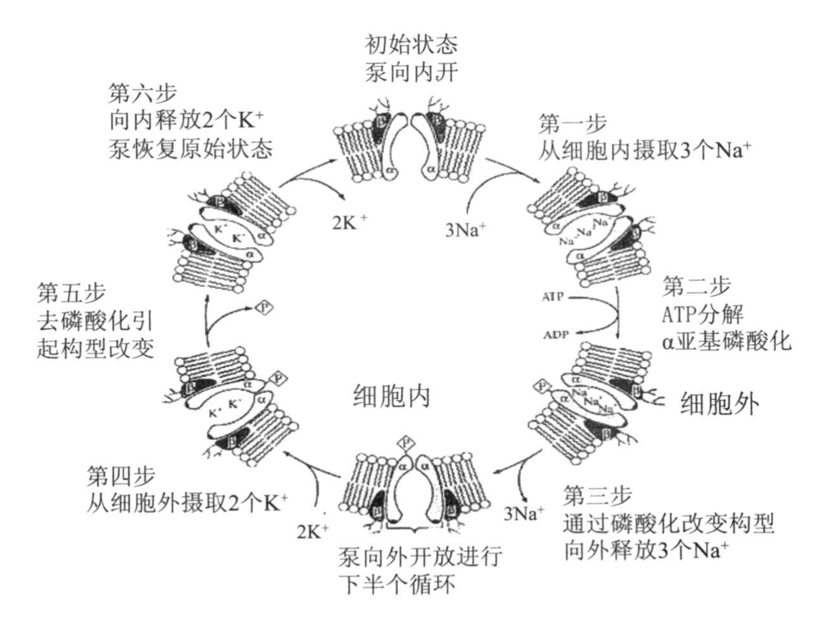

图 16.2　Na^+/K^+ 泵的工作机制

（2）Ca^{2+}泵。Ca^{2+}泵是Ca^{2+}激活的 ATP 酶，分布在动植物细胞质膜、线粒体内膜、内质网样囊膜（SER－like organelle）、动物肌肉细胞肌质网膜上，是由1 000个氨基酸的多肽链形成的跨膜蛋白，每水解一个 ATP 转运两个Ca^{2+}到细胞外，形成Ca^{2+}梯度。通常细胞内Ca^{2+}浓度很低，约10^{-7}～10^{-8}mmol·L^{-1}，细胞间液Ca^{2+}浓度较高，约1～2mmol·L^{-1}。胞外的Ca^{2+}即使很少量涌入都会引起胞质游离Ca^{2+}浓度显著变化，导致一系列生理反应。钙流能迅速地将细胞外信号传入细胞内Ca^{2+}，因此Ca^{2+}是一种十分重要的信号物质。线粒体内腔、肌质网、内质网样囊腔中含高浓度的Ca^{2+}，浓度大于10^{-5}mmol·L^{-1}，名为“钙库”。在一定的信号作用下Ca^{2+}从钙库释放到细胞质，起到调节细胞运动、肌肉收缩、生长、分化等诸多生理功能的作用。

（3）H^+泵。H^+泵包括H^+－ATP 泵和H^+焦磷酸（PPi）泵。H^+－ATP 泵在植物细胞原生质膜和液泡膜上都存在着由 ATP 酶驱动的H^+泵，它们的主要功能是调节原生质体的 pH 从而驱动对阴阳离子的吸收。由线粒体生成的 ATP 供质膜H^+泵需要 ATP 释放的能量建立跨膜的质子梯度和电位差，质子梯度活化离子通道或反向运输器或同向运输器，调节离子或不带电溶质的进出。液泡膜上的H^+泵将H^+泵入液泡，质外体、胞质溶胶和液泡的 pH 就有差异，分别是：5.5，7.3～7.6，4.5～5.9。H^+－焦磷酸泵位于液泡膜上的H^+泵，利用的能量来自焦磷酸而不是 ATP，主动把H^+泵入液泡内，造成膜内外电化学势梯度，从而导致养分的主动跨膜运输。

2. 离子通道

活体细胞不停地进行新陈代谢活动，就必须不断地与周围环境进行物质交换，而细胞膜上的离子通道就是这种物质交换的重要途径。人们已经知道，大多数对生命具有重要意义的物质都是水溶性的，如各种离子、糖类等，它们需要进入细胞，而生命活动中产生的水溶性废物也要离开细胞，它们出入的通道就是细胞膜上的离子通道。

离子通道由细胞产生的特殊蛋白质构成，它们聚集起来并镶嵌在细胞膜上，中间形成水分子占据的孔隙，这些孔隙就是水溶性物质快速进出细胞的通道。离子通道的活性，就是细胞通过离子通道的开放和关闭调节相应物质进出细胞速度的能力，对实现细胞各种功能具有重要意义。两名德国科学家埃尔温·内尔（Erwin Neher）和贝尔特·萨克曼（Bert Sakmann）即因发现细胞内离子通道并开创膜片钳技术（patch clamp）而获得 1991 年的诺贝尔生理学或医学奖。

离子通道结构和功能的研究需综合应用各种技术，包括电压和电流钳位技术、单通道电流记录技术、通道蛋白分离、纯化等生化技术、人工膜离子通道重建技术、通道药物学、基因重组技术及一些物理和化学技术等。

离子通道具有选择性和开关性。选择性指对优先通过的离子有特定的选择性，例如 Na^+ 通道开放时，Na^+ 可通过，而 K^+ 则不能通过；开关性指离子通道存在开放和关闭两种状态，通道由关闭转为开放的过程称为激活，由开放转为关闭状态的过程称为失活，通道的激活过程有一定的速率，通常很快，以毫秒（ms）计算。离子通道开放和关闭的状态转换，称为门控，门控机制有：①电压门控，因膜电位变化而开启和关闭，以最容易通过的离子命名，如 K^+、Na^+、Ca^{2+}、Cl^- 通道等，每种类型可分若干亚型；②配体门控，由递质与通道蛋白质受体分子上的结合位点结合而开启，以递质受体命名，如乙酰胆碱受体通道、谷氨酸受体通道、门冬氨酸受体通道等；③机械门控，是一类感受细胞膜表面应力变化，实现胞外机械信号向胞内转导的通道，根据通透性分为离子选择性和非离子选择性通道，根据功能作用分为张力激活型和张力失活型离子通道。此外，还有细胞器离子通道，如广泛分布于哺乳动物细胞线粒体外膜上的电压依赖性阴离子通道；位于细胞器肌质网或内质网，膜上的受体通道。

离子通道生理功能：①提高细胞内钙浓度，从而触发肌肉收缩、细胞兴奋、腺体分泌、钙依赖性离子通道开放和关闭、蛋白激酶的激活和基因表达的调节等一系列生理效应；②对神经、肌肉等兴奋性细胞，钠和钙通道主要调控去极化，钾主要调控复极化和维持静息电位，从而决定细胞的兴奋性、不应性和传导性；③调节血管平滑肌舒缩活动，其中有 K^+、Ca^{2+}、Cl^- 通道和某些非选择性阳离子通道参与；④参与突触传递；⑤维持细胞正常体积，在高渗环境中，离子通道和转运系统激活使 Na^+、Cl^- 和 H_2O 进出细胞而调节细胞体积。

3. 离子通道病

编码离子通道亚单位的基因发生突变，表达异常或体内出现针对通道的病理性内源性物质时，使通道的功能出现不同程度的削弱或增强，从而导致机体整体生理功能的紊乱，出现先天性离子通道病（geneticchannelopathy）和获得性离子通道病（acquiredchannelopathy），其中后者既可由基因表达异常引起，又可由出现抗体等物质导致。

（1）K^+ 通道病。K^+ 通道在所有可兴奋性和非兴奋性细胞的重要信号传导过程中具有重要作用，其家族成员在调节神经递质释放、心率、胰岛素分泌、神经细胞分泌、上皮细胞电传导、骨骼肌收缩、细胞容积等方面发挥重要作用。已经发现的 K^+ 通道病有良性家族性新生儿惊厥、1 型发作性共济失调、阵发性舞蹈手足徐动症伴发作性共济失调、癫痫、长 QT 综合征（long Q－T syndrome，LQTS，是一组有遗传倾向，以心室复极延长为特征、易发生尖端扭转性室速、室颤和心源性猝死的综合征）等。

（2）Na^+ 通道病。Na^+ 离子通道在大多数兴奋细胞动作电位的起始阶段起重要作用，已经发现的 Na^+ 通道病有高钾型周期性麻痹、正常血钾型周期性麻痹、先天性肌无力等。

（3）Ca^{2+} 通道病。Ca^{2+} 通道广泛存在于机体的不同类型组织细胞中，参与神经、肌肉、分泌、生殖等系统的生理过程。已经发现的 Ca^{2+} 通道病有家族性偏瘫型偏头痛、低钾型周期性瘫痪、共济失调、肌无力综合征等。

钙通道阻滞药又称钙拮抗药，是选择性作用于钙通道，阻滞细胞外 Ca^{2+} 泵流入细胞内，从而影响细胞功能的一类药物，是目前临床非常重要的一类药物。按照化学结构，可将其分为苯烷胺类，如维拉帕米（Verapamil）；二氢吡啶类，如硝苯地平（Nifedipine）、氨氯地平（Amlodipine）、非洛地平（Felodipine）等；苯并硫氮杂䓬类，如地尔硫䓬（Diltiazem）等。钙通道阻滞药在临床上多用于治疗心脏和血管系统疾病，如心律失常、高血压、心肌缺血性疾病（冠心病、心绞痛）、脑血管疾病、慢性心功能不全等。本类的各个药物选择性不同而用于不同疾病。

总之，离子通道在病理研究，疾病治疗，作为一个新的药物靶点的基础及应用研究等方面具有理论意义和使用价值。

4. 离子载体

离子载体（ionophore）是一些能够极大提高膜对某些离子通透性的载体分子。大多数离子载体是细菌产生的抗生素，它们能够杀死某些微生物，其作用机制就是提高了靶细胞膜通透性，使得靶细胞无法维持细胞内离子的正常浓度梯度而死亡，所以离子载体并非是自然状态下存在于膜中的运输蛋白，而是人工用来研究膜运输蛋白的一个概念。根据改变离子通透性的机制不同，将离子载体分为通道形成离子载体（channel－forming ionophore）和离子运载的离子载体（ion－carrying ionophore）。例如缬氨霉素（valinomycin）和短杆菌肽（gramicidin）等。缬氨霉素是一种由 12 个氨基酸组成的环形小肽，其分子结构含有重复 3 次的 D－缬氨酸、L－乳酸、L－缬氨酸和 D－羟基异戊酸盐序列的环状肽，是一种脂溶性的抗生素，是呼吸链离子载体抑制剂，通过增加线粒体内膜对 K^+ 的通透性，抑制氧化磷酸化作用。缬氨霉素及其 K^+ 配合物的分子结构如图 16.3 所示。其极性的内部类似于冠醚化合物的配位性质，能选择性地结合 K^+。

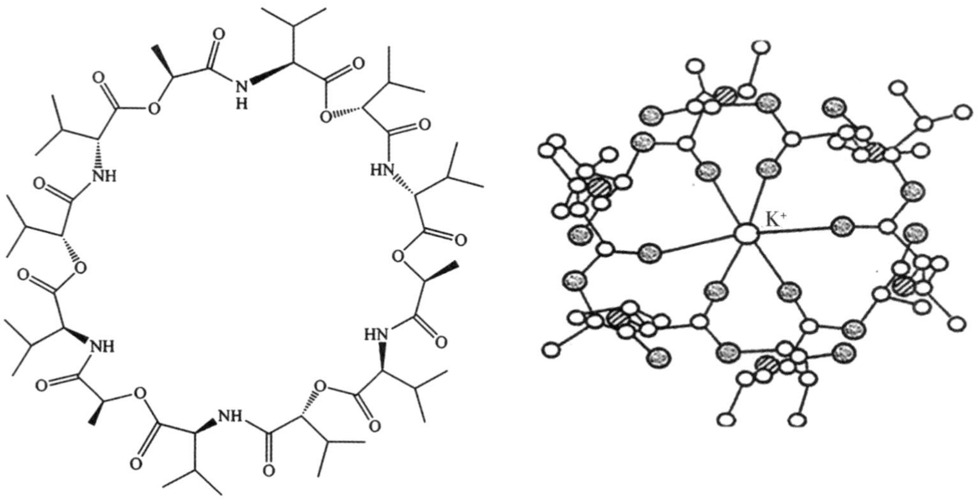

缬氨霉素

缬氨霉素与 K^+ 的配合物

图 16.3　缬氨霉素及其 K^+ 配合物的分子结构

缬氨霉素插入脂质体后，通过环的疏水面与脂双层相连，其极性的配位位点结合 K^+ 后，通过脂双层向内侧移动，在另一侧将 K^+ 释放到细胞内。缬氨酶素可使 K^+ 的扩散速率提高 1×10^5 倍，由于缬氨霉素只选择性地结合 K^+，因此没有提高 Na^+ 的扩散速度。

参考文献

［1］王箴．化工词典［M］．4 版．北京：化学工业出版社，2000.

［2］计亮年，毛宗万，黄锦汪，等．生物无机化学导论［M］．4 版．北京：科学出版社，2010.

［3］黄开勋，徐辉碧，刘琼，等．硒的化学、生物化学及其在生命科学中的应用［M］．2 版．武汉：华中科技大学出版社，2009.

［4］郑文杰，欧阳政．植物有机硒的化学及其医学应用［M］．广州：暨南大学出版社，2001.

［5］菲利普·纳尔逊．生物物理学：能量、信息、生命［M］．黎明，戴陆如，等译．上海：上海科学技术出版社，2006.

［6］STANLEY L M. A production of amino acids under possible primitive earth conditions［J］. Science，1953，117（3046）：528－529.

［7］王金发．细胞生物学［M］．北京：科学出版社，2003。

［8］WATSON J D，CRICK F H. Molecular structure of nucleic acids：a structure for deoxyribose nucleic acid［J］. Nature，1953，171：737－738.

［9］王夔，韩万书．中国生物无机化学十年进展［M］．北京：高等教育出版社，1997.

［10］蔡少华，龚孟濂，史华红，等．元素无机化学［M］．广州：中山大学出版社，1998.

［11］麦松威，周公度，李伟基．高等无机结构化学［M］．2 版．北京：北京大学出版社，2006.

［12］章慧，等．配位化学——原理与应用［M］．北京：化学工业出版社，2008.

［13］钟信义，周延泉，李蕾．信息科学教程［M］．北京：北京邮电大学出版社，2005.

［14］郭书好，李毅群．有机化学［M］．北京：清华大学出版社，2007.

［15］天津大学物理化学教研室．物理化学（上册）［M］．4 版．北京：高等教育出版社，2001.

［16］伊・普里戈金，伊・斯唐热．从混沌到有序 人与自然的新对话［M］．曾庆宏，沈小峰，译．上海：上海译文出版社，1987.

［17］刘磊，陈鹏，赵劲，等．化学生物学基础［M］．北京：科学出版社，2010.

［18］吴克复．细胞通讯与疾病［M］．北京：科学出版社，2006.

［19］翟中和，王喜忠，丁明孝．细胞生物学［M］．4 版．北京：高等教育出版社，2011

［20］BRUCE A，ALEXANDER J，JULIAN L，et al. Molecular biology of the cell［M］．5th edition. New York：Garland Science，2008.

［21］LODISH H，BERK A，MATSUDAIRA P，et al. Molecular cell biology［M］．5th edition. New York：Wiliam Hazen Freeman，2003.

［22］PETER W. Essential of Cell Biology［M］．3th edition. New York：Garland Science，2010.

［23］FREDERICK M H. Copy coats：COPI mimics clathrin and COPII［J］．Cell. 2010，142：19－21.

［24］GOMEZ－NAVARRO N，MILLER E. Protein sorting at the ER-Golgi interface［J］．The journal of cell biology，2016，215（6）：769－778.

［25］赵玉芬，赵国辉，麻远．磷与生命化学［M］．北京：清华大学出版社，2005.

［26］张星辰．离子液体：从理论基础到研究进展［M］．北京：化学工业出版社，2009.

［27］张爱华．砷与健康［M］．北京：科学出版社，2008.

［28］张青莲．无机化学丛书（第一至十八卷）［M］．北京：科学出版社，1990.

［29］傅献彩．大学化学［M］．北京：高等教育出版社，1999.

［30］F. A. 科顿，G. 威尔金森．高等无机化学［M］．北京师范大学，兰州大学，吉林大学，等译．北京：人民教育出版社，1980.

［31］杨芳，郑文杰．无机化学实验（中英双语版）［M］．北京：化学工

业出版社，2014.

［32］北京师范大学无机化学教研室，等．无机化学［M］．4 版．北京：高等教育出版社，2003.

［33］N. N. 格林伍德，A. 厄恩肖．元素化学［M］．北京：高等教育出版社，1996.

［34］王福俤．中国生物微量元素研究的现状与展望［J］．生命科学，2012，24（8）：713－730.

［35］刘俊，胡金波．神奇的氟元素［J］．化学教育（中英文），2019，40（21）：1－3.

［36］孙为银．配位化学［M］．北京：化学工业出版社，2010.

［37］石磊，徐芳森．植物硼营养研究的重要进展与展望［J］．植物学通报，2007，24（6）：789－798.

［38］赵薇佳，贺嘉俊，芦昌盛．碳硼烷化学发展之路［J］．大学化学，2019，34（1）：39－47.

［39］张福钢，丁春光，潘亚娟，等．我国 8 省市一般人群尿中镓、铟、铊水平分布研究［J］．环境卫生学杂志，2018，8（2）：86－90.

［40］蔺庆伟，马剑敏，彭雪，等．环境中铝来源、铝毒机制及影响因子研究进展［J］．生态环境学报，2019，28（9）：1915－1926.

［41］孟雪莲，苏书杰，冯琳琳，等．铝与阿尔茨海默病发生间关系的研究进展［J］．辽宁大学学报，2020，47（2）：156－166.

［42］韦喜，韦华．铝与糖尿病关系的研究进展［J］．微量元素与健康研究，2017，34（1）：81－83.

［43］陈慧兰．高等无机化学［M］．北京：高等教育出版社，2005.

［44］宋富根，鲁晓明，娄福艳，等．钨酶的研究进展［J］．化学进展，2005，17（3）：477－481.

［45］武汉大学，等．无机化学［M］．3 版．北京：高等教育出版社，1994.

后　记

2020 年初的抗击新冠疫情居家隔离期间，正是《无机生物化学》教材的定稿时期，团队成员经过一年多的密切配合，终于将其完稿并即将付印。

后记由我撰写，借此也对本人的教学工作做点小结。回顾本人在暨南大学的教学生涯，可以无愧地说自己无忘初心。从教 35 年，始终把教书育人放在首位；在教授岗位 23 年，每年为本科生授课，从不间断。无机生物化学课程的开设与建设，均由本人负责，迄今已有 20 多年。课程由我和杨芳教授共同讲授，团队的其他成员则以讲座方式参与。教学过程中我们所关注和思考的问题，现成为本教材的特色和待解决的问题：①充分反映无机生物化学学科发展的规律性；②充分体现教材内容的系统性；③充分挖掘化学学科发展中的哲学教育资源；④注重整体观和整体性思维；⑤注重展现中国哲学思想与现代科学思想的联系。诚然，限于我们的能力和水平，愿望和现实总是存在较大的距离。

回顾 100 多年来的世界科学发展历史，不难发现近现代科学思想与中国哲学有某种联系，现代科学迫切需要中国哲学的介入和引导。

1900 年 12 月 14 日，德国物理学家普朗克（M. Planck）发表了能量量子化假设，该日期被科学界确定为量子理论的诞生日，普朗克所提出的最小能量元被命名为普朗克常数。以量子理论为基础的现代物理学、化学和生命科学等学科领域相继取得举世瞩目的成就。1953 年 4 月 25 日，沃森（J. D. Watson）和克里克（F. H. C. Crick）在《自然》（*Nature*）期刊上发表关于 DNA 分子双螺旋结构的论文，揭示生命遗传的分子机制，这成为分子生物学学科创立的标志。2020 年 10 月 7 日，瑞典皇家科学院决定将 2020 年诺贝尔化学奖授予德国普朗克病原学研究所的卡彭蒂耶（E. Charpentier）以及美国加州大学伯克利分校的杜德纳（J. A. Doudna），以表彰她们在基因组编辑领域所作出的杰出贡献。卡彭蒂耶和杜德纳的新发现，标志着生命科学已经进入了一个新的时代

(后基因组时代)，人类能够在分子水平上操控生命，改变遗传。人类因此面临着前所未有的发展机遇，同时也面临着新的挑战和威胁!

在后基因组时代，更需要整体性思维。这不仅体现在生命个体的问题上，也体现在生态系统和社会系统上，尤其体现在人类的和平发展和全球性问题的治理上。在后基因组时代，更需要加强法治建设和道德建设，包括科研法规的完善和科学家道德素养的提升。在后基因组时代，更需要科学与人文的高度融合；更需要从哲学的高度来审视学科发展，同时立足于学科前沿去回眸东西方哲学。我们借助本教材的出版发出呼吁。当然，我们深知自己人微言轻，微弱的声音甚至都不足以激起人们批评的热情，但依然要尽自己的一份责任，同时也努力去践行。

本教材编著的团队核心成员有杨芳教授、张逸波博士后、曹洁琼博士和我，教材的出版得到暨南大学的立项资助，在此表示感谢！同时特别感谢暨南大学出版社的曾鑫华编辑和陈毅老师，他们的认真细致和敬业精神给我留下了深刻印象！感谢我的家人和给予我帮助的所有人！感谢大家的理解和支持!

郑文杰

2020 年 10 月 10 日于暨南园